铝合金及其成形技术

隋育栋　编

北　京
冶　金　工　业　出　版　社
2023

内 容 提 要

本书系统地介绍了铝合金的分类、组织、性能、熔炼、液态成形、固态成形、表面处理及其在机械工程、电气工程、建筑、化工、航空航天等工业领域的应用情况，以图片和表格等形式详细介绍了各种铝合金的制备成形方法，以工程实例详细介绍了铝合金的工程应用。本书密切结合生产实际，内容全面，图文并茂，数据翔实，实用性强，是一本具有参考价值的技术资料。

本书可供机械、电子电气、化工、建筑和航空航天等领域的工程技术人员使用，也可以供相关院校师生和研究人员参考。

图书在版编目(CIP)数据

铝合金及其成形技术/隋育栋编 .—北京：冶金工业出版社，2020.4
(2023.2 重印)

ISBN 978-7-5024-8486-6

Ⅰ.①铝…　Ⅱ.①隋…　Ⅲ.①铝合金—成型加工　Ⅳ.①TG292

中国版本图书馆 CIP 数据核字（2020）第 051176 号

铝合金及其成形技术

出版发行　冶金工业出版社　　**电　话**　(010)64027926
地　址　北京市东城区嵩祝院北巷 39 号　　**邮　编**　100009
网　址　www.mip1953.com　　**电子信箱**　service@mip1953.com

责任编辑　于昕蕾　美术编辑　吕欣童　版式设计　孙跃红
责任校对　石　静　责任印制　禹　蕊
北京富资园科技发展有限公司印刷
2020 年 4 月第 1 版，2023 年 2 月第 2 次印刷
787mm×1092mm　1/16；21.25 印张；511 千字；327 页
定价 118.00 元

投稿电话　(010)64027932　投稿信箱　tougao@cnmip.com.cn
营销中心电话　(010)64044283
冶金工业出版社天猫旗舰店　yjgycbs.tmall.com
（本书如有印装质量问题，本社营销中心负责退换）

前　言

铝是继钢铁之后的第二大类金属结构材料。铝及其合金具有密度低、比强度和比刚度高、切削加工性和热成形性好、尺寸稳定、资源丰富、容易回收等一系列优点，在机械工业、交通运输、电子电气、航空航天、食品包装、建筑等领域应用非常广泛。

进入21世纪，自然资源和环境保护已成为人类可持续发展的首要问题。铝作为一种轻质工程材料，其潜力尚未充分挖掘出来，开发利用程度远不如钢铁等成熟。在很多传统金属矿产趋于枯竭的今天，加速开发铝金属材料是社会可持续发展的重要措施之一。

近年来，铝合金的熔炼技术、高性能铝合金材料及其先进成形技术的开发，以及铝合金表面处理技术等都取得了很大进展，在此背景下作者编撰了本书，以介绍近年来全球铝合金领域的研究发展动态、铝合金材料开发、铝合金熔炼技术、铝合金成形技术、铝合金表面处理技术，以及铝合金的应用现状和最新发展，希望能为从事铝合金及其成形技术相关的研究开发和技术人员，相关行业的设计、应用和营销人员提供参考资料，助力我国铝工业的发展。

全书共分7章。第1章介绍了铝的基本性质及资源，铝及铝合金的发展历史、生产与应用；第2章详细介绍了铝合金的分类和牌号，铝合金及其复合材料的组织与性能；第3章介绍了铝合金的熔炼与强化，主要从铝合金熔体与周围介质的反应、精炼和净化、强化方法及废铝回收等四个方面展开论述；第4章介绍了铝合金的液态成形技术，涉及砂型铸造、金属型铸造、压力铸造、低压及差压铸造、挤压铸造、熔模铸造、真空吸铸、连续铸造、半固体成形、快速凝固和喷射沉积等成形技术；第5章介绍了铝合金的固态成形技术，包括金属的塑性变形理论、挤压成形、轧制成形、锻造成形、板料成形等成形技术，以及铝合金的焊接技术；第6章介绍了铝合金的表面处理技术，包括铝合金的表面预处理、电镀、阳极氧化、化学氧化和表面涂装等技术；第7章介绍了铝合金的应用，主要列举了铝合金在机械工业、电子电气工程、建筑、化工、航空航天领域的应用实例。

本书编撰工作主要依托于昆明理工大学金属先进凝固成形及装备技术国家地方联合工程实验室完成。作者在编撰本书的过程中得到了上海交通大学王渠东教授和昆明理工大学蒋业华教授的指导和关心，在此表示衷心的感谢。需要指出的是，作者在编撰本书的过程中参考并引用了大量的国内外资料，在此向这些作者表示由衷的谢意。

本书的完成得到了国家自然科学基金 NSFC-云南联合基金“高强耐蚀铝合金真空压铸成形与组织性能控制应用基础研究”（资助号：U1902220）和云南省发展改革委高新技术产业发展项目“汽车用高强耐热耐蚀铝合金铸件关键技术研发及产业化”（项目合同编号：云高新产业发展 201802）的支持，在此表示衷心的感谢！

由于作者的理论水平和编写经验有限，加之时间仓促，书中难免有不妥之处，敬请广大读者批评指正。

作 者
2020 年 2 月

目　录

1 绪　论

1.1 铝及铝合金的简介

1.1.1 概述

在自然界中，铝是最常见的10种有色金属之一。从元素周期表上看，铝的相对原子质量为26.982，原子序数为13，属ⅢA族元素。铝的晶体结构是FCC（面心立方结构），铝原子电子层结构特点（$1s^2 2s^2 2p^6 3s^2 3p^1$）决定了铝通常是三价的（Al^{3+}），其离子半径为0.535×10^{-10}m。在目前所有的金属结构材料中，铝的密度仅为2.702g/cm^3，相对较低。

铝在地壳中的平均含量（质量分数）为8.8%（如以Al_2O_3计，则为16.62%），是地壳中分布最广泛的元素之一，仅次于氧元素和硅元素而居第三位，就金属元素而言，铝则居第一位。由于铝属于亲氧的元素，因此自然界中极少发现铝的自然金属，而是主要以氢氧化物、氧化物和含氧的铝硅酸盐的形式存在。铝土矿（主要成分为Al_2O_3，还含有少量的Fe_2O_3、FeO、SiO_2等）是主要的铝工业原材料。

铝（Aluminium）这一词源自于古罗马语明矾（Alumen）。氧化铝是1746年由德国的科学家波特（J. H. Pott）使用明矾制得的。英国人戴维（H. Davy）在1807年尝试通过熔融氧化铝的方法制得金属铝但未成功，他在1809年给这种预想的金属命名为Alumium，后改为Aluminium。丹麦科学家奥斯忒（H. C. Oersted）于1825年通过钾汞齐还原无水氯化铝的方法首次获得极微量的金属铝。德国科学家沃勒（F. Wohler）在1827年通过钾还原氧化铝的方法增加了金属铝的获得量。法国科学家德维勒（S. C. Deville）于1854年用钠还原$NaAlCl_4$配合盐获得了较多的金属铝，并用其生产一些铝制餐具、头盔及玩具，但其价格昂贵，甚至超过了黄金。美国人霍尔（C. M. Hall）和法国人厄鲁特（D. L. Heroult）在1886年分别同时获得了采用冰晶石-氧化铝熔盐电解方法制取金属铝的专利。铝大量生产始于1888年美国匹兹堡的电解铝厂。

为了满足不同领域的需求，通常在纯铝中加入各种合金元素以获得具有不同性能的合金。铝及其合金的制备方法很多，既可以通过铸造的方法直接获得结构件，也可以采用塑性加工的方式获得各种规格的板、管、带、棒、线材和异型材等。同一成分的合金采用不同的制备方法也可得到具有不同性能的材料。对铝材表面进行处理，可提高其耐蚀性。铝及其合金具有密度低、比强度和比刚度高、切削加工性和热成形性好、易回收等优点，因此铝成为钢铁之后的第二大类金属结构材料，在航空航天、交通运输、食品包装、建材、船舶等领域得到迅速的发展。

进入21世纪，自然资源和环境已成为人类可持续发展的首要问题。铝作为一种轻质工程材料，其潜力尚未充分挖掘出来，开发利用远不如钢铁等成熟。在很多传统金属矿产趋于枯竭的今天，加速开发铝金属材料是社会可持续发展的重要措施之一。

1.1.2 铝的资源

自然界中存在诸多含铝的矿物，总数约258种，常见的就有43种，铝土矿、霞石、明矾石等是其中最为主要的含铝矿石。事实上，铝矿床一般都混有杂质，且是和其他脉石矿物共生分布，没有由纯矿物组成的。从技术和经济的角度出发，也不是所有的铝矿床都能用于提炼金属铝，一般由一水硬铝石、一水软铝石或三水铝石组成的铝土矿提炼金属铝的效率较高。前苏联由于自身矿产资源的限制，都是采用明矾石和霞石提炼氧化铝，我国利用硫磷铝锶矿综合回收氧化铝。

一水硬铝石也被称为水铝石，其分子式和结构式分别为 $Al_2O_3 \cdot H_2O$ 和 AlO(OH)，结构完好的一般呈板状、柱状、针状、鳞片状、棱状等，属于斜方晶系。一水硬铝石中一般含有 TiO_2、SiO_2、Ga_2O_3、Nb_2O_5、Ta_2O_5等氧化物杂质。常温常压下，一水硬铝石很难溶于酸和碱，高温高压下，其在强酸或强碱中可完全分解。一水硬铝石主要形成于酸性介质中，一般与赤铁矿、一水软铝石、针铁矿、绿泥石、高岭石、黄铁矿等共生。一水硬铝石水化后会形成三水铝石，脱水即可得到α刚玉。

一水软铝石又被称为软水铝石、勃姆石，其分子式和结构式与一水硬铝石相同，但其结构完好的主要呈现为棱面状、菱形体、针状、棱状、六角板状和纤维状等，也属于斜方晶系。一水软铝石中一般含有 Fe_2O_3、TiO_2、Cr_2O、Ga_2O_3 等杂质。一水软铝石在常温常压下即可溶于酸或碱，其同样形成于酸性介质，矿物主要分布在沉积铝土矿中，通常与菱铁矿共生。一水软铝石可被一水硬铝石、高岭石、三水铝石等所替代，脱水以后可形成一水硬铝石和α刚玉，水化可变成三水铝石。

三水铝石又被称为氢氧铝石或水铝氧石，分子式为 $Al_2O_3 \cdot 3H_2O$，结构式为 Al(OH)，结构完好的主要呈现为棱镜状或六角板状，常有双晶或呈细晶状的集合体。三水铝石中一般含有 TiO_2、SiO_2、Fe_2O_3、Ga_2O_3、Nb_2O_5、Ta_2O_5等杂质。三水铝石可溶于酸或碱，其粉末加热到100℃并保温2h即可完全溶解。三水铝石形成于酸性介质，三水铝石是风化壳矿床中的原生矿物，一般与针铁矿、高岭石、伊利石、赤铁矿等共生。三水铝石脱水后可形成一水硬铝石、一水软铝石和α刚玉。

铝土矿的主要化学成分是 Al_2O_3、Fe_2O_3、SiO_2、TiO_2、H_2O^+，五种的总量占成分的95%以上，一般大于98%；次要成分有S、CaO、K_2O、MgO、CO_2、Na_2O、MnO_2、碳质、有机质等，微量成分有Ga、Nb、Ge、Co、Ta、V、Zr、P、Ni、Cr等。Al_2O_3 主要在铝矿物中存在，比如一水软铝石、水铝石和三水铝石等，其次存在于硅矿物中（主要是高岭石类矿物）。

国外的铝土矿种类以三水铝石型为主，其次为一水软铝石型，以一水硬铝石型最少。而我国的主要铝土矿种类则以一水硬铝石型为主，三水铝石型较少。三水铝石型铝土矿的特点是铝高、铁高、硅低，矿石的质量优良，比较适合用能耗低的拜耳法生产。一水硬铝石型铝土矿的总体特点是铝高、硅高、硫低、铁低，矿石的质量相对较差，并且具有比较大的加工难度，比较适合用能耗高的联合法进行生产。

由于二氧化硅的广泛存在，在内生条件下，Al_2O_3 与 SiO_2 常紧密结合成各类铝硅酸矿物，在这些矿物中，铝硅比一般低于1，而工业上对铝矿的要求是铝硅比大于1.8~2.6，

Al_2O_3 含量不小于40%，因此工业铝矿床很少在内生条件下形成。

国内外目前已知的铝土矿大多是在表生条件下形成的，其主要有两种形式，即风化—改造—再沉积成矿或风化—搬运—沉积成矿和风化—残积（余）成矿（红土成矿）。风化—搬运—沉积成矿是在水、重力和自然酸（硫酸、有机酸、碳酸）等作用下，红土矿床或红土风化壳经化学的或机械的剥蚀、风化、搬运等改造作用，首先在谷地、山坡凹地、滨海湖或近海湖盆地、局限海盆内等处形成铝土矿，然后在水介质中形成沉积铝土矿。风化—残积（余）成矿是指在湿热气候条件下，含铝母岩由于 CO_2、水和生物等的风化分解作用，在残丘、低山或台地等具有良好排泄作用的地形处，将其中的易溶物质 K、Ca、Na、Mg 和 SiO_2 等排出，而活性较小的元素，如 Al、Ti、Fe 等则留在原处形成红土型铝土矿。

铝土矿矿石中有价值的伴生组元，如镓、铌、钒、钛、钽、铈及放射性元素等可综合回收。而其他有害组分，如 S、MgO、CO_2、P_2O_5等则不利于回收。

1.1.3 铝的性质

1.1.3.1 纯铝的性质

纯铝可根据纯度和制备工艺的不同，分为原铝、精铝、高纯铝与再生铝等四种。

原铝（一次铝）：采用霍尔/埃鲁电解法提炼的金属铝，即电解铝。

纯铝：铝中除铝以外的其他元素不超过规定值，并且铝的含量最少为99%的金属铝。

精铝：在纯铝的基础上，经过特殊冶炼方法制备的纯度高于99.95%的金属铝。

高纯铝：高纯铝通常无明确定义，不同国家中的高纯铝定义和表示方法均有所差别。

高纯铝主要有两种表示方法：

（1）直接给出铝的纯度，如99.96%、99.996%、99.998%等。

（2）用“数字+N”或“数字+N+数字”的式子进行表示，如4N(99.99%)，4N6(99.996%）等。如果纯铝的成分在4N与5N之间时，可将其写成4N+。

世界各国对纯铝的分级标准如下：

（1）中国：根据铝含量将重熔用铝锭分为三级，如表1-1所示。

表1-1 中国重熔用铝锭铝含量标准

分　类	铝　含　量
纯铝	99.00%≤铝含量≤99.85%
精铝	99.95%≤铝含量≤99.996%
高纯铝	>99.996%

（2）日本：日本工业标准（JIS）将凡是经过精炼获得的原铝都定义为高纯铝，即铝含量大于99.95%，并将高纯铝分为如表1-2所示的三种。

表1-2 日本精铝（高纯铝）铝含量标准 （%）

种　类	Si	Fe	Cu	Al
特种	<0.002	<0.002	<0.002	>99.995
一级	<0.005	<0.005	<0.005	>99.990
二级	<0.020	<0.020	<0.010	>99.950

(3) 美国：美国通常将纯度大于 99.80%的铝都称为高纯铝，其分类标准如表 1-3 所示。

表 1-3　美国高纯铝铝含量标准

铝含量/%	名　称
99.50~99.79	工业纯铝（commercial pure Al）
99.80~99.949	高纯铝（high pure Al）
99.950~99.9959	次超高纯铝（subsuper high pure Al）
99.9960~99.9990	超高纯铝（super high pure Al）
99.9990 以上	极高纯铝（extreme high pure Al）

(4) 欧洲：欧洲各国通常将高纯铝定义为将 99.7%原铝经偏析法或三层电解法精炼获得的铝。

1.1.3.2　铝的物理性质

铝具有银白色的金属光泽。其主要物理特性如下：

(1) 密度小。铝的密度可通过晶格参数进行计算，其值为 2.6987g/cm^3，实际测出的密度为 2.6966~2.6988g/cm^3。铝的离子半径为 0.0535nm。工业纯铝中杂质硅和铁的质量分数决定了铝的密度。一般工业纯铝中 $m(\mathrm{Fe})/m(\mathrm{Si}) = 2 \sim 3$，密度为 2.70~2.71g/cm^3。铝的密度随着温度的升高而下降，当温度为 950℃时，铝液的密度减小为 2.303g/cm^3。

(2) 电阻率低。铝质量分数为 99.995%的高纯铝，其电阻率在 293K 时为（2.62~2.65)×10^{-8}Ω·m，相当于铜标准电阻率的 1.52~1.54 倍。质量分数为 99.5%~99.9%的铝，电阻率为（2.80~2.85)×10^{-8}Ω·m。铝的电阻率会随着其添加合金元素的种类和质量分数的增加而增大。铝的导电性会随着弹塑性变形程度的增加而变差。铝的电阻率也会受温度的影响，其随着温度的升高而增大。通常工业纯铝和高纯铝在室温时的电阻率相差较小；温度低于 0℃时，两者的电阻率差异非常大，如 99.965%的高纯铝在 4.2K 时的电阻率是 273K 时的 200 倍，而 99.99998%的高纯铝在 4.2K 时的电阻率是 273K 时的 45000 倍左右。因此，铝的纯度可以通过测定其低温电阻率来确定。

(3) 导热性能好。铝在室温（20℃）时的热导率为 2.1W/(cm·℃)，仅次于银。温度对纯铝热导率的影响比较复杂，当温度为 0 到 20~30K 时，热导率由零急速升至最大值，随着温度的升高，热导率首先迅速下降，然后缓慢下降至最小值 2.35~2.37W/(m·K)，在 400K 时达到稳定值约 2.4W/(m·K)，当温度升至铝熔点左右时，热导率为 2.12W/(m·K)，纯铝完全熔化后的热导率约为 0.9W/(m·K)，然后随着温度的升高继续平稳上升，在 1250K 时达到 1W/(m·K) 左右。合金微观组织的改变并不影响纯铝的室温热导率，但是当温度低于零度时，微观组织对热导率的影响比较明显。铝合金弹塑性变形均会导致其热导率下降。

(4) 熔点低。铝的纯度对其熔点的影响比较明显。99.996%高纯铝的熔点测定值为 933.4K(660.4℃)。当铝的纯度为 99.99%时，一般熔点会下降 1~2℃。另外工业原铝还会存在一个凝固温区。铝的熔化焓为 10.71kJ/mol。

(5) 沸点高。液态时铝的蒸气压较低，其沸点为 2467℃。

（6）反射光线能力良好。可有效反射波长为0.2~12μm的光线。

（7）无磁性。不会产生额外的附加磁场，因此可用于精密仪器的制备。

（8）塑性好，易加工。可采用普通方法切割、粘结或焊接铝；此外，铝所具有的优良延展性可将铝拉成线、压成板或箔。

（9）铝中间合金很多，例如Al-Mg、Al-Si、Al-Cu、Al-Zn、Al-Ti、Al-Fe和Al-Mn合金。其中某些合金具有很大的比刚度和比强度，力学性能甚至超过结构钢。

1.1.3.3 铝的化学性质

金属铝非常活泼，其主要化学性质如下：

（1）铝与氧的反应。铝极易与氧发生反应生成Al_2O_3，其反应式为

$$4Al + 3O_2 \xlongequal{} 2Al_2O_3$$

氧化铝具有很大的生成热，$\Delta H_{298}=(-1677\pm6.2)$kJ/mol，相当于-31kJ/g（Al）。因此，铝很少以游离态的形式在自然界中出现。铝粉极易燃烧，铝在空气中会与氧反应形成一层氧化铝膜，较为致密，可防止铝的进一步氧化，因此，铝在空气中无锈蚀效应。

铝的再生利用率非常高，目前全世界的再生铝量占原铝总产量的1/4还多。而废铝再生时的耗能仅为生产原铝时的5%。因此，金属铝被称为“绿色金属”。

（2）铝的还原性。铝在高温下可利用还原反应制取镁、锰、锂、铬等纯金属。其一般反应式（Me表示金属）为

$$2Al + 3MeO \xlongequal{} Al_2O_3 + 3Me$$

铝在2000℃左右时易和碳发生反应生成碳化铝（Al_4C_3）。当反应体系中存在冰晶石时，碳化铝的生产温度可降至900℃左右。铝在1100℃以上是会跟氮起反应，生成氮化铝（AlN）。

（3）铝的歧化反应。铝同三价卤化物（$AlCl_3$、AlF_3、AlI_3、$AlBr_3$）在800℃以下发生反应生成一价铝的卤化物。然后在冷却阶段，这些一价铝的卤化物会发生分解反应生成金属铝和常价铝的卤化物。利用这种反应，可从铝合金中提取纯铝。其反应式为

$$2Al + AlCl_3 \xlongequal{} 3AlCl$$

（4）铝的两性性质。铝既易与稀酸反应生成铝盐，又易与苛性碱溶液反应生成可溶性铝酸盐和氢气。然而，高纯铝可有效抵御某些酸的腐蚀，因此可用来存放浓硫酸、硝酸、有机酸等化学试剂。

（5）铝不与任何碳氢化合物发生反应。但由于碳氢化合物中有时会含有少量的酸或者碱，因此铝在其中也会受到侵蚀。铝也不与酒精、酮、酚、醌、醛等发生反应。但铝会和醋酸反应，反应随着温度的升高而加剧。

（6）铝的保护剂。许多有机的或无机的胶体（如淀粉、树脂、糊精、树胶等），碱金属的铬酸盐和重铬酸盐，高锰酸盐，铬酸，过氧化氢以及其他氧化剂等都可以作为铝的保护剂，它们可有效促进铝表面生成致密的保护性氧化膜。但这种保护剂的防护作用会因为环境的差异而不同，并且保护剂中也常含有有害的杂质，影响防护效果。

1.1.3.4 铝的力学性能

纯铝较软，一般可用压痕法测试其硬度大小，并且纯铝的硬度随着其纯度的提高而降

低。对于杂质含量一样的工业纯铝，Fe/Si 比值较低时的硬度较高。由于热处理可使硅固溶于铝基体中，所以热处理后纯铝的硬度值有明显的提高。此外，铜也可以增加纯铝的硬度。

纯铝的强度会随着铝纯度的提高而下降，随着温度的升高而降低。工业纯铝和高纯铝的抗压强度、抗剪强度和抗拉强度近似相等。冷加工会降低铝的塑性，但是会提高其强度。通常情况下，铝中存在的其他合金元素会降低铝的塑性，但会提高其强度和硬度。

铝的弹性模量随着铝纯度的下降而增加，高纯铝的弹性模量为 63~71GPa，弹性模量与铝晶粒尺寸的大小关系不大。对铝进行冷变形加工，程度较低时会使其弹性模量降低 5%~10%，而程度较高时则会增加弹性模量，但退火处理可恢复模量。铝的弹性模量受合金元素的影响比较复杂：如果合金元素的弹性模量高于铝，则会增加其总体的弹性模量，反之，会降低弹性模量，但各元素的影响效果并不是叠加的。通常，基体中的固溶体对泊松比的影响较小，一旦超过溶解度形成第二相，则会使泊松比下降。

铝及其合金的疲劳强度测试值会根据试验方法的变化而变化，但并不存在真正的疲劳极限值。目前大多数的疲劳值都是在 10^7~10^9 次重复载荷下得到的，循环次数为 10^7 的值比 10^9 高 10%左右。高纯铝的屈服点低于大多数试验的应力，因此测试结果只表示试验期间材料的强度。疲劳强度值由于硬化作用，所以很大程度上依赖于载荷的作用速率，疲劳强度值也会在 4~50GPa 之间变化。对工业纯铝进行退火处理后，其疲劳极限值分布范围为 20~30GPa。纯铝的屈服强度一般高于其疲劳强度，而诸如合金化、变形加工等提高抗拉强度的方式均可改善其疲劳强度。

高纯铝的蠕变性能对其中杂质的特征、含量和比例非常敏感，因此蠕变结果一般没有可重复性。对于工业纯铝而言，不同试样之间的差别一般都在同一数量级内，相对较小。纯铝的蠕变机理跟温度和载荷有关，高温下，蠕变机制以晶界和亚晶界的迁移为主，低温和高载荷条件下，蠕变机制以位错和晶体滑移为主。

1.1.3.5 铝的成型工艺性能

表层细晶区、中间柱状晶区和中心粗大等轴晶区等三部分构成了铝及其合金的宏观铸造组织。其中，由于熔融金属与铸件型腔壁接触部位的冷却速度很快，从而产生较大的过冷度，导致爆发式形核，从而形成细小且不规则的晶粒。在凝固结晶初期，较低的浇铸温度和压力均会有利于形成表层细晶区。

铝的变形大部分都是通过滑移完成的，其滑移面为（111），滑移方向为［110］，位于最大分切应力的那些面往往是参与滑移的面，每个滑移面的滑行距离从几个原子到几千个原子不等。

在 20~77K 温度下加工的铝一般只有在再结晶阶段会发生软化，而在回复期间不软化。应变可以提高合金的回复速度，粗大的晶粒会降低回复速度。另外，影响再结晶温度的一种重要因素是铝的纯度。杂质含量小于 1%、冷变形度为 70%~80%的纯铝在 273K 以下就可以开始再结晶，而工业纯铝的再结晶温度为 600~650K。合金元素的种类和含量对铝的再结晶温度影响也很大。

1.1.4 铝及铝合金工业发展历史

铝及其合金的发展历史至今仅 200 余年，而在 20 世纪初才具有工业生产规模。1886 年出现的电解法和 1888 年出现的拜耳法以及直流电解技术的发展，是铝工业化生产的基础。19 世纪末期，由于生产成本的下降，铝已成为一种通用的金属材料。20 世纪初，铝材在交通运输领域获得了应用。1901 年汽车车体开始使用铝板制造，1903 年莱特兄弟制造的小型飞机上有部分铝部件，铝合金铸件在汽车发动机中开始应用，铝合金厚板、铸件和型材等也到造船工业中得到使用。随着工业的发展和科技的进步，铝材在医疗器械、包装容器等领域中的应用也日益增加，截至 1910 年，世界的铝产量已经突破 45000t。铝家具、铝软管、铝门窗、家用铝箔和铝制炊具等的出现也显著推进了铝的应用化程度。

世界原铝产地主要集中在西欧（德国和法国等）、北美（美国和加拿大）、中国、俄罗斯、拉美（巴西）和澳洲（澳大利亚）等地，其中美国铝业公司、雷诺金属公司、加拿大铝业公司、波施涅铝工业公司、凯撒铝及化学公司、德国联合工业公司、瑞士铝业公司、俄罗斯铝业公司和中国铝业公司等 9 大跨国铝业公司的年产量和生产能力占全世界原铝年产量和产能的 60%以上。

铝合金的相关研究开发也在同步进行。1906 年德国人 A. 维尔姆发明了硬铝合金，铝的强度提高两倍。这种合金在一战期间被大量用在制造飞机和其他军火中。此后，Al-Mn、Al-Mg、Al-Mg-Si、Al-Zn-Mg、Al-Cu-Mg-Zn 等体系和不同热处理状态的合金陆续开发出来，这些合金的特性和功能不同，适用于不同的环境，使其在汽车、铁路、建筑、飞机及船舶制造等领域中的应用发展迅速。

在这些体系合金中，Al-Li 合金的弹性模量高、密度低，轻量化效果显著，在合金中每加入 1%锂可减重 3%，弹性模量提高 6%，与飞机上普遍使用的 7075 和 2024 合金相比，Al-Li 合金的塑性优异，耐蚀性良好。

铝锂合金 Sclron 于 1924 年被德国研制出来，美国在 20 世纪 40 年代开发出 2020 铝合金，苏联在 20 世纪 60 年代开发了相类似的合金，并生产出 1420 合金，这个合金是应用最为成熟的合金体系之一。该合金自 20 世纪 70 年代开始就用来铆接军舰和直升机，在 20 世纪 80 年代，用于米格-29 超音速战斗机焊接机身、座舱和油箱。高强度、可焊接的 Al-Cu-Li 系合金（2090）在 1984 年被美国人研制出来，Inco 合金国际公司于 1989 年开发出 1420 系列锻造铝合金。1989 年出现的 Al-Cu-Li-Ag-Mg 系超高强度 Weldalite049 可焊合金于 1990 年定型生产这种系列的 2094、2095 合金，1992 年定型生产 2195 合金，1993 年定型生产 2196 合金。法国于 1985 年研制出了 2091 合金，同年研制出 8091 合金，两国合作开发了 8090 合金，这种合金后来被应用在英国维斯特兰（Westland）的 EH101 直升机构件中，占飞机结构总重的 15%。铝锂合金在法国的阵风（Rafele）战斗机以及空客公司的 A330 和 A340 飞机上都获得了应用。美国凭借强大的科技经济实力和研究基础，开发出了被用于海军预警飞机主翼上、下表面和垂直尾翼上的 2020-T621 合金，使飞机质量减轻 6%，这种飞机生产了 177 架，服役了近 20 年。美国在航天飞机、F16 战斗机、道格拉斯运输机、波音 777 旅客机等都使用了铝锂合金。

目前铝锂合金的工业化生产水平相对较高，欧美等国目前可生产 6~10t 重的铸锭，俄罗斯则具备25t重铸锭的生产能力。美国Alcoa公司铝锂合金生产已超过3600t的年产量，最大可达到年产量9000t。法国Pechinery公司和英国Alcan公司共建的铝锂合金的年产量可达1000t。铝锂合金的挤压、轧制和锻造技术在美国、俄罗斯、英国、法国等国家已可达到常规铝合金的生产水平。目前铝锂合金的制备加工技术仍有诸多方面需要开展研究，如在成型技术方面：旋压、挤压、锻造、爆炸成型、超塑成型等；在焊接技术方面：真空电子束焊、钨极氩弧焊等均是近期的研究热点。

自电解炼铝法出现以来，铝的生产和消费约以平均每十年增长一倍的速度发展。铝的生产和消费在第二次世界大战期间由于强烈的军事需求而获得高速增长，到1943年，原铝的产量已增至200万吨左右。战后的1945年，原铝总产量由于军需的锐减而下降到100万吨左右。然而，民用领域，如电子电气、日用五金、交通运输、食品包装等对铝的需求逐渐增加。特别是近几十年工艺与冶炼方法的不断改进，并且电价下降，因此铝工业迎来了惊人的发展速度。全世界原铝产量从1940年的不到100万吨，发展到1990年的2000万吨，铝产量和消费量也保持每年5%的增长率。到2001年世界铝产量（包括原铝和再生铝）和消费量均已超过3000万吨，2017年全球电解铝产量为6340万吨，消费量为6339万吨。

由于铝及其合金的一系列优异的性能，使其在第二次世界大战后的应用由军事需求转为民用工业，并进入生活的各方面，成为发展国民经济与提高人民物质生活和文化生活水平的重要基础材料。铝及其合金的应用领域随着社会需求的迅速增长而不断拓宽，在第一次和第二次世界大战期间，铝材主要用来制造飞机、坦克、舰艇、火箭、战车、导弹等军需品，作为重要的军事战略物资占了铝材总产量的70%以上。在战争结束后的20世纪50年代，军需品铝材用量下降到20%以下，而机械制造、电气电子等日用消费品的铝材用量增长显著。20世纪60年代，建材用铝占了铝材总量的25%以上。在1970~1980年间，由于易拉罐和软包装业的兴起，包装用铝材的消费量占了总量的20%以上。20世纪80年代末和20世纪90年代初，汽车、铁路车辆等交通运输领域的轻量化使该行业铝材的应用量占了总量的20%以上。2016年全球铝消费已达5903万吨（不包括再生铝）。根据预测，2020年全球铝消费总量将达到7000万吨，未来5年的年均复合增长率达到4.53%。

目前我国是世界上铝材消费第一大国，然而消费结构与欧美发达国家和地区的区别比较明显，如图1-1和图1-2所示。以美国为例，其第一大用铝领域是交通运输，占总量的35%，建筑用铝占12%，包装领域占28%。而在我国，建筑用铝是第一大用铝领域，占比

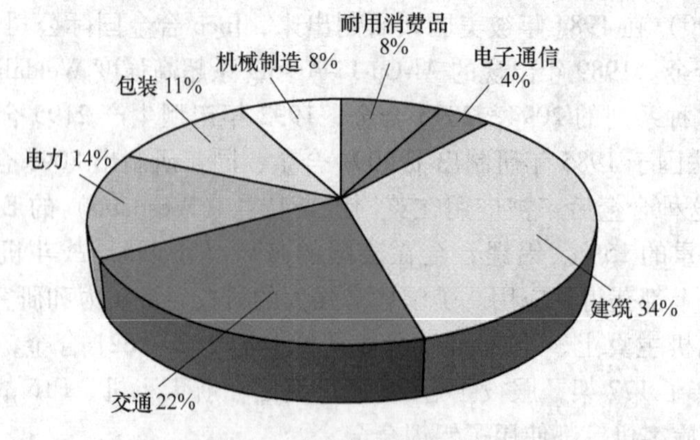

图1-1　中国铝材消费结构

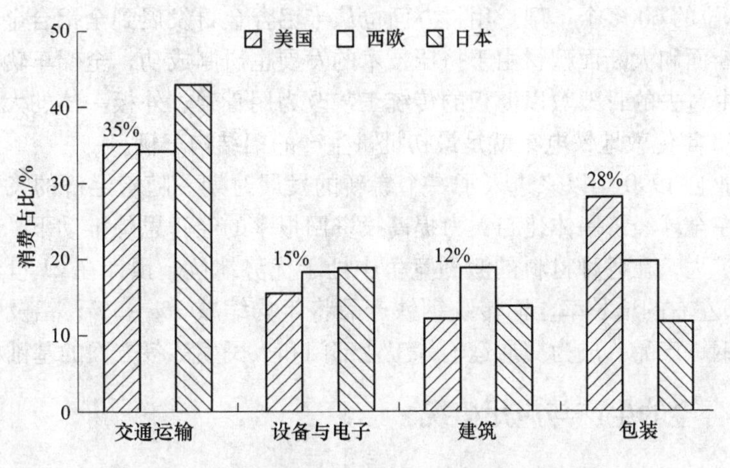

图 1-2 欧美等发达国家和地区铝材消费结构

34%，其次是交通、电力、包装、机械制造、耐用消费品和电子通信，分别占比 22%、14%、11%、8%、8%和 4%。

我国铝的消费特点导致产品具有一定的结构缺陷。在“十二五”期间，中国的挤压铝材的占比较高，在加工型材中占了 60%以上。国外发达国家铝板带材和型材的比例一般为 2∶3，但我国这一比例偏低。我国的铝加工规模虽然是世界第一，但产品同质化现象突出，创新能力较低，目前高性能的汽车车身用铝带板、航空级铝厚板、高压阳极电子箔等高端产品仍大多依靠进口。目前中国产业升级提高了铝在新能源汽车、高铁、包装、航空以及船舶等高端领域的应用程度。

20 世纪 80 年代以后铝材在交通运输领域的应用备受青睐。交通运输业用铝量在工业发达国家中占铝总消费量的 30%以上，其中汽车轻量化用铝量约占 16%。铝材主要用于制造地铁车辆、汽车、市郊铁路客车和货车、高速客车和双层客车的车体结构件、发动机零件、车身板、空调器、蒙皮板、散热器和轮毂等以及各种客船（如出租游艇、定期航线船、快艇）游船和各种业务船（如渔业管理船、巡视船、海港监督艇和海关用艇等）、专用船（如海底电缆铺设船、赛艇、防灾船和海洋研究船等）的上部结构、隔板、装甲板、发动机部件、蒙皮板等，此外，集装箱和冷装箱的面板与框架、道路围栏、码头的跳板等也大多使用铝材。目前，日本、德国、美国、法国等工业发达国家已研制出了全铝汽车、全铝摩托车和自行车、全铝快艇和赛艇以及全铝的高速客车车厢和地铁车辆、全铝集装箱等，交通运输业已成为铝材最大用户，铝材正在部分替代钢铁成为交通运输工业的基础材料。

法国的国铁最先在铁道客车的窗框上应用铝合金材料，英国的兰克夏和约克夏铁路在 1905 年即在制作电动车的外墙板和内部装饰材料时使用铝合金。1923~1932 年间，美国在铁道车辆上大量使用铝合金制造门窗、外墙板、车顶、转向架、内墙管道、车轮中的轮芯和装饰用材等。此后，迅速扩展到意大利、瑞士、德国、加拿大等国。1962 年，日本从德国引进了铝材加工新技术，山阳电铁首先采用了全铝结构车，一跃成为世界各国注视的中心。铝合金铁道车辆的制造技术在日本发展迅速，日本客车（内燃机车、电车、客车等）中铝质车辆占有的比例如下：1970 年为 1.3%，1982 年为 3.4%，1984 年为 9.4%，到 21 世纪初已接近 50%。目前，在日本用铝合金制造的车辆已用于国铁、新干线、私铁、地铁等20个运营单位的60多个车型。用材方面也从半铝合金材发展到全铝合金材。各种高强度铝合金复杂断面和大断面型材由于挤压技术的发展也研制成功，全铝车辆的组装方法也发生了改变，由过去的骨架敷以薄板的传统工艺改为用骨架、外板一体的大型挤压件拼装的新方法。1952年伦敦地铁电车就是最初批量生产的铝结构车辆。

全球铝工业自1990年以来进入了一个崭新的发展时期。随着经济的飞速发展和科学技术的进步，在全球经济一体化与大力提高投资回报率的经营思想推动下，铝材应用领域和消费量迅速扩大，在各种材料的激烈竞争中处于优势地位。预计在21世纪初期铝材消费量将保持5%左右的增长率，而传统钢铁产品将年均缩减3%~5%；铝及铝加工材将逐步替代传统的钢铁产品，成为交通运输等工业部门和人民生活各方面的基础材料。

1.2 铝及铝合金的生产与应用概况

1.2.1 铝的冶炼

生产金属铝（电解铝），第一步先生产氧化铝。世界上的氧化铝几乎都是用碱法生产的，分拜耳法、烧结法和拜耳—烧结联合法，其中以拜耳法为主。此外，生产1t金属铝约需要2t氧化铝。

1.2.1.1 氧化铝生产

A 拜耳法

拜耳法具有能耗低、流程简单和成本低廉等优点，适用于铝硅质量比相对较高的铝土矿。拜耳法的生产原理首先是用氢氧化钠（NaOH）溶液溶出铝土矿中的氧化铝，获得铝酸钠溶液；其次将溶液与赤泥净化分离；然后在低温下以氢氧化铝作为晶种，长时间的搅拌后即可析出氢氧化铝；最后将得到的氢氧化铝洗涤并煅烧，获得氧化铝成品。拜耳法的主要化学反应如下。

溶出：$Al_2O_3 \cdot 3H_2O + 2NaOH \longrightarrow 2NaAl(OH)_4$

分解：$NaAl(OH)_4 \longrightarrow Al(OH)_3 + NaOH$

煅烧：$2Al(OH)_3 \longrightarrow Al_2O_3 + H_2O$

三水铝石、一水软铝石和一水硬铝石矿物性质的差别导致其在氢氧化钠溶液中的溶解度存在较大差异，因此，矿石中的氧化铝溶出温度也不同。

B 碱石灰烧结法

铝硅比低的铝土矿可用碱石灰烧结法进行处理。首先将铝土矿、石灰石和碳酸钠按一定比例均匀混合，在回转窑内烧结成由铝酸钠（$Na_2O \cdot Al_2O_3$）、原硅酸钙（$2Ca_2O \cdot SiO_2$）、铁酸钠（$Na_2O \cdot Fe_2O_3$）、钛酸钙（$CaO \cdot TiO_2$）等组成的熟料；其次用稀碱溶液溶出熟料中的铝硅酸钠，经过专门的脱硅过程对溶液进行提纯；然后把CO_2气体通入精制铝酸钠溶液，加入氢氧化铝晶种搅拌，得到氢氧化铝沉淀物；最后将沉淀物进行煅烧得到氧化铝成品。

碱石灰烧结法的主要化学反应如下：

$$Al_2O_3 + Na_2CO_3 \longrightarrow Na_2O \cdot Al_2O_3 + CO_2$$

熟料溶出：$Na_2O \cdot Al_2O_3 + 4H_2O \longrightarrow 2NaAl(OH)_4$

脱硅：$1.7NaSiO_3 + 2NaAl(OH)_4 \longrightarrow Na_2O \cdot Al_2O_3 \cdot 1.7SiO_2 \cdot nH_2O \downarrow + 3.4NaOH$

$$3Ca(OH)_2 + 2NaAl(OH)_4 + xNa_2SiO_3 \longrightarrow$$
$$3CaO \cdot Al_2O_3 \cdot xSiO_2 \cdot (6-2x)H_2O\downarrow + 2(1+x)NaOH$$

分解：$2NaOH + CO_2 \longrightarrow Na_2CO_3 + H_2O$

$$NaAl(OH)_4 \longrightarrow Al(OH)_3\downarrow + NaOH$$

C 拜耳—烧结联合法

联合法以拜耳法为主，辅以烧结法，分为串联法、并联法和混联法，可充分发挥两种生产方法的优点，适用于较低铝硅比的铝土矿。

1.2.1.2 电解铝生产

铝电解（electrolytic aluminium）生产的原理是直流电通过以氧化铝为原料和冰晶石为熔剂的电解质，在950~970℃使电解质溶液中的氧化铝分解为铝和氧，其中阴极上析出铝，阳极上析出CO_2和CO气体。冰晶石-氧化铝溶液具有离子结构，其中，阳离子有Na^+和少量Al^{3+}，阴离子有AlF_6^{3-}和Al-O-F配合离子以及少量O^{2-}和F^-。在1000℃下，钠的析出电位比铝大约负250mV。由于阴极上离子的放电不存在很大的过电压，所以

阴极反应是：Al^{3+}(配合的) $+ 3e^- \longrightarrow Al$

阳极反应是：$6O^{2-}$(配合的) $+ 3C + 12e^- \longrightarrow 3CO_2$

铝电解过程的总反应是：$2Al_2O_3 + 3C \longrightarrow 4Al + 3CO_2$

Al_2O_3的质量分数在冰晶石-氧化铝溶液中一般保持3%~5%，通常添加铝、镁、钙和锂等的氟化物改善电解质的性质。

在阴极上析出的铝液汇集到电解槽底部，而阳极上析出的二氧化碳和一氧化碳气体进入空气中。将铝液从电解槽中抽出并放进混合炉中，经过净化，即可铸成电解铝锭。

1.2.1.3 电解铝锭牌号及化学成分

在我国，重熔用铝锭（电解铝锭又称原铝锭）的牌号和成分应符合GB/T 1196—1993规定。牌号及化学成分见表1-4。

表1-4 重熔用铝锭牌号及化学成分

牌 号	化学成分/%							
	Al	杂 质						
		Fe	Si	Cu	Ga	Mg	其他每种	总和
Al99.85	≥99.85	≤0.12	≤0.08	≤0.005	≤0.030	≤0.030	≤0.015	≤0.15
Al99.80	≥99.80	≤0.15	≤0.10	≤0.01	≤0.03	≤0.03	≤0.02	≤0.20
Al99.70	≥99.70	≤0.20	≤0.13	≤0.01	≤0.03	≤0.03	≤0.03	≤0.30
Al99.60	≥99.60	≤0.25	≤0.18	≤0.01	≤0.03	≤0.03	≤0.03	≤0.40
Al99.50	≥99.50	≤0.30	≤0.25	≤0.02	≤0.03	≤0.05	≤0.03	≤0.50
Al99.00	≥99.00	≤0.50	≤0.45	≤0.02	≤0.05	≤0.05	≤0.05	≤1.00

注：1. 铝含量为100.00%与含量等于或大于0.010%的所有杂质总和的差值。
2. 表中未规定的其他杂质元素，如Zn、Mn、Ti等，供方可不做常规分析，但应定期分析。
3. 对于表中未规定的其他杂质元素的含量，如需方有特殊要求时，可由供需双方另行协议。
4. 分析数值的判定采用修约比较法，数值修约规则按GB 8170第3章的有关规定进行。修约数位与表中所列极限位数一致。

国际上重熔用铝锭的牌号近似对照表如表 1-5 所示。

表 1-5 国际上重熔用铝锭的牌号近似对照表

序号	中国 GB/T 1196	国际标准 ISO CD 115	德国 DIN	英国 BS	法国 NF	俄罗斯 ГОСТ 11069	日本 JIS H2102	美国 ASTM B37 等
			欧洲 EN 576					
1	Al99.90	Al99.9	EN AB-Al99.90			—	特 1 级	P0507A
2	Al99.85	Al99.8	EN AB-Al99.85			A85	特 2 级	P1015A
3	Al99.70A	Al99.70A	EN AB-Al99.7E			A7E	1 级	P1020A
4	Al99.70	Al99.7	EN AB-Al99.70			A7	1 级	P1020A
5	Al99.60	Al99.6	EN AB-Al99.6E			A6	1 级	P1520A
6	Al99.50	Al99.5	EN AB-Al99.50			A5	2 级	P1535A
7	Al99.00	Al99.0	EN AB-Al99.00			A0	3 级	990A

重熔用精铝锭牌号和化学成分应符合 GB/T 8644—2000 规定。牌号和化学成分见表 1-6。

表 1-6 重熔用精铝锭牌号及化学成分

牌 号	化学成分/%							
	Al	杂 质						
		Fe	Si	Cu	Zn	Ti	其他杂质每种	总和
Al99.996	≥99.996	≤0.0010	≤0.0010	≤0.0015	≤0.001	≤0.001	≤0.001	≤0.004
Al99.993	≥99.993	≤0.0015	≤0.0013	≤0.0030	≤0.001	≤0.001	≤0.001	≤0.007
Al99.99	≥99.99	≤0.0030	≤0.0030	≤0.0050	≤0.002	≤0.002	≤0.001	≤0.010
Al99.95	≥99.95	≤0.0200	≤0.0200	≤0.0100	≤0.005	≤0.002	≤0.005	≤0.050

注：1. 铝含量按 100%与杂质 Fe、Si、Cu、Ti、Zn 等含量的总和（百分数）之差来计算。

2. 表中未列其他杂质元素，如需方有特殊要求，可由供需双方协商。

3. 分析数值的判定采用修约比较法，数值修约则按 GB 8170 第 3 章的有关规定进行。修约数位与表中所列极限位数一致。

1.2.2 铝合金的应用与发展

铝合金根据加工方法的不同可以分为铸造铝合金和变形铝合金两大类，随着工业的发展，铸造铝合金和变形铝合金的界限变得越来越模糊。铸造铝合金按其化学成分可以分为铝硅系合金、铝铜系合金、铝镁系合金和铝锌系合金等。变形铝合金按是否能进行热处理可分为不可热处理强化型铝合金和可热处理强化型铝合金等。

1.2.2.1 铝合金的特点及应用范围

铝合金的密度约为铜或钢的 1/3，相对较小，并且具有一系列比其他有色金属、钢铁、木材和塑料等更优良的特性：良好的塑性和加工性能，良好的耐蚀性和耐候性，良好的耐低温性能，良好的导热性和导电性，对光热电波的反射率高、表面性能好，基本无毒，无磁性，有吸声性，抗核辐射性能好，耐酸性好，弹性系数小，优良的铸造性能和焊接性能，良好的力学性能，良好的抗撞击性。此外，铝材的高温性能、切削加工性、成型性能、胶合性、铆接性以及表面处理性能等也比较好。因此，铝及其合金在航天、航海、航空、交通运输、桥梁、建筑、电子电气、能源动力、冶金化工、农业排灌、机械制造、包装防腐、电器家具、日用文体等各个领域都获得了十分广泛的应用，铝及其合金的基本特性及主要应用领域如表1-7所示。

表1-7 铝及其合金的基本特性及主要应用领域

基本特性	主 要 特 点	主要应用领域举例
质量轻	铝的密度为2.7g/cm³，与铜（密度为8.9g/cm³）或铁（密度为7.9g/cm³）比较，约为它们的1/3。铝制品或用铝制造的物品质量轻，可以节省搬运费和加工费用	用于制造飞机、轨道车辆、汽车、船舶、桥梁、高层建筑和质量轻的容器等
强度好	铝的力学性能不如钢铁，但它的比强度高，可以添加铜、镁，锰，铬等合金元素，制成铝合金，再经热处理，而得到很高的强度，铝合金的强度比普通钢好，也可以和特殊钢媲美	用于制造桥梁（特别是吊桥、可动桥）、飞机、压力容器、集装箱、建筑结构材料、小五金等
加工容易	铝的延展性优良，易于挤出形状复杂的中空型材和适于拉伸加工及其他各种冷热塑性成形	受力结构部件框架，一般用品及各种容器、光学仪器及其他形状复杂的精密零件
美观，适于各种表面处理	铝及其合金的表面有氧化膜，呈银白色，相当美观，如果经过氧化处理，其表面的氧化膜更牢固，而且还可以用染色和涂刷等方法，制造出各种颜色和光泽的表面	建筑用壁板、器具装饰、装饰品、标牌、门窗、幕墙、汽车和飞机蒙皮、仪表外壳及室内外装修材料等
耐蚀性、耐气候性好	铝及其合金，因为表面能生成硬而且致密的氧化薄膜，很多物质对它不产生腐蚀作用。选择不同合金，在工业地区、海岸地区使用，也会有很优良的耐久性	门板、车辆、船舶外部覆盖材料、厨房器具、化学装置、屋顶瓦板、电动洗衣机、海水淡化、化工石油、材料、化学药品包装等
耐化学药品	与硝酸、冰醋酸、过氧化氢等化学药品不反应，有非常好的耐药性	用于化学装置、包装及酸和化学制品包装等
导热、导电性好	导热，电导率仅次于铜，为钢铁的3~4倍	电线、母线接头、锅、电饭锅、热交换器、汽车散热器、电子元件等
对光、热、电波的反射性好	对光的反射率，抛光铝为70%，高纯度铝经过电解抛光后为94%，比银（92%）还高，铝对热辐射和电波也有很好的反射性能	照明器具、反射镜、屋顶瓦板、抛物面天线、冷藏库、冷冻库、投光器、冷暖器的隔热材料
没有磁性	铝是非磁性体	船上用的罗盘、天线、操舵室的器具等
无毒	铝本身没有毒性，它与大多数食品接触时溶出量很微小。同时由于表面光滑、容易清洗，故细菌不易停留繁殖	食具、食品包装、鱼罐、鱼仓、医疗机器、食品容器、酪农机器
吸声性	铝对声音是非传播体，有吸收声波的性能	用于室内天棚板等
耐低温	铝在温度低时，它的强度反而增加而无脆性，因此它是理想的低温装置材料	冷藏库、冷冻库、南极雪上车辆、氧及氢的生产装置

1.2.2.2 合金元素及微量元素在铝合金中的作用

由于铝合金中各种添加元素在冶金过程中会发生相互作用，从而改变合金的微观组织结构，进而影响其性能。为了得到不同性能、功能和用途的新材料，合金化往往是最有效也是最基本的方法之一。以下简要介绍铝合金中主要合金元素和杂质对合金组织性能的影响。

A 铜元素

铜是铝合金中重要的合金元素之一，在铝基体中具有较好的固溶强化效果。时效处理后析出的 Al_2Cu 相具有显著的析出强化效果。铝合金中铜含量（质量分数）通常在0.5%~10%之间，强化效果最好的铜含量范围为4%~6.8%。

铝铜合金中可以含有少量的硅、锰、镁、锌、铬、铁等元素。

B 硅元素

铝硅的共晶反应的温度为577℃，此时硅在铝固溶体中的最大溶解度为1.65%。尽管溶解度随温度降低而减少，但这类合金一般是不能热处理强化的。铝硅合金的铸造性能和抗蚀性极好。

对于铸造铝合金，将镁和硅同时加入铝中会形成铝镁硅系合金，该合金主要以 Mg_2Si 相作为其主要强化相。在设计 Al-Mg-Si 系合金成分时，基本上按镁和硅的质量比为1.73∶1配置镁和硅的含量。有些 Al-Mg-Si 合金可以在其中加入适量的铜来进一步提高强度，同时，加入一定的铬可以抵消铜对合金耐蚀性的不良影响。

在变形铝合金中，硅的单独加入仅限于焊接材料中，并且可起到一定的强化效果。

C 镁元素

随着温度的降低，镁在铝中的溶解度迅速下降。镁在大部分工业用变形铝合金中的含量均小于6%，硅含量也相对较低。这类合金具有良好的耐蚀性和可焊性，强度中等，但无法进行热处理强化。

通常而言，合金中镁的含量每增加1%，其抗拉强度约增加34MPa。合金中的锰含量低于1%时会起到补充强化的作用。因此，合金中加入锰可适当降低镁的含量，并降低热裂倾向。此外，锰的加入还能改善合金的焊接性和耐蚀性，并促进 Mg_5Al_5 化合物的均匀沉淀。

D 锰元素

铝锰的共晶反应温度为658℃，锰在铝中的最大溶解度为1.82%。随着溶解度的增加，合金的强度也不断增加，伸长率在锰含量为0.8%时达到最大值。Al-Mn 合金是无法进行热处理强化的。

合金中添加锰，能提高再结晶温度，阻止铝合金的再结晶过程，最终使再结晶晶粒得到显著细化。$MnAl_6$ 化合物的弥散分布可对再结晶晶粒的长大进行阻碍，从而实现再结晶晶粒的细化。合金中锰的加入会形成（Fe、Mn)Al_6 相，以中和杂质铁的有害作用。

锰作为铝合金的重要元素之一，既可形成 Al-Mn 二元合金，又可与其他合金元素一起加入提高合金强度，因此，锰在铝合金中的应用较为广泛。

E 锌元素

在变形铝合金中，锌的单独加入很难提高合金的强度，但反而会增加合金的应力腐蚀开裂倾向，因此限制了锌在铝中的应用。

如果在添加锌的同时加入镁，会在基体中形成 $MgZn_2$ 强化相，从而显著提高合金的强度。当镁的含量高于形成 $MgZn_2$ 相所需要的量时，其在基体中的固溶还会产生固溶强化的作用。

通过协调合金中镁和锌的比例，可在提高抗拉强度的同时增加应力腐蚀开裂的抗力。比如在超硬铝合金中，Zn/Mg 在 2.7 左右时的应力腐蚀开裂抗力最大。

在 Al-Zn-Mg 合金的基础上加入铜，会形成 Al-Zn-Mg-Cu 合金，这种合金的强化效果非常显著，是航空航天、电力等领域应用的重要铝合金材料。

F 铁和硅元素

通常来说，铁在 Al-Cu-Mg-Ni-Fe 系锻铝合金中、硅在 Al-Si 系合金中均是主要的合金元素，而在其他体系的铝合金中，两者均作为杂质元素处理。铁和硅在铝合金中主要以 $FeAl_3$ 和游离硅的形式存在，对合金性能的影响较大。合金中铁含量大于硅含量时，形成 α-Fe_2SiAl_8（或 Fe_3SiAl_{12}）相；硅含量大于铁含量时，形成 β-$FeSiAl_5$（或 $Fe_2Si_2Al_9$）相。若铁和硅的比例控制不当时，铸件会产生裂纹，铸造铝合金中过高的铁含量会增大铸件的脆裂倾向。

G 钛和硼元素

钛主要是以 Al-Ti 或 Al-Ti-B 中间合金的形式加入到铝合金中，是比较常见的添加元素之一。钛和铝会形成与铝基体呈现共格状态的 $TiAl_3$ 相，作为非均匀形核的合金达到细化铸造组织的目的。钛和铝发生包晶反应时的钛含量约为 0.15%，如果合金中存在硼，则包晶反应时钛含量会减小到 0.01%。

H 铬元素

Al-Mg 系、Al-Mg-Zn 系和 Al-Mg-Si 系合金中较为常见的添加元素是铬元素。铬在铝中溶解度为 0.8%(600℃)，室温时铬基本上不溶于铝。

铬与铝中的其他元素反应形成（CrFe）Al_7 和（CrMn）Al_{12} 等金属间化合物，阻碍再结晶晶粒的形核和长大，在一定程度上强化合金、降低应力腐蚀开裂敏感性，并改善韧性。但铬的加入会增大合金的淬火敏感性，使阳极氧化膜呈黄色。

通常来说，铬在合金中的添加量低于 0.35%，随着过渡族元素在合金中含量的增加，铬含量降低。

I 锶元素

表面活性元素锶在结晶学上能改变金属间化合物相的析出行为，因此在铝合金中加入锶会改善合金的塑性加工性能和最终产品质量。锶的变质效果好、有效时间长和再现性优良，因此在铸造合金中逐渐取代了钠的变质作用。0.015%~0.03%锶加入到挤压用铝合金中，会使 β-AlFeSi 相变成 α-AlFeSi 相，提高合金的韧性。此外，可减少 60%~70%的铸锭均匀化时间，改善铸件的塑性加工性，提高制品表面粗糙度。将 0.02%~0.07%的锶加入到硅含量为 10%~13%的变形铝合金中，会显著降低基体中初晶硅的体积分数，抗拉强度由 233MPa 提高到 236MPa，屈服强度由 204MPa 提高到 210MPa，伸长率由 9%增大至 12%。将锶加入过共晶 Al-Si 合金中，能细化初晶硅，提高合金的塑性加工性，进而可对材料进行热轧和冷轧。

J 锆元素

锆通常作为晶粒细化元素添加到铝合金中，一般其在合金的添加量在0.1%~0.3%之间。锆元素在铝合金中与铝反应形成 $ZrAl_3$ 化合物，可细化再结晶晶粒。锆也能细化铸造铝合金的微观组织，但细化效果低于钛，并且锆会毒化钛和硼对晶粒的细化作用。在Al-Zn-Mg-Cu系合金中，铬和锰对淬火敏感性的影响比锆高，通常用锆替代铬和锰元素细化组织。

K 稀土元素

合金中加入稀土元素会增加熔铸过程中的过冷度，细化晶粒，减小二次枝晶间距，降低气体和夹杂的含量，并使夹杂相趋于球化。此外，还可通过降低熔体的表面张力增加流动性，有利于成形，对工艺性能的影响较为显著。

合金中的稀土强化作用包括有限固溶强化、细晶强化和稀土化合物的第二相强化等。当稀土加入量不同时，稀土在铝合金中主要以三种形式存在：固溶在铝基体中，偏聚在相界、晶界和枝晶界，固溶在化合物中或以化合物的形式存在。当稀土含量较低时（低于0.1%），稀土主要以前两种形式分布，第一种形式起到了有限固溶强化的作用，第二种形式增加了变形阻力，促进位错增殖，使强度提高。当稀土含量大于0.3%时，第三种存在形式开始占主导地位，这时稀土与合金中的其他元素开始形成许多含稀土元素的新相，同时使第二相的形状、尺寸发生变化。

L 杂质元素

铝合金中往往还会存在钒、铅、钙、铋、锡、铍、锑等杂质元素，这些杂质元素与铝形成的化合物熔点高低不同、晶体结构不一，因此对合金性能的影响也有差异。

在铝合金中，钒与铝反应生成的金属间化合物会细化晶粒，但效果低于钛和锆。钒也有提高合金再结晶温度的作用。

钙很难固溶在铝中，易与铝形成 Al_4Ca 相。但钙又能使铝合金具有超塑性。钙和硅反应生成的 $CaSi_4$ 相难溶于铝，同时也减小了硅在铝中的固溶量，因此会使工业纯铝的导电性得到一定程度的提高。合金中适当的钙含量有利于去除熔体中的氢，并能改善合金的切削性能。

低熔点金属元素铅、锡、铋在铝中固溶度不大，会导致合金的强度略微下降，但切削性能提高。铋在铝合金凝固过程中膨胀有利于金属液的补缩。在高镁合金中添加铋能防止钠脆现象的出现。

锑在变形铝合金中很少使用，其主要可作为铸造铝合金的变质剂。

在变形铝合金中添加铍，可改善氧化膜的结构，进而减少熔铸时的元素烧损。但铍有毒，对人体有害，所以铍不能出现在制造食品和饮料器皿的铝合金中。如果铝合金需要进行焊接，也要控制其中铍的含量。

钠在铝中的最大固溶度小于0.0025%，几乎不溶于铝。钠在合金凝固过程中会吸附在枝晶表面或晶界处，在进行随后的热加工时，此处的钠形成液态吸附层导致脆性开裂，即所谓的“钠脆”现象。若铝熔体中存在硅，钠会与硅形成 NaAlSi 化合物，消耗游离钠，不产生“钠脆”现象。若同时存在镁，且镁含量超过2%，则镁会与硅反应消耗硅，从而使钠产生“钠脆”。因此，钠盐熔剂不允许在高镁铝合金中使用。预防“钠脆”的方法很多，如可在熔体中通入氯气，使钠形成 NaCl 渣排出；在熔体中加入铋形成 Na_2Bi 相溶入基体；在熔体中加入锑或者稀土，也会形成金属间化合物进入基体。

氢在铝及其合金中是一种有害的杂质，氢在铝中的产生途径主要有两种，一种是铝还原水汽产生，另外一种是碳氢化物的分解产生。由于氢在铝熔体的溶解度远高于在固态铝中的溶解度，因此凝固时氢会形成气孔。除此之外，氢还会导致气泡、次生孔隙及热处理过程时内部气孔沉积等缺陷，一般采用除气装置对熔体中的氢进行去除。

1.2.2.3 铝合金材料的发展趋势

A 铝合金铸造材料的研发

摩托车、汽车等交通运输工具，以及电器、小五金、电子等广泛应用铝合金铸件和压铸件。据中国公安部统计，截止到 2018 年，全国机动车保有量已达 3.27 亿辆，其中小型载客车突破 2 亿辆。2017 年中国汽车产量约为 2980 万辆，其中乘用车 2320 万辆，消费铝约 290 万吨。相关数据表明，铝合金铸件和压铸件约占汽车总用铝量的 80%，因此，铸造铝合金在汽车中的应用量十分巨大，换句话说，汽车的发展促进了铝合金铸造产品的快速发展。随着摩托车、汽车，尤其是新能源汽车等现代化交通工具的快速发展，铝合金铸件还有巨大的发展潜力和空间。近年来，围绕汽车轻量化，研制开发了具有高强、高韧、高耐磨、可焊接、低胀缩、抗腐蚀、可表面处理、流动性好、抗疲劳的铸造和压铸用铝合金，以满足汽车发动机、底盘和轮毂及其他用途的需求。

随着国民经济的快速发展和科学技术的进步，不但铝合金铸件的需求量显著增大，铝铸件的质量要求也越来越高。比如目前全球铝合金车轮的装车率超过 60%，我国乘用车铝合金车轮装车率在 70%，2013 年我国铝合金车轮的总产量为 9888.95 万件。由于铝合金车轮已从乘用车向商用车推广，意味着对铸造铝合金的性能要求也更高。

对于压铸铝合金而言，世界各国集中大量的人力物力和财力研制新型高性能铝合金。如 20 世纪末，德国莱茵铝业公司开发出一种新型的高强高韧 Al-Si-Mg 系压铸铝合金 Silafont-36，目前在汽车零部件上应用广泛。21 世纪初，该公司又研发了 Al-Mg-Si 系非热处理的高强韧铝合金 Mgsimal-59，其在普通压铸状态下即具有极高的韧性，可用在对力学性能要求较高且不能进行热处理的汽车零部件上。2007 年该公司又开发出了一种牌号为 Castasil-37 的合金，这种压铸合金的时效抗力较强，可用在有长期性能稳定需求的场合。

此外，在铸造铝合金中添加各种稀土元素，或者在铸造铝合金中加入纤维或颗粒增强基体，目前也是高性能铸造铝合金的发展方向。

B 铝合金变形材料的研发

截止到目前，正式注册的变形铝合金在全世界已经超过 1000 种，常用的牌号也超过 450 种，涵盖了 1×××系 ~9×××系合金，变形铝合金在人类文明发展的进程中起到举足轻重的作用。但是，随着工业的发展和科技的进步，以及国防军工现代化发展和人民生活水平的提高，有些合金已不适应当代的需求，急需发展一批高强、高韧、高模、耐蚀、耐磨、耐高温、耐疲劳、耐辐射、耐低温、防火、防爆、易抛光、易切割、可焊接、可表面处理的和超轻的新型合金，如屈服强度超过 750MPa，但密度小于 $2400kg/m^3$ 的超高强铝锂合金。

铝合金的发展方向大致为以下两个：（1）发展高强韧等高性能的新型铝合金，满足国防军工等领域的需求；（2）发展可用于各种用途和条件的铝合金，满足民用需要。在各方面的努力下，已经或者正在研发一系列新型合金材料，且已取得了可喜的成果，使铝合金及其加工工艺踏上了一个新的台阶。

a　军用高性能铝合金的研发

为适应航空航天器高载荷、高机动性、高耐疲劳、高抗压和高可靠性的需求，研制开发了高性能铝合金，包括2×××系和7×××系传统熔铸铝合金，以及以此为基础发展的SF喷射成形铝合金、PM粉末冶金合金、超塑性铝合金和铝基复合材料等。

在航空航天工业中应用的典型铝合金产品主要有蒙皮板、预拉伸厚板、大型整体壁板件、模锻件和大梁型材等，要求在满足不断提高的强度指标条件下，还满足良好的韧性、抗疲劳性、抗应力腐蚀性等综合性能。世界各国对这种合金开展了很多工作，主要成果包括几个方面。

（1）在传统的Al-Cu-Mg和Al-Cu-Mg-Zn系合金的基础上开展研究。

1）研究合金中主要合金元素与微合金化元素之间的关系，通过调整合金中各组元的含量和比例，改变组织中各金属间化合物的体积分数及物理化学性质，进而研发出满足各种需要的新型铝合金。如在Al-Cu-Mg-Zn系合金中以Zr替代其中的Mn和Cr，可使合金的抗拉强度提高到700MPa以上。

2）对熔体进行净化处理，减少合金中杂质和气体的含量，开发除气、除渣和降低杂质含量的新技术；在保证合金成分和零件质量的前提下，综合考虑各因素之间相互影响、相互制约和相互渗透的关系，采用特种加工成形技术使合金组织性能分布均匀；有效发挥合金中各元素之间的交互作用，以高强韧为目的，兼具耐蚀和抗疲劳等性能。如在研发预拉伸厚板时，对2024、2124、2324、2424、7055、7155、7175和7475等合金中的杂质含量进行控制，将最初牌号中杂质含量由0.5%降低到最新牌号的0.1%以下，使可能成为裂纹源的内部缺陷数量和尺寸大大减少，并改善了析出相的形态和分布。

3）对变形加工和热处理工艺进行研究，开发各种特殊和先进的技术，如超塑成形、等温模锻、精密模锻、等温挤压、半固态成形、强化高温形变、控制轧制、厚板锻轧、大变形加工以及新型的形变热处理工艺和先进的铸造技术等来提高合金的综合性能。比如先生产出优质的铸锭，用大压下量轧制厚板，淬火处理后对材料进行预拉伸，使内部残余应力充分消除，再利用多级热处理的方式，研发出在航空航天、舰艇等军事领域广泛应用的T351、T7351、T651、T765、T7451、T7751、T851、T77、T79等不同状态的大型预拉伸板。目前世界上最为先进的厚板拉矫机在美国Alcoa公司的Davenbot铝加工厂，最大拉矫力可达125MN，可预拉伸150mm×4060mm×33500mm尺寸的铝合金板。我国正在建造的厚板拉矫机最大拉矫力为120MN，在铝合金板的尺寸、规格范围和拉矫工艺等方面与发达国家还有较大的差距。

（2）设计开发新型的高性能铝合金。

1）铝-锂合金。铝-锂合金具有密度低、弹性模量和强度高等优点，现在应用比较成熟的铝-锂合金体系是Al-Li-Cu-Zr和Al-Li-Cu-Mg-Zr系合金，其中Al-Li-Cu-Mg-Zr系合金能替代7×××系超高强合金，典型的牌号是2090和8091，期望能达到7075-T6的强度和7075-T73的耐蚀性的目标。1996年，铝-锂合金在美国直升机中的质量占比已达20%左右；2009 年，铝-锂合金制作的结构件在大型客机上的占比已达 30%。

2）铝-钪合金。钪具有密度小、熔点高等特点，其属于稀土类元素。在铝合金中添加适量的钪可显著提高合金的力学性能和再结晶温度，因此发展迅速。近年来，德国和俄罗斯在 Al-Sc 系合金的研制开发上面开展了大量的工作，并取得了极大的进展，开发出 Al-Zn-Mg-Sc-Zr 系和 Al-Mg-Sc 系合金。Al-Zn-Mg-Sc-Zr 系合金具有高的强度，优异的疲劳性能、塑性和焊接性能，是一种高性能的可焊铝合金，主要应用在航空航天、高铁和高速舰艇等领域。近年来我国在 Al-Sc 合金的研发方面也取得了一系列的成果。

3）铝-铍合金。稀有金属铍的熔点较高，目前获得应用的是 Al-(7~30)%Be-(3~8)%Mg 合金，这种合金均处于 Al-Be-Mg 三元合金相图的两相区，其微观组织主要由固溶镁的（Al）相和初晶铍组成，合金的综合性能优异。比如 Al-7%Be-3%Mg 合金抗拉强度约 650MPa，同时伸长率大于 10%，主要应用在航空航天领域，但由于其制备工艺较为复杂，限制了进一步的推广应用。

（3）采用新技术和新工艺制备新型超高强铝合金材料。

1）采用 PM 法（粉末冶金）制备的超高强铝合金，可获得普通方法生产的铝合金无法比拟的性能，但是这种方法的产品尺寸受限且成本较高。国外采用粉末冶金制备的 7090、7091 和 CW67 等超高强合金的强度均超过了 600MPa，特别是 CW67 合金具有极佳的断裂韧性。现在美国已具备生产 500kg 坯锭的能力，加工的模锻件和挤压件，也在导弹、飞机以及航天器具上获得应用。

2）采用 SD 法（喷射沉积）制备超高强铝合金。SD 法的特点介于粉末冶金和压铸之间，是一种快速凝固成形的方法。SD 法的生产工艺和成本比 PM 法简单且低廉，并且金属氧化物杂质的含量仅是 PM 法的 1/3~1/7，可制备出质量在 1000kg 以上的锭。SD 法最大的优点是可生产高合金化的铝合金，并且可制备颗粒增强金属基复合材料。采用 SD 法制备普通合金，合金的晶粒也极其细小，性能提升显著，因此采用这种方法制备高性能铝合金具有广阔的发展前景。

3）铝基复合材料的制备。铝基复合材料作为金属基复合材料重要的组成部分之一，研究人员对其开展了大量的研究工作，也是一种比较有应用和市场前景的新型材料。目前的铝基复合材料主要包括 B/Al、SiC/Al、BC/Al、Al_2O_3/Al 等，增强相可分为第二相、颗粒、晶须、短纤维和长纤维等，其中最有发展前途的是 SiC/Al 复合材料，这种复合材料成本低，密度小，比刚度和比强度高，导电、导热性好，比弹性模量大，抗蠕变，耐疲劳，耐高温，耐腐蚀等。在美国，SiC/Al 复合材料制造的型材和管材已达 2m 以上，被用在航空航天上，已成为铝合金，甚至是高强度铝锂合金的主要竞争对手。另外，层压式铝基超高强复合材料，如铝钛、铝钢等在近年也获得了发展。

b 民用高性能铝合金的研发

铝及其合金的诸多优点，使其在交通运输、电子电力、民用建筑、印刷、包装、家电等方面的应用广泛，系列高性能民用铝合金也逐渐被开发推广应用。如 2038、6009、6010、6016、6111、6082 及 CP609 等合金主要用于制造汽车车身板，7021、7029 等合金用于制造汽车保险杠，6005A、7065 以及 Al-Zn-Mg 中强可焊合金用于制造轨道车厢的厢体，1370 合金用于制造导线，Al-Si-Mg-Bi 合金可用在热交换器的制造上，4006 合金可用于冲压和制造搪瓷器皿等。

(1) 高档民用建筑铝合金新材料的研发。在幕墙、门窗等民用建筑材料上，铝合金、塑料和复合材料等一直在激烈竞争，铝合金的出路就是不断研发新型产品以淘汰中、低档产品。围绕这一个目标，开发了6061、6063、6005、6082、6351、5005、7005等一系列不同用途的中高强铝合金，其热处理状态也由之前单一的T5向T6发展。各种表面处理新技术和新工艺不断出现，同时铝-木、铝-塑、铝-塑-木及隔热断桥铝等新材料和新品种也不断在研制开发，其应用范围也由围栏、门窗等装饰件朝桁架、跳板、桥梁、屋顶、立柱、模板等承力结构件发展，大大拓宽了铝材在建筑行业的应用范围。

(2) 高性能特薄板及高精铝箔新材料的研发。现代高档涂层板和装饰板，蒙皮板、高级镜面板和CIP版基及PS版基，超薄罐体板和高端铝箔等材料，对铝合金的成分、组织、纯洁度、性能及加工精度和表面质量等提出了很高的要求。因此，1050A、1070A、3103、3105、3204、3404、5052A、5N01、5657、5182、8011等合金及H2n、H3n等热处理状态不断被各国研发出来，以满足市场对铝合金不同用途的需求。

(3) 高性能电子铝合金新材料的研发。为了应对不同性能、功能和用途的铝箔的需求，各国已研究开发了多种类型的铝箔用新合金，特别是高性能电容器和电子用新型铝合金，如1050A、1060、1074A等工业纯铝及lA85、1A09、1A93等高纯铝。

(4) 开发不同性能要求的新型合金。随着人民生活的日益丰富，对铝合金的需求也呈现多样化的趋势，对合金质量和性能的要求也逐渐提高，因此，开发不同类型的新型铝合金以应对不同的需求，是目前的发展趋势，已成功研发的新合金主要包括6005、6005A、6N01、7N01、7005等牌号。

c　我国变形铝合金新材料的研制开发方向

我国对变形铝合金的研究起步较晚，开始于1960年，但研究较为深入系统，主要针对航空航天、舰船等军事和特殊工业部门用以及民用的新型高性能铝合金材料，也已研制和生产了上百种符合我国实际国情的铝合金，基本上跟上了国外发达国家的研究水平，有许多成果已经达到了国际先进水平。基本满足了国防军工、国民经济建设和人民生活的需要。然而，需要认清的是，目前我国的自主研发能力和整体创新水平与国外先进水平还有很大的差距，需要继续努力。

(1) 在传统铝合金的基础上，用新技术和新工艺优化出系列新型铝合金材料。应用元素微合金化理论，调整元素配比，添加高效的微合金元素，采用真空冶炼、微波冶炼及电子冶金等技术，对铝熔体进行高效纯化和净化，开发新型热处理工艺，改造现有的上千余种传统铝合金材料，使之潜力得到充分发挥，设计和优化一批新型的高强、高韧、高模、耐蚀、耐磨、耐高温、耐疲劳、耐低温、耐辐射、防火、防爆、易抛光、易切削、可焊接、可表面处理和超轻的铝合金材料，以应对不同场合和性能、功能的需要，满足不断发展的尖端科技、国防军工和国民经济高速发展的需求。

(2) 对新型铝合金处理工艺进行研究，如开发新型热处理工艺、表面处理工艺和形变热处理工艺，以提高铝合金的性能和拓宽铝合金的应用范围。

(3) 系统研究铝合金成分—工艺—组织—性能之间的关系，掌握各组元之间的规律，对材料的设计优化提供高效的指导。

(4) 对新工艺（如粉末冶金、喷射沉积）制备的纳米级材料和复合材料进行深入研究，以期获得具有高性能的新产品。

1.2.2.4 铝合金成形技术的发展趋势

A 熔铸技术的发展趋势

熔铸技术的发展趋势具体如下。

(1) 开发铝熔体净化处理技术，使熔体中氢气、氧气等气体和夹杂的含量降低，如使铝熔体的 H_2 含量小于 0.1mL/100gAl；Na^+ 在熔体中的质量分数小于 $3\times10^{-4}\%$ 等，使铝合金熔体的纯净度不断提高。

(2) 开发铝合金细化和变质处理技术，改善 Al-Ti、Al-Ti-B 和 Al-Ti-C 等中间合金的晶粒细化效果，改进 Sr、P 和稀土等元素的变质处理工艺。

(3) 提高熔炼工艺和热效率，以及采用先进的炉型和高效的喷嘴。目前各种炉型的发展趋势是大型化和自动化。比如目前最大的熔铝炉为 150t，配有电磁搅拌功能，且可由计算机控制熔体液面和熔炼工艺参数。

(4) 开发新型的铸造方法，提高产品质量和生产效率。如油气混合润滑铸造、电磁铸造和结晶器铸造等，降低生产成本。

(5) 设计均匀化处理和热处理等工艺，提高零件的成分和组织均匀性，进而提高其性能。如可采用多级热处理工艺、多阶段等温连续均匀化设备等。

B 轧制技术的发展趋势

轧制技术的发展趋势具体如下：

(1) 铝合金轧制用的热轧机朝着自动化、精密化和大型化的方向发展。目前美国的 5580mm 五机架热轧机组是世界上最大的热轧机。其热轧板的最大长度为 30m，宽度为 5m。淘汰“二人转”的老式轧机、使用双卷取代替四辊式单机架单卷取、发展热粗轧+热精轧的生产方式等，都能显著提高轧制的产品质量和生产效率。

(2) 连铸连轧和连续铸轧正向着高精、高速、薄壁、超宽的方向发展。美国成功研制的高速薄壁连铸轧机组可代替冷轧机，用来生产厚 2mm、宽 2m 的连铸轧板材，速度达 10m/min，可直接供给铝箔毛料，甚至可直接作为易拉罐的毛坯料。我国有三条 1950mm 的连铸连轧生产线，可部分替代投资巨大的热轧生产线，显著提高生产效率，降低产品的生产成本。

(3) 冷轧朝高速（>45m/s）、高精（±2μm）、宽幅（>2000mm）、高自动化控制的方向发展。正逐步发展起来的冷连轧，可大幅提高生产效率。

铝箔的轧制朝更薄、更宽、更自动化、更精的方向发展，0.004mm 的特薄铝箔可采用不等厚的双合轧制生产出来。我国已开始建设多机架的铝箔连轧线，同时采用喷雾成形和沉积成形等方法生产铝箔的工作也在同步进行。

C 挤压技术的发展趋势

铝合金挤压材的发展趋势是扁宽化、大型化、高精化、薄壁化、复杂化、多用途、多品种、高效率、多功能和高质量。美国的 350MN 的立式反向挤压机是目前世界上最大的挤压机，可生产 ϕ1500mm 以上的管材；俄罗斯的 200MN 卧式挤压机可生产 2500mm 宽的整体壁板；德国的 225MN 卧式双动油压挤压机是目前全球较先进的铝挤压机。中国、俄罗斯、美国拥有世界上总量超过 1/4 的 80MN 以上的挤压机，主要用于生产大型、扁宽、薄壁的实心与空心型材以及管材等。各类型的静液挤压机、反向挤压机和 Conform 连续挤压机发展迅速。涌现出组合模挤压、扁挤压、高速挤压、宽展挤压、高效反向挤压和等温挤压等新工艺，模具结构也在不断改善，设备、工艺技术、生产管理的全线自动化程度不断提高。此外，铝合金挤压过程的数字和物理模拟以及 CAD/CAM/CAE 等技术的发展与应用也很迅速。

D 锻压技术的发展趋势

铝合金锻件由于其组织细小、性能优异，而被广泛用在重要承力构件的制备上。锻压铝合金的液压机的发展方向是大型化和精密化。目前世界上的主要重型锻压机有俄罗斯 750MN 锻压机、法国 650MN 锻压机、美国的 450MN 锻压机及中国的 300MN 锻压机等，并且中国正在建设 450MN 和 800MN 的特大型模压液压机。铝合金模锻件的最大面积将达 $4.5m^2$，锻环直径达 12m 以上，最大质量达 3.5t 以上。由于多向模锻、精密模锻和等温模锻等无加工余量，所以这些新工艺的发展迅速。然而，铝合金模锻件的缺点也相对较多，如大部分为单件小批生产、品种繁多且模具价格昂贵，因此逐渐有用预拉伸厚板数控加工的方法替代的趋势。

E 质量检测与质量保证

目前正在逐步建立的各种质量保证体系（ISO9000 等）可保证产品的质量，但还需要开发各种仪器仪表和测试手段以确保产品的尺寸精度、形位公差、化学成分、微观组织和综合性能以及表面质量和粗糙度等，以达到技术所要求的标准。各种测厚仪、板形仪、型材断面三坐标测形仪、光谱仪、测氢仪、电子探针、电子显微镜、万能电子试验机等的研制和应用推广，提高了产品质量检测水平，并对质量提供了可靠的保证。

F 深加工技术的发展

为了提高铝材的产品附加值、拓宽铝材的应用范围，对铝材进行深加工是主要的途径之一。目前，铝材深加工技术的发展方向主要包括新型胶合技术、焊接技术、铆接技术、表面处理技术和数控加工技术等。

参考文献

[1] 田荣璋．铸造铝合金［M］．长沙：中南大学出版社，2006.

[2] 王克勤．铝冶炼工艺［M］．北京：化学工业出版社，2010.

[3] 潘复生，张丁非．铝合金及应用［M］．北京：化学工业出版社，2006.

[4] 罗启全．铝合金熔炼与铸造［M］．广州：广东科技出版社，2002.

[5] 王祝堂，熊慧．轨道车辆用铝材手册［M］．长沙：中南大学出版社，2013.

[6] 刘静安，谢水生．铝合金材料的应用与技术开发［M］．北京：冶金工业出版社，2004.

[7] 唐剑，王德满，刘静安，等．铝合金熔炼与铸造技术［M］．北京：冶金工业出版社，2009.

[8] 肖亚庆．铝加工技术实用手册［M］．北京：冶金工业出版社，2005.

[9] 李建湘，刘静安，杨志兵．铝合金特种管、型材生产技术［M］．北京：冶金工业出版社，2008.

2 铝合金的组织与性能

纯铝的力学性能很低，不能直接作为结构材料进行使用，向铝中加入一些合金元素，即通过合金化的方式强化铝是实际应用中最基本、最常用和最有效的途径，其他如细晶强化、第二相强化等方式往往都是建立在铝的合金化基础上的。目前实际应用中商业化的铝合金种类非常多，了解这些铝合金的牌号、合金成分、微观组织和性能等特点，有利于深入系统地掌握铝合金的基本属性。

2.1 铸造铝合金

铸造铝合金具有密度小、比强度和比刚度高、切削性能好等优点，被广泛应用于航空航天、汽车、建筑、机械和食品包装等各行业。

2.1.1 铸造铝合金的分类及状态表示方法

2.1.1.1 中国铸造铝合金分类及状态表示方法

铸造铝合金根据合金成分及含量的不同，主要分为铝-硅系、铝-铜系、铝-镁系和铝-锌系等几大类。中国的铸造铝合金牌号与国际通用的一致，前面几位用化学符号表示，其后标注某元素的平均百分含量，如 ZAlSi12Cu2Mg1Ni1，Z 表示铸造，Al 表示基体，Si12 表示该铝合金中含 12%的硅，Cu2 表示铜含量为 2%，Mg1 表示镁含量为 1%，Ni1 表示镍含量为 1%；而 ZAlSi5Cu1Mg 则表示合金中平均硅含量是 5%，平均铜含量是 1%，平均镁含量低于 1%。此外，在中国也可以采用合金代号表示铸造铝合金的牌号，即用拼音字母和数字表示：

ZL——铸铝；

1××——Al-Si 系；

2××——Al-Cu 系；

3××——Al-Mg 系；

4××——Al-Zn 系。

如 ZL205 表示 Al-Cu 系合金的一种，而 ZL303 就代表 Al-Mg 系合金中的一类。字母 ZL 后面的第二、三位两个数字表示顺序号。如果在牌号后面加上字母“A”，则代表该合金为高纯度合金，如 ZL205A 表示优质的 Al-Cu 系合金。

铸造铝合金的状态表示方法如下：

F——铸态；

T1——人工时效；

T2——退火；

T4——固溶处理加自然时效；

T5——固溶处理加不完全人工时效；

T6——固溶处理加完全人工时效；

T7——固溶处理加稳定化处理；

T8——固溶处理加软化处理。

2.1.1.2　美国铸造铝合金的分类

美国铝业协会（AA）采用四位数系统表示铝及其合金的铸件和铸锭等，即采用四位数字（包括一个小数点）的代号系统区别不同体系的铝合金，具体标识规定如下：

（1）1××.×表示纯铝，即未对纯铝进行合金化；

（2）2××.×表示铝合金中的主合金元素是铜，并且可以规定其他合金元素含量；

（3）3××.×表示铝合金中的主合金元素是锰；

（4）4××.×表示铝合金中的主合金元素是硅；

（5）5××.×表示铝合金中的主合金元素是镁；

（6）6××.×表示备用系列；

（7）7××.×表示铝合金中的主合金元素是锌，且可以规定其他合金元素的含量；

（8）8××.×表示表示铝合金中的主合金元素是锡；

（9）9××.×表示铝合金中的主要元素为其他元素。

在1××.×合金中，最后一位数字表示产品的形式不同，如1××.0表示铸件，而1××.1表示铸锭。数字1后的两位数字表示铝的纯度，即最低的铝含量（质量分数）。

在2××.×到9××.×合金中，小数点后的一位数字与1××.×合金的最后一位数字意义相同，均表示产品的形式。而前三位数字的后两位无特别的意义，只是表明该合金中所包括的不同的合金元素。

2.1.1.3　日本铸造铝合金的分类

日本工业标准（JIS H5202—1982）将铸造铝合金分为18种类别、8个系列。日本铸造铝合金牌号中的前两个字母AC表示铝基铸造合金，表2-1为典型的日本JIS压铸铝合金牌号及其化学成分，其中前三个字母ADC表示压铸铝合金。压铸用铝合金为了防止“粘模”，其铁元素的含量范围相对其他铸造工艺方法制备的较宽，这在其他铸造铝合金中是不允许出现的。

表2-1　日本JIS压铸铝合金牌号及其化学成分

合金牌号	化学成分/%								
	Si	Fe	Cu	Mn	Mg	Zn	Ni	Sn	Al
ADC1	11.0~13.0	≤1.3	≤1.0	≤0.3	≤0.3	≤0.5	≤0.5	≤0.1	余量
ADC3	9.0~10.0	≤1.3	≤0.6	≤0.3	0.4~0.6	≤0.5	≤0.5	≤0.1	余量
ADC5	≤0.3	≤1.8	≤0.2	≤0.3	4.0~8.5	≤0.1	≤0.1	≤0.1	余量
ADC6	≤1.0	≤0.8	≤0.1	0.4~0.6	2.5~4.0	≤0.4	≤0.1	≤0.1	余量
ADC10	7.5~9.5	≤1.3	2.4~4.0	≤0.5	≤0.3	≤1.0	≤0.5	≤0.3	余量
ADC12	9.6~12.0	≤1.3	1.5~3.5	≤0.5	≤0.3	≤1.0	≤0.5	≤0.3	余量

2.1.1.4 各国常用铸造铝合金牌号（代号）对照

表2-2是各国常用的铸造铝合金牌号（代号）对照表。

表2-2 各国常用的铸造铝合金牌号（代号）对照表

类别	中国			原苏联	美国		英国	法国	德国	日本	国际
	GB	YB	HB	ГОСТ	ASTM UNS	ANSI AA	BS	NF	DIN	JIS	ISO
铝硅合金	ZL101	ZL11	HZL101	АЛ9	A03560 A13560	356.0 A356.0	—	A-S7G	G-AlSiMg (3.2371.61)	AC4C	AlSi7Mg
	ZL102	ZL7	HZL102	АЛ2	A14130	A413.0	LM20	A-S13	G-AlSi12 (3.2581.01)	AC3A	AlSi12
	ZL104	ZL14	—	АЛ3	—	—	—	—	—	AC2B	—
	ZL104	ZL10	HZL104	АЛ4 АЛ4В	A03600 A13600	360.0 A360.0	LM9	A-S9G A-S10G	G-AlSi10Mg (3.2381.01)	AC4A	AlSi9Mg AlSi10Mg
	ZL105	ZL13	HZL105	АЛ5	A03550 A03550	355.0 C355.0	LM16	—	G-AlSi5Cu	AC4D	—
	ZL106	—	—	АЛ14В	A03280 A03281	328.0 328.1	LM24	—	G-AlSi8Cu3 (3.2151.01)	AC4B	—
	ZL107	—	—	АЛ-6 АЛ7-4	A03190 A03191	319.0	LM4 LM21	A-S5UZ A-S903	G-AlSi6Cu4 (3.2151.01)	AC2B	—
	ZL108	ZL8	—	—	—	—	LM2	—	—	—	—
	ZL109	ZL9	—	АЛ30	A03360 A03361	336.0 336.1	LM13	A-S12UN	—	AC8A	AlSi12Cu
	ZL110	ZL3	—	АЛ10В	—	—	LM1	—	G-AlSi(Cu)	—	—
	ZL111	—	—	АЛ4М	A03541 A03540	354.0	—	—	—	—	—
铝铜合金	ZL201	—	HZL201	АЛ19	—	—	—	AU5GT	G-AlCuTiMg (3.1372.61)	—	AlCu4MgTi
	—	—	HZL202	АЛ19	—	—	—	—	—	—	—
	ZL202	ZL1	—	АЛ12	A03600	A360.0	—	A-U8S	—	—	Al-Cu8Si
	ZL203	ZL2	HZL203	АЛ17	A02950	295.0 B295.0	—	AU5GT	G-AlCu4Ti (3.1841.61)	AC1A	AlCu4MgTi
铝镁合金	ZL301	ZL5	HZL301	АЛ18	A05200 A05202	520.0 520.2	LM10 KM5	—	G-AlMg10 (3.3591.43)	AC7B	—
	ZL302	ZL6	—	АЛ22	A05140 A05141	514.0 514.1	—	AG6 AG3T	G-AlMg5 (3.356.1.01)	AC1A	AlMg6 AlMg3
	—	—	HZL303	АЛ13	—	—	—	—	—	—	—
铝锌合金	ZL401	ZL15	HZL401	AL1P1	—	—	—	—	—	—	—
	ZL402	—	—	АЛ24	A07120 A07122	712.2	—	AZ5G	—	—	AlZn5Mg
	—	—	HZL501	АЛ111	—	—	—	—	—	—	—

注：GB为国家标准；YB为冶金工业标准；HB为航空工业标准。

2.1.2 铸造铝合金的工艺特点

铝合金在铸造过程中所表现出的工艺性，也称作铝合金的铸造性能，是合金在充型、凝固和结晶过程中表现最为突出的性能的综合。一般情况下，这些综合性能包括流动性、收缩性、热裂倾向、气密性和铸造压力等。性能往往与合金的成分密切相关，但除此之外，铸造因素、铸件形状、浇铸温度等也会影响合金的性能。

2.1.2.1　流动性

铝熔体充填铸型的能力称其为流动性，流动性是否良好决定了合金铸件的复杂程度，通常认为铝合金在共晶成分附近具有最优异的流动性。

合金的成分、熔体的温度、熔体的净化程度、铸型工艺参数（如导热性等）等诸多因素都会影响合金流动性。

在实际生产中，当成分已经确定的前提下，保证合金流动性的方法包括但不限于：净化熔体（如除气和除渣）、改善铸型工艺（如提高砂型透气性，对金属型模具进行排气并预热模具）、适当提高浇铸温度等。

2.1.2.2　收缩性

合金从液态转变为固态时候，会发生体积和尺寸的缩小，这种变化称为合金的收缩性。合金从液态到固态，最后冷到室温，一共有三个阶段：液态收缩、凝固收缩和固态收缩。对这三个阶段进行有效的控制有助于改善铸件的质量。比如说铸件缩孔的大小取决于液态收缩和凝固收缩，固态收缩则决定了铸件的应力萌生和尺寸改变。液态收缩和固态收缩的共同作用又影响了热裂纹的形成。为了便于分析，通常将铸件的收缩分为线收缩和体收缩两种，在实际生产中，一般用线收缩作为评价标准。

为了便于定量分析，通常将铝合金收缩的大小以百分数进行表示，称其为收缩率，包含了线收缩率和体收缩率。

当温度由 t_0 降至 t 时，合金的体积收缩率表示如下：

$$E_V = \frac{V_0 - V}{V_0} \times 100\%$$

式中　E_V——体积收缩率；

V_0——被测合金试样在高温 t_0 的体积，cm^3；

V——被测合金试样降温至 t 时的体积，cm^3。

当温度由 t_0 降至 t 时的线收缩可用下式表示：

$$E_L = \frac{L_0 - L}{L_0} \times 100\%$$

式中　E_L——线收缩率；

L_0——被测合金试样在高温 t_0 的长度，cm；

L——被测合金试样降温至 t 时的长度，cm。

铸件的质量往往取决于线收缩的大小。随着线收缩的增大，铝合金铸件越容易出现裂纹、应力集中等倾向，并且冷却后铸件的形状也会发生较大的变化。此外，由于凝固过程中铸件表面与型腔壁之间会产生摩擦，复杂铸件不同部位处会出现机械阻碍及冷却速度差异造成的热阻碍，这种现象称为受阻收缩。而形状简单的铸件其收缩的受阻比较小，可视为自由收缩。

铸造铝合金类型和牌号的不同，其铸造收缩率也存在差异。表2-3是几种常见牌号铸造铝合金的收缩率。

表2-3 铸造铝合金的收缩率

合金代号	体积收缩率/%	线收缩率/%	合金代号	体积收缩率/%	线收缩率/%
ZL101	3.7~3.9	1.1~1.2	ZL202	6.3~6.9	1.25~1.35
ZL102	3.0~3.5	0.9~1.0	ZL203	5.6~6.8	1.35~1.45
ZL103	4.0~4.2	1.3~1.35	ZL301	4.8~5.0	1.30~1.35
ZL104	3.2~3.4	1.0~1.1			
ZL105	4.5~4.9	1.15~1.2			

由于铸造铝合金在凝固过程中的收缩性，导致铸件在最后凝固的部位会出现宏观和微观的缩孔。微观缩孔肉眼很难辨别，通常分布在晶界处或枝晶间。宏观缩孔根据分布特征可分为集中缩孔和分散缩孔。集中缩孔通常分布在铸件截面厚大的热节处或铸件顶部；分散缩孔又称疏松，通常分布在铸件轴心或热节部位，其形貌细小弥散。

缩孔和疏松的产生原因是凝固后期合金的凝固收缩和液态收缩得不到有效补充，是铸件的主要铸造缺陷。在实际生产中发现，铸造铝合金的固液凝固区间越宽，疏松出现的概率越大，固液凝固区间越窄，宏观集中缩孔越易形成。在设计中，顺序凝固原则对于铸造铝合金而言至关重要，即铸件在凝固过程中的各种收缩必须及时得到合金液的补充，使疏松和缩孔分布在铸件浇道或冒口中。对比较容易产生疏松的铸件，通常在易出现疏松的位置放置冷铁，并增加冒口的设置数量，促进金属液的快速凝固和同时凝固。

2.1.2.3 热裂性

当铝合金铸件的收缩应力大于晶粒间结合力时，其可能沿晶界产生热裂纹。观察断口形貌会发现，金属已经氧化失去光泽。一般裂纹的形状表面比较宽，内部相对较窄，呈现锯齿状。

根据裂纹萌生的位置，将裂纹分为内裂和外裂。内裂出现在铸件内部最后凝固处，一般不会贯穿铸件；外裂基本在铸件尺寸突变或尖角处等应力集中的部位产生，往往产生在铸件表面。

由于铸造铝合金的热裂倾向与合金收缩率有关，而收缩率又与固液温度区间有关，因此合金的固液温度区间越大，其热裂倾向也越大，如Al-Cu系、Al-Mg系合金的热裂倾向就高于Al-Si系合金。此外，同一种合金也会因为铸件的结构、铸型的阻力、铸造工艺参数等因素的不同而使热裂倾向发生改变。实际生产中避免铝合金铸件产生热裂的措施通常是采用退让性铸型、合理地设置冷铁以及改进浇铸系统。

2.1.2.4 气密性

铝合金铸件内部组织的致密化程度，影响其在应用过程中高压气体或液体是否存在渗漏的现象，这种即为合金气密性。气密性与合金本身的性质息息相关，合金固液相线的温度区间越小，其产生疏松的概率也就越低，析出性气孔的数量也少，合金的气密性相应就越高。ZAlSi9Mg、ZAlSi12等合金的气密性相对好于ZAlMg10和ZAlCu4等固溶体合金。

对于同一种合金而言，铸造工艺也影响其气密性的好坏，以下措施可有效提高铝合金铸件的气密性：（1）降低金属液的浇铸温度；（2）适当提高金属液的冷却速度；（3）在压力下凝固结晶等。

2.1.2.5　铸造应力

铸造铝合金的应力包括收缩应力、相变应力及热应力三种。

铝合金铸件在凝固过程中，其收缩会受到铸型、砂芯等的阻碍作用而产生力，这种应力称为收缩应力，这种应力会随着铸件的开箱而自行消失，是暂时的。但如果开箱时间控制不当，反而更易形成热裂纹，金属型浇铸的铝合金对开箱时间的要求尤为严格。

一些铸造铝合金在凝固冷却阶段会产生相变，进而造成其尺寸和体积发生改变，这种情况导致的力即为相变应力。结构复杂的铝铸件由于各部位冷却时间不一致，造成发生相变的时间不同。

同一铸件在不同位置的相交处断面厚薄不同，进而在冷却过程中存在收缩差异，这种情况导致的应力为热应力。一般而言，会在厚壁处出现拉应力，而在薄壁位置形成压应力，进而在铸件中形成残余应力。这种残余应力会降低合金的性能，并使铸件的加工精度下降。可通过退火处理的方式消除铸件中存在的残余应力。

2.1.2.6　吸气性

铸造铝合金具有易吸气的特点。原因是因为铝及其合金中的元素与空气、炉衬、铸型和炉料等中存在的水分发生反应生成氢气，氢气被铝熔体吸收。

$$2Al + 3H_2O \xlongequal{} Al_2O_3 + 3H_2$$

氢在铝固体中的溶解度约为 0.1mL/100gAl，随着铝合金温度的升高，其溶解的氢也随之增多，铝熔体中唯一可大量溶解的气体即氢气。当铝熔体的温度达到 700℃时，氢在其中的溶解度为 0.8mL/100gAl；当铝熔体的温度达到 850℃时，氢在其中的溶解度会达到 2.0mL/100gAl 左右。当铝熔体中含有碱性金属杂质时，氢在其中的溶解度还会进一步增大。

除了在熔炼时的吸气外，铸造铝合金在充型过程中也会吸气，而在随后的冷却过程中，随着温度的下降，气体就会析出来。部分气体逸不出来就会留在铸件中形成气孔，即形成针孔。铝液中析出的气体有时也会留在缩孔中和缩孔结合在一起。如果气孔受热是产生很大的压力，则导致其表面光滑并存在一圈光亮层；反之，则孔内表面会出现皱纹，具有缩孔的部分特征。

铸造铝合金熔体中的含氢量若低于 0.1mL/100gAl，则可获得无气孔的铸件，随着含氢量的增加，铸件中的气孔也随之增加。

除了合理设计浇铸系统外，采用相应的除气净化方法并加强熔炼过程中熔体的保护，是减少铸造铝合金吸气的主要方法。减少铝熔体含氢量的措施还可以通过减少熔体氧化和夹杂的含量来实现。

2.1.3　铸造方法

按照充型过程中熔体的受力特点，可将铝合金的铸造方法分为以下几类，如图 2-1 所示。

按照铸造工艺中的铸型特点，可将铝合金的铸造方法分为如图 2-2 所示的几类。

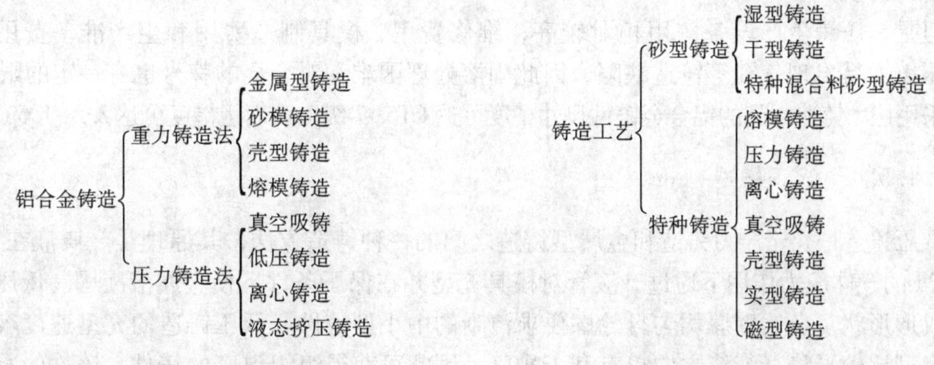

图 2-1 根据受力特点进行的铝合金铸造方法分类

图 2-2 根据铸型特点进行的铝合金铸造方法的分类

铝合金成分的差异造成合金的物理化学性质有所区别，其凝固结晶过程也不尽相同，因此选择合理的铸造方法，是减少或防止铸造缺陷产生、获得优质铸件的主要途径。

2.1.3.1 砂型铸造

采用砂子和黏结剂等材料制备铸型，是砂型铸造的主要特点。其具有投资少、生产简便、准备周期短和设备简单等优点。采用砂型铸造制备的铸件成本低廉、工艺调整和铸件结构改进比较容易实现，适用于不同大小形状铝合金铸件的单件和批量生产。合金液在充型过程中的排气除渣比较方便，在型腔中的凝固收缩条件也优于其他铸造方法，适用于成形各种工艺特性和牌号的铝合金铸件。

但是，砂型铸造的生产效率低、金属利用率低、劳动条件差，铸件的尺寸精度、致密度和表面粗糙度都低于金属型、压铸、低压铸造、熔模铸造等方法，不利于成形形状复杂和薄壁的铸件。砂型铸造适合成形厚度超过 3mm、精度等级在 CT7~11 级之间，表面粗糙度大于 6.3μm 的铸件。

2.1.3.2 金属型铸造

铝合金铸件的成形最常用的方法之一是金属型铸造，其模具的使用周期较长，一般可重复使用上千次甚至上万次，具有较高的生产效率，铸件的微观组织较为致密，力学性能也较高，成型后铸件的加工余量不大，适于铸件的批量化生产。

然而，由于金属型及其型芯本身无透气性且退让性很差，所以不适合用来生产热裂倾向大的铝合金和复杂、壁厚不均匀程度高的铸件。此外，金属型模具的成本较高，制造周期长，因此不适合用于单件小批量的生产。

采用金属型铸造制备的铝合金铸件尺寸精度可达 CT6~8 级，表面粗糙度大于 4μm。

2.1.3.3 压力铸造

金属液在高压和高速下充填型腔，并在压力作用下快速凝固，这种铸造方法称为压力铸造，简称压铸。压铸可用来生产薄壁复杂的铸件，还可在表面压出图案和螺纹。压铸件的强度和硬度较高，加工余量较少，具有很高的生产率和金属利用率，适用于生产大批量的精密铸件。

但是，压铸生产设备费用相对较高，维修费用、模具制造费用和生产准备费用均较高，压铸件易出现气孔等铸造缺陷，因此固溶处理困难，对合金的牌号也有一定的限制。

采用压力铸造得到的铝合金铸件尺寸精度可达 CT5~7 级，表面粗糙度可达 3.2~1.6μm。

2.1.3.4　低压铸造

低压铸造是介于压力铸造和金属型铸造之间的一种铸造方法，其原理是金属液在 0.2~0.8MPa 的气体压力作用下通过升液管对模具充型并在保压条件下使金属液凝固。低压铸造适合成形形状复杂、壁厚均匀且轮廓要求清晰的中小型铸件。低压铸造的充型速度容易控制，充型比较平稳，液流方向也有利于排气，因此可获得组织致密的铸件。铸件的凝固方式是顺序凝固，力学性能较好，一般不设计用来补缩的冒口，可显著提高金属的利用率。只要能用于重力浇铸的金属型、砂型、熔模壳型和石膏型等铸型材料，只要进行一定的工艺处理就可用于低压铸造。低压铸造劳动环境较好，易于机械化生产，适用于铸件的批量生产。

但是低压铸造的设备投资相对较大，生产活动的准备时间较长，只能生产具有一定形状和大小的铸件。

采用低压铸造得到的铝合金铸件尺寸精度为 CT6~8 级，表面粗糙度为 2.5~1.25μm。

2.1.3.5　熔模铸造

采用中低温蜡料制作模具，在蜡模表面涂刷由硅酸乙脂、硅溶胶、刚玉、莫来石或锆石粉等材料制成的涂料，干燥后加热熔去蜡膜，形成空心型壳，这种铸造方法称为熔模铸造，也叫失蜡铸造。其适用于成形整体的复杂薄壁件。

但是熔模铸造的成本较高、工艺周期长，通常用来制备有特殊要求和需要大批量生产的铸件。

采用熔模铸造得到的铝合金铸件尺寸精度为 CT4~6 级，表面粗糙度可达 6.3~3.2μm。

2.1.3.6　石膏型精密铸造

石膏型精密铸造是采用硅橡胶或易熔模料等先制成尺寸准确的模型，然后用石膏浆料作为铸型材料。石膏型精密铸造的成形性好，可制备薄壁复杂件，铸件的最小壁厚尺寸约为 1mm。石膏型的溃散性好，容易清理，价格低廉，无尘无污染。

石膏型精密铸造由于铸型的透气性较差，铸件中易生成针孔，微观组织的晶粒粗大，铸型材料回收困难，干燥所需时间较长，生产成本较高，因此适用于有特殊要求或其他铸造方法难以成型的整体薄壁复杂件。

采用石膏型精密铸造得到的铝合金铸件尺寸精度为 CT4~6 级，表面粗糙度可达 3.2~1.6μm。

2.1.4　铸造铝合金的应用概况

铸造铝合金根据生产方式或用途的不同，可分为一般铸造用铝合金和压力铸造用铝合金。两者的区别在于前者组织致密，强度和硬度较高。

不同体系铸造铝合金的特性及其主要用途如下所述。

2.1.4.1　Al-Si 系合金

Al-Si 系铸造合金的耐蚀性和焊接性良好，流动性优良，且随着 Si 含量的增加其流动性也会相应增加，但铸件易产生缩孔缺陷。主要用来制备大型薄壁复杂的铸件。

2.1.4.2　Al-Cu 系合金

Al-Cu 系铸造合金具有优异的切削性，热处理后的材料的力学性能有较为显著的提高，特别是伸长率较高，但耐蚀性相对较差。对合金进行人工时效处理能改善力学性能，可用来制备高强度要求的铸件。该体系合金的固液相温度区间较大，热裂倾向较大，易产生缩孔等缺陷，属于较难采用铸造成型的合金。

2.1.4.3　Al-Mg 系合金

Al-Mg 系铸造合金在充型过程中易氧化，熔体流动性也较差，固液相温度区间范围较宽，对冒口的补缩能力较差，铸件的成品率相对较低。

当合金中的镁含量在 3.5%~5%时，合金的耐蚀性优异，具有极好的耐海水腐蚀性，对其表面进行阳极氧化可得到较为美观的外观。该体系合金的熔炼和铸造均比较困难，但其伸长率较大。

当合金中的镁含量在 9.5%~11.0%时，固溶热处理可使该合金具有比镁含量为 3.5%~5%合金更好的性能，也可进行阳极氧化。但该体系合金应力腐蚀倾向大，铸造性差。

2.1.4.4　Al-Si-Cu 系合金

该体系合金是在 Al-Cu 系合金的基础上加入 Si，也可在 Al-Si 系合金中加入 Cu，可有效改善合金的力学性能和切削性能，热处理可进一步提高性能。该体系合金的耐压性和流动性好于 Al-Cu 系合金。其优异的切削性和焊接性，较少的铸造缺陷，使其广泛应用于制备机械零件。

2.1.4.5　Al-Si-Mg 系合金

在 Al-Si 系铸造合金中加入一定量的 Mg，可以在保留 Al-Si 系合金特性的基础上改善其切削性和力学性能。Mg 的添加可以使合金的铸造性能优异，耐蚀性、力学性能、耐震性等得到提高。该体系合金中的某些牌号也是导电性最好的铸造铝合金材料。

2.1.4.6　Al-Cu-Mg-Ni 系合金

Al-Cu-Mg-Ni 系铸造合金的铸造成形性较差，但是其耐热性能优良，并且铸件的缩孔倾向较低，线膨胀系数较高，合金的耐磨性和切削性优良。

2.1.4.7　Al-Si-Cu-Mg 系合金

在 Al-Cu-Mg-Ni 系铸造合金中加入 Si 可改善合金的耐磨性和铸造成形性，降低合金的线膨胀系数，这类合金常用在发动机活塞中，所以也称其为活塞铝合金。当铸件对合金的线膨胀系数和耐磨性要求较高时，可使 Si 含量达到 12%左右。

2.1.4.8 其他合金

A 超级铝硅合金

该合金是日本轻金属公司针对活塞的需求而研制的，合金中 Si 的质量分数范围为 15%~23%。此合金的铸造性能较好，可采用变质处理得到细小均匀的初晶硅。合金的室温力学性能虽然稍有下降，但具有优异的高温强度，耐磨性、硬度等性能也较好。

B Al-Mg-Zn 系合金

该体系合金具有很好的强韧性，对应力腐蚀的耐受程度也较好，一般采用 T6 处理进一步提高铸件的强度。

C 优质合金

也被一些国家称为高质量铸造铝合金，是指杂质含量控制在 0.15%以下的优质合金。这种合金的强度和韧性优异，可制备出高品质的铝合金铸件。

2.2 变形铝合金

2.2.1 变形铝合金的分类

相对比铸造铝合金，变形铝合金的牌号更丰富，其分类方法也多种多样，目前，世界上大多数国家一般按以下方法对其进行分类。

（1）根据合金的热处理特点及状态，可将变形铝合金分为不可热处理强化铝合金和可热处理强化铝合金两大类。不可热处理强化合金的耐蚀性良好，大多属于防锈铝。Al-Mg、Al-Mn、Al-Si 等体系合金均属于不可热处理强化的铝合金。可热处理强化铝合金由于其中合金元素的含量高于不可热处理强化铝合金，这类合金可通过热处理的方法使其力学性能得到显著提高，一般包括锻铝、硬铝和超硬铝等。Al-Cu、Al-Mg-Si、Al-Zn-Mg 等体系合金均属于可热处理强化的铝合金。

（2）根据合金的用途和性能划分，变形铝合金可分为耐热铝合金、耐蚀铝合金、切削铝合金、低强度铝合金、高强度铝合金、锻造铝合金等。

（3）根据合金中主要元素的类别，可将合金分为 Al-Mn 合金、Al-Cu 合金、Al-Mg 合金、Al-Si 合金、Al-Zn-Mg-Cu 合金、Al-Mg-Si 合金、Al-Li 合金及其他备用合金。在实际生产中，这种分类方法最为常见。

2.2.2 变形铝合金的牌号

为了方便铝材加工过程中的使用、科研、生产、教学、贸易和技术交流，通常采用一种最常用、最基础的产品代号表示变形铝及其合金的牌号。

目前我国关于变形铝合金的牌号出台了相关标准，即 GB/T 16474—1996《变形铝及铝合金牌号表示方法》，涵盖了 250 多种变形铝合金。下面将分别介绍世界上各主要国家的合金牌号。

2.2.2.1 中国变形铝合金牌号

根据 GB/T 16474—1996《变形铝及铝合金牌号表示方法》，凡是与国际牌号注册组织（变形铝及铝合金国际牌号注册协议组织）命名的合金化学成分相同的所有合金，其牌号采用国际上通用的四位数字体系牌号，并按照相关要求对其化学成分进行注册。

四位数字体系牌号中，第一位是阿拉伯数字，表示铝及其合金的类别，分别是工业纯铝（1×××），Al-Cu 系合金（2×××），Al-Mn 系合金（3×××），Al-Si 系合金（4×××），Al-Mg 系合金（5×××），Al-Mg-Si 系合金（6×××），Al-Zn-Mg-Cu 系合金（7×××），Al-Li 系合金（8×××）及备用合金组（9×××），合金中的主要元素含量决定了合金所在的组别，其中主要合金元素含量是指某一合金元素的极限含量的算术平均值最大，当有两个以上（含两个）的元素极限含量的算数平均值相同时，按照其他元素的顺序来确定合金所处的组别；第二位是大写的英文字母（除 C、I、L、N、O、P、Q、Z 字母外），表示铝及其合金的改型，第三位和第四位均为数字，表示铝的纯度或同组中的不同铝合金。我国对变形铝及其合金的牌号表示方法与国际常用的方法基本保持一致。表 2-4 表示我国变形铝及其合金的新旧牌号的对照。

表 2-4 我国新旧牌号对照表

新牌号	旧牌号	新牌号	旧牌号	新牌号	旧牌号	新牌号	旧牌号
1A99	原 LG5	2A01	原 LY1	2A80	原 LD8	4A11	原 LD11
1A97	原 LG4	2A02	原 LY2	2A90	原 LD9	4A13	原 LT13
1A95		2A04	原 LY4	2004		4A17	原 LT17
1A93	原 LG3	2A06	原 LY6	2011		4004	
1A90	原 LG2	2A10	原 LY10	2014		4032	
1A85	原 LGl	2A11	原 LY11	2014A		4043	
1080		2B11	原 LY8	2214		4043A	
1080A		2A12	原 LY12	2017		4047	
1070		2B12	原 LY9	2017A		4047A	
1070A	代 L1	2A13	原 LY13	2117		5A01	曾用 2101、LF15
1370		2A14	原 LD10	2218		5A02	原 LF2
1060	代 L2	2A16	原 LY16	2618		5A03	原 LF3
1050		2B16	原 LY16-1	2219	曾用 LY19、147	5A05	原 LF5
1050A	代 L3	2A17	原 LY17	2024		5B05	原 LF10
1A50	原 LB2	2A20	曾用 LY20	2124		5A06	原 LF6
1350		2A21	曾用 214	3A21	原 LF21	5B06	原 LF14
1145		2A25	曾用 225	3003		5A12	原 LF12
1035	代 L4	2A49	曾用 149	3103		5A13	原 LF13
1A30	原 L4-1	2A50	原 LD5	3004		5A30	曾用 2103、LF16
1100	代 L5-1	2B50	原 LD6	3005		5A33	原 LF33
1200	代 L5	2A70	原 LD7	3105		5A41	原 LF41
1235		2B70	曾用 LD7-1	4A01	原 LT1	5A43	原 LF43

续表 2-4

新牌号	旧牌号	新牌号	旧牌号	新牌号	旧牌号	新牌号	旧牌号
5A66	原 LT66	5082		6061	原 LD30	7A31	曾用 183-1
5005		5182		6063	原 LD31	7A33	曾用 LB733
5019		5083	原 LF4	6063A		7A52	曾用 LC52，5210
5050		5183		6070	原 LD2-2	7003	原 LC12
5251		5086		6181		7005	
5252		6A02	原 LD20	6082		7020	
5154		6B02	原 LD2-1	7A01	原 131	7022	
5154A		6A51	曾用 651	7A03	原 IE3	7050	
5454		6101		7A04	原 IE4	7075	
5554		6101A		7A05	曾用 705	7475	
5754		6005		7A09	原 LC9	8A06	原 16
5056	原 LF5-1	6005A		7A10	原 LC10	8011	曾用 LT98
5356		6351		7A15	曾用 IE15，157	8090	
5456		6060		7A19	曾用 919，LC19		

2.2.2.2　美国变形铝合金牌号

美国的变形铝及其合金的牌号按照美国国家标准 ANSI H251—1978 执行，用四位数字表示。该标准于 1954 年被美国铝业协会采用，于 1957 年纳入美国国家标准，1983 年国际标准化组织将其纳入 ISO2107—1983(E) 中，成为国际标准之一。

在这四位数字中，第一位数字表示合金中主要合金元素，即合金所属系列，具体如下：

工业纯铝（w(Al)≥99.00%）	1×××系列
Al-Cu	2×××系列
Al-Mn	3×××系列
Al-Si	4×××系列
Al-Mg	5×××系列
Al-Si-Mg	6×××系列
Al-Zn	7×××系列
Al-Li	8×××系列
备用系	9×××系列

在 1×××系列合金中，后面的两位数字表示铝纯度的小数点后面的两位数字，比如 1060 合金是指纯度为 99.6%的纯铝。第二位数字表示修改的杂质范围，若为实际生产允许的正常范围，则记为零；若为 1~9 之间的自然数，则表示生产中对一种或几种合金元素进行有意控制，如 1350 铝是指铝的纯度为 99.50%，其中三种合金元素受到控制，分别是 $w(B) \leqslant 0.05\%$，$w(V+Ti) \leqslant 0.02\%$，$w(Ga) \leqslant 0.03\%$。在 2×××~8×××系列合金中，最后两位数字主要用来区别该体系中不同牌号的合金，第二位数字为对合金元素的修改，

若其为零，表示合金为原始状态；若为1~9之间的整数，则表示合金的修改次数。在四位数字前加X表示试验合金。

2.2.2.3 日本的变形铝合金牌号

日本的变形铝及其合金的牌号主要由三部分组成，第一部分“A”表示是铝及其合金，第二部分表示国际数字牌号，第三部分表示尺寸精度等级或材料品种的字母，如A2024P中的“P”代表板材。若在四位数字牌号后出现英文字母，则表示合金的类型，如A6061S中的“S”表示挤压型材；若在四位数字牌号前出现英文字母，则表示方法，如BA4343P中的“B”表示钎焊板，也可表示钎焊料。

在合金体系的数字系统的第二位标英文字母“N”（Nippon的缩写），如5N01、1N90、7N01等，表示该合金是日本独有的合金，其成分不能与国际标准相对应。此外，日本铝合金相关企业自行开发的合金也有些特殊标识，比如在数字牌号前加特殊含义的字母，如KS7475合金，是日本神户钢铁公司开发的铝合金，其成分类似于美国牌号的7475合金。

2.2.2.4 德国的变形铝合金牌号

A 采用字母+元素符号+数字的体系

该体系中所有的变形铝及其合金的牌号前都标示元素符号“Al”，用来表示基体金属。合金中所含的主要元素用相应的元素符号与其一一对应。变形铝牌号中的数字是铝的纯度，在合金牌号中，合金元素的平均含量用元素符号后的数字进行表示，如AlMg4Mn变形合金中镁元素的平均含量为4%，锰元素的平均含量小于1%。

在纯铝的牌号中，电解铝厂生产的原铝锭用大写字母“H”表示，如Al99.5H。高纯度的原铝锭和纯度为99.98%的半成品均用大写字母“R”表示，如Al99.99R。

在合金牌号前冠上大写字母表明其特殊用途，如S—焊接用材；E—电线；Sd—电焊料；L—焊料。

B 采用纯数字表示的体系

德国标准DIN 17007规定，变形铝及其合金可用七位数字进行表示。其中材料类别以第一位数字进行表示，如用“3”表示铝及其铝合金，将小数点符号加在第一位数字的后面；具体合金的化学成分分别以第二到第五位数字进行表示；材料状态用第六到第七位数字进行表示。

根据纯数字体系标准，3.0000到3.4999的铝合金牌号具体数字含义如下：

“3”代表铝及其铝合金。

合金中的主要元素以第二位数字“0~4”表示，其中：1—Cu；2—Si；3—Mg；4—Zn；0—其他合金元素或无合金元素。

次要的合金元素以第三位数字表示，其中：5—Mn、Cr；6—Pb、Cu、Bi、Cd、Sb、Sn；7—Ni、Co；8—Ti、B、Be、Zr；9—Fe；0—其他元素。

变形铝合金数字牌号的前三个数的意思如表2-5所示。其中，X表示数字1~9中的任何一个数字。

表 2-5 德国变形铝合金数字牌号中前三个数的含义

3. 00	3. 01	3. 02	3. 03	3. 04	3. 05	3. 06	3. 07	3. 08	3. 09
AlX	Al90~98	Al99	Al99. 9	Al99. 99	AlMn	AlPb	AlNi	AlTi	AlFe
3. 10	3. 11	3. 12	3. 13	3. 14	3. 15	3. 16	3. 17	3. 18	3. 19
AlCuX	AlCuX	AlCuSi	AlCuMg	AlCuZn	AlCuMn	AlCuPb	AlCuNi	AlCuTi	AlCuFe
3. 20	3. 21	3. 22	3. 23	3. 24	3. 25	3. 26	3. 27	3. 28	3. 29
AlSiX	AlSiCu	AlSi	AlSiMg	AlSiZn	AlSiMn	AlSiPb	AlSiNi	AlSiTi	AlSiFe
3. 30	3. 31	3. 32	3. 33	3. 34	3. 35	3. 36	3. 37	3. 38	3. 39
AlMgX	AlMgCu	AlMgSi	AlMg	AlMgZn	AlMgMn	AlMgPb	AlMgNi	AlMgTi	AlMgFe
3. 40	3. 41	3. 42	3. 43	3. 44	3. 45	3. 46	3. 47	3. 48	3. 49
AlZnX	AlZnCu	AlZnSi	AlZnMg	AlZn	AlZnMn	AlZnPb	AlZnNi	AlZnTi	AlZnTi

合金中主要元素含量的高低用该数字体系铝合金牌号的第四位数字表示，具体含义是：0~2 表示含量偏低；3~6 表示大致平均含量；7~9 表示含量接近上限。

合金类型以第五位数字进行表示：0~3 表示铸造合金；4 代表压铸铝合金；5~7 代表变形铝合金；8 表示用纯度为 99. 9%的原铝锭配制得到的变形铝合金；9 表示用 99. 99R 的原铝锭配制得到的变形铝合金。比如，3. 4365 合金为 Al-Zn-Mg-Cu 系变形铝合金且锌的平均含量最大；3. 3329 合金是用 99. 99R 原铝锭配制的镁含量约为 2. 0%的 Al-Mg 系合金。

2. 2. 2. 5 俄罗斯的变形铝合金牌号

俄罗斯的国家标准参考 ГОСТ 4784—74，标准规定变形铝合金分为两种，一种是混合字母和字母+数字牌号，另一种是四位数字牌号，一般情况下选用前者。

（1）混合字母与字母+数字牌号。在这种体系中，各符号的意义如下：A—铝或铝合金；мц—锰；мг—镁；K—锻造；д—硬铝；п—线材；B9—含锌、镁或锌、镁、铜的合金。

Амг 表示 Al-Mg 系合金，镁的平均含量用其后的数字表示。

AK 是锻造铝合金，如 AK6、AK4 等，锻件的生产多用这类合金。

“д”及“B”后的数字，如 д1，д16，B95 等，其中的数字无具体含义，往往带有偶然性。焊条用牌号前面的“CB”进行表示。

（2）四位阿拉伯数字牌号。铝及其合金用第一位数字“1”表示，合金体系用第二位数字表示，合金编号则用最后两位数字进行表示。其中，合金体系（第二位数字）的具体含义如下：

O—纯铝、烧结铝合金与泡沫铝。如 1010 等。

L—Al-Cu-Mg 系与 Al-Cu-Mg-Fe-Ni 系合金，如 1100(д1)、1160(д16)、1140(AK4)等。

2—Al-Cu-Mn 系与 Al-Cu-Li-Mn-Cd 系合金，如 1200(д20) 等。

3—Al-Si 系、Al-Mg-Si 系与 Al-Mg-Si-Cu 系合金，如 1310(Ад31)、1330(Ад33) 等。

4—合金元素在铝中的溶解度很小的合金系，如 Al-Mn、Al-Cr、Al-Be 等系合金，其牌号有 1400(Амц) 等。

5—Al-Mg 系合金，如 1510(Амг1) 等。

9—Al-Zn-Mg 系与 Al-Zn-Mg-Cu 系合金，如 1950(B95) 等。

通常在第一位数字的前面加“0”的表示试验型合金，其试用期为 3~5 年。如果通过试用期，就成为定型合金，去掉“0”。若没有通过试用期，则终止此合金的相关研究。

2.2.2.6 各国常用变形铝合金牌号对照

各国常用变形铝合金牌号对照如表 2-6 所示。

表 2-6 各国常用变形铝合金牌号（代号）对照表

中国（GB）	美国（AA）	加拿大（CSA）	法国（NF）	英国（BS）	德国（DIN）	日本（JIS）	俄罗斯（ГОСТ）	欧洲铝业协会（EAA）	国际（ISO）
				1199					1199
1A99	1199	9999	A9	（S1）	Al99.98R	AN99	（AB000）		Al99.90
7A05					3.0385				
1A97							（AB00）		
1A95	1195								
1A93	1193						（AB0）		
1A90	1090				Al99.9	（AlN90）	（AB1）		1090
					3.0305				
1A85	1085		A8	1A	Al99.8	Al080	（AB2）		1085
					3.0285				Al99.85
1080	1080	9980	A8	1A	Al99.8	Al080			1080
					3.0285	（A1XS）			Al99.80
1080A			1080A					1080A	
1070	1070	9970	A7	2L.48	Al99.7	Al070	（AA0）		1070
					3.0275	（A1X0）			Al99.70
1070A			1070A		Al99.7		（A00）	1070A	1070
					3.0275				Al99.70(Zn)
1370			1370						
1060	1060				Al99.6	Al060	（A0）		1060
						（ABCX1）			
1050	1050	1050	A5	1B	Al99.5	Al050	1011		1050
		（955）			3.0255	（A1X1）	（Ад0，A1）		Al99.50
1050A	1050	1050	1050A	1B	Al99.5	Al050	1011	1050A	1050
L3		（955）			3.0255	（A1X1）	（Ад0，A1）		Al99.50(Zn)
1A50	1350								
1350	1350								
1145	1145								
1035	1035								

续表 2-6

中国（GB）	美国（AA）	加拿大（CSA）	法国（NF）	英国（BS）	德国（DIN）	日本（JIS）	俄罗斯（ГОСТ）	欧洲铝业协会（EAA）	国际（ISO）
1A30						（1N30）	1013		
							Ад1		
1100	1100	1100	A45	1200	Al99. 0	Al100			1100
		（990C）		（1C）		A1X3			Al99. 0（Cu）
1200	1200	12（0）	A4		Al99	Al200	（A2）		1200
		（900）			3. 0205				Al99. 00
1235	1235								
2A01	2117	2117	A-U2G		AlCu2. 5Mg0. 5	A2117	1180		2117
		（CG30）			3. 1305		（д18）		AlCu2. 5Mg
							1170		
2A02							（Вд17）		
2A04							1191		
							（д19п）		
2A06							1190		
							（д19）		
2A10							1165		
							（В65）		
2A11	2017	CM41	A-U4GG	（H15）	AlCuMg1	A2017	1110		2017A
					3. 1325		（д1）		AlCu4Mg1Si
2B11	2017	CM41	A-U4G				1111		
							（д1п）		
2A12	2024	2024	A-U4G1	GB24S	AlCuMg2	A2024	1160		2024
		（CG42）			3. 1355	（A3X4）	（д16）		AlCu4Mg1
2B12							1161		
							（д16п）		
2A14	2014	2014	A-U4SG	2014A	AlCuSiMn	A2014	1380		2014
		（CS41N）		（H15）	3. 1255		（АКВ）		AlCu4MgSi
2A16	2219		A-U6MT				（д20）		AlCu6Mn
2A17								（д21）	
2A50							1360		
							（АК6）		
2B50							（АК6-1）		
2A70	2618		A-U2GN	2618A		2N01	1141		2618
				（H16）		（A4X3）	（АК4-1）		AlCu2MgNi

续表 2-6

中国（GB）	美国（AA）	加拿大（CSA）	法国（NF）	英国（BS）	德国（DIN）	日本（JIS）	俄罗斯（ГОСТ）	欧洲铝业协会（EAA）	国际（ISO）
2A80							1140		
							（АК4）		
2A90	2018	2018	A-U4N	6L25		A2018	1120		2018
		CN42				（A4X1）	（АК2）		
2004				2004					
2011	2011	2011			AlCuBiPb	2011			
		（CB60）			3. 1655				
2014	2014	2014	A-U4SG	2014A	AlCuSiMn	A2014			2014
2014A									
2214	2214								
2017	2017	CM41	A-U4G	H14	AlCuMg1	A2017			
				5L. 37	3. 1325	（A3X2）			
2017A								2017A	
2117	2117	2117	A-U2G	L. 86	AlCuMg0. 5	A2117			2117
		（CG30）			3. 1305	（A3X3）			AlCu2Mg
2218	2218		A-U4N	6L. 25		A2218			
						（A4X2）			
2618	2618		A-U2GN	H18		2N01			
				4L. 42		（2618）			
2219	2219								
2024	2024	2024	A-U4G1		AlCuMg2	A2024			2024
		（CG42）			3. 1355	（A3X4）			AlCu4Mg1
2124	2124								
3A21	3003	M1	AM1	3103	AlMnCu	A3003	1400		3103
				N3	3. 0515	（A2X3）	（Амд）		AlMn1
3003	3003	3003	AM1	3103	AlMnCu	A3003			3003
3103								3103	
3004	3004		A-M1G						
3005	3005		A-MG05						
3105	3105								
4A01	4043	S5	AS5	4043A	AlSi5	A4043	AK		4043
				（N21）					（AlSi5）
4A11	4032	SG121	AS12UN	（38S）		A4032	1390		4032
4A13		4343				A4343			4343
4A17	4047	S12	A-S12	4047A	AlSi12	A4047			4047

续表 2-6

中国（GB）	美国（AA）	加拿大（CSA）	法国（NF）	英国（BS）	德国（DIN）	日本（JIS）	俄罗斯（ГОСТ）	欧洲铝业协会（EAA）	国际（ISO）
				（N2）					
4004	4004								
4032	4032	SG121	AS12UN			A4032			
						（A4X5）			
4043	4043	S5		4043A	AlSi5	A4043			
4043A								4043A	
4047	4047	S12		4047A		A4047			
4047A								4047A	
5A01									
5A02	5052	5052	AG2C	5251	AlMg2. 5	A5052	1520		5052
		（GR20）		（N4）	3. 3523	（A2X1）	（Амг2）		AlMg2. 5
5A03	5154	GR40	AG3M	5154A	AlMg3	A5154	1530		5154
				（N5）	3. 3535	（A2X9）	（Амг3）		AlMg3
5A05	5456	GM50R	AG5	5556A	AMg5	A5456	1550		5456
				（N1）			（Амг5）		AlMg5Mn0. 4
5B05							1551		
5A06							1560		
5A43						A5457			5457
5005			AG0. 6	5251	AlMg1	A5005			
				（N4）	3. 3515	（A2X8）			
5019								5019	
5050			A-G1	3L. 44	AlMg1				
					3. 3515				
5251								5251	
5052	5052	5052	AG2	2L. 55	AlMg2	A5052			5251
		（GR20）		2L. 56，L. 80	3. 3515	（A2X1）			AlMg2
5154	5154	GR40	AG3	L. 82	AlMg3	A5154			5154
					3. 3535	（A2X9）			AlMg3
				（91E）	3. 2307	（ABCX2）			
610lA				6101A					
				（91E）					
6005	6005								
6005A			6005A						
6351	6351	6351	ASGM	6082	AlMgSi				6351
		（SG11R）		（H30）	3. 2351				AlSi1Mg

续表 2-6

中国（GB）	美国（AA）	加拿大（CSA）	法国（NF）	英国（BS）	德国（DIN）	日本（JIS）	俄罗斯（ГОСТ）	欧洲铝业协会（EAA）	国际（ISO）
6060								6060	
6061	6061	6061	AGSUC	6061	AlMgSiCu	A6061	1330		6061
		（GS11N）		（H20）	3. 3211	（A2X4）	（Ад33）		AlMg1SiCu
6063	6063	6063	AGS	6063	AlMgSi0. 5	A6063	1310		6063
		（GS10）		（H19）	3. 3205	（A2X5）	（Ад31）		AlMg0. 7Si
6063A				6063A					
6070	6070								
6181								6181	
6082								6082	
7A01	7072				AlZn1	A7072			
					3. 4415				
7A03	7178						1940		AlZn7MgCu
							（B94）		
7A04							1950		
							（B95）		
7A05									
7A09	7075	7075	AZSGU	L95	AlZnMgCu1. 5	A7075			7075
		（ZG62）			3. 4365				AlZn5. 5MgCu
7A10	7079				AlZnMgCu0. 5	A7N11			
					3. 4345				
7003						A7003			
7005	7005					7N11			
7020								7020	
7022								7022	
7050	7050								
7075	7075	7075	A-Z5GU		AlZnMgCu1. 5	A7075			
		（ZG62）			3. 4365	（A3X6）			
7475	7475								
8A06							Ад		

注：1. 各国牌号中括号内的是旧牌号；

2. 表内列出的各国相关牌号只是近似的，仅供参考。

2.2.3　变形铝合金的特点及应用概况

2.2.3.1　非热处理强化型铝合金的性能与典型用途

A　1×××系合金（纯铝系）

在该系合金中，1100 和 1050 合金由于成形性较好而被用来制作器皿；1100 合金的表面处理性好，可用于建筑用镶板的制作；1050 合金的耐蚀性优异，多用于盛放化学药品的装置等的制作。

此外，1×××系合金具有较好的热导率和电导率，可用来制作导电材料（如 1060 合金）。

B 3×××系合金（Al-Mn 系）

由于 Al-Mn 系合金的强度高于 1100 合金且加工性能好，因此其用量和使用范围均要好于 1100 合金。如含有 1.2%Mn 的 3003 合金的强度就高于 1100 合金。Al-Mn 系合金成形性好，特别是拉伸强度优异，在一般器皿、低温装置和建筑材料等方面获得广泛的应用。在 Al-Mn 系合金的基础上加入镁，获得 3004 和 3105，可进一步提高强度，镁能抑制再结晶晶粒粗大化的倾向，简化铸件加热处理的流程，有利于制造板材。这类合金在电灯灯口、建筑材料和易拉罐坯料的制备上应用较为广泛。

C 4×××系合金（Al-Si 系）

钎焊材料和充填材料可用 Al-Si 系合金进行制作，如汽车散热器复合铝箔、活塞材料、加强筋和薄板的外层材料和耐磨耐热零件等。4×××系合金的阳极氧化膜为灰色，属于自然发色，因此在建筑用装饰板及挤压型材比较常用。由于制备条件的限制，阳极氧化膜的颜色不均匀，因此其使用率逐步下降。为了避免这些缺点，日本轻金属公司研制出 4043 合金的改型款：4001 和 4901 合金。此外，因为 4901-T5 与 6063-T5 的强度基本相同，所以被用作建筑材料。

D 5×××系合金（Al-Mg 系）

Al-Mg 系合金可只通过加工硬化就获得足够高的强度，其焊接性和耐蚀性较好，可用于不同用途。Al-Mg 系合金可大致分为几种：

（1）光辉合金：这种合金是在铁、硅含量较低的铝锭加入 0.4%左右的镁，一般用于汽车装饰部件的制作。为了提高其光辉性，采用化学研磨将表面磨出良好的光泽，然后加工出硫酸氧化薄膜，膜厚约 4μm。为了加强光辉性，在化学研磨时会加入适量的铜。

（2）成型加工用材：合金中含有 1%左右镁时的牌号主要是 5005 和 5050，这些合金强度一般，但加工性良好，焊接性和耐蚀性优异，并能进行阳极氧化处理，通常用于低应力构件、装饰板和器具的制作。

（3）中强度合金：合金中含有 2.5%的镁与少量铬，典型牌号是 5052 合金，强度中等，耐蚀性、焊接性和成形加工性好，疲劳强度较高，其应用范围较宽。

（4）焊接结构用合金：在合金中加入 5%的镁即可得到 5056 合金，它在 5000 系合金中的强度最高。切削性、耐蚀性、阳极氧化性均良好。通常用于照相机镜筒等机器部件的制备。在一般环境下的应力腐蚀的倾向低于强烈腐蚀环境下的。低温下合金的静强度和疲劳强度也较高。为了降低应力腐蚀敏感性，将合金中镁含量降低，得到了 5083 和 5086 合金。这种合金具有焊接性好、耐应力腐蚀性优良、强度高等优点，被广泛应用在焊接结构材料中。5154 合金的强度介于 5052 与 5083，其焊接性、耐蚀性和加工性也近似于 5052 合金，这个合金在低温下的疲劳强度也很高，常被用于低温工业中。

2.2.3.2 热处理强化型铝合金性能与典型用途

A 2×××系合金（Al-Cu 系）

Al-Cu 系合金素有硬铝（飞机铝合金）之称，作为热处理强化型合金具有很悠久的历史。在 Al-Cu 系合金中加入镁、硅和锰等元素可获得 2014 合金，该合金的屈服强度高、成形性较好，可用于强度比较高的部件制作。

2017 和 2024 合金也是比较常用的 Al-Cu 系合金，其中 2017 合金在自然时效下的强度提高明显，2024 合金比 2017 合金时效处理后的强度更高。飞机构件、车辆构件、各种锻造部件等都比较适合用这些合金进行制作。2011 合金的强度与 2017 合金大致相同，是含有微量铋、铅的易切削合金。

B 6×××系合金（Al-Mg-Si 系）

Al-Mg-Si 系合金适合做建筑材料和结构件，耐蚀性好，属于热处理强化型合金。此系合金的代表是 6063 合金，其是典型的挤压铝合金，阳极氧化性和挤压性优良，一般用来生产建筑用框架。

6061 合金耐蚀性良好，强度中等。热处理后具有较高的强度，冷加工性也比较优异，在结构材料上的应用广泛。

6062 合金是 6061 合金在制造方法上进行了适当的改善，但其化学成分和力学性能都基本不变。6351 合金，又被称为 BSIS 合金，与 6062 合金的用途和性能相似，在欧美的应用比较广泛。

6963 合金与 6063 合金的化学成分和力学性能均相同。虽然其挤压性相对于 6063 合金稍差，但可用在强度要求较高的地方，如混凝土模架、建筑用脚架板和温室构件等。6901 合金的化学成分与 6063 合金存在差异，强度稍高于 6963 合金，具有优异的挤压性能。

C 7×××系合金（Al-Zn-Mg 系）

Al-Zn-Mg 系合金根据使用特性可大致分为焊接构件材料和高强度合金材料两种。

a 焊接构件材料（Al-Zn-Mg 系）

该合金体系具有以下几个特点：

（1）热处理性能优良，耐蚀性和加工性也较好，时效强化效果显著。

（2）自然时效也可使合金的强度显著提高，并且其对裂纹的敏感性低。

（3）焊接热影响区在温度较高时被固溶化，在之后的自然时效中，其强度还可恢复，从而使焊缝的强度得到提高，因此这类合金在焊接构件中的应用范围较广。

（4）在合金中加入微量的锰、铬等元素，对强度的提升有较大的帮助。

（5）欲获得使用性能良好的材料，可调整包括热处理工艺在内的制备条件。

b 高强度合金材料（Al-Zn-Mg-Cu 系）

此系合金以 7075 合金为代表，可用来做飞机材料。近年来，这种合金也用来制作高尔夫球棒、滑雪杖等体育用品。7075 合金的热处理方案以 T651 为主，主要目的是消除 T6 处理后的零件残余应力，并经拉伸矫正而均匀化，从而预防零件发生歪扭变形。如果想减轻合金的应力腐蚀倾向，可对合金进行 T73 处理，但会略微降低其力学性能。

D 8×××系合金（Al-Li 系）

Al-Li 系合金的密度仅为 2.4~2.5t/m^3，比常规铝合金质量轻 15%~20%，属于超轻铝合金，可用来制作轻量化要求较高的航空航天材料、军工产品和交通运输材料等。如其中具有代表性的 8089 合金，就有很好的韧性和低温性，可加工成厚板、中厚板、挤压材、薄板和锻件等。

2.3　铝基复合材料

铝基复合材料的研究始于20世纪50年代，近二十年来，作为金属基复合材料中最主要的复合材料之一，各国投入了大量的人力和物力对其进行研究，无论从理论还是技术上都有很大的进步。铝基复合材料相对于传统单一合金，具有比强度和比刚度高、高温性能优异、线膨胀系数小、耐磨性好等优点，过去被广泛应用在国防军工和航空航天领域。而随着复合材料制备工艺的进步，铝基复合材料在运动娱乐、电子、交通运输等领域也得到了更进一步的应用。目前，关于铝基复合材料的研究工作主要集中在复合体系、制备工艺和材料性能等方面，本节简要介绍铝基复合材料的研究现状、应用及国内外发展水平。

2.3.1　铝基复合材料的组成体系

铝基复合材料主要由铝合金基体、增强相和增强相与基体之间的接触面及界面组成。

2.3.1.1　基体合金

铝基复合材料常用的基体目前主要有：工业纯铝、铸造铝合金、铸锭冶金变形铝合金、新型铝合金和粉末冶金变形铝合金。基体合金的选择主要以铝基复合材料的使用性能为主，侧重铸造性能的可选择合金元素较少、流动性较好的铸造铝合金为基体，常使用A356和A357合金；侧重挤压性能的一般选用可热处理强化的变形铝合金为基体，由于Mn和Cr在铝合金中易产生脆性相，因此不使用含Mn和Cr的合金，常使用2014、2124、6061和7075等。在基体合金中加入少量的合金元素可以起到固溶强化、细晶强化和析出强化的作用。

2.3.1.2　增强体

铝基复合材料中的增强相主要有以下几种类型：连续纤维（长纤维）、晶须（或短纤维）和颗粒等。各类型增强相的具体分类如表2-7所示。

表2-7　铝基复合材料增强体分类

增强类型	直径/μm	典型长径比	最常用的材料
颗粒	0.5~100	1	Al_2O_3、SiC、B_4C
短纤维、晶须	0.1~20	50：1	Al_2O_3、SiC、C
连续纤维	3~140	>100：1	Al_2O_3、SiC、C

铝基复合材料中常用的增强相中，长纤维主要有硼纤维、碳纤维、SiC纤维、Al_2O_3纤维、不锈钢丝、芳纶纤维等；短纤维有硅酸铝纤维、氧化铝纤维和碳化硅纤维等；晶须有SiO_2晶须、B_4C晶须、Al_2O_3晶须等；颗粒有SiC颗粒、Al_2O_3颗粒、TiC颗粒等。一般来说，长纤维增强铝基复合材料性能好，但其具有方向性且造价昂贵，主要用于军工和航天工业，不利于向民用领域发展。颗粒、晶须和短纤维等增强铝基复合材料虽然性能稍低，但各向同性，具有高强度、高模量、高刚度、耐蚀、耐磨、耐热等优点，有利于根据使用零部件的要求进行结构设计，并可以二次加工成型，因此其应用日益广泛。

A SiC、Al_2O_3 颗粒或晶须

SiC（或 Al_2O_3）的颗粒或晶须作为铝基复合材料的增强相是目前开展研究最多的。制备 SiC（或 Al_2O_3）的颗粒或晶须增强铝基复合材料的方法主要有两种，一种是固态法，包括粉末冶金法、热等静压法和挤压法等；另外一种是液态法，包括挤压铸造法、真空压力浸渍法和搅拌法、共喷沉积法等。颗粒或晶须增强铝基复合材料可用常规方法制造和加工，SiC（或 Al_2O_3）的颗粒或晶须价格低廉，因此该复合材料具有广阔的应用前景。SiC（或 Al_2O_3）的颗粒或晶须可提供大量的非均匀异质形核核心，细化晶粒尺寸。SiC（或 Al_2O_3）的颗粒或晶须增强铝合金复合材料的强化机制主要为细晶强化、析出强化和增强相强化。随着基体中 SiC（或 Al_2O_3）的颗粒或晶须含量的增加，复合材料韧性下降，刚度和硬度显著提高，拉伸强度和弹性模量均有较大提升，耐磨性大大增强。表 2-8 是 SiC 颗粒增强铝基复合材料的力学性能，表 2-9 是不同材料的耐磨性比较。

表 2-8 SiC 颗粒增强铝基复合材料的力学性能

合金和颗粒含量/%		弹性模量/GPa	屈服强度/MPa	拉伸强度/MPa	伸长率/%
6061	锻压	68.9	275.8	310.3	12
	15	96.5	400.0	455.1	7.5
	20	103.4	413.7	496.4	5.5
	25	113.8	427.5	517.1	4.5
	30	120.7	434.3	551.6	3.0
	35	134.5	455.1	551.6	2.7
	40	144.8	448.2	586.1	2.0
2124	锻压	71.0	420.6	455.1	9
	20	103.4	400.0	551.6	7.0
	25	113.8	413.7	565.4	5.6
	30	120.7	441.3	593.0	4.5
	40	151.7	517.1	689.5	1.1

表 2-9 不同材料的耐磨性比较

磨痕宽度/mm \ 材料	稀土铝硅合金 66-12	Al_2O_3 纤维-铝	SiC 颗粒-铝	高镍奥氏体铸铁
最大	1.9475	1.500	0.9425	1.1670
最小	1.8476	1.325	0.865	1.1275
平均	1.897	1.412	0.9037	1.1472

B 硼纤维

硼纤维增强铝基复合材料中的硼纤维为长纤维，是在钨或碳丝上通过化学气相沉积的方式形成的单丝，直径一般为 100～140μm。硼纤维增强铝基复合材料的研究和应用相对较早，其高温性能非常优异，在 500℃的高温下仍有 500MPa 的强度。随着材料中硼纤维含量的增加，拉伸强度和弹性模量随之增大。纤维的直径、纤维的方向和铺层方式，都会

显著影响复合材料的性能。表2-10和表2-11分别是硼纤维增强铝合金复合材料的室温拉伸性能和高温性能。

表2-10 硼纤维增强铝基复合材料的室温拉伸性能

基体	纤维体积分数/%	纵向		横向	
		拉伸强度/MPa	弹性模量/GPa	拉伸强度/MPa	弹性模量/GPa
1100铝合金	20	540	136.7	117	77.9
	25	837	146.9	117	83.7
	30	890	163.4	117	94.8
	35	1020	191.5	117	118.8
	40	1130	199.3	108	127.6
	47	1230	226.6	108	134.5
	54	1270	245.0	79	139.1

表2-11 硼纤维增强铝基复合材料的纵向拉伸性能与温度的关系

温度/℃	拉伸强度/MPa	弹性模量/GPa	温度/℃	拉伸强度/MPa	弹性模量/GPa
20	100~1200	250	400	700	228
300	900	235	500	500	220

注：基体为1100铝合金，纤维体积分数为40%。

C 碳纤维

碳纤维密度小、力学性能优异，价格在高性能纤维中最低，因此碳纤维增强金属基复合材料获得了广泛应用。然而，由于碳纤维与铝熔体的浸润性差，高温下易相互反应生成化合物，严重影响复合材料的性能，目前主要通过碳纤维表面镀铜、铬等处理方式改变浸润性和避免界面反应。

目前碳纤维增强铝基复合材料的制备方法主要有三种：（1）采用真空热压法，通过扩散结合的方式，利用纤维自身的扩散作用和金属的塑性变形获得；（2）采用挤压铸造的方式，将金属液浸入到纤维预成型体中，并在保压的条件下令金属液凝固获得，但这种方法若温度控制不当，铝熔体会损伤纤维；（3）通过液态金属浸渍法，即将碳纤维预成型体浸入到铝液中凝固获得，这种方法也可能会损伤纤维。表2-12是通过液态金属浸渍法制备的碳纤维增强铝基复合材料的拉伸强度。

表2-12 液态金属浸渍法制备的碳纤维增强铝基复合材料的拉伸强度

纤维类型	纤维体积分数/%	拉伸强度/MPa
人造丝基Thornel50	32	798
人造丝基Thornel75	27	812
沥青基	35	406
聚丙烯腈基Ⅰ	43	805
聚丙烯腈基Ⅱ	29	245

D 碳化硅纤维

碳化硅纤维的高温抗氧化性良好，力学性能优异，并且在高温下拥有比硼纤维和碳纤维更好的铝液相容性。碳化硅纤维有有芯和无芯两种，其中有芯碳化硅纤维表面游离碳少、含氧量低，不易与铝反应、制造容易，而无芯碳化硅纤维中残留的游离碳和氧较多，较易与铝反应生成有害的产物。碳化硅纤维增强铝基复合材料发展速度很快，抗拉强度、抗弯强度和耐磨性均优异。一般采用熔融浸渍法、挤压铸造法和热压扩散粘结法制备碳化硅纤维增强铝基复合材料。

2.3.2 铝基复合材料的制备工艺

铝基复合材料在制备过程中对实验条件的要求相对较低，主要的制备方法有搅拌复合法、粉末冶金法、熔体浸渗法、喷射沉积法、中间合金法和原位复合法等。下面简要对这几种方法进行阐述。

2.3.2.1 搅拌复合法

搅拌复合法是利用桨叶旋转产生的机械搅拌作用，使液态或半固态铝基体合金溶液形成涡流，然后将增强颗粒引入基体合金中，浇铸获得复合材料的方法。这种方法工艺简单，生产效率高、成本低，是应用最为普遍的方法之一。其示意图如图2-3所示。

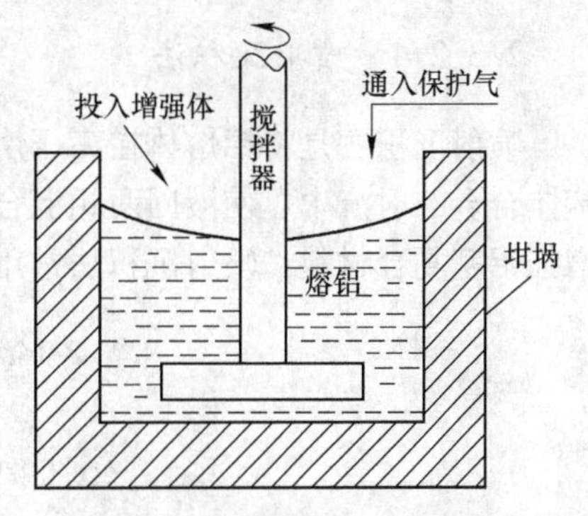

图 2-3 搅拌复合法示意图

与其他制备方法相比，搅拌复合法有两个缺点限制了其发展：(1) 若增强体与熔体的浸润性较差，则增强体很难进入熔融状态的基体合金中，即使强行进入，也会由于浸润性的问题而发生团聚；(2) 在复合材料的制备过程中，强烈的机械搅拌作用会使空气进入熔体内部，这些空气一方面会使基体合金发生氧化，另一方面会形成气孔。为了解决这两个问题，目前开展了很多研究，也有了一些措施，具体如下：(1) 将某些溶剂加入熔融金属液中，如可在碳化硅颗粒增强铝基复合材料的搅拌复合过程中加入氯化钠、氯化钾和锶盐等改善增强体的分布及凝固。崔华、郝斌等人发现在铝基复合材料制备时加入硅、钛、锆等合金元素，可抑制增强体与基体间有害的化学反应，并改善两者之间的润湿性。(2) 采用一定方式对增强体表面进行预处理，一般采用的方法是高温灼烧，以去除增强体表面的有机物或水分。(3) 严格控制搅拌复合过程中的气氛，一般采用惰性气体或真空环境保护。

2.3.2.2 粉末冶金法

粉末冶金法是制备颗粒增强铝基复合材料最初使用的方法，首先将铝合金制成粉末，然后与增强相颗粒混合均匀，放入模具中压制成型，最后热压烧结，使增强相与基体合金复合为一体。粉末冶金法主要包括三个基本过程，即原材料的混合、复合材料的压制和烧结。大部分的粉末烧结是在铝合金的固相线温度以下进行，因此可大幅度降低材料之间的界面反应。但有时为了降低形变应力或避免破坏晶须，也会在高于固相线的温度下进行烧结，即液相烧结。

与其他制备方法相比，粉末烧结法的优点为：(1) 复合材料的纯度高，在制备过程中不会带入很多杂质；(2) 材料损耗较少，成型后往往不需要或很少需要进行机加工；(3) 制备工艺相对简单，不需要繁琐的人工技术操作。但也存在一些缺点：(1) 复合材料尺寸较小，无法大批量生产；(2) 致密度没有铸造法或锻造法的高，往往存在一些气孔。

2.3.2.3　熔体浸渗法

熔体浸渗法包括有压浸渗法和无压浸渗法，其原理是将熔融的镁合金渗入增强体预制块中。有压浸渗法是在压力作用下，将熔融的金属液渗入增强体做成的预制件中，凝固后得到的铝基复合材料。这种方法对增强体与基体的润湿性、反应性、密度差等有改善作用。其主要缺点是难以直接制备形状复杂的零件，工艺过程复杂、成本较高。另外有压环境对模具和其他工装的要求也更高。无压浸渗法是将增强体制备的预制块与基体合金一起放入可控气氛的加热炉中，升温至基体合金的液相线以上，液态金属自发地进入预制块中。无压铸渗法的条件是陶瓷颗粒与金属液的浸润性良好，但浸渗温度、预制体孔隙、气氛种类、颗粒尺寸等都会影响无压铸渗的效果。

2.3.2.4　喷射沉积法

喷射沉积法是将铝熔体在高压惰性气体喷射下雾化，形成喷射流，同时将增强体喷入基体合金的射流中，使液固两相混合并共同沉积到经预处理的衬底上，最终凝固得到颗粒增强铝基复合材料，喷射沉积法常用的 Osprey 装置示意图如图 2-4 所示。

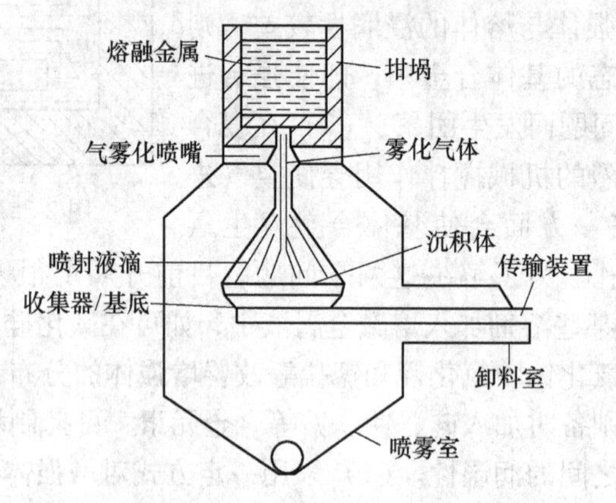

图 2-4　喷射沉积法示意图

在喷射沉积法制备铝基复合材料时，增强体与金属熔体的接触时间短，具有很小的界面反应，复合材料的致密度高于95%，进一步挤压处理后材料的致密度高于99%。喷射沉积法制备的复合材料，颗粒均匀地分布在基体中。但是颗粒与金属的界面属机械结合，抗拉强度有待进一步提高，另外制备的复合材料一般存在孔洞，不适合生产近终形零件。而且制备所需设备昂贵，制备过程中气氛要求严格，有比较大的危险性。

2.3.2.5　中间合金法

中间合金法首先将铝粉与一定比例的增强体混合均匀并压制成中间合金块，然后将该合金块投入铝熔体中，高温下中间合金块发生熔化，其中的增强体即发生溃散，对熔体稍做搅拌，颗粒即可均匀地分布在铝液中。然而，采用此种方法在制备复合材料时，常遇到中间合金块在铝液中不溃散的现象，因此这种方法目前使用并不普遍。

2.3.2.6 原位复合法

原位复合法出现于20世纪80年代，其基本原理是在高温环境下，加入铝熔体中的材料与基体合金发生反应，在基体内部原位生成一种或几种高硬度、高弹性模量的增强体，以达到强化金属基体的目的。这种方法的主要特点是自生的增强体细小且能弥散均匀分布，与基体合金结合状态良好。铝基复合材料中常用的添加材料有氧化铝粉末、氧化硼粉末和氧化钛粉末等。原位复合工艺存在的主要缺点是对制备过程要求严格，工艺较难掌握，增强体的成分、体积分数等不易控制。

2.3.3 铝基复合材料的应用

相较于普通金属基复合材料，铝基复合材料具有极高的比强度和比刚度、较小的线膨胀系数、良好的尺寸稳定性、制造工艺设备相对简单、生产成本较低，因此铝基复合材料的开发与应用发展迅速，不同类型的铝基复合材料已进入商品化应用阶段。

2.3.3.1 铝基复合材料在汽车工业中的应用

在汽车工业中很早就开始使用铝基复合材料，20世纪80年代，日本丰田汽车公司已经在用硅酸铝纤维增强铝基复合材料制造汽车发动机活塞抗磨环，用Al_2O_3长纤维增强铝基复合材料制造汽车连杆等。美国Duralcan公司采用SiC颗粒增强铝基复合材料制造制动盘，不但提高了耐磨性能，还使其质量降低了40%~60%。美国DWA公司采用SiC颗粒增强铝基复合材料制造了摩托车活塞，显著提高了活塞的耐磨性。1995年Frankfurt汽车厂的Lotus Elise运动车上首次使用了陶瓷颗粒增强铝基复合材料自动刹车件。陶瓷颗粒增强铝基复合材料目前常用于制造刹车转子、刹车垫板、制动卡钳、制动鼓、传动轴等。但由于其生产工艺复杂，成本较高，限制了大规模应用，因此开发相对简单的复合材料生产工艺、降低成本是目前的研究方向。我国对汽车工业用铝基复合材料的研究也有较大进展，如上海交通大学研制开发了活塞环槽SiC_p/Al基复合材料，已投入使用，兵器科学研究院52所宁波分所制备了Al_2O_3短纤维增强铝基复合材料活塞。

2.3.3.2 铝基复合材料在航空航天和军工领域中的应用

航空航天和军工领域对材料的性能要求非常高，如须密度小、质量轻、比强度高等，因此铝基复合材料的相关研究应运而生。Cercast公司采用熔模铸造的方法制备了可替代铁合金的A357+20%（体积分数）SiC复合材料，并用其制造直径780mm、质量17.3kg的飞机摄像镜方向架。美国DWA特种复合材料公司使用铝基复合材料替代7075合金制备航空结构件，密度下降17%，模量提高65%。铝基复合材料还可制造飞机液压管、直升机起落架、导弹匣、鱼类壳体、雷达天线、导弹镶嵌结构等军工产品。如洛克希德公司采用SiC颗粒或纤维增强2009铝基复合材料制备了喷气战机的地垂尾安定面，是目前最大的金属基复合材料的主结构部件。国内在军用铝基复合材料的研发方面也取得了较大的进展，如采用铝基复合材料制备了卫星遥感器镜体等，但相关技术与国外相比还有较大的差距。

2.3.3.3　铝基复合材料在电子和光学仪器中的应用

铝基复合材料的密度低、导电和热性好、线膨胀系数小，因此非常适用于生产电子封装材料和散热片等器件，其中应用最广泛的是 SiC 颗粒增强铝基复合材料。国外在 SiC 颗粒增强铝基复合材料在光学仪器中的应用研究工作开展较多，如美国亚利桑那大学使用铝基复合材料制造了超轻望远镜的支架和副镜。此外，旋转扫描镜、激光镜、红外观测镜、激光陀螺仪、光学仪器托架、反射镜等诸多光学仪器和精密仪器构件，也都是用 SiC 颗粒增强铝基复合材料制造的。

2.3.3.4　铝基复合材料在体育用品中的应用

中国台湾在 1979 年制造出第一个碳纤维增强铝基复合材料网球拍，加拿大的 Alcan 公司用 SiC 颗粒增强铝基复合材料制备了高尔夫球杆等高级体育用品。Duralcan 公司研制了可用于越野自行车赛车链齿轮上的 SiC 颗粒增强铝基复合材料，性能显著优于传统铝合金制造的链齿轮。

目前，国内外关于铝基复合材料应用的相关研究集中在 SiC 颗粒增强铝基复合材料上，并且取得较大进展。我国在该领域的进步较晚，工业应用刚刚开始，距离国外先进水平还有较大差距。表 2-13 列出了颗粒和晶须增强铝基复合材料的部分应用实例。

表 2-13　颗粒和晶须增强铝基复合材料的部分应用实例

应用部件	复合材料	制造方法	特性要求	制造厂家及应用时间
螺栓，真空用胶体	SiC_w/6061	压铸，挤压成形	耐热性高，强度高，极低的脱气性	东芝（1986）
连接部件，人造卫星	SiC_w/7075	压铸，轧制成形	比强度高，线膨胀系数小，耐原子氧腐蚀	三菱电机（1988）
叶片，旋转式压缩机	SiC_w/Al-17Si-4Cu	压铸	质量轻，耐磨，线膨胀系数小	三洋电机（1989）
气缸，缓冲机	SiC_p/Al 合金	压铸，挤压冷锻	质量轻，耐磨	三菱铝公司（1989）
自行车架	SiC_w/6061	粉末冶金，HIP，模锻	质量轻，刚性大，强度高	神户制钢（1989）
活塞，海洋用柴油发动机	SiC_w/Al 合金	压铸	质量轻，耐热，耐磨	新泻机械（1989）
高尔夫球杆头	SiC_w/Al 合金	压铸，锻造	质量轻，强度高，耐磨	圆万高尔夫（1989）
高尔夫球杆头	SiC_w/Al 合金	压铸	质量轻，强度高，耐磨	横滨橡胶（1990）
机器人手臂，半导体机械	SiC_p/6061	溶浸	质量轻，刚性大	日本炭公司（1992）
机器人手臂	Al_2O_3/Al 合金	压铸	质量轻，强度高，刚度大	AM 制造（1997）
IGBT 冷却用放热板	SiC_p/Al-Mg	溶浸	质量轻，耐热	丰田汽车（1997）
活塞，汽车发动机	$Al_{18}B_4O_{33w}$/Al-Si-Mg	压铸	质量轻，耐热，耐磨	丰田汽车（1997）

参 考 文 献

[1] 王渠东，王俊，吕维洁．轻合金及其工程应用［M］．北京：机械工业出版社，2015.
[2] 田荣璋．铸造铝合金［M］．长沙：中南大学出版社，2006.
[3] 潘复生，张丁非．铝合金及应用［M］．北京：化学工业出版社，2006.
[4] 周家荣．铝合金熔铸生产技术问答［M］．北京：冶金工业出版社，2008.
[5] 黄伯云，李成功，石力开，等．有色金属材料手册（上册）［M］．北京：化学工业出版社，2009.
[6] 曾正明．实用有色金属材料手册［M］．2 版．北京：机械工业出版社，2008.
[7] GB/T 16475—2008 变形铝及铝合金状态代号［S］．北京：中国标准出版社，2008.
[8] 潘复生，张津，张喜燕，等．轻合金材料新技术［M］．北京：化学工业出版社，2008.
[9] 姚广春，刘宜汉．先进材料制备技术［M］．沈阳：东北大学出版社，2006.
[10] 肖亚庆，谢水生，刘静安，等．铝加工技术实用手册［M］．北京：冶金工业出版社，2005.

3 铝合金的熔炼与强化

3.1 铝合金熔体与周围介质的相互作用

合金的熔炼是制备铝合金材料及其部件时的重要环节。铝合金的熔体质量直接影响铝部件的最终性能。原材料的品质、熔炼方法和装置等都会影响铝合金的熔体质量。铝合金熔体吸气、氧化、形成气孔和夹渣的原因主要是因为铝合金的熔炼一般都是在大气中进行，空气和炉气中的 N_2、H_2O、CO、CO_2、H_2 等气体与高温炉料和铝合金熔体接触，导致铝合金吸气；此外，配料时必须的中间合金、溶剂等也可能将气体和杂质带入熔体中。铝合金中的气孔和夹渣会在很大程度上影响铝合金内部及表面质量、铸造工艺性能、力学性能、腐蚀性能和疲劳性能等，严重降低部件的使用寿命，甚至导致铸件或型材报废。因此，从理论上深入研究铝熔体与周围介质的交互作用，并在实际生产中注意解决，是获得优质部件的主要途径。

3.1.1 铝与氧的作用

在熔炼过程，铝及其合金的熔体在与炉壁（或坩埚）、炉气、熔渣等接触时，由于这些物质中存在的氧或氧化物，比如炉气中含有的水蒸气、氧气或一氧化碳等，因此可能会与铝熔体发生反应生产氧化夹杂。而金属与氧的亲和力、成分、温度和压力等因素和条件均决定了是否会发生氧化反应。

金属能否持续被氧化，金属的氧化膜特性是其主要影响因素。按阻碍金属继续氧化的能力，可大致将金属的氧化膜分为以下三类：（1）氧化膜无保护作用；（2）氧化膜厚度达到一定程度后可起到保护作用；（3）氧化膜可起到部分保护作用，但是氧化速度随时间延长而降低。

氧基本不溶于铝及铝合金中，若铝熔体中存在氧，则极易生成氧化产物，并以氧化夹杂的形式存在，其反应如下：

$$4Al + 3O_2 \longrightarrow 2Al_2O_3 \tag{3-1}$$

熔体条件下，Al_2O_3 的分解压和炉气中氧的分解压的大小决定了氧化反应能否发生。当炉气中氧的分解压大于 Al_2O_3 的分解压时，反应无法进行，氧化铝夹杂不会生成；反之，则可能形成。从热力学角度进行分析，金属元素都会氧化。对于铝而言，其分解压极小但氧化生成热很大，即铝和氧的亲和力大，此外氧化铝又十分稳定，所以铝极易氧化。

无论是固态还是液态，铝及其合金都会发生氧化。铝的性质活泼，其氧化会消耗铝及其合金的质量，并增加夹杂等缺陷的体积分数。然而，铝及其合金一旦氧化生成氧化膜，由于氧化膜致密、强韧且均匀覆盖的特性，因此可保护铝及其合金，防止其进一步氧化。一般而言，可用氧化膜的分子体积（V_{MO}）与产生氧化膜的金属原子体积（V_M）之比

(V_{MO}/V_M) 表示氧化膜的致密性及其对合金的保护作用。当 $V_{MO}/V_M<1$ 时，产生氧化膜的金属原子体积大于氧化膜的分子体积，这类氧化膜不致密且对合金无保护作用；反之，当 $V_{MO}/V_M>1$ 时，氧化膜致密，对合金有部分或完全的保护作用，能有效防止金属的继续氧化。表 3-1 是室温下一些氧化物的 V_{MO}/V_M 值（令 $V_{MO}/V_M=a$），从侧面反映了这些氧化物对应的金属与氧的亲和力，其他温度下的 a 值可根据它们的线膨胀系数计算出来。

表 3-1 a 值

金属	金属氧化物	a 值	金属	金属氧化物	a 值
K	K_2O	0.45	Zn	ZnO	1.57
Na	Na_2O	0.55	Ni	NiO	1.60
Li	Li_2O	0.60	Be	BeO	1.68
Ca	CaO	0.64	Cu	Cu_2O	1.74
Mg	MgO	0.78	Mn	MnO	1.79
Cd	CdO	1.21	Si	SiO_2	1.88
Al	Al_2O_3	1.28	Ce	Ce_2O_3	2.03
Pb	PbO	1.27	Cr	Cr_2O_3	2.04
Sn	SnO_2	1.33	Fe	Fe_2O_3	2.16
Ti	Ti_2O_3	1.45			

从表 3-1 可以看出，在元素周期表中排在 Al 之前的元素，如 K、Cd 和 Be 等，与氧的亲和力大于铝，因此在铝液中为表面活性元素，首先被氧化，形成氧化膜的体积小于铝且组织较为疏松，对铝液表面的保护作用基本没有或比较小。因此，熔炼铝合金时需另加覆盖剂进行保护。在元素周期表中排在 Al 之后的元素，如 Pb、Fe 等，与氧的亲和力小于铝，因此在铝液中为非表面活性元素，形成的氧化膜体积大于铝且组织较为致密，可有效地保护铝合金熔体，防止其进一步氧化。

从理论上讲，金属的氧化趋势可用氧化物的自由焓变量 ΔG 进行表示。金属与氧反应生成氧化物前后，氧化物的生成自由焓变量 ΔG、分解压 p_{O_2}、生成热 ΔH 以及反应的平衡常数 K 是相互关联的。在标准状态下（气相为 1atm[1]，凝聚相不形成溶液），金属与 1mol 氧作用生成氧化物的自由焓变量为氧化物标准生成自由焓变量，记为 $\Delta G^{\ominus}$，假定氧化物和金属的活度为 1，则 $\Delta G^{\ominus}=RT\ln p_{O_2}$。

$\Delta G^{\ominus}$ 既可以评判标准状态下金属氧化的趋势，还能衡量氧化物稳定性和形成可能性。$\Delta G^{\ominus}$ 的大小决定了合金熔体中不同元素氧化的趋势，当某一氧化物的 $\Delta G^{\ominus}$ 为负值时，越接近于零，表示该金属与氧的亲和力越小，氧化的趋势越小，生成的氧化物越不稳定。经过回归分析和一定程度的简化，得出一个各种元素发生氧化反应的 $\Delta G^{\ominus}$ 和与其温度（T）的关系图（见图 3-1），不需计算即可直观地表达各种氧化物的相对稳定顺序。在图 3-1 中，氧化物的直线位置越高，$\Delta G^{\ominus}$ 越高，它的稳定性越小；由于氧化物的直线相对位置与其相对稳定性直接相关，因此两者均随温度的变化而变化。例如，$2C+O_2 = 2CO$ 直线与 $4/3Al+O_2 = 2/3Al_2O_3$ 直线在 2000℃ 相交，表明 Al_2O_3 更容易在低于 2000℃ 时形成；而 CO 则在温度高于 2000℃ 时更易形成。

[1] 1atm = 101325Pa。

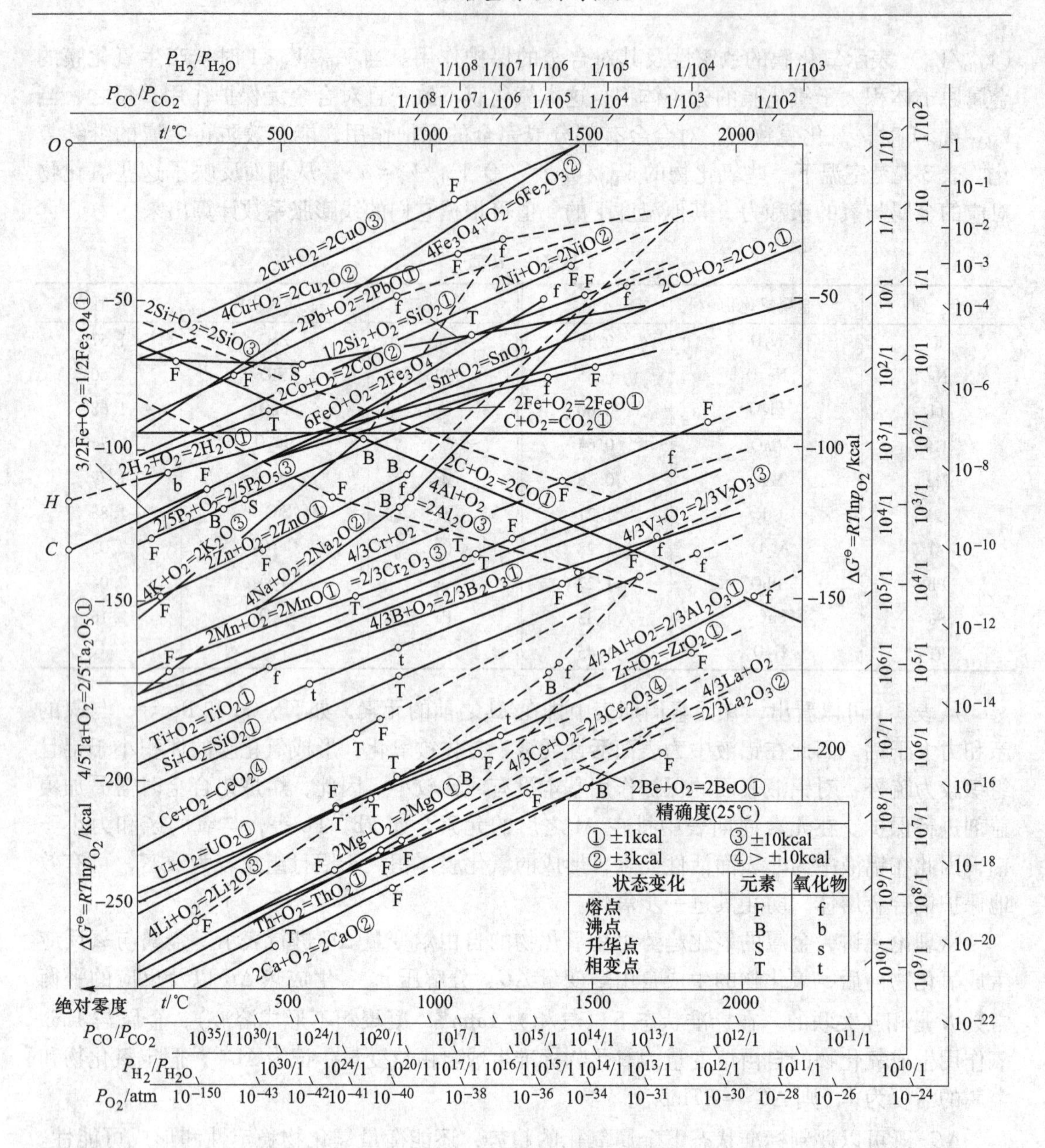

图 3-1 氧化物的标准生成自由焓变量与温度的关系图

(1cal = 4. 1868J)

然而，上述条件是按标准状态进行处理的，但是合金在实际熔炼过程中的影响因素很多，并且是在非标准条件下进行的。因此，只有精确计算实际反应的 $\Delta G^{\ominus}$ 才能反映真实情况，进而才可判断氧化还原反应在实际条件下的方向和限度。不过图 3-1 仍具有一定的方向指导意义和价值。

金属原子由金属本体向氧化膜表面的移动和氧原子从气相中经过氧化膜向金属中的移动，这两方面的扩散移动导致了金属的氧化，因此，氧化膜是同时向内和向外双向生长的。根据扩散定律，温度和时间决定了氧化膜在厚度方向上的增长速度，其关系满足抛物

线方程式 $S^2 = D^t$。式中，S 为被吸收氧的质量；t 为时间；D 为扩散系数。即扩散速度（被吸收氧的质量）随着温度的升高和时间的延长而急剧增加。

一般铝合金的熔炼温度应控制在比浇铸温度高出 20~50℃，既控制在 700~750℃，在此温度范围时，氧化膜是致密的 $\gamma\text{-}Al_2O_3$ 型氧化膜，其厚度可能达到 200nm，氧化膜停止增长。这层氧化膜的存在可实现不用覆盖剂而进行的铝及其合金的熔炼。若温度再提高 10~40℃，氧化物含量会增加 2%~3%；若提高 80℃，氧化物含量增加 20%；若提高 120℃，氧化物含量则增加 200%。当熔炼温度达到 800~900℃时，铝液表面的 $\gamma\text{-}Al_2O_3$（密度为 3.5g/cm^3）向 $\alpha\text{-}Al_2O_3$（密度为 4.0g/cm^3）的转变，导致体积收缩约 13%，原来连续致密的氧化膜收缩出现龟裂，使铝液向深层氧化。此外，铝的氧化物对于氢处于“活性状态”，容易吸附铝液中的氢气，构成 $(Al_2O_3)XH$ 型配合物，使铝液中的杂质越来越多。

由于铝合金中存在各种不同性质的元素，因此其氧化比纯铝的要复杂得多。在铝合金中加入 Zn、Si、Cu、Mn、Fe 等元素时，由于这些元素都不是表面活性元素，因此不影响氧化过程，含这些元素的二元铝合金的氧化膜仍是致密的，可以保护熔体不被继续氧化。在合金中加入碱金属及碱土金属（K、Li、Na、Ca、Sr、Be、Mg 等）时，这些元素的表面活性大，蒸气压高，与氧的亲和力大，显著增加了铝合金的氧化性。碱金属及碱土金属形成的氧化膜一般是离子导电型的，氧化膜结构多孔且疏松，但也要根据不同的情况进行分析。如合金中若含有镁，镁含量决定了氧化膜的成分和结构，当镁含量低于 0.005%时，氧化膜致密；当镁含量在 0.01%~1.0%之间时，氧化膜变为镁铝尖晶石和氧化镁，氧化膜疏松多孔；当含镁量大于 1.5%时，氧化膜几乎全部由氧化镁组成，对铝合金熔体不再有保护作用。但是如果在熔体中加入活性高于镁的元素，则氧化膜组成也会相应改变，如在 Al-10%Mg 熔体中加入 0.15%的铍，则氧化膜中氧化铍的含量可达 45%，可提高氧化膜的致密性。Al-Mg 合金中加入 Ca、Sr 或 Li 等元素也可起到和 Be 相似的作用。合金元素对铝氧化增量的影响见图 3-2。图 3-3 是铝的氧化增量与温度和保温时间的关系。

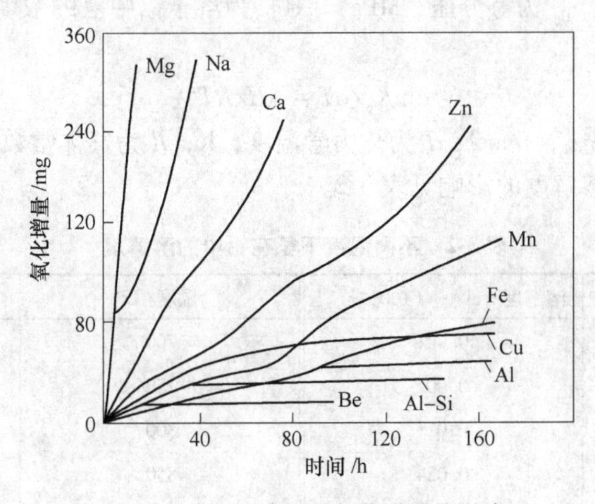

图 3-2　合金元素对铝氧化增重的影响

3.1.2　铝与氢的作用

氢是所有炉气成分中唯一能大量溶于铝的气体。根据实际检测结果，氢占所有存在于

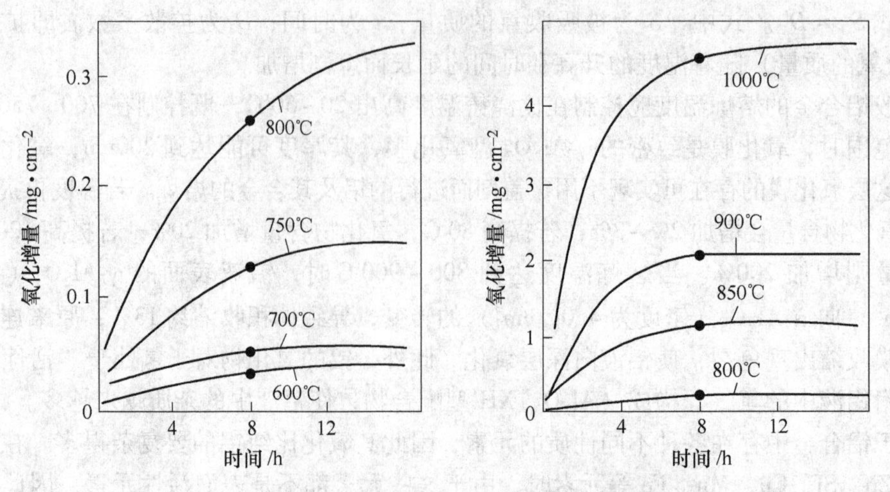

图 3-3　铝试样氧化增重与温度和保温时间的关系

铝合金中气体的85%以上，因此，常将合金的“含气量”等同于“含氢量”。

铝液中的氢分压远高于大气中的氢分压，从热力学角度看，铝液中的氢有自动从内部扩散逸出到大气中的倾向，因此铝液中氢的来源并不是炉气或者大气。此外，从在纯净氢气氛中熔炼铝液，铸件中并不出现针孔的实验中发现，铝液并不能直接溶解分子态的氢，而只能溶解原子态的氢。基于上述理论和现象，铝液中的氢主要来源于铝液与水汽之间的反应。

铝液与 H_2O 反应生成的 H_2 溶入铝液中，达到平衡时有

$$K_p = \frac{[H]^2}{p_{H_2}} \tag{3-2}$$

式中，K_p为平衡常数；p_{H_2} 为氢分压，MPa；[H] 为溶于铝中氢的浓度。对式（3-2）进行解析，可得

$$\mathrm{d}\ln K_p/\mathrm{d}T = \Delta H/RT^2 \tag{3-3}$$

式中，ΔH 为氢的溶解热，J/mol；T 为热力学温度，K；R 为气体常数。

温度对氢在铝中溶解度的影响见表 3-2。

表 3-2　不同温度下氢在铝中的溶解度

温度/℃	溶解度/cm³ · (100gAl)⁻¹	温度/℃	溶解度/cm³ · (100gAl)⁻¹
300	0.001	700	0.86
400	0.005	750	1.15
500	0.011	800	1.56
600	0.024	850	2.01
660（固）	0.034	900	2.41
660（液）	0.65	1000	3.9

氢在常用金属中的溶解度随温度的变化曲线如图 3-4 所示。从图中可以看出，当铝从液态转变为固态，即在铝的固相线温度附近时，氢在液态铝中的溶解度由约 0.68mL/100g

急剧下降到固态铝中的约 0.036mL/100g，两者相差达约 0.64mL/100g，近似于铝液体积的 1.73%。

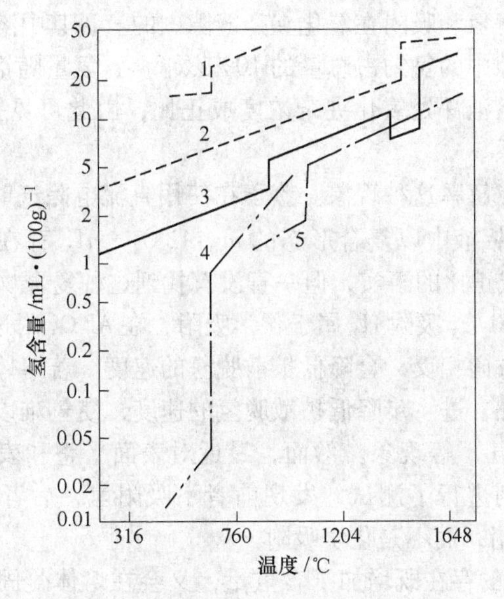

图 3-4 常用金属中氢的溶解度变化曲线

1—氢在镁中的溶解度；2—氢在镍中的溶解度；3—氢在铁中的溶解度；4—氢在铝中的溶解度；5—氢在铜中的溶解度

氢在铝液中溶解度的多少取决于铝液蒸气压的大小，氢溶入铝液中的驱动方向与蒸气压的驱动方向相反，会对铝液吸氢倾向进行阻碍。对于一般金属，若其熔液在沸点时的蒸气压为 0.1MPa，此时氢基本不溶于熔液中。然而铝的沸点高达 2057℃，一般铝的熔炼温度为 700~760℃，铝液的蒸气压低于 0.0001MPa，因此蒸气压的影响可忽略不计。

铝及其合金中理论上存在三种不同形态的无水氧化铝：γ、η 和 α，它们各自的特性列于表 3-3 中。

表 3-3 不同形态氧化铝的特性

形态	密度/g·cm^{-3}	晶型	$V_{Al_2O_3}/V_{2Al}$	吸附水汽/g·cm^{-3}	存在条件
η	3.2	三角形	1.59	0.18×10^{-3}	低温、短期静置
γ	约 3.5	尖晶石型立方	1.42	$(0.1\sim0.27)\times10^{-3}$	在所有温度下，700~850℃最多
α	4.0	三角形	1.28	0.01×10^{-3}	

在上述三种形态的无水氧化铝中，常见的 γ-Al_2O_3 具有两面性。此氧化膜在和铝液接触的一侧十分致密，而与炉气接触的一面却较为疏松，这一面存在许多直径约 5×10^{-3}mm 的小孔，水汽和氢即吸附在这些小孔中。即使将 γ-Al_2O_3 在 890~900℃的温度下焙烧，也会吸附少量水汽。只有温度高于 900℃，此时 γ-Al_2O_3 完全转化为 α-Al_2O_3，才能较完全地脱水。铝及其合金在熔炼时，如果搅动铝液，覆盖在其表面的氧化膜就会被划破并卷入铝液中，此时氧化膜小孔中的水汽和氢气与铝液发生反应，一方面，促使铝液氧化生成氧化夹杂，另一方面，铝液中吸入氢气。这时，γ-Al_2O_3 膜即起到防止氧化的作用，还起到传

递水汽的作用。

在600~700℃范围内时，η-Al_2O_3 和 γ-Al_2O_3 吸附水汽和氢的能力最强。氢在铝液中的存在形式有两种：溶解氢和吸附在氧化夹杂缝隙中的氢，其中溶解氢约占总量的90%以上，吸附在氧化夹杂缝隙中的氢约占总量的10%以下。含氢量随铝液中氧化夹杂的增多而增多。通常，含氢量与熔池深处氧化夹杂浓度成正比，由此可见铝液中的 Al_2O_3 和 H_2 之间存在着密切的互生关系。

至今为止有数种观点解释这种现象。鉴于在使用直流电除气时，阴极附近会聚集 H_2，有人提出 Al_2O_3 和 H_2 在铝液中以复合形态的 $m\gamma$-$Al_2O_3 \cdot nH^+$ 存在，这种观点虽然可以解释含氢量和 Al_2O_3 含量成正比的事实，但一直没有找到这种复合物的存在。

另外有种观点认为 Al_2O_3 吸附 H_2 属于化学吸附，在 Al_2O_3 附近存在吸附力场，此时扩散脱氢方向与氢的吸附方向相反，会降低扩散脱氢的速度。若熔体中氧化夹杂足够多，则吸附立场会相互靠拢叠加，进一步降低扩散脱氢的速度，使氢难以逸出。这种观点能解释“渣多气多”“渣多难除气”等现象。然而，最近对表面平整和表面粗糙、带有众多缝隙的 Al_2O_3 吸附氢情况分别进行了测试，发现前者不吸附氢，后者却吸附了大量氢，表明 Al_2O_3 吸附 H_2 是物理吸附，而不是化学吸附。

Al_2O_3 夹杂在铝液中的存在既增加了含氢量，又会在熔体凝固时为气泡提供非均匀形核核心，导致铸件中出现气孔。

通过对不同 Al_2O_3 夹杂含量的铝液凝固后形成的气孔进行回归分析，表明 Al_2O_3 夹杂量与气孔率成正比，即气孔率随着氧化夹杂含量的增加而增加，当氧化夹杂的含量低于0.001%时，铝中不再形成气孔，而是形成针孔。因此，为了消除铝铸件中的气孔和针孔缺陷，应遵循“除杂为主，除气为辅”“除杂是除气的基础”的原则。

3.1.3 铝与水汽的作用

固态铝在空气中与水汽接触，若温度低于250℃，则会发生如下反应：

$$2Al + 6H_2O \longrightarrow 2Al(OH)_3 + 3H_2 \tag{3-4}$$

反应生成 $Al(OH)_3$，是一种白色粉状物质，易受潮。露天放置的铝锭经常能在其表面看到这种现象，也称其为“铝锈”。“铝锈”中一般含70%的 $Al(OH)_3$，13%的水。若熔炼的铝锭表面带有“铝锈”，则铝熔体中的含气量明显增多。

当温度高于400℃时，此时铝与水汽接触发生如下反应：

$$2Al + 3H_2O \longrightarrow Al_2O_3 + 6[H] \tag{3-5}$$

反应生成游离态［H］原子，这种原子溶于铝液是导致其吸氢的主要原因之一。

高温下，粉状的 $Al(OH)_3$ 也会发生分解反应：

$$2Al(OH)_3 \longrightarrow Al_2O_3 + 3H_2O \tag{3-6}$$

反应后产生的 H_2O 又会和铝发生如式（3-5）的反应，生成游离态［H］原子，加剧铝液的吸氢倾向。因此，熔炼用的铝锭或其他铝原料若长期露天放置，则熔体含气量和夹杂将会显著增多。

铝熔体和水汽接触，一方面会导致 Al_2O_3 夹杂和吸氢现象的产生，另一方面由于此反应极其剧烈，极易导致爆炸事故的发生，因此，铝及其合金熔炼前应进行彻底烘干。

此外，铝合金中若含有Mg、Na等元素，这些元素也会和水汽发生反应：

$$Mg + H_2O \longrightarrow MgO + 2[H] \tag{3-7}$$

铝熔体与炉气和空气中的水蒸气和氧气等接触，接触面积越大，环境温度越高，保持时间越久，铝液被氧化和吸气量就越多。控制好熔炼、保温和浇铸环节，即防止熔体过热、缩短熔炼、保温和浇铸时间，可有效降低铝液的氧化和吸气现象。因此，在铝及其合金进行熔化时，首先要防止气体进入熔体内部，其次是排除熔体中的气体和氧化夹杂，彻底净化熔体。

3.1.4 夹杂

金属及其合金中存在的非金属化合物是夹杂或夹渣。氧化物、硫化物、氮化物、硅酸盐等都可以称之为夹杂。夹渣是夹杂的一种，这些夹杂一般以独立相的形式存在，对金属及其合金的力学性能和物理化学性质都会有比较大的影响。

氧化物夹杂包括但不限于 SiO_2、FeO、TiO_2、Al_2O_3、MgO 和 ZnO 等，氮化物夹杂包括但不限于 ZrN、AlN 和 TiN 等，硫化物夹杂包括但不限于 Ni_3S_2、Cu_2S 和 CeS 等，氯化物夹杂包括但不限于 KCl、NaCl 和 $MgCl_2$ 等，其他形式的夹杂还有 CaF_2 和 NaF 等氟化物夹杂和 $Al_2O_3 \cdot SiO_2$ 等硅酸盐夹杂等。铝及其合金中的夹杂大小、形貌和分布方式均有明显区别，不同夹杂在铝及其合金熔体中的存在形式如表 3-4 所示。

根据来源的不同，夹杂可大致分为三种：由熔炼用原材料带入的；在熔炼过程中形成的；制备工艺不严导致的。如，铝锭或铝中间合金锭表面存在“铝锈”，但仍直接装炉熔炼；熔炼时使用的坩埚或炉衬与铝发生反应；搅拌、扒渣等操作不当；对熔体进行精炼和变质处理时选用的材料品质不好或熔体处理方式不正确，均会导致夹杂的增多。

表 3-4 铝合金液中夹杂物的名称、形状及特点

类别	名称（分子式）	形状（态）	尺寸/μm	主要特征
氧化物类	Si_2O	块状或粒状	$d=10\sim1000$	黑色、透明
	Al_2O_3	皮膜状的集合体	$t=0.1\sim5$ $d=10\sim1000$	暗灰色、黑色、黄褐色透明
		粒状或块状	$d=1\sim3000$	
	MgO	粒状	$d=0.2\sim1$	黑色
		皮膜状	$t=1\sim8$ $d=10\sim1000$	深黑色、红绿色
	Al_2MgO_4	角形粒子	$d=0.1\sim5$	透明、茶灰色
		厚皮膜 粒子群体	$t=0.1\sim6$ $d=10\sim1000$	深褐灰色
	硅酸盐	块状或球状	$d=10\sim1000$	明灰色（Ca）、褐色（K）
	FeO Fe_2O_3	皮膜状群体 块状	$t=0.1\sim1$ $d=50\sim100$	深红色
	Al-Si-O	块状、球状	$d=10\sim1000$	黑灰色、透明
	复合氧化物	厚膜状	$t=10$ $d=50\sim1000$	暗灰色、透明

续表 3-4

类别	名称（分子式）	形状（态）	尺寸/μm	主要特征
碳化物类	Al_4C_3	矩形	$t<1$	灰色
	Al_4C_4C	六角形、片状	$d=0.5\sim25$	
	石墨碳	长形粒子	$d=1\sim50$	褐灰色
硼化物类	AlB_2	六角形、矩形片块状	$t\leq1$	暗褐色
	AlB_{12}		$d=20\sim50$	灰色
	TiB_2	六角形或矩形片板块	$d=1\sim50$	灰褐色
	VB_2	六角形或矩形片板块	$d=1\sim20$	灰色
其他物类	Al_3Ti	针状	$l=1\sim30$	明灰色
	Al_3Zr	针状或粒状	l 或 $d=1\sim50$	明灰色
	$CaSO_4$	针状	$l=1\sim5$	灰色
	AlN	片状、皮膜状	$t=0.1\sim5$ $d=10\sim50$	黑色

一旦在铝及其合金的熔体中形成氧化物夹杂，由于其熔点偏高，化学性能稳定，密度较小，因此很难将它们从溶液中分离出去，凝固以后，这些夹杂的大小、数量、分布形式等都会对合金的各种性能（如力学性能、腐蚀性能、疲劳性能、物化性质、成形性能和加工性）产生重要的影响。

一般来说，夹杂在熔体和固态合金中存在都是有害的，会导致产品品质的下降甚至是报废。但也存在特殊情况，如少量细小弥散均匀分布的夹杂，可以成为晶粒的非均匀异质形核的核心，起到细化晶粒的作用。如 TiB_2、AlB_2、Al_3Ti、Al_3V 和 Al_3Zr 等，有时为了细化晶粒和枝晶，还会专门加入。

总之，在无特殊要求的情况下，夹杂的含量越少越好，不应在铝及其合金中随意加入各种元素，以利于保持合金熔体的纯度，要协调好抗拉、屈服和硬度等强度和伸长率等塑韧性之间的关系。

3.2　铝熔体的精炼和净化

3.2.1　铸造铝合金的精炼

从 3.1 节可以看出，铝及其合金在熔炼、浇铸的过程中会吸气和产生夹杂，降低合金熔体的纯度，导致其流动性降低，进而使铸件（铸锭）中产生气孔、疏松等铸造缺陷，影响其力学性能和加工工艺性能，以及气密性、耐蚀性、抗氧化性及表面质量等，这对铸造铝合金尤其明显。因此，为了提高铝及其合金的熔体质量，通常在浇铸前在熔体中通以气体或加入固体熔剂进行精炼处理，以减少其中的气体和夹杂的含量，并提高合金熔体的纯净度。

铝及其合金熔体的精炼方法很多，主要可分为过滤法、吸附法和非吸附法三种。

3.2.1.1　过滤精炼法

过滤精炼法起源较早，主要分为两种，一种是熔体过滤法，在 1959 年 2 月取得了专利；另外一种是过滤-惰性气体联合精炼法，在1962年6月取得了专利。

过滤法是使熔融金属通过粒状过滤材料填充层而进行过滤的方法，是一种能有效地除去细而分散颗粒的快速方法。所使用的是一种撞击型过滤器，因此从金属中除去的颗粒尺寸小于过滤层间隙。过滤装置一般是安装在转铸系统中，以使金属在浇铸前被处理。

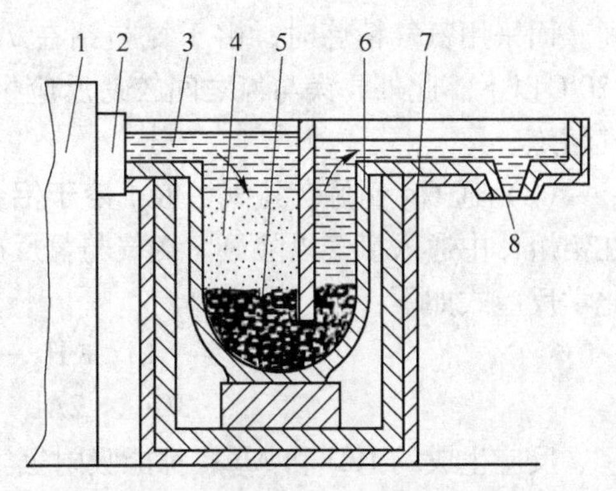

图3-5 铝合金的过滤装置示意图

1—反射炉；2—出铝槽；3—铝液；4—铝矾土；5—铝矾土球；6—坩埚；7—过滤容器；8—浇铸器

过滤装置的主体是一个加热后的耐火容器，其中的垂直隔板可以引导金属液流通过粒状过滤层。垂直隔板偏置于容器中，使过滤层的入口边较出口边大。图3-5为过滤装置的示意图。

一般来说，过滤装置的温度略高于浇铸温度。过滤器的粒状过滤层可由任一具有下列性质的高熔点耐火材料组成：（1）对铝液为惰性；（2）密度比铝液大；（3）有足够的硬度以免在使用时粉化。在具有这些性质的耐火材料中，优先选用人造刚玉。

过滤法的基本原理是在合金液流经过滤器时，粒径较大的夹杂物被过滤器阻挡，粒径较小的夹杂物被过滤器的网格或通道的内表面吸附。此外，过滤器中的网孔或内部通道可以将铝液流速降低并将其分成无数细小的液流，使之趋向于层流，降低其雷诺数，增加夹杂物的上浮速度和概率。随着过滤过程的进行，过滤器中的网格或内部通道中的夹杂物不断堆积，过滤器孔的尺寸逐渐变小，对铝熔体的过滤效果提高。

综上可以看出，过滤法的主要目的是去除熔体中的夹杂物，基本不起到除气的作用，并且主要以机械阻挡为主进行除渣。目前，国内外的过滤器形状非常多，按过滤器中网孔的形状，可分为三维（立体）型和平面直孔型两大类。其中三维（立体）型的主要有钢丝棉（棉絮状的细铁丝）、立体曲折孔形泡沫陶瓷过滤器（板、管）以及各种过滤床（泡沫陶瓷过滤床、微孔陶瓷管过滤床、刚玉球（或刚玉片）过滤床等）等立体曲折孔形过滤器具；平面直孔型的主要有玻璃丝（网）、不锈钢孔板、不锈钢过滤布（网）、镀锡钢孔板、镀锌铁皮（白铁皮）孔板、带孔的云母片（板）、陶瓷孔板等。

在过滤法的基础上开发的过滤-惰性气体精炼联合法是消除夹杂和降低氢含量的一种快速有效的方法。联合处理法的基本装置与过滤法的基本装置类似，只是多了一个导入惰性气体的装置，并且将惰性气体与金属液流动的反方向通入。此时熔体中的氢会被惰性气体带走。一般而言，因为氩气对铝是真正惰性的，所以是比较好的精炼气体，氮气则只能用来处理对氮化物要求不严的铝合金。

3.2.1.2 吸附精炼法

基于联合处理法，将氩气、氮气、氯气或混合气体直接吹入铝熔体，或者在铝熔体中加入可与其发生反应生成无氢气泡的溶剂，利用这些气体在熔体中上浮时对氢气和夹杂物的吸附作用，达到除渣和除气的目的。

（1）通入氩气或氮气精炼。主要以氩气为主，通气精炼时间一般控制在10~20min之间。而采用氮气精炼时，由于氮与铝在725~730℃时会发生反应，因此温度一般控制在720℃以下。此外，镁与氮之间较易反应生成氮化镁夹杂，所以Al-Mg系合金一般不用氮气精炼。

（2）通Cl_2精炼。氯气一般不溶于铝合金液，但会与氢发生剧烈的化学反应，因此可在铝熔体中通入氯气以除氢。氯气与氢反应生成不溶于铝熔体的HCl和$AlCl_3$气体，具体化学反应式如下：

$$Cl_2 + H_2 \longrightarrow 2HCl\uparrow + 热 \quad (3\text{-}8)$$

$$3Cl_2 + 2Al \longrightarrow 2AlCl_3\uparrow + 热 \quad (3\text{-}9)$$

反应生成的HCl和$AlCl_3$都能吸附氢气和氧化夹杂，因此氯气的精炼效果高于其他单一气体。铝熔体一般在690~720℃的温度范围内通氯气进行精炼。通气的时间与合金体系息息相关，比如对于Al-Si系合金而言，时间一般选择在10~15min，而Al-Cu系合金的通气时间一般为5~7min。

氯气有毒，对人体伤害较大且会腐蚀设备和周围环境，通氯气的整套设备比较复杂且投入成本较高，因此虽然氯气对铝熔体的精炼效果较好，但是目前国内外一般不单独使用，而是将其与氮气等气体搭配使用。

（3）混合气体精炼。相较于单一气体或氯气+氮气处理，用N_2+Cl_2+CO三种气体联合精炼的效果更好。将N_2、Cl_2和CO三种气体通入铝熔体后，熔体中主要发生如下的化学反应：

$$2Al_2O_3 + 6Cl_2 \longrightarrow 4AlCl_3 + 3O_2 \quad (3\text{-}10)$$

$$2O_2 + 6CO \longrightarrow 6CO_2 \quad (3\text{-}11)$$

$$Al_2O_3 + 3Cl_2 + 3CO \longrightarrow 2AlCl_3\uparrow + 3CO_2\uparrow \quad (3\text{-}12)$$

反应生成的$AlCl_3$和CO_2的密度极小，在其上浮排出时会吸附和分解夹杂，从而起到十分明显的精炼效果。通混合气体的精炼时间是通氯气精炼的一半，并且混合气体中的氮气可减轻氯气对人体的毒害和对设备的腐蚀作用，所以精炼时的工作条件相对也有所改善。

（4）用氯盐精炼。将可与铝熔体反应的各种氯盐压入其中，会发生反应生成$AlCl_3$和HCl等挥发性气体，这些气体的气泡在上浮时会吸附氢气和夹杂，从而达到除渣和除气的目的。常用的氯盐主要有$MnCl_2$、$ZnCl_2$、$AlCl_3$、C_2Cl_6和CCl_4等，这些氯盐与铝反应的通式为

$$Al + MeCl \longrightarrow AlCl_3\uparrow + 3Me \quad (3\text{-}13)$$

式中，金属元素锌、锰等用符号Me表示。从式中可以发现，反应生成气态的$AlCl_3$。各种氯盐的特性及精炼时的化学反应如下。

1）用脱水$ZnCl_2$精炼。铝与脱水$ZnCl_2$发生反应，反应式如下：

$$2Al + 3ZnCl_2 \longrightarrow 2AlCl_3\uparrow + 3Zn \quad (3\text{-}14)$$

$$ZnCl_2 + H_2 \longrightarrow HCl\uparrow + Zn \quad (3\text{-}15)$$

反应生成气态的$AlCl_3$、HCl，会吸附并排出熔体中的氢气和氧化夹杂。脱水$ZnCl_2$精炼的具体工艺步骤如下：将占炉料总质量0.15%~0.2%的脱水$ZnCl_2$在700℃左右时分2~3批压入铝熔体中，并距坩埚底部有一定距离。然后缓慢移动或绕圈直到液面不再有气泡冒出。静置5min左右后升温进行变质处理，对于无须变质处理的合金，可升温至浇铸温

度后浇铸。但若在730℃及以上时采用脱水$ZnCl_2$对铝熔体进行精炼，则其会很快气化。一方面，快速气化会导致形成气泡和长大上浮的速度较快，降低精炼效果；另一方面，熔体的剧烈翻腾和飞溅也会加重吸气和氧化倾向。

脱水$ZnCl_2$精炼具有价格低、效果较好等优点，具有一定的推广应用价值。然而脱水$ZnCl_2$与铝反应，会消耗铝，并且产生的HCl具有腐蚀性，对人体和环境有害。此外，脱水$ZnCl_2$在精炼时反应生成的少量锌会残留在合金液内，因此在对含Zn量控制严格的合金中，一般不采用这种精炼方法。

2）用$MnCl_2$精炼。铝与$MnCl_2$在一定温度下会发生如下的化学反应：

$$Al + MnCl_2 \longrightarrow AlCl_3\uparrow + Mn \tag{3-16}$$

$$MnCl_2 + H_2 \longrightarrow HCl\uparrow + Mn \tag{3-17}$$

同脱水$ZnCl_2$，反应生成的气态$AlCl_3$和HCl可起到精炼的效果。

虽然$MnCl_2$的价格相对脱水$ZnCl_2$略高，但其吸湿性较低，可较方便地进行储存和运输。$MnCl_2$在铝熔体中的气化速度较慢，生成$AlCl_3$和HCl气泡的速度低，直径小，因此其精炼效果好于脱水$ZnCl_2$。反应生成的少量Mn在大多数铝合金中都是强化元素，所以在实际工业生产中，用$MnCl_2$对铝熔体进行精炼比较普遍。但是$MnCl_2$精炼也会和脱水$ZnCl_2$精炼一样生成HCl腐蚀性气体，污染环境。

3）用C_2Cl_6精炼。在铝熔体中，铝与六氯乙烷的化学反应如下：

$$3C_2Cl_6 + 2Al \longrightarrow 3C_2Cl_4\uparrow + 2AlCl_3\uparrow \tag{3-18}$$

$$C_2Cl_6 \xrightarrow{\triangle} C_2Cl_4\uparrow + Cl_2\uparrow \tag{3-19}$$

$$3Cl_2 + Al \longrightarrow 2AlCl_3 \tag{3-20}$$

反应生成的$AlCl_3$和C_2Cl_4均不溶于铝合金液，并且C_2Cl_6不吸潮，不需要进行重熔脱水处理，其应用范围高于$ZnCl_2$和$MnCl_2$。但其遇热分解会产生具有刺激性气味的Cl_2和C_2Cl_4气体，因此最近几年在工厂中的应用减少。

C_2Cl_6精炼的具体工艺步骤如下：将占炉料总质量0.2%~0.7%的C_2Cl_6在720~730℃时分2~3批压入铝熔体中，并距坩埚底部有一定距离，然后缓慢移动或绕圈直到液面不再有气泡冒出。每次的精炼时间控制在3~5min，总的精炼时间为8~15min。对于某些合金体系，如ZL104、ZL101合金，精炼温度应在750℃以下。一般采用C_2Cl_6精炼后需静置6~10min，然后进行变质处理或浇铸。目前，向铝熔体中加入C_2Cl_6主要有两种方法，一种是用钟罩直接将C_2Cl_6压入铝熔体中，另外一种是在铝熔体中压入掺有氟硅酸钠、氟硼酸钠等缓冲剂的六氯乙烷饼。由于第二种方法的反应速度慢，因此精炼效果要好于第一种方法。采用第二种方法时，加入的精炼剂一般占炉料总质量的0.4%~0.7%，精炼温度为730~750℃，精炼时间为12~15min，静置时间为10~12min。

4）用$AlCl_3$精炼。用$AlCl_3$精炼的具体工艺步骤是，首先将$AlCl_3$在120~150℃下进行预热处理，以去除水分，然后将处理后的固态$AlCl_3$压入铝熔体中，使其气化而达到精炼的目的。加入的$AlCl_3$精炼剂含量占炉料总量的0.3%~0.5%，精炼温度为690~700℃，精炼时间为10~15min，静置时间为5~8min。

5）用无毒精炼剂精炼。上述氯盐和氯气精炼时产生的HCl、Cl_2和C_2Cl_4等气体具有腐蚀性，对环境和劳动条件均不人性化，为了解决这个问题，开发了无毒精炼剂。国内常用的无毒精炼剂成分配比见表3-5。在无毒精炼剂的这些组元中，冰晶石和氟硅酸钠的作用是精炼和减缓反应时间，食盐的主要作用是缓冲，耐火砖屑的作用是结团上浮。

表3-5 常用无毒精炼剂的成分 （质量分数,%）

编号	硝酸钠 $NaNO_3$	硝酸钾 KNO_3	石墨粉 C	六氯乙烷 C_2Cl_6	冰晶石粉 Na_3SiF_6	氟硅酸钠 Na_2SiF_6	食盐 NaCl	耐火砖屑 $SiO_2+Al_2O_3$ 等	使用量
1	34		6	4			24	32	0.3
2		40	6	4			24	26	0.3
3	34		6		20		10	30	0.3
4		40	6		20	20	10		0.3
5	36		6				28	30	0.3

无毒精炼剂的精炼原理是利用溶剂在高温下反应或者分解生成不溶于铝合金液的 N_2、CO_2 和 NO 等气体，这些气体起到精炼的效果。比如，若无毒精炼剂中含有 $NaNO_3$，则高温下其在铝熔体中的化学反应如下：

$$NaNO_3 + C \longrightarrow NaCO_3 + N_2\uparrow + CO_2\uparrow \tag{3-21}$$

$$NaNO_3 \xrightarrow{380℃} Na_2O + NO\uparrow \tag{3-22}$$

反应产生 N_2、NO 和 CO_2 等气体，这些气体的精炼效果较好，且无腐蚀刺激性，对人体和环境危害较小，因此值得推广应用。在铝熔体中加入无毒精炼剂，其工艺步骤类似于六氯乙烷，但其精炼温度一般为690~720℃，精炼时间为5~12min，静置时间为5~8min。

6）用 CCl_4 精炼。CCl_4 也是一种较常用的精炼剂，在 Al-Si 系和 Al-Cu 系合金中较为常见。用其精炼时，用量占炉料总量的0.2%~0.3%，精炼温度一般为690~700℃，精炼时间为7~10min，静置时间为10~15min，主要有三种方法将 CCl_4 精炼剂加入铝熔体中：

①把吸附 CCl_4 的石棉球压入铝熔体内；

②把吸附 CCl_4 的泡沫耐火砖压入铝熔体内；

③用导管（钢管、玻璃管、石墨管、陶瓷管等）将 CCl_4 直接灌入铝熔体中。采用单一型的 CCl_4 精炼效果好于固体精炼剂，并且还能起到晶粒细化的作用，但合金中 Mg 元素的烧损量较大。

3.2.1.3 非吸附精炼法

非吸附精炼也叫真空精炼，其原理是反过来应用西怀特（Sievert）定律，即具有一定溶解度的含氢铝合金液在真空下不但不会吸气，而且已溶入的气体由于液面 p_{H_2} 大大降低，使之有强烈的析出倾向，并且已生成的气泡在上浮和析出过程中也将氧化夹杂物带出液面进入浮渣内被排除，从而达到精炼净化合金液的目的。非吸附精炼具有以下显著的优点：可以使针孔率显著下降；对人体和环境无任何污染和危害；可在变质处理后进行，避免变质后再吸入气体，也不破坏变质的作用；可获得致密性高的铸件。非吸附精炼法主要分为三种：静态真空精炼、静态真空精炼加电磁搅拌和动态真空精炼。

（1）静态真空精炼。静态真空精炼的主要步骤是首先将铝熔体置于真空炉中，其次在熔体表面铺撒一层可防止抽真空时熔体中的气泡逸出和氧化物结壳的溶剂，然后抽真空，使铝熔体中的气体（如氢气等）逸出，从而降低铝熔体的含气量。当铝熔体中的气体逸出时，部分悬浮夹杂也会被挟带到液体表面，并最终被去除。

（2）静态真空精炼加电磁搅拌。在静态真空精炼的前提下，对熔体施加电磁搅拌，加速熔体的对流，使熔体中的气体、气泡和夹杂有更多上浮的机会，从而增加精炼效果。

（3）动态真空精炼。相较于静态真空精炼，动态真空精炼的净化效果更明显。当真空炉内的真空度达到一定程度后，从炉外向炉内喷射铝液的细小液滴，从而增加铝熔体中的气体逸出并烧掉杂质，此时夹杂也会积聚在熔液表面，便于进一步去除。动态真空精炼法的原理示意图如图 3-6 所示。

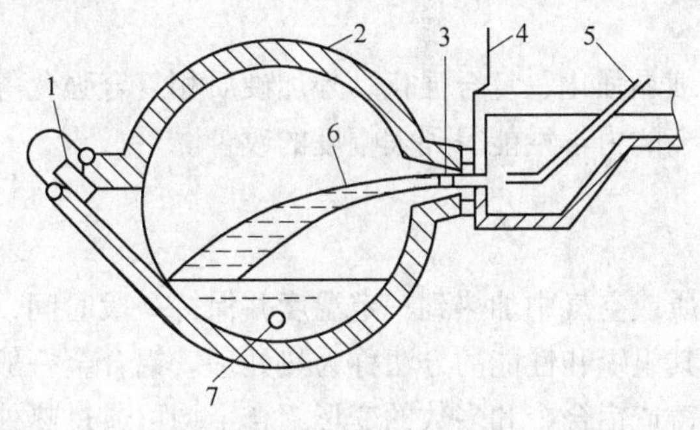

图 3-6　动态真空精炼法原理示意图

1—出液口；2—炉体；3—喷嘴；4—塞板；5—喷射管；6—铝液；7—气体注入口

表 3-6 为国内外真空精炼工艺参数及效果。但真空熔炼法也存在一些缺点，具体如下：（1）设备成本高、投资大且维修费用高；（2）对熔体的温度控制要求高，由于熔体抽真空、吊装等工序繁杂，因此其温度变化较大，铸件易出现冷隔、浇不足等铸造缺陷；（3）电磁搅拌或动态真空精炼对熔体量的多少有一定要求，熔体较多、深度较大时，无法同时使用两种方法，因此对针孔和夹杂要求不高的产品多不采用此法。

表 3-6　国内外铝合金真空精炼工艺参数及效果

资料来源	精炼温度/℃	精炼时间/min	真空度/Pa	精炼效果
B. T. KOPOTKOB	750~780	12~15	(0.45~0.5)×133	针孔度降低 2~3 级
Ж. Н. Bemo$_{ДСОВ}$	—	10	(1~5)×133	含氢量由 0.4~0.8 降至 0.17~0.24
国内	790~810	8~10	(0.1~5)×133	针孔度降低 2~3 级

3.2.2　变形铝合金的熔体净化

不单铸造铝合金，变形铝合金对熔体的要求也很高。变形铝合金的熔体净化目的和采用的方法如下：

（1）熔体净化的目的。变形铝合金在熔炼时同样会存在各种气体和夹杂等，导致出现气孔、气泡、夹杂、裂纹、疏松等缺陷，最终影响制品的加工工艺性、塑性、强度、耐蚀性、表面质量等。其熔体净化的方法与铸造铝合金基本相同，即利用物理化学原理，采用相应的工艺措施，去除铝熔体中的气体和夹杂等。一般也是从氧含量、氢含量、钠含量和非金属夹杂等几方面进行控制。

（2）熔体净化方法。变形铝合金的熔体净化方法包括炉内精炼和炉外净化两种。炉外净化按其作用原理，可分为吸附净化和非吸附净化。吸附净化是指通过铝熔体直接与吸附剂（如各种气体、液体、固体精炼剂及过滤介质）相接触，使其发生物理化学反应或机械作用，实现除渣、除气的目的。吸附净化法包括过滤法、吹气法和溶剂法等。非吸附净化是指不依靠向熔体中加吸附剂，而是通过某种物理作用（如超声波、真空、密度差等），改变金属-气体系统或金属-夹杂物系统的平衡状态，从而使气体和固体夹杂物从铝熔体中分离出来。属于非吸附净化方法的有真空处理、超声波处理和静置处理等。

3.3　铝合金的强化

通过热处理强化、细晶强化、复合强化、外加硬质相复合强化等多种方法或这些方法的综合运用，可使铝合金的力学性能得到大幅度的改善。

3.3.1　热处理强化

铝合金在一定的介质或空气中加热到一定温度并保持一段时间，然后以某种冷却速率冷却至室温，从而改变其组织和性能的方法称为热处理。铝合金一般分为铸造铝合金和变形铝合金，绝大部分的铸造铝合金和多数的变形铝合金均可通过热处理的方式改善或调整其组织和性能。为了提高纯铝的性能，通常在纯铝中加入铜、锌、镁、硅、锂、稀土等元素，这些合金元素在铝中的固溶度一般都是有限的，其是否可以随着温度变化是判断铝合金能否通过热处理强化的主要方法。当合金元素的固溶度随温度变化时，铝合金可以进行热处理强化。如图 3-7 所示，根据合金元素的种类，铝合金可分为可热处理强化铝合金和不可热处理强化铝合金。铸造铝合金由于其合金元素总量占总质量分数的 8%～25%，且元素含量也随着温度的变化而变化，因此可用热处理方式进行强化，但距 *D* 点越远，热处理强化的效果越不明显。变形铝合金有两种：一种是不能热处理强化的铝合金，也叫防锈铝，其成分小于图中的 *F* 点；另一种是可热处理强化的铝合金，一般包括硬铝、超硬铝和锻铝，其成分在图中的 *F* 与 *D* 点之间。

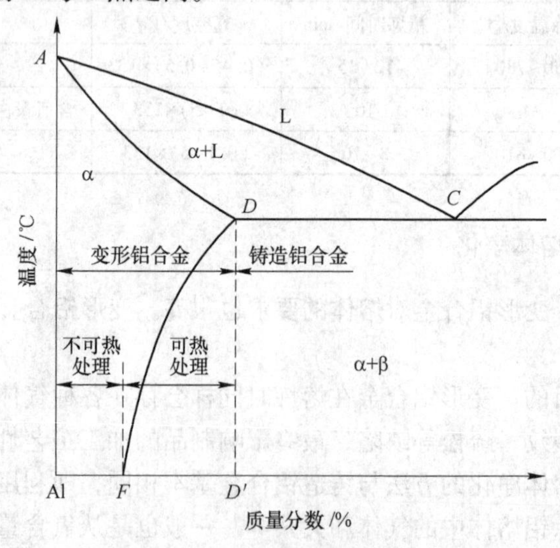

图 3-7　铝合金能否热处理的分类

铝合金的热处理工艺流程虽然与钢的淬火工艺基本相似，但强化机理却完全不同。铝合金在加热过程中发生第二相溶解于基体中形成单相的α固溶体，淬火后得到单相的过饱和α固溶体，但不发生同素异构转变。因此，铝合金的加热和淬火处理成为固溶处理。由于第二相的溶解，所以合金的塑性得到较大的提高。单相的过饱和α固溶体的强化作用有限，所以铝合金固溶处理后的强化和硬度提高均不明显。过饱和α固溶体在随后的室温或低温加热保温时，第二相从过饱和固溶体中重新析出，导致合金的强度、韧性等产生显著的变化，这一过程称为时效。铝合金在室温放置条件下产生强化的叫自然时效，在低温加热条件下产生强化的叫人工时效。因此，铝合金的热处理强化以固溶处理和时效处理居多。

3.3.1.1 热处理类型

铝合金的基本热处理类型及其符号如表3-7所示。实际应用中如何选择铝合金的热处理类型，取决于铝合金的类别（即铸造铝合金或变形铝合金）以及其所处的服役环境。比如，铝合金的固溶处理可以获得较大的韧性和抗冲击性；人工时效处理虽然会降低铝合金的韧性，但能提高铝合金的硬度和屈服强度；没有进行前处理的人工时效可消除工件的应力并略微提高其抗拉强度；退火处理可显著增加铝合金的韧性，有利于某些后续加工的进行。此外，在表3-7基本的热处理制度上还发展了一些新的热处理制度，能用于某些特殊铝合金或使铝合金应用在特殊场合，从而获得所期望的性能组合。例如，提高某些铝合金的时效温度可以显著地提高其屈服强度，但会降低部分塑性。

表3-7 基本热处理种类的符号

符号	意义	符号	意义
F	加工状态	T4	固溶处理（然后自然时效）
O	完全退火	T5	人工时效
H1	加工硬化	T6	固溶处理后人工时效
T1	不需淬火的人工时效	T7	固溶处理后稳定化处理
T2	去应力退火	T8	固溶处理后冷加工、人工时效
T3	固溶处理后冷加工	T9	固溶处理、人工时效后冷加工

A 退火

铝合金退火的目的是消除合金中的残余应力，使其成分和组织趋于均匀，消除加工硬化，改善工艺性能和服役性能。退火又可分为高温退火（均匀化退火）、完全退火、低温退火、再结晶退火等。其常用工艺方法及适用合金如表3-8所示，典型铝合金的均匀化退火工艺如表3-9所示。

表3-8 铝合金常用退火处理工艺方法及适用合金

热处理类型	工艺方法	目的	适用合金
高温退火	一般在制作半成品板材时进行，如铝板坯的热处理或高温压延，3A21的适宜温度为625~675K	降低硬度，提高韧性，达到充分软化，以便进行变形程度较大的深冲压加工	不可热处理强化型铝合金，如1070A、1060、1050A、1035、1200、5A02、5A05、3A21等

续表 3-8

热处理类型	工艺方法	目　的	适用合金
低温退火	在最终冷变形后进行，3A21 的加热温度为 525~555K，保温 60~150min，空冷	为保持一定程度的加工硬化效果，提高韧性，消除应力，稳定尺寸	不可热处理强化型铝合金，如 1070A、1060、1050A、1035、1200、5A02、5A05、3A21 等
完全退火	变形量不大，冷作硬化程度不超过 10% 的 2A11、2A12、7A04 等板材不宜使用，以免引起晶粒粗大。一般加热到强化相溶解温度（675 ~ 725K），保温、慢冷（305~325K/h）到一定温度（硬铝为 525~575K）后，空冷	用于消除原材料淬火、时效状态的硬度，或退火不良未达到完全软化而用它制造形状复杂的零件时，也可消除内应力和冷作硬化。适用于变形量很大的冷压加工	热处理强化的铝合金，如 2A02、2A06、2A11、2A12、2A13、2A16、7A04、7A09、6A02、2A50、2B50、2A70、2A80、2A90、2A14 等
再结晶退火	对于 2A06、2A11、2A12 可在硝盐槽中加热，保温 1~2h，然后水冷；对于飞机制造中的形状复杂的零件，“冷变形-退火”要交替多次进行	为消除加工硬化，提高韧性，以便进行冷变形的下一工序。也可用于无淬火、时效强化后的半成品及零件的软化，部分消除内应力	

表 3-9　典型铝合金牌号的均匀化退火工艺

合　金　牌　号	厚度/mm	金属温度/℃	保温时间/h
2A11、2A12、2017、2024、2014、2A14	200~400	485~495	16~25
2A06		480~490	15~25
2219、2A16		510~520	15~25
3003		600~615	5~15
3004		560~570	5~15
4004		500~510	10~20
5A03、5754		450~460	15~25
5A05、5182、5083、5086		460~470	15~25
5A06、5A41		470~480	36~40
5A12		440~450	36~40
7A04、7020、7022、7075、7A09	300~450	450~460	35~50

B　固溶和时效

a　固溶处理

产生过饱和固溶体是要获得析出强化的有利条件，而形成过饱和固溶体的过程即为固溶热处理。铝合金经过固溶淬火后不进行时效处理可以使其伸长率显著提高且抗拉强度也略有上升。由于部分元素在铝合金基体中的原子扩散速率较慢，因而需要较长时间的固溶以保证强化相充分溶解。为了获得最大的过饱和固溶度，固溶处理温度通常只比固溶线低 5~15K。Al-Cu 合金经过固溶处理后 Al_2Cu 相溶解到铝基体中，合金性能得到较大幅度提高。

b　人工时效

由于具有较低的扩散激活能，因此铝合金的自然时效所需时间较长。部分铝合金经过铸造或加工成形后不进行固溶处理而是直接进行人工时效。这种工艺很简单，也可以获得相当高的时效强化效果。特别是 Al-Mg 系合金，重新加热固溶处理将导致晶粒粗化，时效后的综合性能反而不如 T5 态。因此通常在热变形后直接人工时效以获得时效强化效果。

c 固溶处理+人工时效

固溶淬火后再进行人工时效处理（T6）可以提高铝合金的屈服强度，但会降低部分塑性，这种工艺主要应用于 Al-Si 系、Al-Cu 系和 Al-Zn 系等合金。一般情况下，铝合金在空气、沸水或热水中都能进行淬火。进行 T6 处理时，固溶淬火后获得的过饱和固溶体在人工时效过程中发生分解并析出第二相。时效析出过程和析出相的特点受合金系、时效温度以及添加元素的综合影响，情况十分复杂。对 Al-Cu 二元合金而言，在一定温度下进行时效时，随着时间的增加，铜原子逐渐偏聚形成富铜原子区，即 G. P. 区，此时由于铜的原子半径比铝的小，又与母相共格，所以其周围会形成相当大的应力场阻碍位错运动，从而提高强度。随着时效温度增加或时效时间延长，G. P. 区形成 Al_2Cu 亚稳相，与母相继续保持部分共格，强度开始下降。当 Al_2Cu 亚稳相从固溶体中完全析出后，会形成 Al_2Cu 相，此时其与母相的共格关系消失，甚至会发生聚集粗化，此时合金的强度进一步下降。如 Al-Cu 二元合金发展成 Al-Cu-Mg 三元合金，则除了原有的 Al_2Cu 强化相以外，还会形成新的 Al_2CuMg 强化相，使合金的强度得到显著提高。表 3-10 列出了几种典型铝合金在时效各个阶段的析出相及其特点。

表 3-10 几种典型铝合金的时效析出相及其特点

合金系	时效初期（G. P. 区等）	时效中期（中间相）	时效后期（稳定相）
Al-Cu	G. P. 区：圆片状（共格）	θ″相：Al_2Cu（正方有序化，共格） θ′相：Al_2Cu（正方点阵，半共格）	θ 相：Al_2Cu（体心正方，非共格）
Al-Mg	G. P. 区：圆片状（共格）	β′相：Mg_5Al_8（共格）	β 相：Mg_5Al_8（非共格）
Al-Si	G. P. 区：圆片状（共格）	—	—
Al-Zn	G. P. 区：球形（共格）	G. P. 区：椭圆形（共格）	—
Al-Mg-Si	G. P. 区：球形（共格）	β″相：针状或棒状（共格） β′相：（立方或六方，半共格）	β 相：Mg_2Si（面心立方，非共格）
Al-Cu-Mg	G. P. 区：球形（共格）	S″相：棒状（共格） S′相：（斜方晶体，共格）	S 相：Al_2CuMg（非共格）
Al-Zn-Mg	G. P. Ⅰ区：球形（共格） G. P. Ⅱ区：盘状（共格）	η′相（六方晶或单斜晶）	η 相：$MgZn_2$（非共格）

从表 3-10 可以看出，铝合金的时效过程基本规律类似，均是先有固溶淬火获得过饱和固溶体，时效初期由于空位的作用，使溶质原子以极大的速度聚集形成 G. P. 区，随着时效温度的提高和时效时间的延长，G. P. 区逐渐转变为亚稳相，最终形成稳定相。此外，晶体内的某些高能的缺陷地带会直接由过饱和固溶体形成亚稳相或稳定相，这种也叫做时效序列或沉淀序列。

3.3.1.2 不同类型铝合金的热处理工艺

A 铸造铝合金热处理

对铸造铝合金进行热处理的目的主要是消除铸件的内应力，改善铸造偏析，球化组织中的针状金属间化合物，提高合金的性能；对高温环境下服役的铸件尺寸、组织与性能稳定性有积极作用；另外还可改善铸件的切削性能。

铝合金铸件热处理工艺步骤一般如下。

(1) 准备工作。

1) 对铸件进行清理，除去芯砂和表面的油污等；

2) 保证铸件化学成分和毛坯的尺寸合格；

3) 根据铸件的技术要求，热处理需同时带有：

①与铸件同一炉次浇铸的拉伸试棒，取三组平行试样；

②铸件上附带浇出的硬度试块。

4) 放入热处理炉的铸件应盛装在器具中，铸件间的间隔应距离30mm左右，一般将具有薄壁和空腔的铸件放在器具上层，带有内腔和凹坑的部分向下堆放。

5) 热处理温控应较为准确，允许有一定的温度波动范围，即固溶处理时的温度波动应在±5℃，时效加热为±10℃。

(2) 铝合金铸件的退火。退火可消除和稳定铸件的尺寸，一般在空气循环电炉中进行，其温度范围普遍在250~300℃之间。实际生产中的退火温度多选择为（290±10）℃，保温时间一般为3~5h，然后空冷。

(3) 铝合金铸件的固溶处理。

1) 固溶温度。一般根据合金的化学成分选择固溶温度。由于铸造铝合金中的元素种类和含量均较多，基体组织中存在大量的低熔点共晶相；合金凝固过程中铸件不同位置处的冷却速度差异明显导致组织不均匀性突出；铸件的强韧性相对较低。上述原因造成铸造铝合金的固溶温度不能像变形铝合金那样设置在元素最大固溶度的温度范围内，而是比最大溶解温度稍微低一些，避免产生过烧或者裂纹缺陷。一般而言，典型牌号的铸造铝合金固溶温度如下：ZL105为（525±5）℃；ZL109为（500±5）℃；ZL114A、ZL104、ZL116为（535±5）℃；Z103、ZL107、ZL108、ZL202、ZL203为（515±5）℃；ZL201为（545±5）℃；ZL204A为（540±5）℃；ZL301、ZL305为（435±5）℃；ZL205A为（538±5）℃。

2) 固溶加热。为了满足铸件缓慢加热的需求，通常在空气循环电阻炉中对铸件进行固溶加热。一般在350℃以下将铸件放入炉中，然后缓慢加热至固溶温度，即可防止铸件热变形。采用硝盐槽加热则需要将铸件在350℃的温度下预热2h左右。但是ZL301、ZL302等Al-Mg系合金由于其镁含量相对较高，为了避免镁燃烧发生爆炸，一般不允许在硝盐槽中加热。

3) 保温时间。铸造铝合金基体中的第二相较为粗大，金属间化合物在基体中的溶解扩散速度较慢，因此，固溶保温时间一般在3~20h。铸件的厚度对固溶保温时间的影响较小。

4) 冷却方式。由于铝合金铸件的形状较为复杂，壁厚不均匀程度较大，内部缺陷较多，较大的淬火冷却速度可能造成铸件的变形。因此，铸造铝合金固溶淬火在60~80℃的热水中冷却，淬火转移时间控制在30s以内。

(4) 铝合金铸件的时效处理。若对铝合金铸件进行自然时效，需要至少2个月才能使强度发生较大提高。因此，通常用人工时效的方式处理铝合金铸件。根据时效目的、温度和时间的不同，可将人工时效分为以下三种类型。

1）完全人工时效。根据铝合金铸件能否获得最大的强化效果确定时效的温度和时间。这种时效的温度一般选择在170~190℃之间，或者更低一些。时效时间较长，一般为4~24h。典型牌号的铸造铝合金时效处理温度和时间如下：ZL104为（175±5)℃×(4~15)h；ZL105为（180±5)℃×(5~12)h；ZL107为（155±5)℃×(8~10)h；ZL108为（205±5)℃×(6~8)h；ZL109为（185±5)℃×(10~12)h。

2）不完全人工时效。这种时效可使铝合金铸件具有较高塑性，但强度要求相对较低。因此，此时效时间比完全人工时效短很多，但时效温度基本不变。例如，ZL105铝合金的完全人工时效工艺为（180±5)℃×12h，不完全人工时效的工艺为（180±5)℃×(4~5)h，像其他牌号的铸造铝合金不完全人工时效工艺也是如此，ZL104A、ZL115、ZL203为（150±5)℃×(4~2)h；ZL103、ZL116、ZL201、ZL204A为（175±5)℃×(4~8)h；ZL201A、ZL105、ZL114A为（160±5)℃×(3~10)h；ZL205为（155±5)℃×(8~10)h。

3）稳定化时效。又称稳定化回火。根据铝合金铸件能否达到良好的稳定组织与性能的效果来确定时效温度和时效时间，而不需要考虑是否能达到最大的强度。这种人工时间的温度与铸件的工作温度相近。例如，用ZL103合金制备的气缸头，其工作温度在200~250℃之间，所以，ZL103合金的人工时效温度不采用（180±5)℃，而是采用（230±5)℃，时效时间为3~5h。ZL105时效工艺为（240±5)℃×(5~6)h，ZL205为（190±5)℃×(2~5)h。

（5）检查制度。铝合金铸件在经过热处理后，根据技术要求要对下列各项或全项进行检查。

1）热处理规范检查。彻底检查记录的热处理规范实行的正确性。

2）铸件外观检查。

①铸件表面无局部起泡、结瘤和呈灰暗色斑片等现象。

②铸件的夹角和薄壁处无变形或局部熔化现象。

③铸件表面无裂纹。

3）铸件硬度检查。按照铝合金铸件的热处理工艺卡片的要求，在检查部位检查铸件的硬度。

4）力学性能检查。

①按照铸件的技术要求，根据GB/T 228—2002金属拉伸试验方法测试材料的力学性能。

②力学性能测试结果包括抗拉强度、屈服强度和伸长率。必要时，可在铸件指定部位按GB/T 228—2002规定解剖拉伸试棒。

5）金相分析。可根据ZL204合金过烧的金相标准对铸件经淬火加热后表面局部出现灰暗色斑片、起泡、结瘤等缺陷进行金相分析。

（6）返修制度。

1）若铸件经过固溶时效处理后的力学性能不合格，则可对其进行重复处理，但重复次数不能超过3次。

2）若在铸件时效过程中发生停电事故时，则依据下述情况进行处理：

① 在时效过程中保温时间已超过总保温时间的一半而停电引起炉温降低者，炉温不低于150℃，事后把炉温升到工作温度，顺延计算保温时间。

② 在时效过程中，保温尚不足总保温时间的一半而停电引起炉温降低，事后应把炉温重新升到工作温度，重新计算保温时间。

3）在固溶处理过程中若发生停电事故，事后对该炉零件做如下处理：

①若炉温降到450℃以下，重新计算固溶保温时间。

②若炉温下降至低于固溶温度但高于450℃，重新升到固溶温度后继续计算固溶保温时间。

典型铸造铝合金的热处理工艺规范如表3-11所示，对于金属型铸造的零件，固溶保温时间可取下限或适当缩减，对于砂型铸造的零件，固溶保温时间应取上限或适当延长。

表3-11　典型铸造铝合金热处理工艺规范

序号	合金牌号	热处理状态	固溶			时效		
			加热温度/℃	保温时间/h	冷却介质及温度/℃	加热温度/℃	保温时间/h	冷却介质
1	ZL101	T2	—	—	—	300±10	2~4	空冷或随炉冷
		T4	535±5	2~6	20~100，水	—	—	—
		T5	535±5	2~6	20~100，水	150±5	2~4	空冷
		T6	535±5	2~6	20~100，水	200±5	3~5	空冷
		T7	535±5	2~6	20~100，水	225±5	3~5	空冷
		T8	535±5	2~6	20~100，水	250±5	3~5	空冷
2	ZL102	T2	—	—	—	300±10	2~4	空冷或随炉冷
3	ZL103	T1	—	—	—	175±5	3~5	空冷
		T2	—	—	—	300±10	2~4	空冷或随炉冷
		T5	515±5	3~6	20~100，水	175±5	3~5	空冷
		T7	515±5	3~6	20~100，水	230±10	3~5	空冷
		T8	515±5	3~6	20~100，水	330±5	3~5	空冷
4	ZL104	T1	—	—	—	175±5	5~10	空冷
		T6	535±5	3~5	20~100，水	175±5	5~10	空冷
5	ZL105	T1	—	—	—	180±5	5~10	空冷
		T5	525±5	3~5	20~100，水	180±5	5~10	空冷
		T6	525±5	3~5	20~100，水	200±5	3~5	空冷
		T7	525±5	3~5	20~100，水	230±5	3~5	空冷
6	ZL201	T4	530±5	7~9	20~100，水	—	—	—
		T4	540±5	7~9	20~100，水	—	—	—
		T5	530±5	7~9	20~100，水	175±5	3~5	空冷
		T5	540±5	7~9	20~100，水	175±5	3~5	空冷
		T7	530±5	7~9	20~100，水	250±5	3~10	空冷
		T7	540±5	7~9	20~100，水	250±5	3~10	空冷

续表 3-11

序号	合金牌号	热处理状态	固溶			时效		
			加热温度/℃	保温时间/h	冷却介质及温度/℃	加热温度/℃	保温时间/h	冷却介质
7	ZL202	T5	535±5	7~9	20~100，水	160±5	6~9	空冷
		T5	545±5	7~9	20~100，水	160±5	6~9	空冷
		T7	535±5	7~9	20~100，水	250±5	3~10	空冷
		T7	545±5	7~9	20~100，水	250±5	3~10	空冷
8	ZL203	T4	515±5	10~15	20~100，水	—	—	—
		T5	515±5	10~15	20~100，水	150±5	2~4	空冷
9	ZL301	T4	430±5	12~20	沸水，油	—	—	—
10	ZL302	T4	425±5	15~20	沸水，油	—	—	—
11	ZL401	T1	—	—	—	200±10	5~10	空冷

铸造铝合金在固溶时效处理中常产生一些缺陷，这些缺陷和消除的办法如表 3-12 所示。

表 3-12　铸造铝合金固溶时效处理中出现的缺陷及消除办法

缺陷类型	缺陷特征	产生原因及消除方法
过烧	（1）合金轻微过烧时，界面变粗发毛，此时强度和韧性都有所增高；严重过烧时，呈现淬相球和过烧三角晶界，强度和韧性下降。 （2）铝硅系合金相组织中 Si 相粗大呈圆球状；铝铜系合金组织中 α 固溶体内出现圆形共晶体；铝镁系合金零件表面有严重黑点；在高倍组织中沿晶粒边界发现流散的共晶体痕迹，晶界变宽。 （3）严重过烧时工件翘曲，表面存在结瘤和气泡	（1）铸造铝合金中形成低熔点共晶体的杂质含量过多，应严格控制炉料。 （2）铸造合金加热速度太快，不平衡低熔点共晶体尚未扩散消失而发生熔化。可采用随炉以 200~250℃/h 的升温速度缓慢加热，或者采用分段加热。 （3）炉温仪表失灵。应经常检验炉温仪表，并安装警报电铃或红灯。 （4）炉内温度分布不均匀，实际温度超过工艺规范。应定期检查浴炉或空气炉的炉温分布状况
裂纹	经热处理后零件上出现可见裂纹。一般出现在拐角部位，尤其在壁厚不均匀处	（1）铸件在淬火前已有显微或隐蔽裂纹，在热处理过程中扩展成为可见裂纹。应改进铸造工艺，消除铸造裂纹。 （2）外形复杂，壁厚不均，应力集中。应增大圆角半径，铸件可增设加强肋。太薄部分用石棉包扎。 （3）升温和冷却速度太大，过大的热应力导致开裂，应缓慢均匀加热，并采用缓和的冷却介质或等温淬火
畸变	热处理后工件形状和尺寸发生改变，如翘曲、弯曲	（1）加热或冷却太快，由于热应力引起工件畸形。应改变加热和冷却方法。 （2）装炉不恰当，在高温下或淬火冷却时产生畸形。应采用适当的夹具，正确选择工件下水方法。 （3）淬火后马上矫正
	机械加热后工件出现畸形	工件内存在残留应力，经切削加工后，应力重新分布产生畸变。应采用缓慢冷却介质减少残留应力或采用去应力退火

续表 3-12

缺陷类型	缺陷特征	产生原因及消除方法
腐蚀	（1）在盐浴加热的工件表面上，特别是在铸件有疏松的部位有腐蚀斑痕。 （2）在工件的螺纹、细槽和小孔内有腐蚀斑痕	（1）熔盐中氯离子含量过高，应定期检验硝盐浴的化学成分，氯离子含量（质量分数）不得超过0.5%。 （2）工件在淬火后清洗时未将残留硝盐浴全部去除，应当用热水仔细清洗，清洗水中的酸碱度不应过高
	工件的抗腐性能不良	热处理不当，因素较多。对有应力腐蚀倾向的合金应在热处理后获得更均匀的组织。为此，应确保工件均匀快速冷却缩短淬火转移时间，水温不得超过规定要求，正确选择时效规程
	包铝材料中合金元素完全渗透包铝层	加热温度过高，保温时间过长，重复加热次数过多，使锌、铜、镁向包铝层扩散
力学性能不合格	性能达不到技术要求指标	（1）合金化学成分有偏差，根据工件材料的具体化学成分调整热处理规范，对下批铸件应调整化学成分。 （2）违反热处理工艺规程，一般由于加热温度不够高，保温时间不够长或淬火转移时间过长
	固溶后强度和韧性不合格	固溶处理不当，应调整加热温度和保温时间。使可溶相充分溶入固溶体，缩短淬火转移时间。重新处理
	时效后强度和韧性不合格	时效处理不当，或淬火后冷变形量过大使韧性降低，或清洗温度过高停留时间过长，或淬火至时效间的时间不当。应调整时效温度和保温时间。过硬者可以补充时效
	退火后韧性偏低	退火温度偏低，保温时间不足或退火后冷却速度过快而形成。应重新退火
	铸件壁厚和壁厚处性能差异较大	工件各部分厚薄相差悬殊，原始组织和透烧时间不同，影响固溶化效果。应延长加热保温时间，使之均匀加热，强化相充分溶解
表面变色	铝合金热处理后表面呈现灰暗色	（1）空气炉中水气太多，产生高温氧化。应尽量少带水分进炉，待水气蒸发逸出炉外后关闭炉门。 （2）淬火液的碱性太重，应更换淬火。 （3）为了得到光亮表面可在硝盐浴中加入0.3%～2.0%（质量分数）的重铬酸钾（$K_2Cr_2O_7$）。盐浴的碱度（换算成KNO_3）不应超过0.5%。但应注意重铬酸钾有毒。还可采用在浓度为3%～6%的硝酸水槽中清洗数分钟，就能保证很好的发亮作用。 （4）工件表面残留带腐蚀性的油迹，在挥发后留下残痕或腐蚀痕迹
	铝镁合金表面呈灰褐色	含镁量较高的铝镁合金高温氧化所致，可采用埋入氧化铝粉或石墨粉中加热

B 变形铝合金热处理

变形铝合金的种类和牌号很多，各国都有与其相对应的标准，同样，变形铝合金的热处理标准各国也不相同，分别叙述如下。

a 中国变形铝合金的热处理状态表示方法

中国国家标准 GB/T 16475—1996《变形铝及铝合金状态代号》规定了变形铝合金的基础状态，根据标准，用一个大写的英文字母表示合金的基础状态代号。其后跟一位或多位阿拉伯数字来表示细分状态号。基础状态号如表 3-13 所示。

表 3-13 中国变形铝合金的基础状态号

代号	名 称	说 明 与 应 用
F	自由加工状态 退火状态	适用于在成型过程中，对于加工硬化和热处理条件无特殊要求的产品，该状态产品的力学性能不做规定
O	退火状态	适用于经完全退火获得的最低强度的加工产品
H	加工硬化状态	适用于通过加工硬化提高强度的产品，产品在加工硬化后可经过（也可不经过）使强度有所降低的附加热处理。 H 代号后面必须跟有 2 位或 3 位阿拉伯数字
W	固溶热处理状态	一种不稳定状态，仅适用于经固溶热处理后，室温下自然时效的合金，该状态代号仅表示产品处于自然时效阶段
T	热处理状态 （不同于 F、O、H 状态）	适用于热处理后，经过（或不经过）加工硬化达到稳定的产品。 T 代号后面必须跟有 1 位或多位阿拉伯数字

中国变形铝合金的细分状态号分为：

（1）H 表示加工硬化，其后若有两位阿拉伯数字，称作 H××状态；若有三位阿拉伯数字，称作 H×××状态，两者均表示 H 的细分状态。

1）H××状态。状态的基本处理程序用 H 后面的第一位阿拉伯数字进行表示，如下所示：

H1：表示未经过附加热处理，只进行加工硬化即可获得所需强度的状态，即单纯的加工硬化状态。

H2：适用于经过不完全退火，将加工硬化程度超过成品的规定要求降低到规定指标的产品，也即加工硬化及不完全退火的状态。室温下自然时效软化合金的 H2 具有与 H1 相同的最小极限抗拉强度值；其他合金的 H2 与 H1 的最小极限抗拉强度值相同，但 H2 的伸长率稍高于 H1。

H3：适用于低温热处理或加工时受热，使合金的力学性能稳定或加工硬化状态消除，即稳定化处理的状态。在室温下可发生时效软化的合金适用于 H3 状态。

H4：合金加工硬化后，涂漆处理时会对产品表面产生一定的温度，近似对其进行了不完全退火处理，此时适用 H4 状态，即加工硬化及涂漆处理的状态。

H××状态中第二位表示零件的加工硬化程度，第三位表示合金状态，其中，数字 8 特指硬状态。HX8 状态的最小抗拉强度值定义为 O 状态的最小抗拉强度与规定的强度差值之和。变形铝合金的硬化程度如表 3-14 所示。

表 3-14　变形铝合金的硬化程度

细分状态代号	加工硬化程度
HX1	抗拉强度极限为 O 与 HX2 状态的中间值
HX2	抗拉强度极限为 O 与 HX4 状态的中间值
HX3	抗拉强度极限为 HX2 与 HX4 状态的中间值
HX4	抗拉强度极限为 O 与 HX8 状态的中间值
HX5	抗拉强度极限为 HX4 与 HX6 状态的中间值
HX6	抗拉强度极限为 HX4 与 HX8 状态的中间值
HX7	抗拉强度极限为 HX6 与 HX8 状态的中间值
HX8	硬状态
HX9	超硬状态，最小抗拉强度极限值超过 HX8 状态至少 10MPa

2）H×××状态。

H111：产品在最终退火后又发生一定程度的加工硬化，但硬化程度低于 H11 状态。

H112：用于热加工成型的产品。在该状态下，产品的力学性能有规定要求。

H116：常用于 Mg 质量分数不小于 4.0%的 5×××系合金制成的产品，产品的力学性能和抗剥落腐蚀性能有规定要求。

（2）T 表示热处理，在其后添加数字表示热处理的细分状态。

1）TX 状态的应用如表 3-15 所示。

表 3-15　TX 状态的应用

状态代号	说 明 与 应 用
T0	固溶热处理后，经自然时效再通过冷加工的状态。 适用于经冷加工提高强度的产品
T1	由高温成型过程冷却，然后自然时效至基本稳定的状态。 适用于由高温成型过程冷却后，不再进行冷加工（可进行矫直、矫平，但不影响力学性能极限）的产品
T2	由高温成型过程冷却，经冷加工后自然时效至基本稳定的状态。 适用于由高温成型过程冷却后，进行冷加工或矫直、矫平以提高强度的产品
T3	固溶热处理后进行冷加工，再经自然时效至基本稳定的状态。 适用于在固溶热处理后，进行冷加工或矫直、矫平以提高强度的产品
T4	固溶热处理后自然时效至基本稳定的状态。 适用于固溶热处理后，不再进行冷加工（可进行矫直、矫平，但不影响力学性能极限）的产品。
T5	由高温成型过程冷却，然后进行人工时效的状态。 适用于由高温成型过程冷却后，不经过冷加工（可进行矫直、矫平，但不影响力学性能极限），予以人工时效的产品
T6	固溶热处理后进行人工时效的状态。 适用于固溶热处理后，不再进行冷加工（可进行矫直、矫平，但不影响力学性能极限）的产品
T7	固溶热处理后进行过时效的状态。 适用于固溶热处理后，为获取某些重要特性，在人工时效时，强度在时效曲线上越过了最高峰点的产品

续表 3-15

状态代号	说明与应用
T8	固溶热处理后经冷加工，然后进行人工时效的状态。 适用于经冷加工或矫直、矫平以提高强度的产品
T9	固溶热处理后人工时效，然后进行冷加工的状态。 适用于经冷加工提高强度的产品
T10	由高温成型过程冷却后，进行冷加工，然后人工时效的状态。 适用于经冷加工或矫直、矫平以提高强度的产品

2）TXX 状态或 TXXX 状态。TXX 状态或 TXXX 状态指的是采用特定热处理方式明显改变了产品的特性（如力学性能、抗腐蚀性能等）的状态，如表 3-16 所示。

表 3-16 TXX 状态或 TXXX 状态

状态代号	说明与应用
T42	适用于自 O 或 F 状态固溶热处理后，自然时效到充分稳定状态的产品，也适用于需方任何状态的加工产品热处理后，力学性能达到 T42 状态的产品
T62	适用于自 O 或 F 状态固溶热处理后，进行人工时效的产品，也适用于需方对任何状态的加工产品热处理后，力学性能达到 T62 状态的产品
T73	适用于固溶热处理后，经过时效以达到规定的力学性能和抗应力腐蚀性能指标的产品
T74	与 T73 状态定义相同。该状态的抗拉强度大于 T73 状态，但小于 T76 状态
T76	与 T73 状态定义相同。该状态的抗拉强度分别高于 T73、T74 状态，抗应力腐蚀断裂性能分别低于 T73、T74 状态，但其抗剥落腐蚀性能仍较好
T7X2	适用于自 O 或 F 状态固溶热处理后，进行人工过时效处理，力学性能及抗腐蚀性能达到 T7X 状态的产品
T81	适用于固溶热处理后，经 1%左右的冷加工变形提高强度，然后进行人工时效的产品
T87	适用于固溶热处理后，经 7%左右的冷加工变形提高强度，然后进行人工时效的产品

3）消除应力状态。在 TX、TXX 或 TXXX 等状态代号后面，增加 51，510，511 或 54 等数字，表示产品经历了消除应力处理后所处的状态，如表 3-17 所示。

表 3-17 TX、TXX 或 TXXX 状态代号

状态代号	说明与应用
TX51 TXX51 TXXX51	适用于固溶热处理或自高温成型过程冷却后，按规定量进行拉伸的厚板、轧制或冷精整的棒材以及模锻件、锻环或轧制环，这些产品拉伸后不再进行矫直。厚板的永久变形量为 1.5%~3%，轧制或冷精整棒材的永久变形量为 1%~3%，模锻件、锻环或轧制环的永久变形量为 1%~5%
TX510 TXX510 TXXX510	适用于固溶热处理或自高温成型过程冷却后，按规定量进行拉伸的挤制棒、型和管材，以及拉制管材，这些产品拉伸后不再进行矫直。挤制棒、型和管材的永久变形量为 1%~3%，拉制管材的永久变形量为 1.5%~3%
TX511 TXX511 TXXX511	适用于固溶热处理或自高温成型过程冷却后，按规定量进行拉伸的挤制棒、型和管材，以及拉制管材，这些产品拉伸后可略微矫直以符合标准公差。挤制棒、型和管材的永久变形量为 1%~3%，拉制管材的永久变形量为 1.5%~3%
TX52 TXX52 TXXX52	适用于固溶热处理或自高温成型过程冷却后，通过压缩来消除应力，以产生 1%~5%的永久变形量的产品
TX54 TXX54 TXXX54	适用于在终锻模内通过冷整形来消除应力的模锻件

4）W 状态。W 状态类似于热处理（T）的消除应力状态的代号表示法，在代号后加上数字（如 51、52、54），表示不稳定的固溶热处理状态。

（3）原状态代号与新状态代号的对照如表 3-18 所示。

表 3-18　原状态代号与新状态代号对照

原代号	新代号	原代号	新代号	原代号	新代号
M	O	T	HX9	MCS	T62
R	H112 或 F	CZ	T4	MCZ	T42
Y	HX8	CS	T6	CGS1	T73
Y1	HX6	CYS	TX51，TX52 等	CGS2	T76
Y2	HX4	CZY	T0	CGS3	T74
Y4	HX2	CSY	T9	RCS	T5

b　美国变形铝合金的热处理状态表示方法

美国变形铝合金的热处理状态标在合金牌号之后，中间用破折号隔开。标准的状态代号是由一个字母和一个或几个数字组成，其中字母代表基本状态。用不同种类加上一个数字或几个数字来准确说明除了退火和加工之外的状态。

（1）变形铝合金的四种基本状态。

F——加工状态，主要是指不需要专门进行加工硬化或热处理的产品状态，在正常加工工序后就可获得，不限制产品的力学性能。

H——应变硬化状态。

O——退火状态。

T——热处理状态。

（2）基本状态代号 H 和 T 的详细分类。

在四种基本状态中，应变硬化（H）和热处理状态（T）还有更详细的分类标准，分别如下。

H1n 是指单纯加工硬化状态。材料不需进行退火，只要进行加工硬化就可达到要求的强度。加工硬化程度的数字用 Hl 后的 n 来代表。

H2n 是指加工硬化后进行不完全退火的状态。材料经不完全退火后所保留的加工硬化程度可以用 H2 后的数字来表示。

H3n 是指加工硬化后再经过稳定化处理的状态。其中第三位数字 n 表示加工硬化程度。

$n=2$，表示 1/4 硬状态。

$n=4$，表示 1/2 硬状态。

$n=6$，表示 3/4 硬状态。

$n=8$，表示全硬状态。

$n=9$，表示超硬状态。

全硬状态是材料完全退火后受到 75%冷加工量（加工温度不超过 50℃）获得的抗拉强度与其极限抗拉强度相当的状态。1/2 硬状态是指材料的极限抗拉强度在不硬和全硬状态中间的材料状态。1/4 硬状态则是指材料的极限抗拉强度在不硬和 1/2 硬状态中间的材料状态。同样，3/4 硬状态约为 1/2 硬状态和全硬状态的中间状态。超硬状态是材料抗拉强度的下限比全硬状态时材料的抗拉强度上限还要大 10MPa 以上的状态。第二位数字为奇数的两位数字 H 状态标定抗拉强度是第二位数字为偶数的相邻的两位数字 H 状态材料的标定值的算术平均值。

字母 H 后三位数字的材料状态的最低抗拉强度与相应的两位数字的材料相当，具体内容如下：

H111——比 H11 加工硬化程度稍小的状态。

H112——加工硬化程度或退火程度未加调整的加工状态，但对材料的力学性能有要求，需做力学性能试验。

H116——特指 Al-Mg 系合金所处的一种加工硬化状态。

H191——加工硬化程度略高于 H18 但略低于 H19 的状态。

H311——适用于镁含量大于 4%的加工材料，比 H31 的加工硬化程度稍小的状态。

H321——适用于镁含量大于 4%的加工材料，热加工和冷加工的加工硬化程度都比 H32 稍小的状态。

H323、H343——特指镁含量大于 4%的加工材料所处的加工状态，这种状态的铝材具有相当好的抗应力腐蚀开裂的能力。

T1——热加工后进行自然时效。

T2——高温热加工冷却后冷加工，然后再进行自然时效。

T3——固溶处理后进行冷加工，然后自然时效。

T4——固溶处理和自然时效能达到充分稳定。

T5——高温热加工冷却后再进行人工时效。

T6——固溶处理后人工时效。

T7——固溶处理后再经过稳定化处理。

T8——固溶处理后冷加工再人工时效。

T9——固溶处理后人工时效，再经冷加工。

T10——高温热加工冷却再冷加工及人工时效。

T31、T361、T37——T3 状态材料分别是受到了 1%、6%、7%冷加工变形量的状态。

T41——为防止产品变形和产生热应力，而将其在热水中淬火的状态，此状态适用于锻件。

T42——由用户进行 T 处理的状态。

TX51——消除应力的状态。

TX52——施加 1%~5%压缩量消除应力的状态，适用于锻件。

TX53——通过淬火时温度急剧变化引起的热变形消除应力后的状态。

TX54——通过拉伸与压缩相结合的方法消除残余应力后的状态，用于表示在终锻模内通过冷锻消除应力的锻件。

T61——在热水中进行 T6 处理，适用于铸件。

T62——由 O 或 F 状态固溶处理后，再进行人工时效的状态。

T73——为改善材料的抗应力腐蚀开裂的能力而进行过时效处理后的一种状态。

T7352——材料在固溶处理后受 1%~3%的永久压缩变形以消除残余应力然后再经过

过时效处理所达到的一种状态。

T736——过时效程度介于 T73 与 T76 之间的状态，这种状态的材料有高的抗应力腐蚀开裂的性能。

T76——过时效处理状态，这种状态的材料有相当高的抗剥落腐蚀的能力。

T81、T861、T87——分别为 T31、T371、T137 的人工时效状态。

c　德国变形铝合金的热处理状态表示方法

德国变形铝合金的牌号表示方法有两种，其热处理状态根据牌号表示方法的不同也有所差别。

(1) 在用元素符号+字母及数字表示的牌号中，材料状态代号标在牌号后面，用小写字母表示，其具体含义如下：

w——软的，在再结晶温度以上退火的。

p——管、棒、型材等没有经过最终热处理。

wh——热轧或冷轧到成品尺寸的、未经最终热处理的板材。

zh——拉制的管、棒、线材。

g——淬火处理的铸件，如 G-AlSi12g。

材料的最低抗拉强度要求用数字表示，它跟在元素+字母及数字表示的牌号后的大写字母“F”后。例如自然时效状态的 AlCuMg1 合金的抗拉强度不得低于 360MPa，此合金用 AlCuMg1F360 表示。

(2) 在纯数字牌号系统中，制品种类、处理方式及材料状态用牌号中的第六位、第七位数字进行表示。为了跟合金成分等进行区分，一般在第六位数字前加上小数点，如 3. 1325. 51。将第六位、第七位的数字按 0 到 99 的数字分为 10 大类：

第一大类是未经热处理强化，用 00~09 表示。其中铸锭以 00 表示，砂型铸件用 01 表示，金属型铸件用 02 表示，压铸件用 05 表示，热轧或冷轧的零件用 07 表示，挤压或锻造的零件用 08 表示。

第二大类是退火状态，用 10~19 表示。其中软的、对晶粒大小无要求的以 10 表示，对晶粒大小有要求的用 11~18 表示，按特殊要求供应的用 19 表示。

第三大类是中等冷变形，用 20~29 表示。其中轧制或拉伸、对抗拉强度无要求的用 20 表示，1/4 硬用 24 表示，半硬用 26 表示，3/4 硬用 28 表示。

第四大类是冷加工的、硬的、超硬的，用 30~39 表示。其中硬的以 30 表示，超硬用 31~39 表示。

第五大类是淬火与时效，用 40~49 表示。其中自然时效用 41 表示，稳定化处理用 43 表示，淬火用 44 表示，淬火与时效用 45~49 表示。

第六大类是淬火+自然时效+冷加工，用 50~59 表示。其中自然时效与矫直以 51 表示，淬火+自然时效+冷加工以 50、52~59 表示。

第七大类是人工时效后不进行机械加工，用 60~69 进行表示。

第八大类是人工时效+冷加工，用 70~79 进行表示。其中人工时效与矫直以 71~72 表示，人工时效+冷加工用 73~79 表示。

第九大类是回火且回火前未经冷加工，用 80~89 进行表示。

第十大类是特殊加工，用 90~99 进行表示。

d 俄罗斯变形铝合金的热处理状态表示方法

俄罗斯变形铝合金的热处理状态的代号直接在其牌号后，如 Амцм，Амц3/4Н 等。各符号的含义如下：

м——退火软状态。

Н——冷加工硬化状态。

ц（或 1/2Н）——半加工硬化状态。

1/4Н——1/4 加工硬化状态。

3/4Н——3/4 加工硬化状态。

г/К——热加工状态。

Нl——强烈冷加工硬化状态（加工率达 20%）。

Т——固溶处理与自然时效状态。

ТН——固溶处理、自然时效与加工硬化状态。

ТIН——固溶处理、加工硬化与人工时效状态。

ТIНI——固溶处理、15%~20%加工硬化与人工时效状态。

有时在棒材等状态代号之前附加“гцI”与“Р”字母，前者表示材料的强度较高并具有有限粗晶环（≤3mm），后者表示为再结晶组织，但无粗晶环，强度沿截面均匀且塑性较高的棒材。

3.3.2 铸造铝硅合金的变质处理

铸造铝合金的变质处理主要针对的是铸造铝硅系合金。在铸造铝硅系合金中，共晶 Si 呈针片状、初晶 Si 呈粗大多角状或板块状分布在基体上，这些粗大相会割裂铝基体，造成应力集中，从而降低合金的室温伸长率和加工性能。通过变质处理，细化 Al-Si 合金组织中的初晶 Si 和共晶 Si 相，可以在一定程度上提高合金的室温力学性能。

初晶 Si 常用的变质元素有 P 和 RE 等，变质元素的加入可以减小初晶 Si 相的尺寸，使其尺寸和形貌转变为相对较小的块状。共晶 Si 常用的变质元素有 Na、Sb、Sr 等，杂质诱发孪晶机理是目前被广为接受的共晶 Si 相变质机理。初晶和共晶 Si 相的变质作用可以显著提高铸造 Al-Si 系合金的室温力学性能和耐磨性，但是，共晶 Si 相的变质会对 Al-Si 合金的高温性能带来不利影响。Asghar 等和 Lasagni 等人利用同步辐射等 3D 表征手段对 Al-Si 合金（Si 质量分数大于 7%）的研究发现，层片状共晶 Si 在 α-Al 基体内部以相互搭接的方式形成立体网状结构，当受到外力作用时，这种结构可以有效地将载荷由软韧的 α-Al 基体传递到硬质的 Si 相中，但是这种传递效果随着共晶 Si 相的球化而降低。对于 Al-12Si 合金而言，随着 Si 相的细化变质，合金的高温（300℃）强度和抗热循环蠕变能力均下降。

铸造铝合金的变质剂和变质处理工艺的相关研究较多，并且取得的进展也相对较大。下面分别叙述变质剂和变质处理工艺的现状及发展趋势。

3.3.2.1 变质剂

铸造铝硅合金中的变质剂具有如下特点：

（1）可有效降低硅相的形核功。

（2）能弥散分布在合金熔体中，可迅速与合金中的某一元素形成金属间化合物或非金属氧化物，为非均匀形核提供形核质点。

（3）具有与铝熔体相近的密度。

（4）变质剂的熔点介于熔体变质处理温度和浇铸温度之间，在变质完成后，易上浮结渣。

（5）变质时不产生有害于人体和环境的气体等。

铸造铝硅系合金常用的变质剂种类、成分和配比如表 3-19 所示。

表 3-19　铸造铝硅合金常用变质剂

变质剂名称	成分/%				配制方法	熔点/℃	变质处理温度范围/℃	合金液浇铸温度范围/℃	适量范围
	NaCl	KCl	NaF	Na_2AlF_6					
二元变质剂	33	—	67		机械混合	810~850	780~800	750~780	适用于 ZL102 等合金
三元变质剂（1）	62	12	25		熔化或打碎机	606	725~740	710~730	适用于 ZL101、ZL201 等
三元变质剂（2）	40	15	45		熔化或打碎机	730~750	740~760	730~750	适用于 ZL101、ZL102、ZL105 等
1 号通用变质剂	25	—	60	15	机械混合	850	780~800	800 左右	适用于 ZL101、ZL102、ZL104 等
2 号通用变质剂	45	—	40	15	机械混合	750	750~780	750 以下	适用于 ZL101、ZL104 等
3 号通用变质剂	50	10	30	10	机械混合	710	710~750	710~720	适用于 ZL101、ZL104 等

除表 3-19 中列举的常用变质剂外，铸造铝硅系合金的变质剂还有铝锶中间合金或锶盐、铝锑中间合金（含 5%~8% Sb）、铝钡中间合金（含 1%~4% Ba）、碲（Te）、钡盐、磷（P）、稀土等。不同变质剂具有不同的变质特点，具体如下：

（1）Na 和 Na 盐变质剂。由于 Na 的变质温度在 740~780℃之间，与其沸点（883℃）相近，因此采用金属 Na 变质时，熔体极易沸腾，产生飞溅的现象，导致铝液的氧化吸气倾向加大，并且在操作时也有一定的危险性；由于 Na 的密度小于 Al，因此在使用 Na 变质时，其易集中分布在熔体表面，导致容器上部的铝液和底部铝液变质不均匀，降低变质效果，此外熔体表面的 Na 与炉气中的水蒸气反应还会产生气体，增加铝液的含气量；金属 Na 成本较高，元素较活泼，存储难度大，因此实际生产中应用较少，主要以 Na 盐的形式进行变质。Na 和 Na 盐变质剂在变质处理时的缺点主要是：有效变质时间短，在 30~60min 后即会出现衰退现象，若熔体重熔，则变质效果消失；变质剂中常存在 Cr 和 F 等，会严重腐蚀坩埚，并且腐蚀产物难以清理；易产生气孔、夹杂、变质不足或过度变质等问题。

（2）Sr 变质剂。铸造铝硅合金中共晶硅常用变质元素是 Sr，在熔体中加入含 Sr 变质剂后，共晶硅的形貌由针片状变为纤维状，可细化合金微观组织，提高合金的性能。Sr 变质剂在变质处理时也有一些缺点：Sr（锶）的化学性质极其活泼，虽然对熔体的冷却速度不敏感，但极易氧化和使铝液吸氢；变质潜伏期长，有严重的吸气倾向，合金易出现疏松缺陷，降低致密性；Sr 易与氯发生氯化反应增加 Sr 的烧损程度，所以在采用 Sr 变质时一般不用氯盐进行精炼，可采取通氩气或氮气的方法进行精炼；Sr 一般不与 Te、Sb 同时使用，但可和 Na（盐）一起使用，一方面能保证变质的长效性，另一方面缩短变质潜伏期。

（3）Te 变质剂。Te 变质既不同于 Na，也不同于 Sr，它无法使共晶硅由针片状转变为纤维状，也不能加速硅相的形核。Te 的变质机理是使硅相以片状分枝的方式进行细化。Te 变质的效果与铸造方式有关，砂型铸造时的变质效果不明显，金属型或压力铸造时的变质效果良好。Te 变质剂在变质处理时的特点如下：具有长效性（约 8h）；变质机理类似于 Sb 变质，但效果略强；Te 与 Sb 同时加入时可强化变质效果；Te 与 Na、Sr、P 等元素一起使用时会相互抵消和弱化变质效果；Te 变质虽然不腐蚀熔炼工具和坩埚，但资源紧缺，价格较贵。

（4）Sb 变质剂。将 Sb 加入 Al-Si 合金中，可使共晶硅的形貌由针状变为粒状，细化 α-Al 的二次枝晶间距。Sb 变质剂在变质处理时的特点如下：与用 Na（盐）变质相比，合金的铸造性能和力学性能均有所提升；有效变质时间高达 100h 以上，具有永久变质的特性；Sb 变质对冷却速度较为敏感，不适于砂型或厚大铸件的变质处理；Sb 与 Na、Sr 等元素一起使用时会相互抵消和弱化变质效果，因此不能与经过 Na 或 Sr 变质后的合金旧料混用。

（5）RE 金属变质剂。一般来说，稀土金属的原子半径（0.174~0.204nm）大于 Al 的（0.143nm），因此，稀土在铸造铝硅合金中会填补晶粒新相的表面缺陷，阻碍其长大，从而细化晶粒。稀土元素会使共晶硅的形貌由针片状转变为短杆状或粒状，同时也能减小初晶硅的尺寸。因此，稀土元素，尤其是 La、Ce 等，是铸造铝硅合金优良的变质剂，基本适用于所有 Al-Si 合金的变质处理。

（6）Bi 变质剂。Bi 变质剂的变质效果一般，无法得到完全的变质组织，对合金力学性能的影响也较小，并且易产生密度偏析，因此一般只用于不重要铸件的变质处理。Bi 变质剂在变质处理时的特点如下：有效变质时间较长，为 3~5h；Bi 的密度大于 Al，易出现密度偏析，一般都是以 Al-5%Bi 中间合金的形式加入；Bi 的资源丰富，价格便宜，变质工艺简单，对坩埚或熔炼工具基本无腐蚀作用。

（7）Ba 变质剂。国内外对 Ba 在铸造铝硅合金中的变质也有一定的研究。Ba 具有资源丰富、价格便宜、制备工艺简单等优点。但其缺点也较多：对冷却速度较为敏感，控制不当易出现亚变质组织，不适于砂型铸造；对氯化物也敏感，使用 Ba 变质时不能用氯气（盐）进行精炼。

（8）复合变质剂。上述单一变质剂总存在各种各样的缺点，因此开发高效新型的复合变质剂是当前的研究热点。研究发现，复合变质剂中各元素的变质效果一般均可相互弥补和叠加，因此即使加入较少的变质剂含量，也能获得比较好的变质效果。Na 和 Sr 复合变质既能减少 Na 的损失，也能缩短 Sr 的变质潜伏期，从而延长有效变质时间；Na 盐也能和 RE 一起实现复合变质，既能克服 RE 变质对冷却速度的敏感性，也能延长 Na 的有效变质时间，在砂型铸造中也能获得完全变质组织；Sb 和 Te 也能复合变质，叠加变质效果。重庆大学开发了一种新型的复合精炼变质剂 AJB，在铸造铝硅合金中加入可使其力学性能达到 230MPa 以上。在使用复合变质剂时，需要弄清变质剂各组元的变质作用机理以及各元素之间的相互作用机制，以避免变质效果的相互抵消和削弱。

3.3.2.2　变质工艺

在铸造铝硅合金中，常用的变质工艺包括压入法、搅拌法、精炼-变质双联法、中间合金变质法等四种。

（1）压入法。将变质剂压入铝熔体中进行变质的方法称为压入法，其操作工艺要点为：

1）钠盐变质前需将其置于300~400℃的温度下预热20~30min。

2）对铝液进行精炼处理，然后除去熔液表面的氧化皮和熔渣。

3）将预热后的变质剂均匀撒在铝液的表面，假设变质剂为钠盐变质剂，则用量为合金液总量的2%~3%，保持10~12min。

4）变质剂完全熔化后，将铝液表面的硬壳打破，以使气体排出，同时阻止钠还原，防止生成高熔点（950~1000℃）的 Na_3AlF_6 固态层。

5）将打碎的溶剂硬壳用钟罩压入距合金熔液表面一定深度处，并保持4~6min。

6）取出钟罩，将熔液表面的浮渣撇清。

（2）搅拌法。将粉状、块状或粒状的变质剂直接撒到铝熔体表面上或先将变质剂熔化成液态冲入铝熔体中，然后搅拌使变质剂与合金熔体充分反应，这种方法即为搅拌法。

（3）精炼-变质双联法。图3-8是精炼-变质联合法使用的处理装置示意图。精炼-变质双联法的具体步骤如下：将厚度30~40mm的铝液浇入过滤器外壳14中，然后将熔融态的变质剂（其成分为40%NaF+45%NaCl+15%Na_3AlF_6 或其他液态变质剂）浇入其中，流经环形溢流管6和电极13之间的电流对混合熔体进行加热，保持温度在780℃左右，然后在涂有涂料的金属筛8上浇入剩余合金液，合金液在流经金属筛（筛孔尺寸为8mm）时被分成诸多细小的液流7，然后液态变质剂5对其进行充分的精炼和变质，最后经过出液槽3流入坩埚2中，等待浇铸。

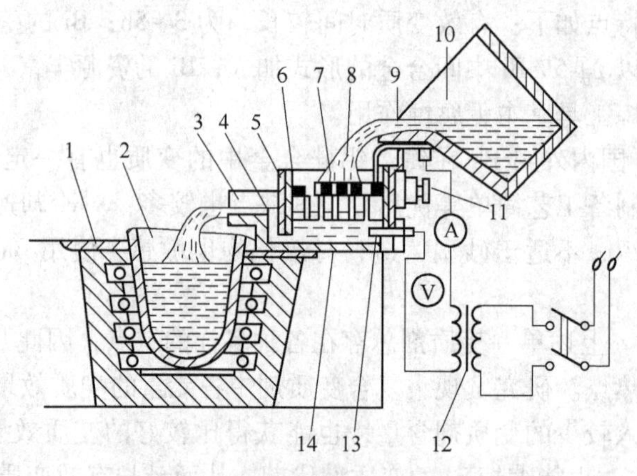

图3-8　精炼-变质联合处理装置示意图

1—保温炉；2—坩埚；3—出液槽；4—集液室；5—通用变质剂；6—环形溢流管；7—铝液流；8—金属筛；9—铝液；10—浇包；11—升降机构；12—变压器；13—电极；14—过滤器外壳

精炼-变质双联法具有精炼和变质效果好的优点，但操作相对较为复杂，因此不适于用来冶炼质量要求低的铸件，应用范围较窄。

（4）中间合金变质法。先将变质剂与铝一起配制成铝中间合金，在熔炼时将此中间合金加入到熔体中，达到变质的效果，这种方法称为中间合金变质法。目前，在铝熔体中加入中间合金的方法主要有以下两种：一种是将含有变质剂的中间合金与原料一起装入熔炼炉中一起熔化，同时在熔液表面覆盖熔剂加以保护；另一种是在熔体精炼后将中间合金加入其中。Al-Sr、Al-Sb 等中间合金一般都是在铝熔体精炼后直接加入的。

3.3.2.3 不同类型的铸造铝硅合金变质处理

A 亚共晶和共晶铝硅合金的变质

当铸造铝硅合金中的硅含量在 5%~13%时，为亚共晶和共晶合金。此种类型合金的变质处理是加入变质剂细化共晶硅。

利用 Na 及 Na 盐对共晶硅进行变质时，由于 Na 比较活泼，在变质时氧化烧损严重，会降低变质合格率，并且合金成分和凝固速度对变质效果也有一定的影响。如砂型或石膏型的冷却速度较慢，Na 的变质效果较好，而金属型的冷却速度较快，Na 的变质效果较差。此外，Na 还会形成缩孔和分散气孔，增加合金熔体的黏度，降低熔体流动性，阻碍气泡和夹杂的上浮。Na 的有效变质时间一般为 1h，时间短，因此在加入时需要控制好操作方式。Na 及 Na 盐变质剂会腐蚀铁质熔炼工具和坩埚，污染合金，变质剂中的氯盐和氟盐还会对设备产生一定的腐蚀作用，污染环境。为减轻腐蚀和污染，目前国内已研制成功以 Na_2CO_3 为基、以镁为还原剂的无毒变质剂，这种变质剂具有反应速度快、实收率高、用量少、对工具和坩埚无腐蚀性等优点，并且砂型中的有效变质持续时间可延长到 60min。

亚共晶和共晶型铸造铝硅合金变质效果最好的是在其中加入铝锶中间合金或锶盐，变质合格率高达 80%~90%，并且不会产生像钠盐那样的缺陷。一般 Sr 在合金中的加入量控制在总量的 0.02%~0.06%。当超过这个比例时，会形成降低合金力学性能的含 Sr 化合物。

铝锑中间合金对亚共晶和共晶型铸造铝硅合金的变质效果好，持续时间长，但不能与 Na 共存，否则易形成 Na_3Sb 夹杂物，抵消各自的变质作用。这种变质剂受冷却速度的影响较大，砂型或石膏型铸造的冷却速度慢，变质效果差。一般 Sb 在合金中的加入量控制在炉料总量的 0.1%~0.5%。

B 过共晶铝硅合金的变质处理

当铸造铝硅合金中的硅含量大于 13%时，为过共晶合金。此种类型合金的变质处理是加入变质剂细化初晶硅和共晶硅，使初晶硅和共晶硅的形貌分别由板状和粗大的针状转变为细粒状，提高合金的综合性能。初晶硅的变质机理是为其形核提供外来的形核核心，增加结晶核心的数量，抑制硅相的长大。

最初变质初晶硅的方法是将红磷或赤磷加入合金液中，但是两者的燃点极低，在铝熔体中的氧化烧损严重，并且还会产生大量的白色烟雾，增大铝合金的吸气倾向，危害环境。现在一般采用磷化物或者中间合金的形式加入，如 Cu-P 中间合金。Cu-P 中间合金的加入量约占炉料总质量的 1%，在使用时，需破碎并用铝箔包住，立即投入使用防止氧化。在使用磷复合变质剂时，加入量约占炉料总质量的 0.5%~0.8%，一般与配有缓冲作用的 KCl 和 K_2TiF_6 一起使用，减少吸气倾向和氧化夹杂的含量。由于复合变质剂中仍有赤磷，因此在变质时会有烟雾产生。

磷在铝熔体中会与铝发生反应生产具有闪锌矿型结构的 AlP，其晶体结构和晶格常数类似于初晶硅的晶体结构和晶格常数，因此可作为异质形核的核心，增加形核数量，抑制初晶硅相的长大。图 3-9 是 P 对含 Si 量为 22%的过共晶铝硅合金晶粒大小及抗拉强度的影响规律。

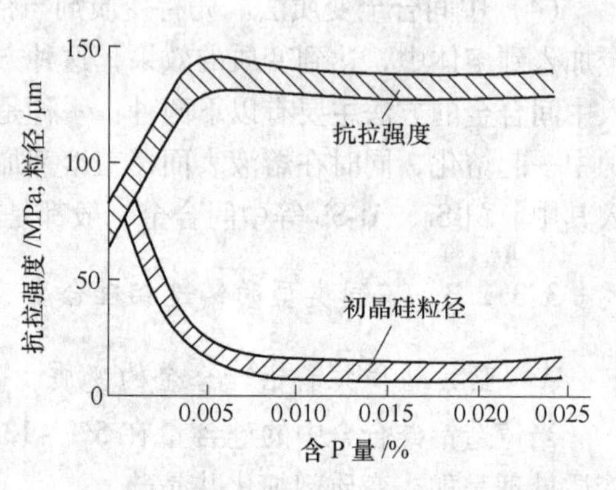

图 3-9　含 P 量对 22%Si 过共晶型铝硅合金初晶硅粒度和抗拉强度的影响

除磷以外，在铝熔体中加入砷（As）和硫（S）也能实现对过共晶型铸造铝硅合金初晶硅的细化作用，其原理和磷一样，都是形成与初晶硅晶体结构和晶格常数相似的闪锌矿型 AlAs 或 AlS 化合物，为初晶硅的形核提供异质形核核心。

经过上述方法变质处理后，过共晶型铝硅合金中多角形块状或针状初晶硅尺寸减小为之前的 1/10 且形貌转变为细粒片状，提高了合金的铸造性能、力学性能、耐磨性能和切削加工性能等。

3.3.3　铸造铝合金的细化处理

合金的室温力学性能可以通过晶粒细化的途径进行提高。铝合金的晶粒细化可以用以下几种方法实现：添加晶粒细化剂，快速凝固，超声振动和机械（电磁）搅拌等，而晶粒细化最简单有效的途径是在熔体中加入晶粒细化剂。常用的晶粒细化剂包括 Al-B、Al-Ti、Al-Ti-B 和 Al-Ti-C 等中间合金，其中，Al-Ti-B 细化剂是目前应用最广最有效的晶粒细化剂。

根据用途，一般可将 Al-Ti-B 细化剂分为以下两种：（1）Ti/B>2.2，如 Al-5Ti-1B 合金，该合金主要应用于工业纯铝和合金元素含量较低的铝合金在凝固过程中的细化。Al-5Ti-B 合金在熔体中首先发生熔解析出 Al_3Ti 和 TiB_2 两种粒子，Al_3Ti 粒子在铝熔体中迅速溶解并将 Ti 原子释放出来以阻碍晶粒生长，TiB_2 粒子则在熔体中保持稳定为均匀形核提供形核核心。（2）Ti/B<2.2，如 Al-3Ti-4B 和 Al-3Ti-3B 等，主要应用于硅含量较高的铝合金在凝固过程中的细化。大量研究表明，Al-Ti-B 晶粒细化剂和 Al-Sr 变质剂会发生反应影响细化和变质效果，如 Hengcheng Liao 等人发现在 Al-Si 合金中 Sr 和 B 的共同存在会降低两者的细化和变质作用。Faraji 等人研究了过共晶 Al-Si 合金中 Sr 与 Al-3Ti-B 的相互作用，发现当熔体中 Sr 元素的含量降低时，Sr 与 Ti 之间的毒化作用减弱。

Ti 在铝合金中的细化机理是其与铝反应形成具有尺寸小、数量多、弥散分布特点的 Al_3Ti 金属间化合物，这种金属间化合物的晶体结构和晶格常数类似于铝的晶体结构和晶格常数，可作为铝基体晶粒的形核核心，从而细化晶粒。

但是铝熔体中单独加钛的晶粒细化效果小于钛和硼的同时加入，目前机理尚未有统一的认识，一些研究认为 TiB_2 和 AlB_2 与铝在密排面上有相近的共格关系，因此可为铝的晶粒形核提供形核质点。但是形成的这些金属间化合物一般熔点都较高，密度也大于铝及其合金，因此其只有在粒径极小且弥散分布时才有异质形核的作用，否则极易形成偏析并增大切削加工的难度。与钛和硼相比，锆、钒和铌的晶粒细化效果较差，但在 Al-Mg 系合金中，锆的细化作用较好。

钛、硼、锆、钒和铌等元素通常以中间合金或棒、丝等形式加入到铝及其合金的熔体中。研究发现，当钛、硼、锆、钒和铌以氟盐的形式加入时，其细化效果最好。原因在于这种加入方式可使晶粒细化元素以原子态高度弥散分布在铝熔体中，与铝反应后生成大量的金属间化合物形核质点，数量以中间合金形式较多，并且晶粒尺寸也相对最小。表 3-20 是 K_2TiF_6、K_2ZrF_6 和 KBF_4 等氟盐的物理化学性质。

表 3-20 K_2TiF_6、K_2ZrF_6 和 KBF_4 的物理化学性能

名　称	熔点/℃	密度（20℃时）/g · cm^3	相对分子质量	细化元素的含量/%
K_2TiF_6	909	2.992	240.1	Ti：19.9
K_2ZrF_6	890	3.58	283.4	Zr：32.2
KBF_4	530	2.559	125.9	B：9.0

钛、锆、硼的氟盐多以混合物的形式加入作为铝合金的晶粒细化剂。由于这些盐的熔点均相对较低，因此可将其破碎成粉状、片状或块状，直接加入到熔体中。这些氟盐的细化剂配比有多种，其中比较常用的有以下三种：66%K_2ZrF_6+26%LiCl+8%CaF、75%$NaBF_4$+25%K_2TiF_6、30%$NaBF_4$+30%Na_2TiF_6+26%NaCl+14%NaF。这些配比的混合物各自都有非常好的晶粒细化效果，最初使用非常广泛，但后来发现铝与 K_2ZrF_6、K_2TiF_6、KBF_4 等反应会生产熔点较低且呈黏稠状的 KF、AlF_3（当合金中有 Mg 存在时，还生成 Mg_2F）等化合物，会降低细化处理的进程。为此，国内外又开发了另外两种新型的晶粒细化配方，如 37% K_2TiF_6+37% KBF_4+26%铝粉和 30% K_2TiF_6+29% KBF_4+27%KCl+14%C_2Cl_6 等。经过实际验证，后面两种配方的细化效果显著由于前面三种配方，特别是 30% K_2TiF_6+29% KBF_4+27%KCl+14%C_2Cl_6 的效果最好。

在加入量上，配方 66%K_2ZrF_6+26%LiCl+8%CaF 的加入量一般占炉料总质量的 0.5%~1.5%；配方 75%$NaBF_4$+25%K_2TiF_6 和配方 30%$NaBF_4$+30%Na_2TiF_6+26%NaCl+14%NaF 的加入量占炉料总质量的 0.2%~0.5%；配方 30%K_2TiF_6+29% KBF_4+27%KCl+14%C_2Cl_6 的加入量为炉料总质量的 0.2%~0.4%。

在各种形式的细化剂中，盐类细化剂的用量少，细化效果好，有效反应时间长，反应均衡，一般不会在合金内出现偏析和污染，成本较配制中间合金的细化剂低，所以用途逐渐广泛。细化剂本身的状态、加入量、加入工艺、熔体温度和细化静置时间都会影响铝合金的晶粒细化效果。

3.3.4 变形铝合金的变质细化处理

在变形铝合金中，变质处理通常也叫孕育处理，是将少量的特定变质剂加入到铝熔体中，促进形核，抑制晶粒长大，从而改善组织形核和力学性能。变形铝合金变质处理的目的是细化基体相，改善脆性化合物、杂质及夹渣等的分布形式和状态等。将变质机理根据变质剂在熔体中的存在形式分为以下两类：一种是利用质点不溶于铝液的特性，产生非均匀形核的作用；另一种是产生偏析和吸附效果。同一种变质剂在相同合金中可能存在一种或多种变质机理，需根据实际情况具体分析。

在变形铝合金中，细化 α-Al 晶粒最有效的元素是 Ti，Ti 的加入形式以 Al-Ti 中间合金为主。一般 0.01%~0.05%的 Ti 即可显著细化 α-Al，加入 0.1%~0.3%的 Ti，细化效果更好。若在加入 Ti 的同时加入 B，则微量的 Ti(0.05%) 即可显著细化晶粒。此外，Mg、Cu、Zn、Fe 和 Si 等元素也会增强 Ti 细化晶粒的效果，而 Cr 和 Zr 则会影响 Ti 的细化。根据变形铝合金体系的不同，还可将 Al-Zr 合金、Al-Mn 合金以及 NaF、LiF 等盐类作为晶粒细化剂。

3.4　铝合金的回收

电解铝（原铝）和再生铝均可作为铝的原料。随着用铝量的增加和时间的推移，废旧铝的数量会逐渐增加，因此人们希望能将这部分废铝进行回收，作为再生铝充当工业用铝的原材料。

铝在所有工业用金属中的可回收性最高、再生效益最大。根据废铝的存在形式，可将废铝分为新废铝和旧废铝两大类。其中新废铝是铝材制造和深加工企业在生产过程中产生的工艺废料以及成分、尺寸形状、性能不符合要求而报废的产品，这些废铝通常由生产企业自行回炉，重新熔炼成相近成分的铝合金进行使用；还有部分废铝以来料加工的形式与电解铝厂换成所需的铝锭或铸坯，这些新废铝在作废铝统计时一般不予统计。在社会上收购的，如报废汽车、旧铝门窗、电器、机械和各种结构中的铝件、铝易拉罐、铝容器、铝制炊具、铝导体及各种铝工具等，这些废铝称为旧废铝，另外，在铝加工和铸造过程中产生的无法回炉使用的废料、切屑和废件等也属于旧废铝。

大部分旧废铝用来生产再生铝及其合金，另外一部分旧废铝由于成分单一且杂质含量少，可用来炼制某些特制的铝合金，如废旧的铝电线、电缆一般可用来炼制 1350 合金，废旧铝门窗可用于熔炼成 6063 合金，废旧易拉罐直接熔炼成 3004 合金，杂质铁和硅含量多的废铝可用来制成 Al-Si-Fe 复合脱氧剂等。

图 3-10 是铝的应用、流通、回收和再利用循环过程示意图。

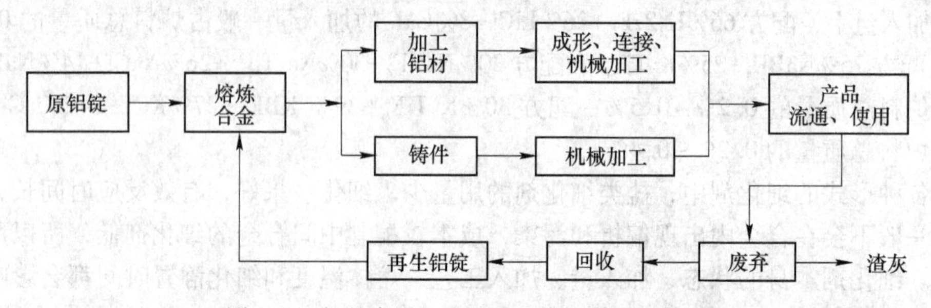

图 3-10　铝的应用、流通、回收和利用示意图

废铝回收利用可最大限度地延长资源寿命，其经历了产品至产品的循环。这一过程也称为寿命周期或寿命循环（Life Cycle），即材料从素材经加工成产品，产品经使用、废弃，通过回收再生再回到素材的过程，在这个过程中，涉及质量的损耗、能量的消耗以及污染物的排放等问题。

铝的全寿命周期（Total Life Cycle），是指经过无限次寿命循环直至材料完全失去其原有的属性（如 Al 全部变为 Al_2O_3）为止的过程。全寿命周期总质量 M_T，指经无限次循环使用后，其所能利用的累计质量。比如两种材料的一次循环质量利用系数分别为 $R_1=0.8$，

$R_2=0.95$，其原始质量为 1kg，则它们的全寿命周期总质量分别为 5kg 和 20kg。这就是说，1kg 一次循环质量利用系数为 0.8 的材料做成零件，经过多次使用、回收、再生，其全寿命周期总质量大约为 5kg，而对于一次循环质量利用系数为 0.95 的材料，其全寿命周期总质量可达 20kg。不断的回收再生可大幅度提高材料的总质量利用率。

能量利用最优化与材料质量利用最优化是相辅相成的。比如从矿石中冶炼和从废铝回收获得铝，其能耗比为 20.3，而镁为 35.8、镍为 9.6、锌为 3.6、铅为 2.7、钢为 2.5、铜为 6.2，由此可看出废铝回收再生的优越性。

从 1950 年开始，世界再生铝的产量呈逐年递增的趋势。综合挪威海德鲁铝业公司（Hydro Aluminium）与英国商品研究所（CRU）的预测数据，截止到 2015 年，世界原铝产量的年平均增长率约为 4.2%，2015 年的产量为 73000kt；世界再生铝产量的年平均增长速度为 4.7%，2015 年的产量可达 26000kt。再生铝年均增长率高于同期原铝生产增长率 0.5%。

2015 年中国铝土矿产量为 6000 万吨，占同期全球总产量的 21.9%。按照同期中国铝土矿资源储量，中国铝土矿静态可采年限仅为 14 年，远低于全球 120 年的平均水平，加强资源的合理开发利用是我国铝土矿产业乃至整个铝业所面临的重要问题。随着我国对再生铝认识的深入，中国再生铝企业得到迅速成长。2008 年，再生铝产量达到 270 万吨，至 2015 年达到 575 万吨。由于受到国内铝市供需不平衡的影响，近几年铝价下降维持平稳，大多数再生铝企业利润提升，再生铝行业未来前景开始回升。按照 2006~2015 年再生铝的增长趋势，预计 2016 年再生铝产量达到 578 万吨，2022 年再生铝产量达到 667 万吨。2016~2022 年我国再生铝产量及预测如图 3-11 所示。

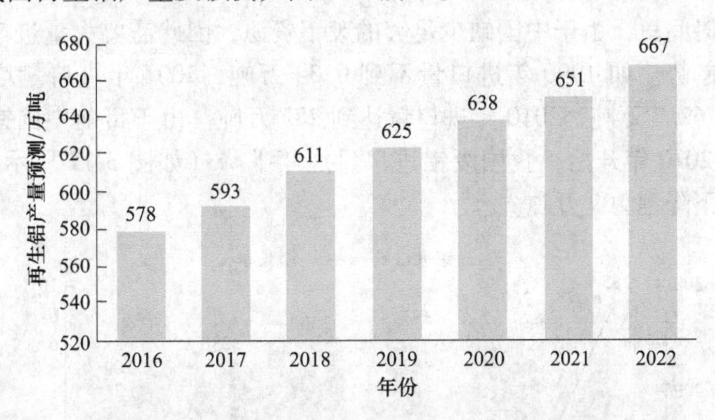

图 3-11 2016~2022 年我国再生铝产量及预测

在再生铝的生产中，废铝回收的成本约占总费用的 85%。企业的整体经济状况在很大程度上取决于如何大量获得价廉物美的废铝。开发新型高效去（降）杂质的生产技术、采用先进的生产设备和新技术、推广多用途合金化技术等是废铝回收行业的发展趋势。

3.4.1 废铝回收

3.4.1.1 废铝回收的意义和政策

据预测，中国的铝消费峰值期将出现在 2020 年，2025 年中国将成为全球铝废料的主要来源地。事实上，铝从2010年开始就已经进入报废的高峰期。仅交通领域，2016年就有1亿吨铝等待回收，未来每年建筑领域将平均回收5.25亿公斤的铝材。面对铝消费量的逐渐增大，铝土矿资源的逐步匮乏，环保政策的逐渐严苛，我国连续出台了多项政策，如2005年9月7日国务院总理温家宝主持召开的国务院常务会议通过的《铝工业发展专项规划》《铝工业产业发展政策》中，专门谈到"要大力发展循环经济，开发和推广使用高性能、低成本、低消耗的新型铝产品，发展废杂铝回收再生产业，降低消耗，减少污染，提高铝资源利用率"。其他如《国民经济和社会发展第十三个五年规划纲要》《中国制造2025》。《有色金属工业发展规划 2016—2020》《国务院办公厅关于营造良好市场环境促进有色金属工业调结构促转型增效益的指导意见》《关于办理环境污染刑事案件适用法律若干问题的解释》等也强调了我国发展再生铝的重要性。

发展再生铝工业具有重大的意义，我国已经明确提出：到2020年，再生铝使用量应达到30%以上。据统计，生产1t原铝不仅耗水量达到$14m^3$，还会产生111kg的二氧化硫、78kg的氮氧化物、18kg烟尘、2.9kg一氧化碳和3.5t赤泥等污染物，而生产1t再生铝，可节省3~4吨标准煤，节水$14m^3$，减少固体废物排放20t。因此发展再生铝工业可以缓解我国的能源紧张程度。再生铝工业具有原料丰富、回收率高、矿产资源开发少等优点，是典型的循环经济工业领域。

中国的再生铝企业数量目前已超过2000家，是世界上再生铝企业最多的国家。但是年产万吨以上的企业只有30家，5万吨以上的只有4家，绝大部分企业生产规模小，生产设备和手段落后，在熔炼过程中对金属的烧损严重，特别是熔炼薄壁、废屑等废铝，烧损率高达15%，而国际上再生铝的烧损率一般只有3%~5%。

在很长一段时间里，由于中国缺少足够的废铝资源，因此需要大量进口废铝且进口量一直保持上升的趋势。如1990年进口量不到0.34万吨，2001年进口量增加到36万吨，2003年进口量为62.7万吨，2010年进口量达到285万吨。由于目前中国铝的积蓄在1亿吨以上，因此自2010年开始，我国废铝进口量逐年下降（如图3-12所示），到2015年，我国进口废铝量下降到209万吨。

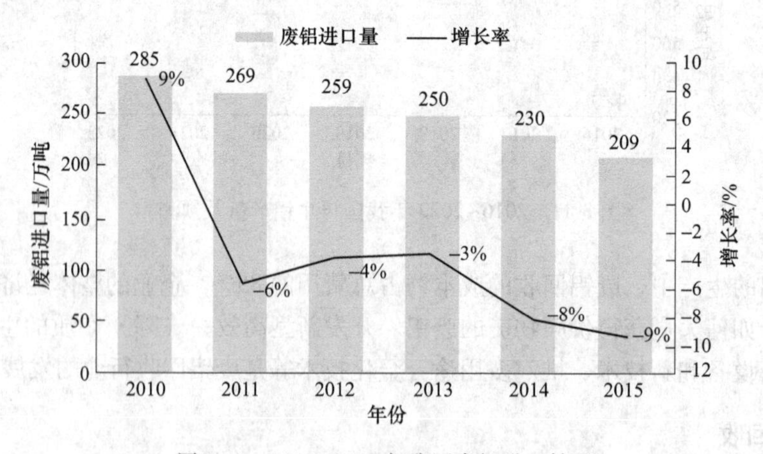

图3-12　2010~2015年我国废铝进口情况

国外发达国家铝生产的原料主要依赖于废铝回收，并且政府对此的认识和重视程度也很大。其采用立法的方式明确提出了支持资源循环利用的基本方针，对有关扩大和促进资源利用的新技术开发、新设备制造及新项目给予优惠贷款、税收、补贴等扶植政策，一方面促进了金属废料的回收，另一方面扩大了再生金属的生产，其结果是不断地向良性循环型社会迈进。

3.4.1.2　废铝的分类和技术要求

根据国家标准 GB/T 13586—2006 对废铝进行分类，按物理形态将铝及其合金的废料、废件分为 3 类，每类按化学成分为不同组（金属名称、牌号），各组按品质又分为不同级别。

部分废铝的分类与要求如表 3-21 所示。

表 3-21　部分废铝的分类与要求

废铝分类			要求
类别	组别	废铝名称	
变形铝及其合金废料	铝电线、铝电缆、铝导电板	光亮铝线	新的、洁净的纯铝电线、电缆构成的废铝； 不允许混入铝合金线、毛丝、丝网、铁、绝缘皮和其他杂质
		混合光亮铝线	新的、洁净的纯铝电线、电缆与少量 6××× 系合金电线、电缆混合构成的废铝； 6××× 系合金电线、电缆不超过废铝总量的 10%； 不允许混入毛丝、丝网、铁、绝缘皮和其他杂质
		旧铝线	旧的纯铝电线、电缆构成的废铝； 表面氧化物及污物低于废铝总量的 1%； 不允许混入铝合金线、毛丝、丝网、铁、绝缘皮和其他杂质
		旧混合铝线	旧的纯铝电线、电缆与少量 6××× 系合金电线、电缆混合构成的废铝； 6××× 系合金电线、电缆不超过废铝总量的 10%；表面氧化物及污物不超过废铝总量的 1%； 不允许混入毛丝、丝网、铁、绝缘皮和其他杂质
		废电线	带有绝缘皮的各类铝电线构成的废铝
		新钢芯铝绞线	制造过程中产生的废钢芯铝绞线，无夹杂物
		旧钢芯铝绞线	旧的钢芯铝绞线，无夹杂物
		导电板	各种电器设备和设施中的铝导电板构成的废铝； 不允许混带夹杂物
	铝箔	新铝箔	洁净的、新的、无涂层的 1××× 和/或 3××× 和/或 8××× 系列铝箔构成的废铝； 不允许混入电镀箔、涂铝铝箔、纸、塑料和其他杂质
		旧铝箔	无涂层的 1×××、3××× 和 8××× 系旧的家用包装铝箔和铝箔容器构成的废铝； 材料可以被电镀，有机残留物低于废铝总量的 5%； 不允许混入涂铝铝箔条、化学腐蚀箔、复合箔、铁、纸、塑料和其他非金属杂质

续表 3-21

废铝分类			要　求
类别	组别	废铝名称	
变形铝及其合金废料	铝易拉罐	新易拉罐	新的、洁净的、低铜的铝易拉罐（表面可覆盖印刷涂层）及其边角料构成的废铝； 油脂不超过废铝总量的 1%； 不允许混入罐盖、铁、污物和其他杂物
		旧易拉罐	盛过食物或饮料的铝罐构成的废铝； 不允许混入其他废金属、箔、锡罐、塑料瓶、纸、玻璃和其他非金属杂质
		易拉罐碎片	易拉罐碎片构成的废铝（$\rho=190\sim275\text{kg/m}^3$）； 通过孔径 4599μm 网筛的碎片小于废铝总量的 5%； 废铝必须经过磁选。不允许混入其他任何铝制品、铁、铅、瓶盖、塑料罐及其他塑料制品、玻璃、木料、污物、油脂、垃圾和其他杂物
		易拉罐压块	易拉罐压块构成的废铝（$\rho=562\sim802\text{kg/m}^3$）； 块的两边应有易于捆绑的捆绑槽，每块质量不超过 27.3kg，建议块的公称尺寸范围为（254mm×330mm×260mm）~（508mm×159mm×229mm）； 合成一捆的所有块的尺寸必须相同，建议捆的尺寸范围为（1040~1120mm）×（1300~1370mm）×（1370~1420mm）。捆绑方法：用宽不小于 16mm、厚 0.50mm 的钢带，每捆每排垂直捆 1 道，水平方向最少捆 2 道，不得使用滑动垫木和/或任何材料的支撑板； 废铝必须经过磁性分离，不允许混入铝易拉罐以外的任何铝产品，不允许混入废钢、铅、瓶盖、玻璃、木料、塑料罐及其他塑料制品、污物、油脂和其他杂物
		打捆易拉罐	打捆的、未压扁易拉罐（$\rho=225\sim273\text{kg/m}^3$），或打捆的、压扁易拉罐（$\rho=353\text{kg/m}^3$）构成的废铝； 捆的最小规格为 0.85m^3，建议尺寸为（610~1020mm）×（760~1320mm）×（1020~2135mm）。捆绑方法：4~6 条 13 号钢线，不得使用滑动垫木和/或任何材料的支撑板； 废铝必须经过磁性分离，不允许混入铝易拉罐以外的任何铝产品，不允许混入废钢、铅、瓶盖、玻璃、木料、塑料罐及其他塑料制品、污物、油脂和其他杂物
	铝板	新 PS 基板	1×××和/或 3×××系列牌号的印刷用铝板（表面无油漆涂层）构成的废铝； 铝板最小尺寸为 80mm×80mm； 不允许混入纸、塑料、油墨和其他任何杂物
		旧 PS 基板	1×××和/或 3×××系列牌号的印刷用铝板构成的废铝； 铝板最小尺寸为 80mm×80mm； 不允许混入纸、塑料、油墨和其他任何杂物
		涂漆铝板	洁净的低铜铝板（一面或两面有油漆，不含塑料涂层）构成的废铝； 不允许混入铁和污物、腐蚀物、泡沫、玻璃纤维等其他非金属物品
		飞机铝板	飞机用铝板构成的废铝

续表 3-21

废铝分类			要求
类别	组别	废铝名称	
变形铝及其合金废料	铝板	低铜铝板	由多种牌号的低铜铝板（厚度大于 0.38mm）混合构成的新的、洁净的、表面无涂层、无油漆的废铝板； 油脂低于废铝总量的 1%； 不允许混入 2×××或 7×××系铝合金板，不允许混入毛丝等
		同类铝板	同牌号的铝板材，厚度大于 0.38mm
		混合新铝板	由多种牌号的铝板（厚度大于 0.38mm）混合构成的新的、洁净的、表面无涂层和漆层的废铝板； 油脂不超过废铝总量的 1%； 不允许混入毛丝、丝网等
		杂旧铝板	有多种牌号的洁净铝板混合构成的废铝； 涂漆铝板低于废铝总量的 10%，油脂低于废铝总量的 1%； 不允许混入箔、百叶帘、铸件、毛丝、丝网等
铸造铝合金废料	铸锭	杂铝铸锭	以废铝熔铸成的锭或块； 不允许混带夹杂物
	活塞	无拉杆铝活塞	洁净的铝活塞（不含拉杆）构成的废铝； 油污和油脂不超过废铝总量的 2%； 不允许混入轴套、轴、铁环和非金属夹杂
		带拉杆铝活塞	洁净的铝活塞（可以含拉杆）构成的废铝； 油污和油脂不超过废铝总量的 2%； 不允许混入轴套、轴、铁环和非金属夹杂
		夹铁铝活塞	由含铁铝活塞构成的废铝
	汽车铝铸件	汽车铝铸件	各种汽车用铝铸件构成的废铝； 铸件尺寸应达到目视容易鉴别的程度； 油污和油脂不超过废铝总量的 2%，含铁量低于废铝总量的 3%； 不允许混入污物、黄铜、轴套及非金属物品
	飞机铝铸件	飞机铝铸件	各种洁净的、飞机用铝铸件构成的废铝； 油污和油脂不超过废铝总量的 2%，含铁量低于废铝总量的 3%； 不允许混入污物、黄铜、轴套及非金属物品
	其他	同类铝铸件	同种牌号的、新的、洁净的、无涂层的铝铸件、锻件和挤压件构成的废铝； 不允许混入屑、不锈钢、锌、铁、污物、油、润滑剂和其他非金属
		混合铝铸件	各种洁净的铝铸件混合构成的废铝； 油污和油脂不超过废铝总量的 2%，含铁量低于废铝总量的 3%； 不允许混入铝锭、污物、黄铜及非金属物品

3.4.2 再生铝的生产

表 3-22 是 2002 年世界各主要国家和地区原铝和再生铝产量，发展至现在，再生铝已经满足了全球铝市场总需求量的约 40%。

表 3-22　2002 年世界主要国家和地区原铝和再生铝产量

国家和地区	铝总产量/kt	原铝产量/kt	再生铝产量/kt	再生铝占比例/%
欧洲小计	10718.8	8089.0	2629.8	24.5
德国	1313.8	645	668.8	50.9
挪威	1319.0	1048	271.0	20.5
意大利	791.9	191	600.9	75.9
法国	703.3	452	251.3	35.7
英国	597.6	349	248.6	41.6
非洲小计	1417.0	1372	45.0	3.2
亚洲小计	9090.8	6802	2288.8	25.2
中国	5345.0	4365	982	18.3
日本	1244.8	6	1238.8	99.5
美洲小计	11483.0	7739	3744.0	32.6
美国	5685.0	2705	2980.0	52.4
加拿大	2890.0	2710	127.2	6.2
大洋洲小计	2297.2	2170	127.2	5.5
澳大利亚	1963.2	1836	127.2	6.5
世界合计	34925.9	26072	8853.9	25.35

再生铝的生产工艺流程见图 3-13。

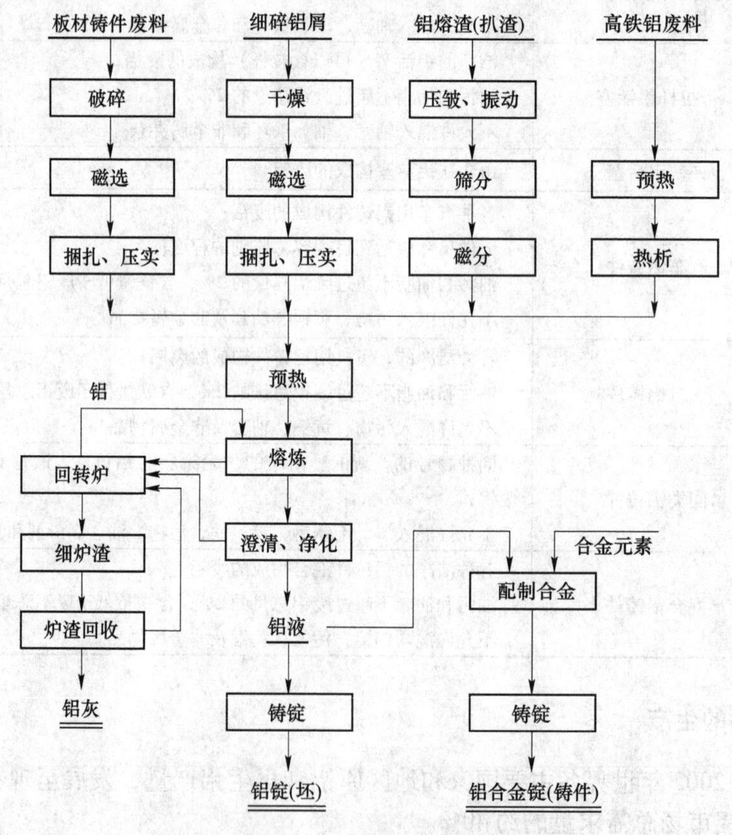

图 3-13　再生铝生产工艺流程图

3.4.2.1 再生铝生产设备

A 熔炼设备

一般采用火法冶金的方法对废铝进行回收，熔炼废铝的设备较多，具体分类如图 3-14 所示。

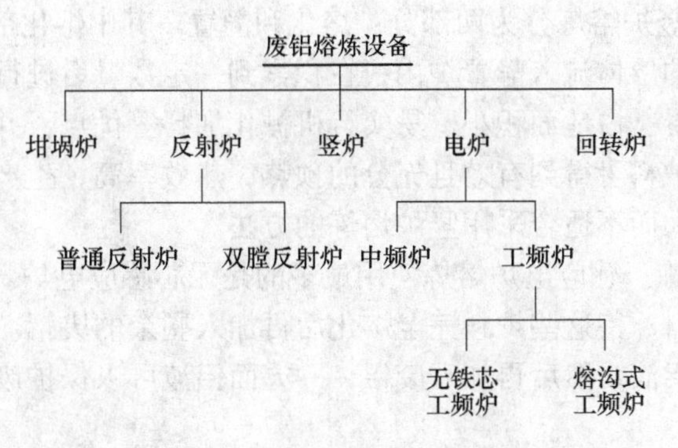

图 3-14 废铝熔炼设备分类图

废铝熔炼炉应考虑以下原则进行选择：

（1）废铝的熔炼设备需根据当地的能源供应情况进行选择，煤、气和油等是必须考虑的主要因素。

（2）必须考虑环评的要求，因此需要根据废灰渣、废气等选择适合的设备，另外还要考虑余热的利用率。

（3）必须熔炼操作便捷，设备能提供较高的热效率并且熔体的受热温度均匀。

反射炉具有容量大、适应性强等优点，因此在企业中以油或气为燃料的反射炉是最常用的废铝熔炼设备，电炉使用量相对很少。反射炉熔炼废铝量从 1~50t 不等，有一膛、双膛和多膛之分。

反射炉的热效率为 25%~30%。以 20t 的熔炼炉为例，其连续生产的能力为 8t/h，消耗煤气 $150m^3/h$ 或耗油量 76~85L/t(Al)。若对其进行改进，采用高效燃烧器，并且熔炼炉密闭性良好，其热效率还能再提高 4%~5%。

常见的熔炼废铝的炉型如表 3-23 所示。

表 3-23 熔炼炉性能比较

炉 型	热效率/%	能 耗	金属回收率/%
单膛反射炉	12~25	（油）90~120L/t	90~95
双膛反射炉	17~25	（油）60~80L/t	90~95
竖 炉	—	—	90~95
熔沟式工频电炉	70~75	450kW·h/t	91~98
无铁芯工频电炉	50~70	600~800kW·h/t	91~98

（1）反射炉熔炼。采用反射炉对再生铝进行熔炼时，炉温一般需要加热到 1000℃左右，首先将一层溶剂铺在炉底，将废铝料放置其上，然后将覆盖剂撒在炉料与火焰接触的

地方。根据第一批炉料熔化的情况，补加一些熔剂，在其上再加炉料，一直达到规定的熔体数量。在不破坏熔剂层的前提下进行除铁操作。熔体静置后需要进行扒渣处理，若熔渣不足，可适当加入造渣剂。扒渣后需要进行精炼处理，并在铸造前对试样成分进行分析。

若废铝中的镁含量超标，则需要加入特殊的溶剂，这种溶剂一般带冰晶石或能产生氯气，可降低合金中的镁含量。

（2）竖炉熔炼。竖炉熔炼分为两部分：熔化和静置。其中熔化部分可实现边预热边熔化的过程。熔化产生的熔体流入静置炉内，在积累到一定数量后进行精炼和铸造。

竖炉具有结构紧凑、占地面积小、易实行机械化加料等优点，并且由于热气流方向与炉料加入方向相反，炉料可得到有效且充分的预热，热效率高，生产率也高。然而，复杂成分合金由于烧损量大而不适合采用竖炉熔炼的方法。

（3）感应电炉熔炼。感应电炉熔炼使用最多的是无芯感应电炉。先在熔炼时向炉膛或坩埚中加入一部分原料，待这些炉料完全熔化后再加入剩余的废铝。在铸造完成后，炉膛或坩埚中保留一部分铝液，然后再加入废铝，一方面铝液可以保护废铝，另一方面废铝也容易起熔。

废铝的熔炼温度一般为720~740℃，扒出炉渣的含铝量不超过25%。感应电炉熔炼的废铝回收率为91%~98%，废铝形状的不同，回收率也略有差异，但总体回收率高于反射炉熔炼。

B　熔炼前废铝处理设备

回收的废铝在进厂之后，最先的一道工序是进行分选。最初以人工手选为主，随着自动化和智能化水平的提高，机器筛选逐渐增多。分选是将铝合金制品（如易拉罐、铝板材、铸件等）分拣出来，再利用磁选或离心分选的方法，将其中的钢铁、铜和铅等金属分离。第二道工序是利用化学溶剂除去铝制品表面的涂漆（料）或油污，然后烘干，表面有水的废铝也应该进行烘干处理。

切片机、磁选机、除油槽、离心分选机以及去涂料设备和焙烘炉是主要的熔炼前废铝处理设备，一般在较大的企业中都有。

C　防止环境污染装置

废铝在熔炼和烘烤时可能产生大量的有害物质，因此在熔炼炉、焙烘炉中一般配有过滤式收尘器、二噁英处理装置等，可过滤、吸附和洗净有害物质，处理完成后再排放到大气中。

D　处理再生铝（合金）熔体的方法

处理再生铝（合金）熔体的方法一般主要有两种：一种是利用专用运输车辆和装置将熔体运送到铸造厂进行铸造；另一种是采用铸造成型设备直接将熔体浇铸成锭子或铸件。

E　监控和成品检验

监控和成品检验也是再生铝在生产过程中必不可少的工序。比如可以用快速化验设备进行原料成分分析并调控熔体化学成分，利用金相和性能测试装置表征显微组织和性能等。

3.4.2.2　再生铝的熔炼

熔剂在再生铝的熔炼过程中最为重要。废铝应该在覆盖剂下边熔化，覆盖剂不但防止铝熔体的氧化，还会吸附氧化产物，达到除气和除渣的目的。

覆盖剂的熔点和密度一般都低于铝合金，且不会和炉气、炉衬、合金熔体等发生反应。此外，覆盖剂和合金的表面张力也要小于精炼剂与熔渣（氧化物）的表面张力，使熔渣易与合金液分离，以减少熔体的质量损失。

氯化钠（NaCl）、氯化钾（KCl）和（3~5)%的冰晶石（Na_3AlF_6）是覆盖剂的主要有效成分。在熔炼时最好使用熔制过的覆盖剂，并且覆盖剂的使用量极大。一般覆盖剂在感应电炉中的使用量占原材料的2%~10%，在反射炉中占25%~40%。

3.4.2.3　再生铝的精炼

夹杂和气体在再生铝熔体中含量高于原铝熔体，对制品的品质影响较大，并且后续加工处理困难，因此须进行净化和精炼处理以除去夹杂和气体。此外，再生铝一般不需要进行变质处理。

再生铝熔体的精炼剂常用成分为60%NaCl+20%CaF_2+20%NaF，精炼处理工艺方案与原铝熔体类似，可保证再生铝的合金成分与原铝配置的合金成分相同或相近。

废铝即使经过前期处理（如分拣、烘干等），但杂质含量有时仍超过标准，从而影响成分的准确性，因此必须减少或除掉杂质。一般采用的方法如下：

（1）选择性氧化法。促使与氧亲和力大于铝的元素，如镁、锌、钙、锆等，与氧发生反应生成不溶于铝的氧化物，这些氧化物可进入炉渣中，随扒渣而去除。

（2）吹氮除杂质法。促使与氮气亲和力大的元素，如钠、锂、镁和钛等，与氮发生反应生成稳定的氮化物，这些氮化物可进入炉渣中，随扒渣而去除。

（3）氯化法。将氯气或含氯化合物（二氯化锌、六氯乙烷、四氯化碳、二氯化锰等）通入合金熔体中，生成含杂质的化合物，释放$MeCl_2$气体（Me指某些金属元素），除去铝熔体中的镁、钠和锂等杂质。以镁为例，反应式为

$$Mg + Cl_2 = MgCl_2 \uparrow \tag{3-23}$$

或

$$2Al + 3Cl_2 = 2AlCl_3 \tag{3-24}$$

$$2AlCl_3 + 3Mg = 3MgCl_2 \uparrow + 2Al \tag{3-25}$$

（4）加含氟化合物。这种方法主要适用于除去熔体中的镁杂质。在铝熔体精炼时用得最多的含氟化合物是冰晶石（Na_3AlF_6、K_3AlF_6、Na_2SiF_6等），其在铝合金熔体中会发生分解生成氟，与镁反应释放MgF_2气体，从而达到去除杂质镁的目的。具体反应式为

$$2Na_3AlF_6 + 3Mg = 2Al + 6NaF + 3MgF_2 \uparrow \tag{3-26}$$

氯化法和在熔体中加含氟化合物都会产生氯和氟，因此环保压力相对较大。

（5）真空净化法。这种方法很少在工业生产使用。

3.4.2.4　浇铸

将处理好的再生铝熔体直接浇铸成铸件，或铸造成铝合金锭进行出售。

3.4.2.5　铝灰渣处理及烟尘排放

A　铝灰渣处理

熔炼时一定会产生铝灰渣，其主要成分是氮化铝、氧化铝、其他氧化物、氯化物等。

是否有效地处理好灰渣直接影响了再生铝企业的经济效益。

铝灰渣中含铝量高达 45%~75%，因此在铝灰渣中增加铝的回收量也是再生铝领域的主要研究方向之一。

再生铝的产品成本与铝灰渣中的铝回收率密切相关。比如一个工厂月熔炼铝 3000t，产生铝灰渣的量可达450t，其中铝含量为 202.5~337.5t。假设铝的回收率为45%，则可回收 90~152t 的铝；假设铝的回收率为 70%，则可回收 142~236t 的铝，两者相差 52~84t。这个差额相当于毛利率的 2%~3%。

然而，随着铝灰渣中回收铝的量增加，难度也相应增大。即使铝的回收率能达到70%，但也很难处理剩下的残渣，而铝含量在 30%以上的灰渣可在炼钢时作为脱氧剂，因此现在很多再生铝企业都不会从灰渣中过分地回收铝，而是将经处理符合要求的铝灰渣卖给生产炼钢（铁）脱氧剂的企业。

B 铝灰渣处理技术及设备

铝灰渣的处理方法主要有两大类：湿法和干法。湿法的应用范围较窄，目前应用最多的是干法。

最理想的铝灰渣干法处理设备应具有回收率高、安全环保、剩余的残渣仍具有利用价值等特点。主要的铝灰渣处理设备如下：

（1）搅拌式铝回收装置。这种设备的结构简单，制造方便，铝的回收率可达 40%~60%。它是将高温的铝灰渣放入半球形的容器中，加入添加剂（溶剂）后用搅拌器搅拌，使铝和渣分离，铝沉积在容器底部流出。但这种设备由于粉尘量大，所以必须配备集尘器。

在使用这种装置对铝灰渣进行回收操作时，需要对铝灰渣维持高温度，因此铝的烧损较大。而铝回收率的增加，意味着烧损率也相应增加，并且剩余的残渣也很难处理，反而会降低经济效益。

（2）压榨式铝灰渣处理装置（铝灰渣处理新技术）。这种装置的铝回收率高于搅拌式回收装置的铝回收率，同时铝的烧损较小，具有比较好的经济效益。

（3）将铝灰渣用破碎和磨细装置研磨成细粉，过筛后利用抽风机将细粉（灰）抽走，将经旋风收尘器收下的细粒灰废弃选出粗粒，其中含 60%~80%铝，返回熔炼即成再生铝。

C 烟尘排放

熔炼合金时会有烟尘、粉尘等排出，这些烟尘和粉尘中含有铅、镉、砷、铬等有害重金属类物质，并且二噁英含量也可能超过规定排放指标。为此需将其列为特别管理型（环保）废弃物，费用颇多，经济负担也重。多年来人们对冶炼烟尘无害化或再生处理利用等也进行了深入的探讨研究，具体方法如下：

（1）利用连续式回转焚烧炉，在 800℃以上进行高温处理。

（2）将重金属无害化处理剂、界面活性剂、水泥等与之混合，再进行成形处理，做成建筑材料。这种处理方式的成本低于隔断式填埋场填埋。

参 考 文 献

[1] 田荣璋．铸造铝合金［M］．长沙：中南大学出版社，2006.

[2] 潘复生，张丁非．铝合金及应用［M］．北京：化学工业出版社，2006.
[3] 田荣璋．中国有色金属丛书锌合金［M］．长沙：中南大学出版社，2010.
[4] 罗启全．铝合金熔炼与铸造［M］．广州：广东科技出版社，2002.
[5] 司乃潮，贾志宏，傅明喜．液态成形技术［M］．北京：化学工业出版社，2004.
[6] 潘复生，张津，张喜燕．轻合金材料新技术［M］．北京：化学工业出版社，2008.
[7] 邱定蕃，徐传华．有色金属资源循环利用［M］．北京：冶金工业出版社，2006.
[8] 唐靖林，曾大本．铸造非铁合金及其熔炼［M］．北京：中国水利水电出版社，2007.
[9] 乐颂光，鲁君乐，何静．再生有色金属生产［M］．长沙：中南大学出版社，2006.
[10] 邓小民．铝合金无缝管生产原理与工艺［M］．北京：冶金工业出版社，2007.
[11] 左秀荣．细晶铝锭的研究及其应用［M］．郑州：郑州大学出版社，2006.
[12] 郭景杰，傅恒志．合金熔体及其处理［M］．北京：机械工业出版社，2005.
[13] 马幼平，许云华．金属凝固原理及技术［M］．北京：冶金工业出版社，2008.
[14] GB/T 13586—2006 铝及铝合金废料［S］．北京：中国标准出版社，2006.
[15] 刘培英．再生铝生产与应用［M］．北京：化学工业出版社，2007.
[16] 王祝堂，熊慧．汽车用铝材手册［M］．长沙：中南大学出版社，2012.
[17] 安继儒，刘耀恒．热处理工艺规范数据手册［M］．北京：化学工业出版社，2008.
[18] 王渠东，王俊，吕维洁．轻合金及其工程应用［M］．北京：机械工业出版社，2015.

4 铝合金的液态成形

4.1 砂型铸造

作为历史最悠久且使用最广的一种液态成形方法，砂型铸造的投资少、需要的工艺装备相对简单、工装准备时间短、适应性强，可生产不同质量（小到几克，大到几吨）、不同尺寸和结构、不同批量的产品。砂型铸造使用过的旧砂可回收利用，具有较高的经济性。

但砂型铸造也有其局限性，其不适于成形复杂薄壁铸件，也不适于制造表面质量要求高、尺寸要求准确的铸件。若对表面和尺寸精度要求相对较低，则砂型铸造可用来制造外形复杂、内有弯曲流道、变化截面的歧管等异形铝合金铸件，如内燃机的增压壳体、航空发动机、导弹、整体叶轮等零部件。

砂型铸造是熔体在自身重力条件下充型、凝固成型的过程，其充型和凝固的条件相对较差，铸件品质较低且不稳定。一般为人力铸造，工人的劳动强度和劳动量大，工作环境差。不过随着科技的进步，机械化、自动化和智能化的生产线得到逐步推广，情况大有改善。

在砂型铸造中，手工造型是最简单的。目前在进行铸件试制或制造大型铸型时，手工造型仍是较为常用的手段。机械化、自动化或半自动化、智能化的生产方法常用于大批量生产，这时利用造型机，采用便于上下箱分开造型的剖分式模型（一般安装在型板上）。型砂的紧实依靠造型机的反复振动来完成。

型砂和芯砂是砂型造型的两个最关键的要素。石英是组成型砂的最主要组元，有各种粒度的专用型砂可供铸造使用。最好的型砂是粒度均匀、呈圆形的原砂。常用的石英砂成分配比通常为：石英含量大于90%，2%左右的水分，其余为黏土黏结剂。为应对特殊性能的需求，有时还根据具体要求加入一些其他物质。如为了防止铸型热裂和改善其退让性，可在石英砂中加入2%的纤维素材料作为缓冲剂。

除石英砂外，植物油砂应用也较为广泛，其成分配比很多，一般的混配工艺为：首先将黏土、原砂、硼酸、固态黏结剂等混合物混辗几分钟，其次在其中加入其他液体黏结剂和水，再进行混辗，最后加入植物油进行混辗。顺序是先加水后加油，如果先加油，则很难将黏土分布均匀。

树脂砂是糠脲树脂，是将尿素、树脂（糠醇）和甲醛按不同比例配制成的，我国专有生产供应用于铸造的树脂。常以酸作冷硬树脂砂的催化剂，这种酸包括有机酸和无机酸两大类。

芯砂与型砂的成本基本相同，但为了获得更高强度，会在砂里加入油类及淀粉黏结剂。由于黏土会影响砂的黏结作用，所以典型的芯砂中黏土含量尽可能少，另外亚麻仁油和淀粉在其中的含量分别约 1%和 2%。为了产生黏结作用，型芯在造好后通常进行烘干处理。

铝合金铸件用型砂的成分与性能见表 4-1。

表 4-1 铝合金铸件用型砂的成分与性能

型砂序号	成分/%							性 能				适应范围
	新 砂					膨润土	普通黏土	硼酸	湿度/%	湿压强度/kPa	透气性	
	SC50/100	IN70/140	IN100/200	ZN70/140	ZN100/200							
1	—	60~62	34~37	—	—	—	3~4	—	4~4.5	4.0~7.0	>50	湿砂型
2	—	97~98	—	—	—	2~3	—	—	4~5	3.5~6.0	>50	湿砂型
3	—	—	—	100	—	—	—	—	4~5	3.0~6.0	>40	湿砂型
4	15~25	—	—	—	75~85	—	—	—	4~5	4.0~7.0	>40	湿砂型
5	—	—	96~97	—	—	—	3~4	—	4~5	3.0~7.0	>40	湿砂型
6	—	58	34	—	—	—	3~4	4~5	4~4.5	3.0~6.0	>60	ZL301 的湿砂型
7	—	58	36	—	—	—	3~4	2~3	4~4.5	3.0~6.0	>50	ZL301 的湿砂型

铝合金铸造常用植物油的碘值、酸值、皂化值如表 4-2 所示。

表 4-2 铝合金铸造常用植物油的碘值、酸值、皂化值

名 称	碘值	酸值	皂化值	名 称	碘值	酸值	皂化值
亚麻籽油	170~210	5.0	184~195	桐油	150~200	0.5~2.0	188~197
苏子油	190~200			梓油	150~180		
大麻油	143~166			大豆油	126~143	2.0	186~195
向日葵油	125~135	2.25	185~198	菜籽油	95~103	3.12	167~186
玉蜀黍油	125~135			花生油	83~106		
棉籽油	105~110	1.0	191~198	蓖麻油	80~90		

注：1. 碘值用每 100g 植物油所吸收碘的质量（g）来表示。碘值越大，表示该植物油脂肪酸不饱和的程度越大，含双键的数目越多，硬化黏结特性越好。

2. 酸值是表示油脂中所含游离脂肪酸的数量。酸值越低，表示植物油中游离脂肪酸的含量越小。酸值用中和 1g 植物油中游离脂肪酸所需氢氧化钾的质量（mg）来表示。植物油在储存中受阳光、空气、热量和微生物的作用而氧化、分解，产生一种难闻味怪的酸类混合物，常称变质，化学上称为酸败。此时油中的游离脂肪酸含量增加，酸值越大，表示此油的质量越差。

3. 皂化值表示植物油中游离脂肪酸及与甘油结合的化合态脂肪酸的总和，并以中和 1g 植物油水解后生成脂肪酸的总量所用氢氧化钾的质量（mg）来表示。其值的大小表示植物油的纯度，皂化值越大，表示植物油中的杂质越少。

铝合金铸造用油砂芯的烘干工艺见表 4-3。

铝合金铸造用油砂的成分和性能见表 4-4。

表 4-3　铝合金铸造用油砂芯的烘干工艺

砂芯厚度/mm	亚麻油砂芯		T99-1 砂芯	
	烘干温度/℃	保温时间/h	烘干温度/℃	保温时间/h
<40	200~220	0.5~1.0	220~240	0.5~1.5
40~80	200~220	1.0~2.5	220~240	1.0~2.5
>80	200~220	2.0~4.0	220~240	2.0~4.0

表 4-4　铝合金铸造用植物油砂的成分和性能

序号	成分											性能				适用范围
	石英砂 50/100 或 70/140	回用芯砂	桐油	亚麻油	T99-1	纸浆	糊精	黏土	硫黄	硼酸	酒精	湿度/%	湿透气性	湿压强度/kPa	干拉强度/kPa	
1	100	—	—	—	1.5~3.5	—	—	—	0.5	0.3~0.4	0.3	3~4.5	>80	≥0.6	60~100	复杂的铝、镁合金铸件芯砂
2	100	—	—	0.9~1.5	—	—	—	—	0.5	0.3~0.4	0.3	3~4.5	>80	≥0.6	60~100	复杂的铝、镁合金铸件芯砂
3	40~30	60~70	—	—	1.5~3.5	—	—	—	0.5	0.3~0.4	—	2.5~4.5	>60	≥0.6	50~80	简单的铝、镁合金铸件砂芯
4	40~30	60~70	—	0.9~1.5	—	—	—	—	0.5	0.3~0.4	—	2.5~4.5	>60	≥0.06	50~80	简单的铝、镁合金铸件砂芯
5	100	—	1.2~1.5	—	—	—	1.5~2.0	0.5~2.0	—	—	—	2~3	>80	0.06~0.20	40~80	中等复杂的铝合金铸件砂芯
6	100	—	1.2~1.5	—	—	3~4	0.5	—	—	—	—	2~3	>100	0.035~0.15	60~100	复杂的铝合金铸件砂芯
7	100	—	—	1.5~2.0	—	—	—	—	—	—	—	2~3	>100	0.035~0.15	60~100	复杂的铝合金铸件砂芯
8	100	—	—	—	2~2.5	—	—	—	—	—	—	2~3	>100	0.035~0.15	60~100	复杂的铝合金铸件砂芯
9	100	—	—	—	0.6~1.2	2.5~3.0	—	—	—	—	—	2~3	>100	0.035~0.15	60~100	中等复杂的铝合金铸件砂芯
10	100	—	—	0.5~0.8	—	1.5~2.5	—	—	—	—	—	2~3	>80	0.06~0.20	40~80	中等复杂的铝合金铸件砂芯
11	100	—	—	—	1.0~1.5	1.5~2.0	2~2.5	—	—	—	—	2~3	>80	0.06~0.20	40~80	中等复杂的铝合金铸件砂芯
12	100	—	—	—	0.5~0.8	3~4	—	—	—	—	—	2~3	>80	0.02~0.20	40~80	中等复杂的铝合金铸件砂芯

4.2 金属型铸造

液态金属在重力作用下充填金属铸型，冷却凝固后形成铸件的铸造方法称为金属型铸造，也叫永久型铸造、硬模铸造、铁模铸造、冷硬铸造等。金属型铸造的历史同样非常悠久，早在春秋战国时期，古人就已经熟练掌握长戈、剑等兵器和农具等生产生活用品的铸造成形。如今，汽车、航空航天、船舶等行业中很多的合金铸件，如灰铁、球铁、铸钢、铝合金、锌合金、镁合金等，都是采用金属型铸造的方法成型的。

相对于砂型铸造，金属型铸造具有以下优点：

（1）金属型腔的激冷作用可以提高金属液的冷却速度快，细化铸件的晶粒尺寸，使组织的致密化程度提高，从而提高铸件的综合力学性能。

（2）金属型的模具相对固定，不需额外造型，可大幅降低型砂制备、造型、落砂和砂处理等工序及其相应的工时、设备，使生产效率显著提高，并可改善工人的工作环境。

（3）相对简化的工序便于控制其工艺条件，因此可获得比较稳定的铸件质量，并且易于实现机械化、自动化生产。

（4）金属型的表面质量好、尺寸精度高，成型后加工余量少，铸件的尺寸稳定性好。

但金属型铸造也存在一些不足之处，如模具成本高、结构复杂，较快的冷却速度易导致铸件出现冷隔、浇不足等缺陷，复杂薄壁件不适合采用金属型铸造的方法进行成型。

4.2.1 金属型铸件成形特点

金属型在铸造时对铸件形成过程的影响决定了铸件的成形特点。其主要表现在以下三个方面：导热性相对砂型材料较大，材料透气性和退让性差。

（1）由金属型材料的导热性能引起的铸件成形特点。根据传热学的理论，通过调节金属液和铸型之间的热阻（如改变涂料层的成分或厚度）可控制金属型铸件的冷却过程。涂料层的换热系数决定了导热性的高低，此外，涂料层的厚度越厚，通常金属液的传热速度越慢。

（2）由金属型材料的无退让性引起的铸件成形特点。根据凝固理论，金属在凝固过程中随着状态的改变会发生液态收缩、凝固收缩和固态收缩，体积相应的也会发生改变，但是由于铸型或型芯材料没有退让性，因此收缩会受到铸型或型芯的阻碍。

当合金的再结晶温度低于铸件温度时，合金处于塑性状态。若此时铸件收缩受到金属型或型芯的阻碍而产生的塑性变形 ε 大于此温度下铸件的塑性变形极限 ε_0，则铸件可能产生裂纹。

当合金的再结晶温度高于铸件温度时，合金处于弹性状态。此时铸件收缩受到金属型或型芯的阻碍可能产生的内应力 σ 大于此温度下铸件的强度极限 σ_0，则铸件可能产生冷裂纹。

为防止铸件因为金属型或型芯无退让特性而产生裂纹，并且方便铸件的取出，除了专门设计抽芯机构及顶出铸件机构外，还可以采用相应的一些工艺措施解决这些问题，如尽快在凝固结束后将铸件从金属型中取出，使用砂芯替代严重阻碍铸件收缩的孔腔等。

（3）由金属型材料的无透气性引起的铸件成形特点。型腔中原有的气体、因涂料或采用砂芯受过热金属液体作用而产生的气体等在液态金属充填铸型时，由于金属型材料的无透气性或排气不畅，会造成浇铸不足，产生侵入性气孔等缺陷。此外，长期使用的金属型腔表面可能存在大量的细小裂纹，金属液在充填铸型时，裂纹中的气体受热膨胀，可能会渗入金属熔体中，导致铸件中出现针孔缺陷。

为了解决由于金属型无透气性导致的铸件缺陷问题，可采用对应的措施，如在设计金属型时考虑设置排气系统（如排气槽、排气塞等）。

4.2.2 金属型设计

金属型铸造的基本工艺设备是金属型，其结构形式在很大程度上决定了铸件的质量、生产条件和经济效益。金属型的结构组成包括型腔、型芯的结构及取芯装置、浇冒口系统、排气系统、铸型的定位及锁紧机构等。对于复杂结构的金属型，一般还会设有铸件取出机构、加热及冷却装置等。

4.2.2.1 金属型结构形式

金属型可根据分型面的布置情况分为以下几种形式：

（1）整体金属型。此类金属型无分型面，结构简单。

（2）水平分型金属型。水平分型的金属型分型面在水平位置，浇铸系统设置在铸件的中间部位处，这种情况下的金属液具有短流程、温度均匀分布的特点。然而由于上半型会被浇冒口系统贯穿，所以上半型的开合操作比较困难，可用砂芯作为铸型的浇冒口系统。铝合金壳体的水平分型金属型装配图如图 4-1 所示。

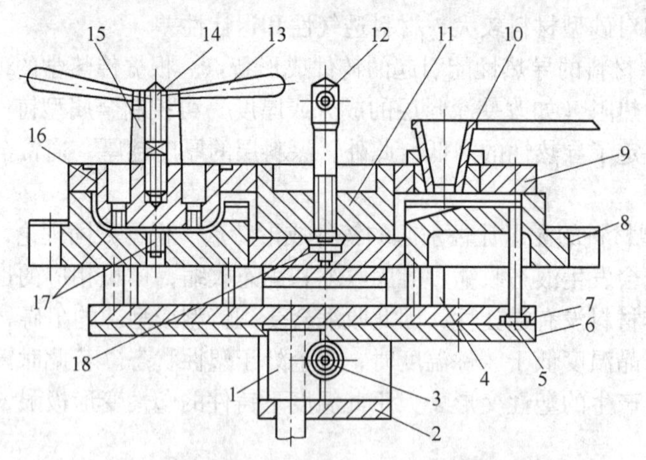

图 4-1 铝合金壳体的水平分型金属型装配图

1—齿条轴；2，15—支架；3—齿轮轴；4—导柱；5—顶杆；6—顶杆压板；
7—顶杆板；8—下半型；9—盖板；10—浇口杯；11，16—型芯；
12，14—螺杆；13—手柄；17—通气塞；18—支撑钉

（3）垂直分型金属型。此金属型的分型面在垂直位置，浇铸系统相对于分型面对称分布在左、右半型中。这种金属型主要用于小型铸件的生产。

（4）综合分型金属型。若铸件的形式十分复杂，则可根据铸件的具体结构，将分型面设置一个以上，使水平和垂直同时存在。铝合金轮的金属型装配图如图 4-2 所示。将冒口（上小下大锥形结构）布置在上型部分。当铸件完成浇铸后，可通过操作旋转铰耳使基座翻转 180°，敲击顶柱使铸件脱出。

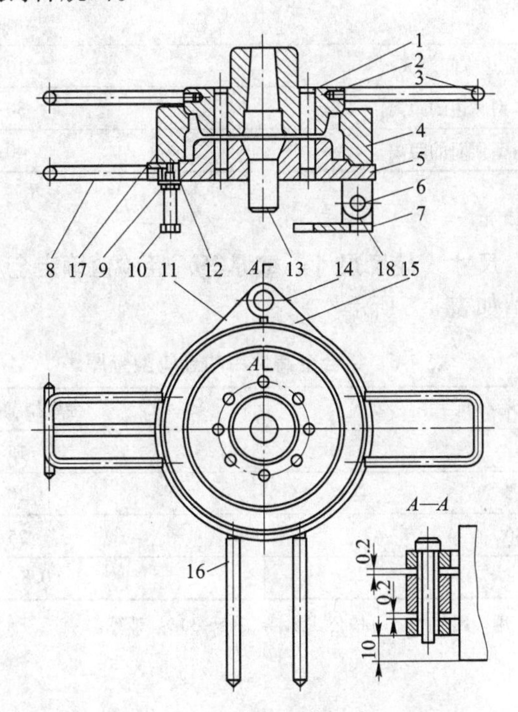

图 4-2 铝合金轮金属型装配图

1—通气塞；2—上盖；3—上盖托出手柄；4—右半型；5—基座；6—轴；7—旋转铰耳；
8，13—铰链；9—固定装置；10—轴；11—顶柱；12—弹簧垫圈；14—支撑销钉；
15—锁紧螺母；16—左半型；17—旋转手柄；18—分开手柄

4.2.2.2 金属型型体设计

A 金属型型腔尺寸的设计

根据铸件外形和内腔的名义尺寸，同时考虑铸件的收缩和涂料层厚度，以及铸件的加工公差等因素，可确定金属型的型腔和型芯尺寸。依据的公式如式（4-1）所示。

$$A_x = (A + AK \pm \delta) \pm \Delta A_x \tag{4-1}$$

式中，A_x 为型腔（芯）尺寸，mm；A 为铸件的名义尺寸，mm；K 为综合线收缩率，%；δ 为涂料层的厚度，mm，ΔA_x 为型腔（芯）制造公差，mm。

B 分型面尺寸的确定

由于液态金属在浇铸时可能沿分型面的缝隙溢出或由一个型腔流入另一个型腔，也可能因为金属型边缘到型腔间距的尺寸过小导致了局部过热现象。因此在设计分型面的主要尺寸时，往往存在一个最小的值。部分金属型分型面上的主要尺寸参考值如表 4-5 所示。

表 4-5　金属型分型面上的主要尺寸　（mm）

尺寸名称	参考值
型腔边缘至金属型边缘的距离	>25~30
型腔边缘间的距离	小件 10~20 一般件>30
直浇道边缘至型腔边缘间距离	10~25
型腔下边缘至金属型底边的距离	30~50
型腔上边缘之金属型顶面的距离	40~60

C　金属型壁厚的确定

常根据铸件的材料、尺寸（轮廓尺寸、壁厚等）经验值确定金属型的壁厚。铝合金铸件用的金属型壁厚参考值如表 4-6 所示。

表 4-6　铝合金铸件用的金属型壁厚

铸件壁厚 $\delta_{件}$/mm	金属型壁厚 $\delta_{型}$/mm
<10	15~20
10~15	20~25
15~30	25~30
>30	$(0.8\sim1.2)\delta_{件}$

注：对于薄壁大型铸件，采用金属型时，可按公式 $\delta_{型}=(2.5\sim3)\delta_{件}$ 计算。

D　型芯设计

可将金属芯、砂芯或两者一起用在金属型铸造中（见表 4-7）。在实际生产中，采用金属芯进行生产有利于保证铸件的尺寸稳定和力学性能，提高生产效率，便于实现机械化、自动化生产。

表 4-7　型芯的种类和特点

型芯种类	特　点
可抽出金属芯	铸件冷却速度快，组织致密均匀，尺寸精度高，表面粗糙度低，生产周期短，成本小
一次性金属芯（铜管芯）	主要用于铸造铸件中的细孔通道
砂芯	可以做出最复杂的型芯，但铸件质量、尺寸精度、表面粗糙度都较金属芯差。一般在不使用金属芯时选用
壳芯	铸件质量、尺寸精度和表面粗糙度都接近金属芯，同时还可实现复杂型芯的制造

4.2.2.3　金属型操纵机构设计

金属型的操纵机构包括锁紧机构、抽芯机构和铸件顶出机构等几种。

A　锁紧机构

锁紧机构可夹紧金属型的两半型，缩小分型面的间隙以防金属液从分型面流出，同时可防止金属型产生一定的翘曲变形。由于金属型铸造机的开合型机构可实现自锁或夹紧功能，所以安装其上的金属型一般不设计锁紧机构。在其他条件下使用的金属型则需要设计锁紧机构。常用的锁紧机构包括摩擦锁、偏心锁、锲销锁及套钳锁等形式。

典型的摩擦锁紧机构示意图如图 4-3 所示，这种装置具有结构简单、操作方便等优点，适用于中、小型金属型中。其锁紧原理是：在金属型的两个半型的侧面靠分型处各制出一个凸耳，其中一个凸耳上有销钉固定固紧手把，另外一个凸耳一面有一定斜度，当合型时，固紧手把会扣在另一个凸耳的斜面上，即可锁紧金属型。

在实际生产中应用最多的一种锁紧机构是偏心轴锁紧，这种锁紧机构具有多种形式。在批量不大的小型金属型铸造中常使用铰链式，在中型件的生产中广泛使用对开式。一种对开式金属型用偏心轴锁紧机构示意图如图 4-4 所示。

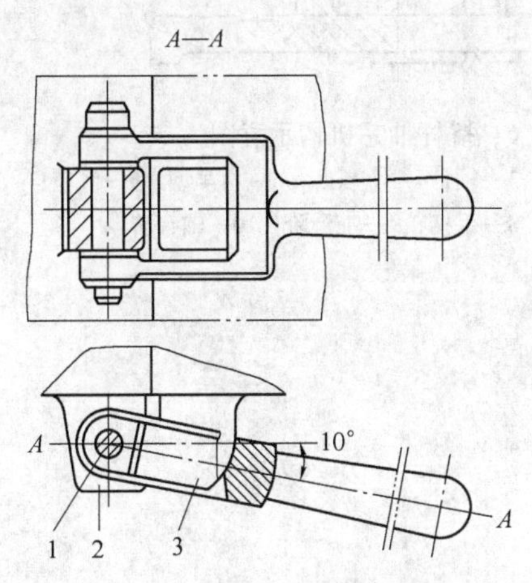

图 4-3　摩擦锁紧机构示意图

1—销；2—半型的凸耳；3—摩擦固紧手把

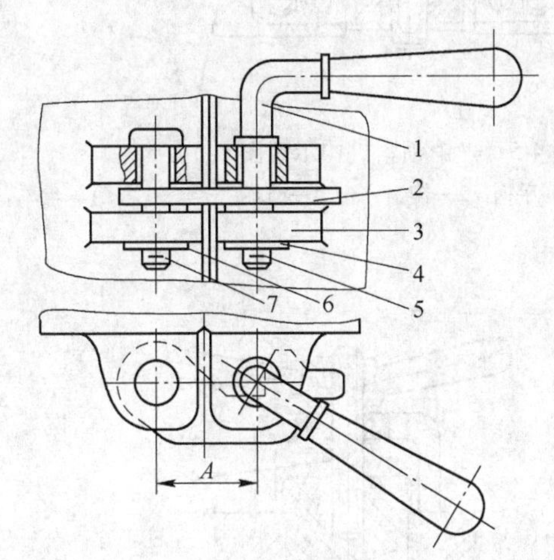

图 4-4　对开式金属型用偏心锁紧机构示意图

1—手把；2—锁扣；3—型耳；4，6—垫圈；5—开口销；6—轴销

图 4-5 是典型的楔销锁紧机构示意图，这种结构主要在垂直分型铰链式金属型中使用。图 4-5 中的凸耳上有斜度为 4°~5°，用于穿孔的锥孔。它们的中心线在合型后偏差 1~1.5mm，可用楔销插入凸耳孔中将左右两半铸型拉紧并减小偏差。

B　抽芯机构

为了及时将金属型芯从铸件中取出，一般在金属型铸造生产中设置抽芯机构。常见的抽芯机构有撬杆抽芯机构、偏心抽芯机构、螺杆抽芯机构、齿条齿轮抽芯机构等几种，下面举例说明之。

(1) 撬杆抽芯机构。典型的撬杆抽芯机构的结构示意图如图 4-6 所示。

(2) 螺杆抽芯机构。典型的螺杆抽芯机构的结构示意图如图 4-7 所示。这种结构适用于抽拔较长而受包紧力较大的型芯，其利用螺母螺杆的相对运动，在压块的反向力作用下，获得很大的轴向拉力，具有结构简单、抽芯平稳可靠等优点。

C　铸件顶出机构

顶出机构是将铸件在开型时从型腔中顶出的机构。随着开型过程的进行，设置在动型上的顶出机构完成顶出动作。根据顶出机构的受力形式，可将其分为手动、机械传动、液压传动等三种形式。典型的手动式机构的示意图如图 4-8 所示，其结构简单，是利用顶杆所受的作用力将铸件顶出。当铸件顶出后，将外力撤销，弹簧可协助顶杆恢复原位。由于

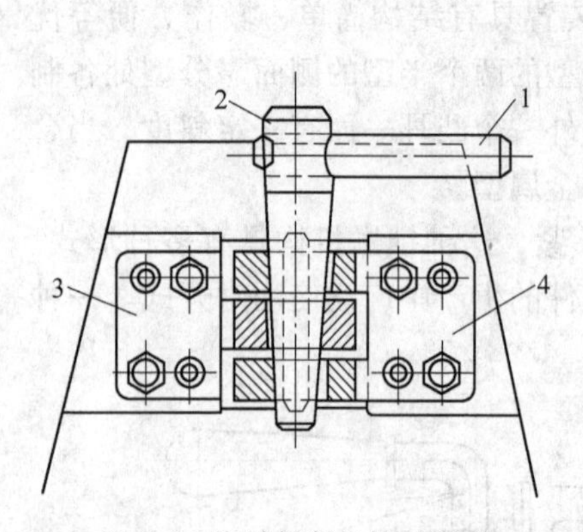

图 4-5　楔销锁紧机构示意图

1—手柄；2—楔销；3，4—凸耳

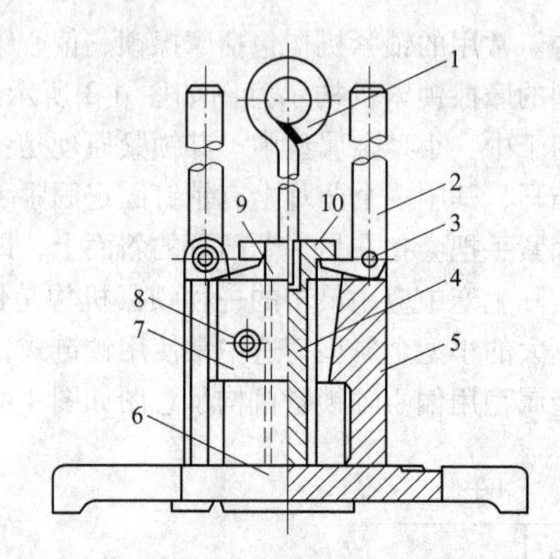

图 4-6　撬杆抽芯机构示意图

1—提手；2—撬杆；3—轴；4—金属芯；5—右半型；6—底座；7—左半型；8—手柄；9—主台阶；10—辅台阶

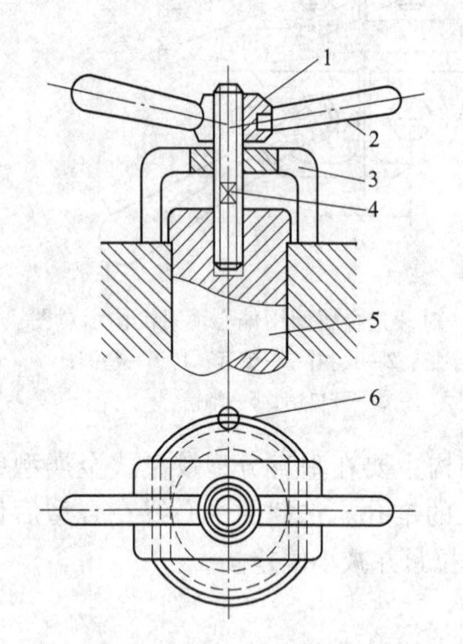

图 4-7　螺杆抽芯机构示意图

1—螺母；2—手柄；3—压块；4—螺杆；5—型芯；6—销钉

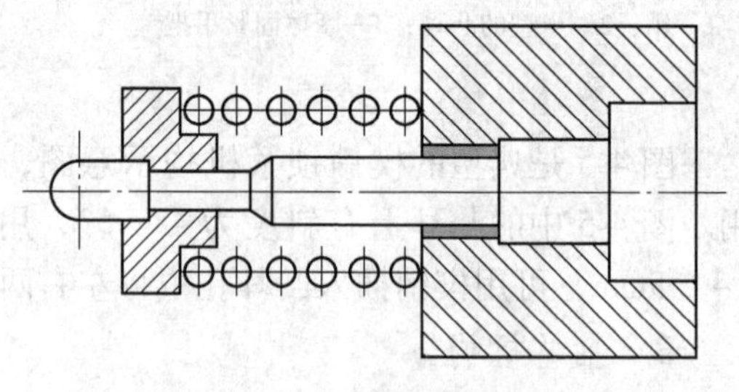

图 4-8　敲击顶出机构示意图

所受的作用力大小有限，因此这种手动式顶出机构常用于简单的中小型铸件生产。半型移动顶出机构的结构示意图如图 4-9 所示，随着开型过程的进行，顶出机构随着金属型移动而移动，顶出机构在顶杆板碰上螺杆支架时运动停止，若金属型继续进行开型时，铸件可随之被顶出。

4.2.2.4　加热和冷却装置

对金属型进行预热是使用金属型时的第一步。预热可有效消除存在在金属型表面上的水分，防止浇铸过程中高温金属液对金属型的热冲击，并保证充型完整性。预热的方式一般可分为两种：火焰加热和电加热。较为典型的火焰加热—煤气加热的结构示意图如图 4-10 所示。

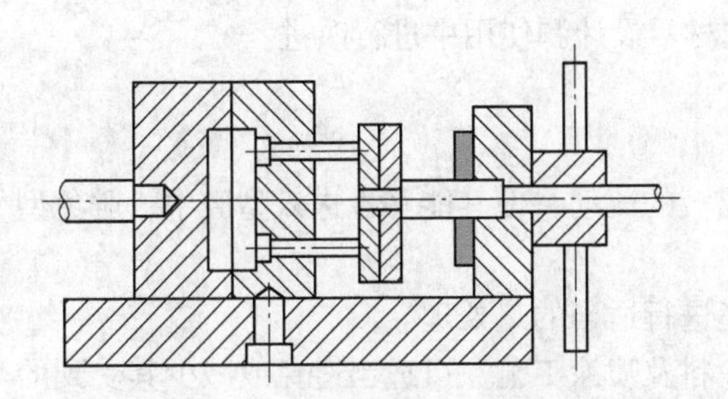

图 4-9 半型移动顶出机构示意图

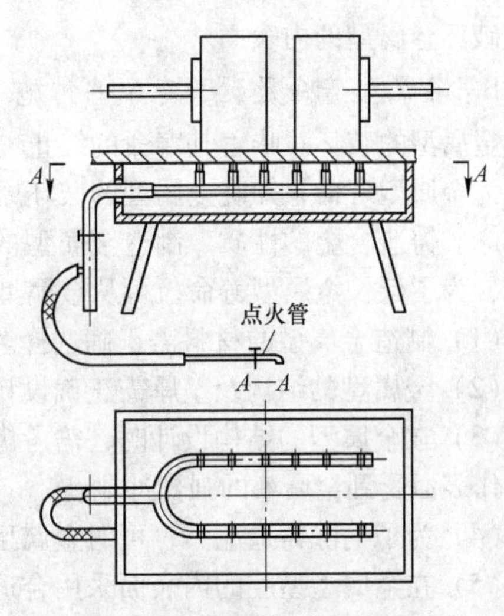

图 4-10 移动式煤气喷嘴底部加热装置

随着浇铸过程的进行，金属型的反复使用会导致其温度不断升高，因此需要在某些厚壁铸件或要求连续工作的金属型中设计冷却装置以保证铸件的质量。常用的冷却装置包括散热片、水套、热管等，其目的均为增大散热表面积、施加冷却介质、加快冷却速度等，以实现加强冷却的效果。

4.2.2.5 金属型材料选用及寿命

相对而言，金属型模具的成本较高，为了保证生产效率和降低生产成本，一般需要选择适当的模具材料，延长金属型的使用寿命。金属型发生破坏的原因和相应的解决措施总结如下。

A 金属型破坏原因

在金属液的浇铸和冷却过程中，金属型模具需要承受变温下外界各因素的影响，从而发生破坏并最终失效。金属型模具的破坏原因如下：

（1）热应力。金属型模具在浇铸时会受到金属液的热作用，从而产生热应力，这些热应力会叠加在一起，当其超过模具材料的极限强度时，金属型就会出现裂纹。这种情况一般发生在金属型的试制初期，在金属液试浇时就会发生。此外，在长时间使用时，型腔壁会受到高温金属液的反复热冲击，产生的热疲劳应力一旦超过材料的极限热疲劳强度时，内表面会出现微裂纹。

（2）铸铁生长。如果模具材料为铸铁，在高温金属液的热作用下，其微观组织中的珠光体会分解成石墨和铁素体，导致模具体积膨胀，这种现象称为铸铁生长。然而，由于模具结构的壁厚不均匀，其铸铁生长产生的体积膨胀相应的也是不均匀的，因此在铸型内部就会产生很大的内应力，从而萌生裂纹并使裂纹扩展。

（3）氧气侵蚀。一旦金属型中出现微裂纹，高温下金属液中的氧气会在裂纹中与其发生氧化反应，促进裂纹进一步扩展，最终导致铸型的失效。

（4）金属液的冲刷。金属型会在高温金属液的反复冲刷下在其表面产生微裂纹，产生微裂纹后，金属液对金属型的侵蚀作用加剧，导致铸型内表面与铸件表面产生黏合现象，从而破坏金属型的内表面。

B　金属型寿命及延长寿命的措施

金属型的破坏意味着其寿命的终止。通常将金属型在其报废前所能浇铸铸件的绝对次数称为金属型寿命，知晓金属型的破坏原因后，需采用一系列措施改善金属型，延长金属型寿命。铸造合金的性质、制造金属型的材料和铸件的特性等因素都决定了金属型寿命。因此，为了延长金属型寿命，可从金属型的选材、设计和使用中进行改进。

（1）制造金属型的材料需正确选择。

（2）金属型的结构及壁厚需正确设计。

（3）在金属型的结构设计时，需考虑金属液的流动，使其能平稳进入型腔中，避免型腔工作表面受到金属液的强烈冲刷。

（4）为了消除铸造应力，可对金属型毛坯进行适当的热处理。

（5）在金属型型腔的内表面采用合适的涂料及喷涂工艺，可适当避免或减少其受到的热冲击作用。

（6）金属型使用前应该仔细清理，用后妥善保管。

在实际生产中，金属型一般采用灰铸铁制造，有时也会用钢、球墨铸铁、铜及铝合金等，表 4-8 列出各种材料的使用特点及范围，便于选用时参考。

表 4-8　金属型材料

材料类别	常用牌号	用　途	热处理要求
铸铁	灰铁（HT150、200）	中、小型铸件风冷金属型的型体、金属型底座、支架、浇冒口	退火
	球铁（QT40-10、45-5）	中、小型铸件风冷、水冷金属型的型体	退火
钢	45	型芯、活块、排气塞、型体、底座、手把	
铝合金	ZL105	批量不大且需迅速投产时，可用其制造金属型型体	阳极化处理
铜	T1	排气塞、冷铁	

4.2.3　金属型铸造工艺

设计适合铸件生产特点的金属型铸造工艺参数，可有效保证生产的进行，并实现优质铸件的生产。

4.2.3.1　铸件的金属型工艺设计

A　浇铸补缩系统的设计

a　浇铸系统尺寸的计算

铸造合金的性质、铸造工艺、铸件结构、浇铸温度等因素都会影响浇铸系统断面尺寸的确定，因此只能对其进行粗略的估算。

金属液在金属型中的平均上升速度一般根据经验公式进行确定：

$$v = \frac{3 \sim 4.2}{b} \tag{4-2}$$

式中，b 为铸件平均壁厚；v 为平均上升速度，cm/s。

浇铸时间为

$$t = \frac{H}{v} \tag{4-3}$$

式中，H 为金属型型腔的高度。

最小截面积浇道中的金属液流速：

$$v_{浇} = \frac{Q}{\rho t F_{\min}} \tag{4-4}$$

式中，Q 为铸件的质量，g；ρ 为金属液密度，g/cm^3；$F_{\min}$为浇铸系统最小截面积，cm^2。

因此，浇道中的最小截面积 $F_{\min}$ 为

$$F_{\min} = \frac{(3 \sim 4.2)Q}{v_{浇}\rho b H} \tag{4-5}$$

式中，$v_{浇}$由经验确定，一般铝合金 $v_{浇}$<150cm/s。

查询铸造手册，根据浇铸系统的各组元截面积比，获得相应浇道的截面积及尺寸。金属型铸造也需像砂型铸造一样考虑型内浇铸系统的布置形式和浇铸位置等问题。

b 冒口设计

铝合金铸件金属型铸造的冒口体积为其受补缩部分体积的1.5倍。

在对铝合金进行金属型铸造时，通常在其冒口的表面涂上具有一定厚度且绝热性好的涂料层，以延缓金属液的冷却速度从而强化其补缩效果。

B 涂料

在金属型中，将粉状的耐火材料、稀释剂、黏结剂和附加物按照一定的比例配制成的混合物称为涂料。金属型的表面在铸造生产时须喷涂涂料，在喷涂之前，需要将型腔内表面清理干净并预热至180~230℃，涂料层的厚度一般不超过0.5mm，浇冒口部位可超过1mm。涂料主要有以下作用：

(1) 对金属型进行保护，金属型受到高温液态金属的热冲击降低，型壁的内应力减小。

(2) 对铸件各部位的冷却速度进行调节，使凝固顺序可控。

(3) 改善铸件的表面质量，可有效防止由于型壁的激冷作用而在铸件上产生的冷隔、白口等缺陷。

(4) 有利于型腔中气体的排除。

4.2.3.2 金属型的浇铸工艺

控制金属型温度、浇铸温度等工艺参数可进一步保证铸件的质量。

(1) 金属型的工作温度。根据铸件的大小和壁厚、浇铸合金的种类等因素选择浇铸温度。常用铝合金金属型的工作温度如表4-9所示。

表4-9 浇铸铝合金时金属型的工作温度

铸 件 特 点	工作温度/℃
一般件	200~350
薄壁复杂件	300~350
金属芯	200~300

（2）浇铸工艺。

1）常规浇铸。常规浇铸的浇铸原则遵循先慢、后快、再慢，需要保证浇铸平稳，以消除气孔、渣孔等缺陷。

2）倾斜浇铸。随着浇铸过程的进行，利用浇铸台或铸造机的转动机构实现金属型的转动，将金属型从最开始倾斜一定角度逐渐放平。采用金属型倾斜浇铸可以防止铝合金铸件在铸造生产中产生气孔类的缺陷。

3）振动浇铸。在金属型浇铸过程中，使用气动振动器、偏心振动器或高频振动器等振动机械使金属型产生振动，可细化晶粒，进而提高铸件的力学性能。

4.3 压力铸造

4.3.1 压力铸造过程原理

高温金属液在高压、高速下充填型腔，并在压力作用下结晶凝固是压力铸造的主要特点。因此，压力和速度的变化及其作用是压力铸造中至关重要的因素，直接影响了金属液在型腔中的充填及运动形态，并最终影响压铸件的质量。

4.3.1.1 压铸压力

施加在压室内金属液上的压力是由压射活塞经压射冲头实现的，主要借助泵产生并经由蓄压器通过工作液体传递给压射活塞。

控制好作用于金属液上的压力，可获得组织致密和轮廓清晰的压铸件。因此，需要掌握作用在液态金属上的压力在压铸过程中的变化情况，合理地选择压力大小。

在压射过程中，压室内单位面积上液态金属所受到的静压力即为比压，可用其表示压铸过程中的压力，即

$$p = \frac{4P}{\pi d^2} \tag{4-6}$$

式中，p 为比压，Pa；P 为压铸机的压射力，N；d 为压室直径，m。

在压铸过程中，作用于液态金属的压力随着压铸阶段的不同而变化，其变化趋势如图 4-11 所示。图 4-11 中各符号的含义如下：

P_1——流动压力。

P_d——流体动压力。

P_j——静压力。

t_1——压铸的起始阶段，此时液态金属在压室中未受到压力的作用。

t_2——液态金属在压力作用下进入浇道和铸型中，在这个过程中，型壁及型芯会阻碍液态金属的流动，因此金属液所受压力逐渐增加。在流动压力 P_1 的作用下，液态金属产生运动，即冲头作用在液态金属上的压力转变为使金属流动的速度。

t_3——金属的流动在其充满型腔时突然停止，此时金属液对型壁处产生冲击作用，流动压力 P_1 转变为流体动压力 P_d，压力数值增大。型腔中充满金属的瞬时形成的 P_d 最大值（冲击波 H）超过静压力 P_j。此时液态金属的温度略有升高，有利于充型。

t_4——流体动压力 P_d 转变为静压力 P_j，它在内浇口截面完全凝固后即不再起作用。

t_5——静压力 P_j继续保持。

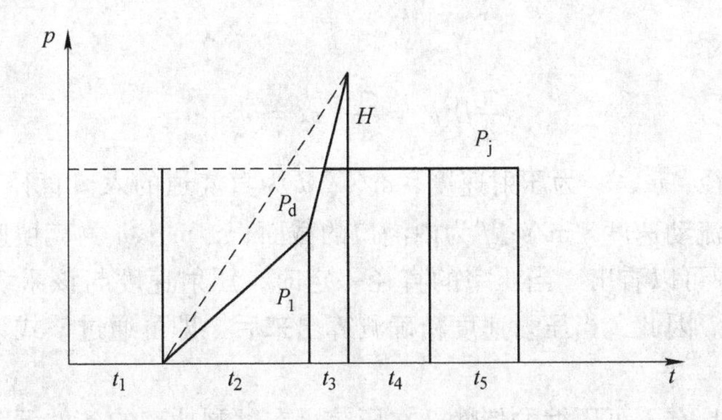

图 4-11 压铸周期中各阶段压力的转变

通过上述阐释可以发现，在不同阶段，作用于液态金属上的压力有不同的形式，所起的作用也有所差异。P_1 主要是用来克服液态金属在型腔中流动受到的阻力，是液态金属以一定的速度充填铸型。P_d 及冲击波 H 主要是促进成形并压实液态金属，得到外表光洁、轮廓清晰和尺寸精确的铸件，由于此时液态金属在压力作用下凝固，所以铸件组织的致密度提高。P_j 的作用是最后压实金属，但由于压铸过程中冷却速度极快，内浇口截面处的金属液凝固迅速，P_j 实际上发挥的作用不大。只有在内浇口的截面厚度一定时，才能对内浇口附近的金属起到一些压实作用。

显而易见，在压铸过程中，流体动压力 P_d 所起的作用至关重要。因此，压力在压铸过程中所起的主要作用是使液态金属在一定程度上获得速度，保证液态金属具有一定的流动性。适当提高压铸的压力可降低浇铸温度，减少压铸件的缩孔和疏松等缺陷的体积分数，提高压铸型的使用寿命。

4.3.1.2 压射速度和充填速度

压铸时的充填速度是指金属液通过内浇口导入型腔时的线速度，不同于充填速度，压射速度是压射冲头运动的线速度，一般为 0.2~0.3m/s。压铸机上的压射速度调节阀可以对压射速度进行无级调速。

较高的充填速度可获得轮廓清晰、表面光洁的铸件，确保了液态金属在其凝固前就充满型腔。较高的充填速度也可得到较高的流体动压力 P_d，即使是较低的比压，较高的充填速度也能得到表面光洁的铸件。然而，过高的充填速度会造成诸多不利的压铸条件，导致铸件出现缺陷。主要缺点包括：

(1) 过高的充填速度会加速金属液的流动，堵塞排气通道，使气体排不出去遗留在型腔中，铸件中形成气泡。

(2) 过高的充填速度会使一部分金属液先进入型腔中黏附在型壁上冷却，随后进入型腔的金属液不能与其熔合，导致铸件表面出现冷豆或冷隔等缺陷，使铸件的表面质量下降。

(3) 过高的充填速度会使金属液形成涡流，甚至出现旋涡，极易将气体和先进入型腔的冷金属卷入熔体中，使铸件出现气孔和氧化夹杂等缺陷。

(4) 过高的充填速度使金属液流以高速冲刷型壁，加快压铸型的磨损。

压室、浇道和铸型之间相互连接，在冷室压铸机中形成一个密闭系统，因此它们三者具有连续方程的关系：

$$\frac{\pi}{4}D^2v_1=\frac{\pi}{4}d^2v_2=fu \tag{4-7}$$

式中，D 为压室直径，m；v_1 为压射速度，m/s；d 为直浇道的入口直径，m；v_2 为金属液在直浇道入口处的流动速度，m/s；f 为内浇口的截面积，m^2；u 为充填速度，m/s。

从式（4-7）中可以看出，当压室的直径一定时，压射速度与该系统各处金属液的流动速度成比例关系。因此，当压射速度精确测算出来后，即可通过该式计算获得充填速度的大小。

液体在工作时具有不可压缩的特性，在压铸机有过剩功率的条件下工作时，金属液在铸型中的流动速度虽然会受到铸型中各种阻力的影响，但这些阻力不会显著地影响压射速度，因此，在同一铸型中，金属液充填过程中的充填速度是一定的。

此外，比压在一定程度上也会影响充填速度，根据水力学原理，两者之间的关系式为

$$u=\mu\sqrt{2p/\rho} \tag{4-8}$$

式中，u 为充填速度，m/s；μ 为阻力系数；p 为压射比压，Pa；ρ 为金属液密度，t/m^3。

从式（4-8）中可以看出，充填速度与金属液密度的平方根成反比，与比压的平方根成正比。因此，金属液密度越小，充填速度越高；比压越小，充填速度越低。

通过上述连续方程可以发现，充填速度的大小也受内浇口的截面积制约。因此，在设计压铸型时，最好给内浇口的布置预留一定的位置，以便于在需要时对内浇口的截面积进行改变。在充填速度一定的前提下，过小的内浇口截面积会导致液态金属呈喷射状进入铸型，降低压铸件的表面质量，增大铸件内部孔洞疏松缺陷的体积分数，使力学性能下降；而在内浇口截面积一定的前提下，过高的充填速度会加速铸型的磨损，降低铸型的使用寿命。选用合适的内浇口截面积，既能控制内浇口附近金属液的凝固时间，使静压力 P_j 起到压实作用，又能保证金属液具有合适的充填速度。

综上所述，在实际生产中，可采用调整压射速度、比压和内浇口截面积大小的方法控制充填速度的大小。

4.3.1.3　金属充填铸型的形态

压铸件的致密度、力学性能、表面光洁度等质量与压铸过程中金属充填铸型的形态息息相关，因此国内外诸多学者对金属液的充填形态开展了大量的研究工作。

一般来说，在压铸过程中，金属液在几分之一秒的时间内即可充填铸型，在这一极短的时间里，金属的充填形态是极其复杂的。其与压射速度、铸型温度、铸件结构、金属液温度、金属液黏度、压力、浇铸系统的形状和尺寸大小等都密切相关。由于金属液的充填形态对铸件质量具有决定性作用，因此掌握金属的充填形态规律，深入了解其特性，有助于对浇铸系统进行正确的设计，以获得优质铸件。

在某一压力下金属液的充填形态示意图如图 4-12 所示。充填所需时间取决于内浇口厚度（f_2）与铸件厚度（F_1、F_2、F_3）之比，当 $f_2/F_1=1/3$ 时，充填所需时间最短。

在一般压力下，内浇口在型腔一侧时的充填形态如图 4-13 所示。当型腔特别薄时的金属充填形态如图 4-14 所示。金属液流的厚度与型腔的厚度接近，当金属液流入型腔后，与其一侧或两侧接触，如图 4-14a、b 所示。由于型腔壁的激冷作用，与其接触的金属液

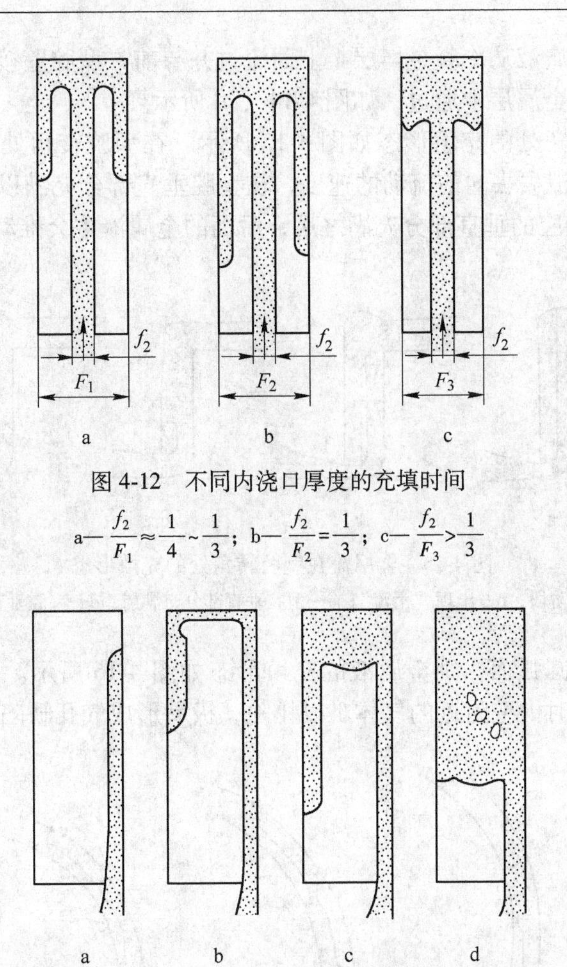

图 4-12　不同内浇口厚度的充填时间

a—$\frac{f_2}{F_1}\approx\frac{1}{4}\sim\frac{1}{3}$；b—$\frac{f_2}{F_2}=\frac{1}{3}$；c—$\frac{f_2}{F_3}>\frac{1}{3}$

图 4-13　一般压力下内浇口在型腔一侧时的充填形态

a—充填起始阶段；b—充填 1/4 阶段；c—充填 1/2 阶段；d—充填结束阶段

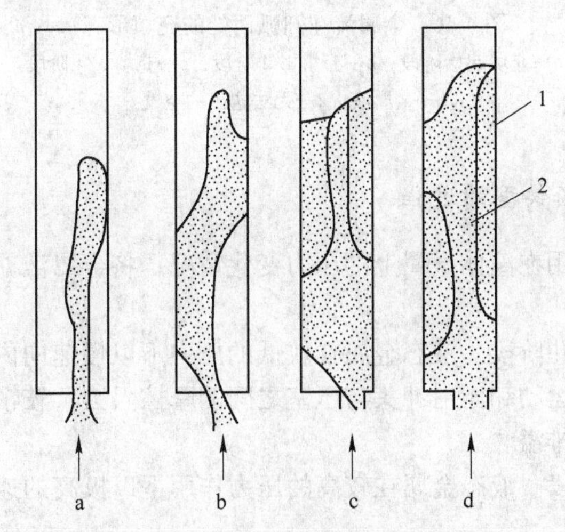

图 4-14　薄壁型腔充填形态

a—充填起始阶段；b—充填 1/4 阶段；c—充填 1/2 阶段；d—充填结束阶段

1—冷凝金属层；2—金属液

温度下降，中间的金属液从冷凝金属层 1 上面流过并与前方型腔壁接触，新的金属液 2 从两侧逐渐冷却凝固的金属层中通过，如图 4-14c、d 所示。

金属液在型腔转角处的充填形态如图 4-15 所示。在型腔转角处，金属液会滑流（图 4-15b），此处的金属液失去向前流动的速度，在型腔垂直部分充满以前液体基本不向左移动（图 4-15c），当型腔的垂直部分充满之后，后面的金属液才会推动前面的金属向左流动（图 4-15d）。

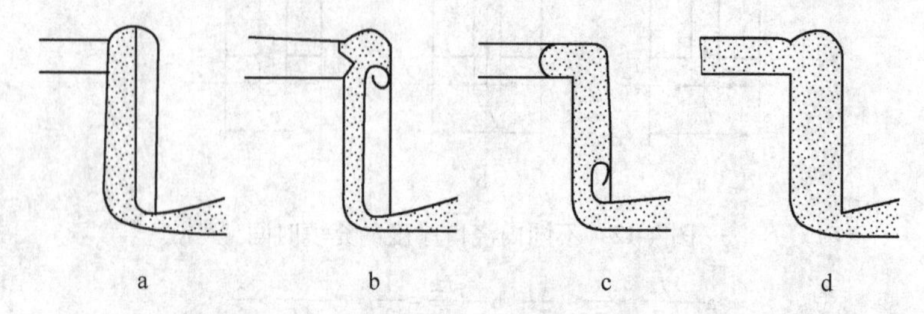

图 4-15　金属流在型腔转角处的充填形态

a—充填起始阶段；b—出现“滑流”；c—型腔垂直部分充满前；d—型腔垂直部分充满后

若型腔表面是一圆弧面，则金属液的充填形态如图 4-16 所示。金属液趋向于向靠近外壁的地方流动，此时内壁附近的气体难以排除，极易形成气孔缺陷。

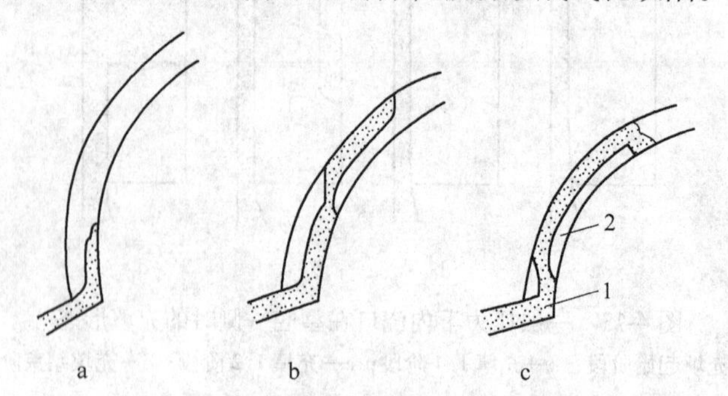

图 4-16　金属流在圆弧面处的充填形态

a—充填起始阶段；b—充填 1/2 阶段；c—充填 3/4 阶段

1—金属液；2—无法逸出的空气

4.3.1.4　金属充填铸型的过程

根据压铸过程中作用在液体金属上的压力变化情况，将金属液充填铸型的过程分为四个阶段。

第一阶段：慢速封孔阶段。液态金属在较低的压力下以慢速向内浇口移动。此时压力主要用来克服压射活塞运动和压射冲头与压室之间的摩擦阻力，较慢的速度可防止压室中液态金属的溅出和气体排溢。

第二阶段：充填阶段。液态金属在较高的压力作用下以极高的速度在很短时间内充填型腔。

第三阶段：增压阶段。液态金属的流动停止，压力在 0. 02~0. 04s 的极短时间内达到最高值。

第四阶段：保压阶段，也叫压实阶段。金属在最终静压力的作用下凝固，获得组织致密的铸件。

由于不同的压铸机压射结构的工作特性有差异，并且同一压铸机也可用来成形具有不同结构形状的铸件，因此这四个阶段也相应地有所差别。

4.3.2 压力铸造工艺

在压铸生产中，其三要素包括压铸合金、压铸型和压铸机。为了将这三要素有机地结合在一起并有效运用，提出了压铸工艺的概念。因此，压铸工艺的特点、性质及其规律显得极为重要。

压铸生产时，金属液的充填成形过程受许多矛盾着的因素综合影响。其中主要包括充填速度、压力、合金浇铸温度、金属充填特性和铸型热平衡等。

压铸过程中，以上各因素相辅相成又互相制约，需要正确的选择、调控这些因素之间的相互关系，才能达到最优的效果。因此，控制好压铸工艺因素，在一定程度上也决定了压铸工作能否顺利地进行。

4.3.2.1 比压的选择

适当地提高比压有助于提高铸件的致密度。但是，比压过高会增大铸型受金属液的冲刷作用力，使铸型的使用寿命降低；比压过低会降低铸件的致密程度，甚至导致铸件的轮廓清晰度下降。现有压铸机主要有两种方法控制比压：改变压室的直径或设备压射力的大小。

压铸过程中，实际比压受到压铸机的结构性能、压铸机工作液的性质和温度、蓄压器的工作状况、浇铸系统的形状和尺寸等因素的影响，因此需要将计算得到的比压乘以压力损失折算系数 K。K 值见表 4-10。

表 4-10 压力损失折算系数

条件	K 值		
直浇道导入口截面积 F_1 与内浇口截面积 F_2 之比（F_1/F_2）	>1	=1	<1
立式冷压室压铸机	0.66~0.70	0.72~0.74	0.76~0.78
卧式冷压室压铸机	0.88		

4.3.2.2 充填速度的选择

除比压外，压铸工艺的主要参数还有充填速度。铸件的质量受充填速度高低的直接影响。铸件的复杂程度、尺寸大小、合金种类、比压高低等都会决定充填速度的选择。比如，对于内部组织要求较高的简单厚壁铸件而言，可选择较高的比压和较低的充填速度；对于表面质量要求较高的薄壁复杂铸件而言，应选择较高的比压和较高的充填速度。

一般来说，简单厚壁铝合金铸件的充填速度为 10~15m/s，一般铝合金铸件的充填速度为 15~25m/s，复杂薄壁铝合金铸件的充填速度为 25~30m/s。

4.3.2.3　金属液的浇铸温度

金属液自压室进入型腔时的平均温度称为合金的浇铸温度。由于测量压室内金属液的温度比较困难，因此常用保温炉内的金属液温度表示浇铸温度。

金属液从保温炉移取到压室，压室、冲头以及浇勺的预热温度等都会影响其浇铸温度。为了保证金属液进入压室，在其激冷作用（一般降低15~20℃）下仍有足够的流动性，需要在浇铸前对压室、冲头以及浇勺进行充分预热，并且保温炉内的金属液温度高于所需的浇铸温度。然而，当金属液的温度升高后，金属氧化程度和气体在金属液内的溶解度也会迅速增大，因此，一般需要控制保温炉内金属液的温度不超过该合金液相线以上20~30℃，具体情况需要根据铸件的结构、复杂程度和合金的性质进行调整。

在较低的浇铸温度下，金属液呈黏稠的"粥状"，此时进行压铸较难产生旋涡和卷入空气，从而可适当增大排气槽的深度以改善排气条件。较低的浇铸温度下浇铸的金属液在凝固时的体积收缩也相对较小，使缩松和缩孔等缺陷在铸件厚壁处产生的可能性降低。此外，金属液对铸型的熔融和粘模情况也会随着金属液浇铸温度的降低而显著减小，使铸型的使用寿命明显提高。但是，并不是所有的压铸铝合金都适用于较低的浇铸温度，比如，含硅量高的铝合金在较低的浇铸温度下会大量析出游离状态的硅，降低铸件的加工性。金属液的流动性也与其浇铸温度成正比，温度下降后流动性也相应下降。由于压铸是使金属液在高压下充填型腔，因此金属液本身的流动性并不影响压铸的充填，压力和压射速度才是影响压铸时金属液流动性的主要因素。

压铸件结构的复杂程度和壁厚不均匀性都会导致铝合金的浇铸温度有所差别，在对压铸工艺进行设计时，各种合金的浇铸温度可参考表4-11所推荐的数据。

表4-11　铝合金压铸件的浇铸温度　（℃）

铝合金	铸件壁厚≤3mm		铸件壁厚>3mm	
	结构简单	结构复杂	结构简单	结构复杂
含硅	610~650	640~700	590~630	610~650
含铜	620~650	640~720	600~640	620~650
含镁	640~680	660~720	620~660	640~680

注：表中所列数据为金属液在保温炉内的温度。

4.3.2.4　压铸型温度

为了避免浇铸入型腔的金属液受到压铸型的激冷而急剧冷却失去流动性，导致铸件无法成形或成形后的铸件因为激冷作用而产生裂纹和开裂，需要在压铸生产前对压铸型进行充分预热。适当地提高压铸型的预热温度，可使型腔中空气密度下降，有利于型腔中气体的排出，从而得到组织致密、表面质量优良、轮廓清晰的铸件。较高的压铸型预热温度还能避免因激热导致的铸型胀裂，延长压铸型的使用寿命。

但是压铸型的预热温度也不能过高，过高时将使金属液发生粘模现象，并且铸件在顶出时发生变形，延长开型时间等，从而降低铸件的生产率。因此，需要在压铸型预热温度过高时对其进行适当的冷却。应特别指出的是，一般在压铸型预热以前将冷却液及时通入，否则压铸型会因为激冷作用而出现裂纹甚至破裂。

可按下面的经验公式对压铸型预热温度进行计算：

$$t_{型} = \frac{1}{3}t_{浇} \pm \Delta t \tag{4-9}$$

式中，$t_{型}$为压铸型预热温度,℃；$t_{浇}$为合金浇铸温度,℃；Δt为温度控制公差（一般为25℃）。

复杂薄壁件的实际压铸型预热温度略高于采用上式的计算值，简单厚壁件的实际压铸型预热温度略低于采用上式的计算值。

4.3.2.5 压铸用涂料

与金属型铸造所用涂料有所区别，压铸用涂料是在压铸过程中，使高温下的铸型滑块、顶出元件、冲头和压室等受摩擦部分具有润滑性能，并使自铸型中顶出铸件所受阻力减小的润滑材料和稀释剂的混合物。

压铸用涂料应具有以下作用：

(1) 避免型腔和型芯表面受到金属液的直接冲刷，使铸型工作条件改善。

(2) 降低铸型的导热率，使金属液的流动性保持不变，改善金属的成形性。

(3) 润滑性能不随温度的变化而显著变化，降低压铸型成型部分（尤其是型芯）与铸件之间的摩擦，减轻型腔的磨损程度，延长压铸型寿命和提高铸件表面光洁度。

(4) 对铝合金而言可预防粘模。

基于以上作用，压铸用涂料需要具有以下特性：

(1) 挥发点低，稀释剂在100~150℃时能很快地挥发。

(2) 涂敷性好。

(3) 不腐蚀压铸型及压铸件材料。

(4) 压铸件出型性好，涂敷一次能压铸8~10次，易粘模铸件涂一次能压铸2~3次。

(5) 性能稳定，其中的稀释剂在空气中不能很快挥发而使涂料变浓。

(6) 无特殊气味，在高温时不析出或分解出有毒气体。

(7) 配制工艺简单。

(8) 来源丰富，价格低廉。

在使用压铸型涂料时，需要对涂料用量进行有效控制，要避免过厚或者不均匀的涂料涂刷或喷涂。因此，喷涂工艺需要考虑控制涂料浓度。涂刷工艺需要在毛刷刷后用压缩空气吹匀。喷涂或涂刷后的涂料中稀释剂挥发完成后才能合型浇铸。若挥发不完全，型腔或压室内的气体含量会显著增加，导致铸件中极易出现气孔，甚至这些气体形成的反压力会阻碍铸件的成型。此外，涂料喷涂可能会堵塞压铸型的排气道影响气体排出，因此需要特别对其进行清理。为了防止铸件的轮廓出现不清晰的现象，应避免压铸型的转折、凹角部位出现涂料沉积。

4.3.2.6　充填时间与持压时间

A　充填时间

充填时间是指金属液自开始进入型腔到填满时所需的时间。铸件尺寸的大小和结构复杂程度决定了金属液的充填时间长短。简单厚壁件的充填时间相对较长，复杂薄壁件的充填时间相对较短。但时间长短只是个相对概念，所有压铸件的充填时间都是很短的，一般中小型的铝合金铸件充填时间仅为0.1s左右。

在铸件大小和体积一定的前提下，充填时间反比于充填速度和内浇口截面积的乘积。但不能简单地说充填速度越小，所需的充填时间越长，因为当充填速度很小时，若内浇口的截面积比较大，则充填时间也可能较短；反之，当充填速度很大时，若内浇口的截面积比较小，则充填时间也可能较长。

若只考虑充填时间与内浇口的截面积之间的关系，则必须综合考虑其厚度。如果内浇口很薄但截面积较大，则由于压铸时金属呈黏度很大的黏稠“粥状”，因而通过薄的内浇口时阻力很大，则将会延长其充填时间。此外，过薄的内浇口还会导致压力头过多地损失而转变成热能，使内浇口处的铸型出现局部过热，并可能造成粘模。

B　持压时间

持压时间是指金属液填满型腔到凝固之前的压力状态持续的时间。足够的持压时间可保证压射冲头将压力有效传给未凝固的金属，使金属液在压力下凝固结晶，从而获得组织致密的铸件。一旦铸件完全凝固，那么继续增加持压时间则基本无效果，还会造成立式机器的切料困难。

铸件本身的材质及其结构复杂程度决定了持压时间的长短。对于熔点高、结晶温度范围大的合金的厚壁（大于4mm）铸件，持压时间应长些，一般为2~3s；而对熔点低、结晶温度范围小的合金的薄壁铸件，持压时间可以短些，一般压射冲头持压时间仅需1~2s。

去除浇口后，经常在铸件的连接处发现有孔穴，这种孔穴有可能是由于内浇口位置不恰当而形成的气孔，也有很大可能是持压时间不够导致的未完全凝固金属液回流形成的缩孔。在壁厚且结晶范围大的合金铸件这种现象尤为严重。此外，若持压时间过短，开型过早，还可能由于余料尚未凝固完全而使裹在余料中的气体压力过大发生爆炸。

4.3.2.7　压铸工艺参数的监测

压铸过程中工艺参数监测技术对科学地控制压铸过程、提高压铸件质量至关重要，国内外近年来相关技术的发展也很快，其应用也在保证生产安全和提高设备寿命方面起到重要的作用。压铸监测技术主要有三种形式：

（1）测量与记录。首先制作出基本的操作卡片，即利用仪表将压铸型的最佳工作参数以曲线形式记录下来，在重复生产时，通过机器调整，使工艺参数与基本的操作卡片保持完全一致，可保证生产效率，减少设备调整时间。

（2）压铸过程的经常监测。当压铸生产比较重要时，需要按规定的时间用测量仪表对压射过程进行控制和监测，并对照工艺过程的基准曲线，及时发现并校正工艺偏差。对于与基准曲线不同的工艺曲线压铸出的铸件需要进行附加检查，以鉴别质量好坏。

（3）调节。通过将实际测量值与预选的最佳工艺参数值进行对比，调节相应的工艺参数，使整个压铸过程处于最佳状态。

4.4 低压及差压铸造

4.4.1 低压及差压铸造工作原理

4.4.1.1 低压铸造工作原理

低压铸造是介于压力铸造和金属型铸造之间的一种铸造方法。低压铸造工作原理示意图如图4-17所示，其基本工作原理如下：首先熔化铝合金并置于低压铸造机的保温炉内密封；然后将压缩空气通过管道导入保温炉中进行加压，金属液在压力下通过升液管往上流，直至充满铸型；最后保压至铸件凝固，停止压缩空气的输入，使加压室的压力解除，这时部分浇口和升液管中的未凝固的合金熔体反流回保温炉的坩埚中，将铸型打开即可取出铸件。

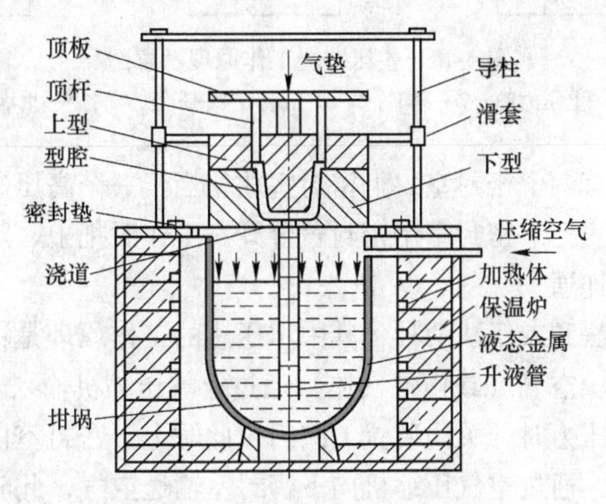

图4-17 低压铸造工作原理示意图

低压铸造具有原材料利用率高、表面光洁度高、尺寸精度高、熔炼费用少、铸件品质好、易实现机械化和自动化等优点。与重力铸造（材料利用率不到50%）和压力铸造（材料利用率为70%~80%）相比，低压铸造的材料利用率可达90%以上。低压铸造可实现铸件的顺序凝固，并且铸件是在压力下凝固，因此气孔和收缩等缺陷基本没有，组织致密，力学性能较高。低压铸造的铸件的抗拉强度和硬度比重力铸造高10%左右。在低压铸造过程中，金属熔体与大气隔绝，升液管也处于合金熔体中，因此铸件既可获得充分补缩，也能减少吸气和氧化夹杂。低压铸造不设浇冒口，其直浇道也可作为内浇道使用，有助于改善工作环境，金属液在铸造时不发生飞溅，使废料重熔量减少，极大地节约了氧化烧损、生产经费和劳务费用。设备机械化、自动化和智能化程度的提高，也为一人操作多台低压铸造设备提供了可能，并且对工人技术水平的要求也相对较低。

低压铸造也存在一些缺点，比如与金属型铸造相差不多的较低生产率；长时间浸泡在铝合金熔体中的升液管易损坏，并且可能对合金熔体造成污染。

4.4.1.2　差压铸造工作原理

差压铸造，是基于低压铸造发展起来的一种铸造方法，也叫反压铸造或压差铸造。差压铸造工作原理示意图如图 4-18 所示，其实质是金属液在充填铸型时是低压铸造，在高压下凝固，因此其具有低压铸造和压力铸造两种铸造工艺的优点，可得到无夹杂、无气孔、无组织致密的铸件，铸件的力学性能远超一般的重力铸造产品。

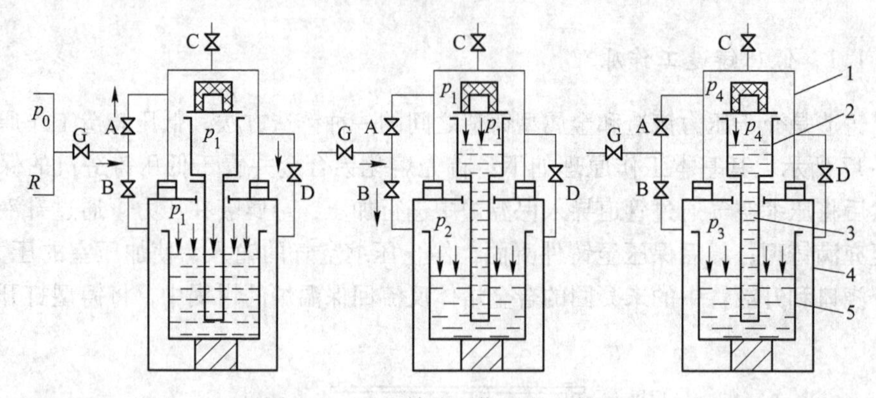

图 4-18　差压铸造工作原理示意图

1—上压力筒；2—铸型；3—升液管；4—下压力筒；5—坩埚

差压铸造装置一般有两个密封室，上密封室放相当于一个高压釜的铸型，下密封室是类似于低压铸造的装置。上下密封室用密封盖分开，工作时把上、下室夹紧，坩埚中的金属液通过升液管与铸型连通。

差压铸造分为增压法和减压法两种，其中增压法的工作原理是：先把通大气的阀门和装置上阀门打开，将干燥空气（或惰性气体）通过空气压缩机输入上下密封室。当密封室的压力达到所需的结晶压力时，关闭装置上阀门，此时上下密封室内的压力相等。然后控制阀门将上密封室密封，通过空气压缩机向下密封室输送空气，此时上下密封室出现压力差，在压力差的作用下，坩埚中的金属液沿着升液管经过浇道进入铸型。当充型结束后，继续保持充气升压，并在所需压力下保压一段时间，使铸件在高压下凝固。在凝固结束后打开阀门，将上下密封室同时放气，升液管中未凝固的合金液体靠自重流回坩埚，铸件成形。

减压法的工作原理如下：上下密封室充气阶段与增压法完全相同。当充气压力到达所需压力后，操控相关阀门给上密封室放气，此时上下密封室产生压力差，坩埚内的金属液在压力差的作用下通过升液管和浇道进入铸型。充型结束后保压一定时间，使金属在压力下凝固。在凝固结束后打开阀门，将上下密封室同时放气，升液管中未凝固的合金液体靠自重流回坩埚，铸件成形。

根据充气压力的不同，可将差压铸造分成以下三种：

（1）低压差压铸造，充气压力不大于 1.6MPa；

（2）中压差压铸造，充气压力为 1.7~8.0MPa；

（3）高压差压铸造，充气压力大于 8.0MPa。

4.4.2 工艺参数的选择及应用

4.4.2.1 铸型种类的选择

砂型、金属型、陶瓷型、石膏型、石墨型、精铸的熔模型壳、实型等均适用于低压及差压铸造，具体选用原则可参考以下：

(1) 金属型或石墨型适用于生产铸件形状一般、质量精度要求高、生产批量较大的合金。

(2) 金属芯不能用来生产内腔结构复杂的铸件，此时可采用砂芯。

(3) 砂型适用于生产精度要求不高、批量不大或小批量生产时的大型铸件。

(4) 熔模壳型、石膏型适用于生产精度要求较高、结构复杂的铸件。

4.4.2.2 铸型壁厚的确定

采用金属型（或与砂芯组成）进行铝合金低压铸造，有利于实现机械化和自动化，便于对金属液的温度进行控制，使浇铸周期缩短和铸件质量提升。

铸型的寿命、铸件的凝固速度和铸造生产率都受金属型壁厚的直接影响。

根据不同的实际情况，金属型壁厚对铸件凝固速度的影响也有所不同。较薄的铸型壁厚适于熔点较低的铝合金铸件，金属型的蓄热能力决定了铸件的冷却速度。此外，若想提高铸件的冷却凝固速度，可相应地增加金属型的壁厚。

金属型铸型壁厚的选择受诸多因素的影响，因此截止到目前仍需要经验数据进行确定，其参考数据如表 4-12 所示。

表 4-12 铝合金铸件金属型的壁厚 (mm)

铸件的平均厚度	3~5	5~6	6~8
金属型的最小壁厚	15~20	20~25	25~30

注：铸件壁厚指平均壁厚。

4.4.2.3 铸型工艺参数的确定

A 浇铸系统的选择

浇铸系统的选择原则应遵循以下几点：

(1) 铸型壁厚的选择原则应遵循表 4-12。

(2) 应保证 $F_{升液管出口}>F_{横}>F_{内}$（其中，F 为浇铸系统截面积），以充分发挥浇铸系统的补缩作用。

(3) 为防止局部过热现象的出现，应尽量避免液态金属直接冲击型壁和型芯，特别是热导率大的部位。

(4) 对于较大等壁厚铸件的生产，在合理设计金属型壁厚并保证充填性的条件下，一般在铸件短边面的中部开设内浇道，在高度方向上形成单向的温度梯度，利于进行补缩。此外，开设的内浇道可使充型的液态金属均匀地注入型腔，减少或避免横向液流的出现，以使水平方向的温度梯度减小或消除。

(5) 当横浇道与多个内浇道相连时，应根据铸件的结构形式，内浇道、横浇道、浇铸速度，升液管相对位置，液态合金的黏度等具体情况来确定各个内浇道的截面积以使各内浇道流量分配均匀。通常紧靠升液管和远离升液管盲端的内浇道面积较小。

(6) 尽可能减薄连接铸型与升液管的输液通道管壁，可减少此处液态金属的热量损失，有利于进行补缩。

(7) 设置在充型末端，由冷金属液聚集而成的冒口应尽量少用。这是因为这种冒口的补缩效率低，并可能会出现“倒补缩”的危险。

(8) 砂型铸造中的压边冒口在低压铸造中可以用作浇口。采用较低的充型速度成形壁厚较大的铸件，可获得没有缩孔、缩松等缺陷的优质铸件。为了防止液态金属在有压边的浇口处以强烈的喷射流形式进入型腔，压边冒口处的截面积不应过小。若压边浇口的尺寸较小，可在压边浇口附近加工出热阻孔以保证补缩通道的畅通，使该处的冷却速度减缓。

B　金属型分型面的选择

金属型分型面的选择原则应遵循以下几点：

(1) 分型面应尽量是一个平面。

(2) 尽可能不使分型面通过铸件本身，即将铸件尽量放在一侧型腔中。

(3) 尽可能使活块数量减少。

(4) 尽可能减少型芯数量，并使其安装方便、稳固。

(5) 使起模斜度尽可能地小，以保证铸件尺寸精度。

(6) 便于安放冒口，并利于型内气体的排出。

(7) 便于铸件取出，不致拉裂或变形。

(8) 便于铸件顺序凝固，保证补缩，以使其组织致密。

C　铸型的排气

采用局部真空的方法可以强化金属型的排气。浇铸时，用喷嘴沿着与分型面平行的方向在靠近金属型顶部的地方喷射高速气流，使金属型型腔与外部环境出现压差。压差与从金属型排气缝隙通道排出的气体体积流量成正比，因此可取得较好的排气效果。

D　机械加工余量的选择

金属型低压或差压铸造生产的铸件，加工余量一般为0.5~4mm或更大一些。以下因素会影响机械加工余量的取值大小。

(1) 机械加工余量的大小与加工表面的粗糙度成反比。

(2) 加工余量随尺寸精度要求的提高而增大。

(3) 由于铸件有可能出现变形并且可能在机械加工中出现安装误差，因此机械加工余量随加工面面积的增加而增大。

(4) 由于铸件有可能出现变形并且可能在机械加工中出现安装误差，因此机械加工余量也会随着加工表面与机械加工基准面距离的增加而增大。

(5) 若铸造中存在砂芯，则其形成的铸件表面的加工余量大于无砂芯直接成形的铸件。

(6) 由于铸件的冒口或浇口可能存在截除不准确，因此冒口或浇口和铸件的连接表面加工余量需适当放大。

(7) 铸件各部位的加工余量大小顺序如下：下表面 < 侧表面 < 上表面。

E 金属型型腔尺寸的确定

铸件外形和内腔的公称尺寸直接影响金属型型腔及型芯尺寸的确定，除此之外，还需要考虑涂料层的厚度、铸件的线收缩以及金属型材料从室温升至预热温度时的膨胀率。

可用下式确定金属型型腔和型芯的尺寸。

$$A_x = (A_p + A_pK + 2\delta) \pm \Delta A_x \tag{4-10}$$

$$D_x = (D_p + D_pK - 2\delta) \pm \Delta D_x \tag{4-11}$$

式中，A_x、D_x 为型腔、型芯的尺寸；A_p、D_p 为铸件外形、内孔的公称尺寸；K 为综合线收缩率；δ 为涂料层厚度（一般取 0.1~0.3mm）；ΔA_x、ΔD_x 为金属型制造公差。

上述的 K（综合线收缩率）包括金属型材质的线膨胀和铸件材质的线收缩两类，K 的理论值可通过式（4-12）计算得到。

$$K = k(\varepsilon - d_k t_k) \tag{4-12}$$

式中，k 为依经验选取的阻碍收缩系数；ε 为铸件材质线收缩率；d_k 为金属型材质线膨胀率；t_k 为金属型预热温度。

一般情况下，可参考表 4-13 对铝合金铸件的 K 值进行选取。设计小铸件的金属型时，为了方便计算，K 值常取为 1%。

表 4-13 不同情况下的 K 值

受 阻 情 况	K
有型芯、无阻碍	80~120
有型芯、有阻碍	70~90
邻近的两凸台的中心距	50~70

在铸造过程中，金属型会受热发生膨胀导致尺寸发生改变，因此需要引起足够的重视。比如铸铁金属型和铸钢金属型在温度为 270℃ 的膨胀量分别可达 0.28%、0.39%，绝对膨胀值随着金属型尺寸的增大而增大。在大尺寸的金属型中，膨胀不但降低铸件的精度，还会增加型芯与型芯座的配合间隙。在低压铸造或差压铸造时，金属型各部位的受热均匀性较低，膨胀值也有所差异，问题更为复杂。即使是同一铸件，由于壁厚的不同，各部位的冷却受阻程度和线收缩也各不相同，很难精确计算实际收缩或膨胀值。因此可在计算时参考以往类似铸件的生产经验并进行对比，在制造金属型时也留有足够的加工余量，并经过试铸调整后最终确定金属型的尺寸。

F 金属型的合型力、抽芯力及开型力

a 金属型的合型力

在使用金属型进行低压铸造时，铸型的分型面在合型之后须受到足够的锁紧力（合模力），这是除铸型自身应有的强度、刚度之外可保证正常生产工艺过程顺利进行的措施。基于帕斯卡原理，金属型的合型力要比增压阶段液态金属在合模方向上对分型面的总压力大，即

$$P_{合} > K\sum Fp \tag{4-13}$$

式中，$\sum F$ 为铸件（包括浇铸系统）在合模方向上的正投影面积之和，m^2；p 为增压阶段最高压力，kPa；K 为安全系数，一般取值为 1~1.3。

b　金属型的抽芯力

在低压铸造或差压铸造时，某些铸件的特殊结构有时需要在金属型中设置抽芯机构，以便在开型时及时将活动型芯或活块从铸件中取出。这种情况下就需要计算金属型的抽芯力大小。

铸件在凝固收缩时，以下因素会影响其对型芯包紧力的大小：被铸件包住的型芯表面积及该处铸件的壁厚、合金的线收缩率、抽芯时铸件及型芯的温度、型芯的表面粗糙度及铸造斜度等。需要克服的最大包紧力出现在开始抽芯阶段，一般这个包紧力的最大值即为所谓的抽芯力。可用下面的经验公式计算其大小：

$$P_c > \mu_m F_b p + LK \tag{4-14}$$

式中，P_c 为抽芯力，N；μ_m 为摩擦阻力系数，对于铝合金为 0.25；F_b 为被铸件包住的型芯部分表面积，m^2；p 为挤压应力，对于铝合金，单面铸造斜度 1%（约 40′）时，为 10MPa；L 为铸件包紧型芯的长度，m；K 为常数。依合金种类及铸件包紧型芯处的壁厚而定，对于铝合金而言，当壁厚为 3~5mm 时，K 值为 70kN/m；当壁厚大于 5mm 时，K 值为 140kN/m。

c　金属型的开型力

影响金属型开型力的因素基本与抽芯力相同。铸件的型腔面积与铸件的结构形状息息相关，型腔中包围铸型凸起部位的面积由于铸件结构的复杂性更是难以计算。因此很难精确计算开型力的大小。因此，通常采用以往实际生产中积累的经验数据计算金属型的开型力。图 4-19 是根据实际测量统计总结出的开型力与铸件质量之间的关系图，以供设计时借鉴参考。

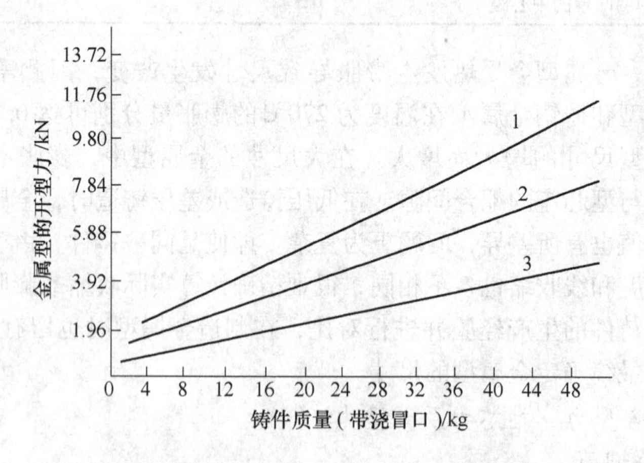

图 4-19　铝合金铸件金属型的开型力

1—复杂型腔，阻碍铸件收缩的能力很大，型芯起模斜度为 3°；
2—中等复杂型腔，阻碍铸件收缩的能力较大，型芯起模斜度为 2°；
3—简单型腔，阻碍铸件收缩的能力较小，型芯起模斜度为 1°

4.4.2.4 浇铸工艺参数的选择

A 充型压力和充型速度

低压铸造或差压铸造时，金属液在充型阶段完全充满型腔（上升至铸型型腔顶部）所需要的气体压力称为充型压力 $p_{充}(p_2)$，其值的大小可根据帕斯卡原理进行计算，即

$$P_{充} = P_2 = 9.8\mu H\rho \tag{4-15}$$

式中，H 为型腔顶部与坩埚中金属液面的距离；ρ 为金属液密度；μ 为充型阻力系数，一般取 1.2~1.5（其值与型内反压、铸件的平均壁厚、充型速度有关）。

金属液在充型过程中，液面在型腔中的平均上升速度称为充型速度 $v_{充}$。充型速度的大小直接影响铸件的质量。合适的充型速度 $v_{充}$ 应当满足下式中所列的不等式：

$$v_{充\max} > v_{充} \geqslant v_{充\min} \tag{4-16}$$

充型过程中，金属液在型腔内流动时的雷诺数 Re 随着充型速度 $v_{充}$ 的增大而增大，液流的紊乱程度也随之增加。当 $v_{充}$ 较小，Re 值较小时，金属液的流动状态为层流或带有微弱紊流，型腔内金属液所受的扰动较小，不会使液流的表面膜发生破裂，即液流中不卷入空气。随着充型速度 $v_{充}$ 的增大，Re 的值增大，型腔内金属液所受的扰动增大，从而导致表面的氧化膜破裂，使破裂的氧化膜和空气卷入液流内部。由于金属液表面的氧化膜不断出现，同时又不断被破坏，混入液流中的氧化膜就会不断增加，夹杂物也急剧增多，因此，应该存在一个充型速度 $v_{充}$ 和雷诺值 Re 的临界最大极限值以保障铸件具有较好的质量。目前，$Re_{\max}$ 在不同的实验条件计算出的数值差别较大。

但是，可通过下式计算得到 $v_{充\max}$ 的值：

$$v_{充\max} = \frac{Re_{\max} v}{4R} \tag{4-17}$$

式中，R 为型腔的水力学半径。

当充型速度过大时，金属液的流动呈现紊流，充型过程不平衡，甚至会导致金属液的飞溅，增加液流中空气和氧化夹杂的体积分数，并且有极大可能因为憋气而出现欠铸、轮廓不清等铸件缺陷。另外，充型速度不能小于该铸造条件下的临界最小充型速度，即当满足 $v_{充} \geqslant v_{充\min}$ 时，金属液在型腔中才能具有足够的充填性，否则会形成欠铸、冷隔及其他类似缺陷。金属液在铸型工作型腔中的临界最小充填速度 $v_{充\min}$ 的大小受诸多因素的影响，如合金本身的性质、浇铸温度、铸型材质的物理化学性能、铸型温度等，以及铸件的结构形状、壁厚、冒口的数量和布置，金属液的引入方法等。这些因素综合影响着 $v_{充\min}$ 的大小，并且这些因素自身之间也互相影响，因此若全面考虑所有因素的影响而计算 $v_{充\min}$ 的数值非常复杂，以致铸型充填科学发展到现在仍尚未完全解决。目前针对这一问题的解析结果都是基于对问题的简化而得到的。不同的研究者依据的简化程度以及简化的物理意义都是近似的，所得的计算公式也是近似公式，需要根据实际情况对公式进行一定的修正以适应需要。此外，通过某种铸造条件下的统计结果回归得到的经验性公式、表格或曲线等也可为实际生产的需要提供参考依据。

B 结壳时间的确定

采用干砂型或金属型干砂芯对有一定壁厚的铸件进行低压铸造或差压铸造时，为了减

少机械粘砂，避免液态金属渗入砂型（芯）中，需要在充型结束后保持一段压力不变的时间，一般为 15~30s，在铸件表层形成具有一定厚度的“壳”之后再继续增压。

结壳时间与很多因素有关，一般而言，采用砂型的结壳时间长于金属型的，壁厚相对较厚的铸件的结壳时间比较长，浇铸温度较高的铸件结壳时间也比较长。在实际生产中，如果采用无砂芯的金属型制造薄壁铸件时，有时可以在金属液充满型腔之后直接进行增压补缩操作，即取消结壳时间。在差压铸造时，由于铸件的凝固冷却速度稍快于低压铸造的，所以结壳时间可适当缩短。合适的结壳时间是在生产实践中调试出来的。在不粘砂不跑火的前提下，结壳时间越短，铸件的补缩效果和内在质量相对越好。

C　增压压力的确定

低压铸造或差压铸造最主要的特点之一是液态金属在一定的压力下凝固。坩埚内的液态金属在铸件凝固过程中可在压力作用下经升液管和浇铸系统源源不断地对铸件进行补缩。因此，为了有效地消除缩孔、缩松，提高铸件的致密度，需要在结壳结束后对型腔内的金属进行增压操作，即在充型压力的基础上再增加一定数值的压力。

众所周知，低压铸造或差压铸造时凝固压力越高，铸件的致密度越高，但是铸型和设备等因素限制了凝固压力的进一步提高。

增压压力可用下面的经验公式计算：

$$p_{增压} = k_1 p_{充} \tag{4-18}$$

式中，$p_{充}$为充型压力；k_1 为增压系数。

对于金属型及金属芯的铸型，$k_1 = 1.5 \sim 2.0$；对于金属型砂芯及干砂型，$k_1 = 1.3 \sim 1.5$。对于湿砂型，一般不增压，或稍许增加一点也可以，如在 $p_{充}$基础上，增加 2.7kPa。薄壁干砂型或金属型干砂芯，增压压力可取 0.05~0.08MPa，金属型（芯），增压压力一般为 0.05~0.1MPa，对于特殊要求的铸件可增至 0.2~0.3MPa。一般需通过实验，根据铸型种类和铸件特点确定增压压力的大小，确定的数值可为工艺方案的制订提供参考。

上述经验公式获得的增压压力数据，主要适用于比较老式的液面加压系统，因为老式的液面加压系统响应性较慢，增压压力的建立过程迟于铸件的凝固速度，此时偏大的增压压力对铸件的影响相对较小。而在使用闭环控制的新式 CLP 型液面加压控制系统时，这种系统的响应性良好，可迅速而准确地进行增压，此时偏大的增压压力对铸件的影响相对较大，需要准确控制。一般而言，带砂芯的金属型增压压力比充型压力大 $(2 \sim 4) \times 10^4$Pa；带金属芯的金属型增压压力比充型压力大 $(3 \sim 5) \times 10^4$Pa。若增压压力过大，则易发生跑火事故。增压压力在金属型具有足够大的合型力且合型密封性良好时可进一步增加，以提高铸件的内在质量。

D　保压时间的确定

在恒定的增压压力作用下保持铸件凝固阶段所需的时间称为保压时间。保压时间对铸件质量的影响较大，精确控制保压时间可保证工艺过程的顺利进行，获得优质铸件。若保压时间不够，铸件在凝固阶段很难得到有效补缩，易出现缩孔、缩松等缺陷，甚至会发生铸型中的金属液在铸件尚未完全凝固时就倒流至坩埚内，形成“中空”废品；若保压时间过长，则会延长铸件的生产周期、降低生产率，甚至会因为升液管上部金属液的凝固而导致疏通困难，因此，需要在实际生产中选择合适的保压时间。

铸件的结构形式、壁厚、浇口形状，金属的热导率、浇铸温度，铸型的热导率、温度及冷却速度，坩埚内液态金属的存量，直浇口处的热阻及热容等诸多因素都会影响保压时间的长短。各种铸件的保压时间到目前为止尚未出现较为简便实用的计算公式。在实际生产中，通常参考铸件质量与保压时间的经验曲线根据实际情况修正后确定。从生产实践中得出，合适的保压时间应保证铸件在凝固后的浇口残留长度为40mm或铸件与内浇口连接处无缩孔。但在连续生产的初始阶段和间歇式生产中，许多因素并不确定，并且也是在连续变化的，所以保压时间很难仅凭经验进行控制。

浇口的残留长度，即浇道内液态金属的凝固状态，决定了保压时间的长短。因此经常有人误认为只要在恰当的铸型或升液管位置上放置热电偶，通过采集到的温度信息判断出凝固状态，即可确定出保压时间。但是这种方法存在三个问题：（1）不同的铸件，其凝固过程中的温度随时间变化的曲线并不完全相同，仅靠热电偶提供的温度值不能决定保压时间；（2）热电偶丝及它外面铠装的不锈钢外壳受到铝液的腐蚀，长时间使用后误差增大；（3）有些热电偶具有滞后性，经常使控制失去实时性。实践表明：可在升液管或型壁上安放热电偶，在热电偶上涂覆一层0.2~0.3mm的涂层，即可延长热电偶的使用寿命，涂层隔绝了热电偶和金属液之间的接触，使其难以受到铝液的腐蚀。此外，涂层具有厚度薄、热导率大的特点，所以时间常数很小，实时性较好。

E 浇铸温度及铸型温度的确定

低压铸造浇铸温度的确定原则与普通浇铸一致，即在保证铸件成形的先决条件下选用较低的浇铸温度。较低的浇铸温度可使液态金属的吸气和收缩减少，降低铸件气孔、缩孔、缩松、内应力、裂纹等缺陷的体积分数，形成组织致密的铸件。由于压力在液态金属充型阶段一直保持，因此低压铸造的充型能力高于一般重力浇铸，并且金属液是在密封状态下进行浇铸，热量散失较慢，所以低压铸造的浇铸温度一般比重力下的浇铸温度低10~20℃。由于不同的铸件具有不同的结构形式、尺寸大小和壁厚，而且铸型条件和合金种类也有所不同，所以具体的浇铸温度还要具体确定。

铸件的成型和显微组织还受铸型的温度影响，因此需要根据铸型种类、铸件结构特点、合金类型来合理选择铸型温度。砂型、石墨型等非金属型的铸型温度一般为室温或预热至150~220℃，金属型的铸型温度根据金属型铸造方法的不同进行选择。对于铝合金而言，汽缸体、汽缸盖、曲轴箱壳、透平轮等简单厚壁件的金属型预热温度一般为250~350℃，增压器叶轮、导风轮、顶盖等薄壁复杂件的金属型应预热至400~450℃。

4.4.3 低压及差压铸造技术前景

目前国内外通常采用定向凝固、液态模锻、用快速凝固法生产的高强粉末去成型等方法提高材料的比强度，取得较为显著的成果。但是这些方法不能生产大型复杂的铝合金箱体类铸件，相较之下，低压铸造或差压铸造具有这些方法无法比拟的优势，但目前主要有四个问题难以解决：（1）重力阻碍补缩，往往影响铸件的致密性；（2）高压和高速充型会使气体以非气孔的形式残存在铸件中，使铸件难以进行热处理，并且铸件在较高温度下的尺寸稳定性及强度相对较差；（3）型内具有较大的反压，导致液态金属在充填型腔时受到较大的阻力，此外，铝液的表面氧化膜破裂会造成夹杂增多，并且表面氧化膜的存在还能提高铝液的表面张力，从而影响金属液对铸型薄壁部位的充填；（4）空气的热导率会随着压力的增加而增大，也会影响液态金属在型腔中的充填。为了解决上述问题，各国研究者们相继提出了“真空充型加压凝固的差压铸造”“惰性气体保护的差压铸造”“真空充型、旋转加压倒置差压铸造”等方法，也取得了较好的效果。但受到铸型材质、负压调节系统和生产成本的限制，目前在世界上真正广泛使用的仍然是普通的低压铸造和差压铸造。

相较于低压铸造，差压铸造是20世纪60年代初发展起来的，兼有低压铸造和压力釜铸造的优点，因此，其一经出现就得到迅速发展。1974年，在保加利亚的展会上展示了一种差压铸造设备，其能生产质量达100kg的复杂铝合金铸件，标志着差压铸造工艺的成熟。目前，保加利亚最大的一种规格的差压铸造机的上压力罐直径已达2m，销往包括美国、英国、法国、俄罗斯、澳大利亚等世界各地的发达国家。

铸件的质量随着科学技术的不断进步而不断提高，差压铸造工艺及设备也在不断地更新和完善。在工艺系统控制方面，微机全自动控制系统的出现也实现了一个人能独自操纵多台机器生产的方式。在1993年，日本连续公布了三个与差压铸造技术相关的专利。1995年日本杂志《素形材》第四期中发表了题为《90年代日本铸造工业生产概况》的文章，在“轻合金铸件”一节中曾说：在这方面生产技术的开发研究是十分活跃的，其工艺尖端主要是指专用化的加压金属型铸造法，以及针对低、中高压及差压，大气、真空及惰性气体介质，所运用的控制技术。

日本丰田公司的V8发动机铸铝缸体是用差压铸造生产的，其强度及韧性相对于其他传统铸造方法有了较大提高。德国采用差压铸造金属型生产的V型1200马力（1马力=735.499W）船用发动机曲轴箱，其质量达510kg。国内目前有真空调压铸造（西北工业大学）、差压铸造、倾转倒置铸造（沈阳111厂）等铸造工艺，它们的铸件质量与国外大体相近，差距已不大，只是在设备的制造水平上还赶不上保加利亚（差压铸造创始国）。

总之，差压铸造的主要优点如下：

（1）铸件气孔、针孔等缺陷显著下降。与低压铸造相比，差压铸造的压力提高了4~5倍，为排气创造了良好的条件，因此由铸型、型芯排放出来的气体体积在浇铸过程中也提高了4~5倍，大大降低了侵入性气孔的形成机会。

在低压铸造中，由于只能控制坩埚内气体的压力而不能控制铸型所在的大气压力，因此排气较为困难。而对于差压铸造而言，它可同时控制上、下压力罐的压力。如果采用减压法，降低铸型所在上罐的压力，使铸型内的压力大于型外压力以产生压差，增强铸型的排气能力，降低侵入性气孔的形成概率。差压铸造不仅仅能控制好铸型的排气能力，还能控制充型的工艺曲线。

游离的［H］在高温下会一定程度地溶于金属液中，随着温度的下降，气体在金属液中的溶解度也相应下降，原子态氢析出变成分子氢，在铸件中形成气孔，通常称为针孔。压力在一定程度上决定了铝液中原子氢的溶解度：$[H\%]=kp$，p增大，$[H\%]$随之增大。由于差压铸造的压力较高，氢在铝液中的溶解度也相对较大，并且差压铸造时金属液的凝固速度也较快，［H］在合金凝固时来不及析出以原子态存在于铸件内，从而减少铸件中的析出性气孔（针孔）。

（2）改善铸件的表面质量。型壁的沟纹或粗糙部分在液态金属填充铸型时会存在一层气体薄膜，这部分气体在金属液表面存在压力作用，阻止金属液的充型，使铸件的轮廓不清晰。而差压铸造时表层气膜具有较大的密度，其在受热膨胀时会阻止金属液进入铸型的微裂纹和凹坑中，降低铸件的表面粗糙度。

（3）提高金属液的补缩能力。在凝固的过程中，型腔中的液态金属只有形成的固相骨架能承担住大气的压力时，才有形成缩松、缩孔的机会，否则在外界压力的作用下会压缩并消失。因此，外界压力在不同铸件成形时都起到补缩的作用。冒口上的压力及低压铸造或差压铸造保压时跃升的压力仅是在原来外界压力的基础上增加微不足道的新动力。差压铸造时的绝对压力在0.7MPa左右，远高于低压铸造时坩埚内0.15MPa左右的压力，因此差压铸造的补缩能力远远高于低压铸造。假设铝合金的铸造密度为2.5g/cm^3，其同步进气压力p_1=1MPa，则相当于铸件有个40m高的冒口，由此可见差压铸造的补缩能力。冒口补缩的实质是利用重力作用将金属液压渗进更远更细小的晶间空隙中去，而距冒口越远，晶间的补缩通道越狭小，阻力的增加速度急剧增大，因此一般铸件冒口的补缩范围只能达到理论值的30%~60%。

（4）降低复杂铸件凝固时的热裂倾向。由于差压铸造的补缩能力极强，能将出现的缩孔及微裂纹即使用金属液充填，在一定程度上消除了热裂的隐患。在凝固过程中，若铸件的温度已达准固相温度，其固相骨架基本形成，热裂发生需要克服此时的外界气体压力，由于差压铸造外界压力是低压铸造的4~5倍，因此差压铸造对减少大型复杂件的热裂倾向是明显的。

（5）显著缩短凝固时间。凝固时间的缩短相应地也使凝固期内的变质衰退现象减小，使晶粒尺寸在一定程度上得到细化。

上述差压铸造的优点大幅度提高了铸造件的力学性能。据国外报道，差压铸造件的内部质量（即铸件密度）显著高于其他传统铸件。由低压铸造4~5级（按BNAM疏松等级）提高到1~2级。对$A_{\pi 9}$（相当于国内ZL101），在壁厚大于7mm时，在密度提高的同时还发现晶粒已经细化。铸件的密度ρ，对$A_{\pi 9}$平均可增大0.06g/cm^3，对$A_{\pi 19}$（相当于ZL201）增大0.07g/cm^3。

对未经热处理砂型差压铸造，$A_{\pi 9}$的σ_b增大12%（与低压铸造相比），$A_{\pi 9}$的σ_b增大10%；$\delta A_{\pi 9}$增大30%，$\delta A_{\pi 19}$增大43%。

在金属型差压铸造时，σ_b都增大12%，而伸长率分别增大220%和210%；$A_{\pi 9}$硬度增加10%，而$A_{\pi 19}$硬度增加12%。

对ZL102合金差压铸造法，可使σ_b=200MPa，比砂型铸造提高37%；δ=55%，比砂型铸造提高1倍以上。

对Al-7.0%Si-0.26%Mg（质量分数）合金，低压铸造时的抗拉强度为160~170MPa，伸长率为10%，HB为100~110。差压铸造时其增加的相对值分别为75%、122%、62%。

综上所述，差压铸造可以比低压铸造法在强度上提高10%~20%，在韧性上提高73%左右。差压铸造法可以比重力砂型铸造在强度上提高20%~30%，在韧性上提高100%左右。

4.5 挤压铸造

4.5.1 挤压铸造及其分类

挤压铸造，又称“液态模锻”，是对浇入挤压铸型型腔内的合金液体（或液-固态）

采用低的充型速度和最小的扰动，使金属液在高压下凝固，以获得高致密度铸件的铸造工艺。挤压铸造的充型压力远高于金属型铸造，金属液的冷却速度也由金属型铸造的每秒十几摄氏度增至挤压铸造的每秒几百摄氏度。因此挤压铸造具有与金属型铸造显著不同的显微组织，此外，挤压铸造合金与铸型间的热传导系数较大，能使金属液中气体的析出得到有效抑制，使铸件中的疏松和气孔缺陷减少，提高铸件的致密度。因此，挤压铸造件具有晶粒细小、组织致密、力学性能优异等优点。目前全世界约有 300 台挤压铸造机，主要用于生产汽车、自行车、空调、阀、泵等产品的零件。

挤压铸造工艺流程图如图 4-20 所示，其工艺原理是将一定量的液态或半固体金属浇入型腔中，利用压头或冲头的压力作用（一般为 50~100MPa），使液态金属充型、成形和凝固，并在这一过程中产生塑性形变，获得优质铸件。

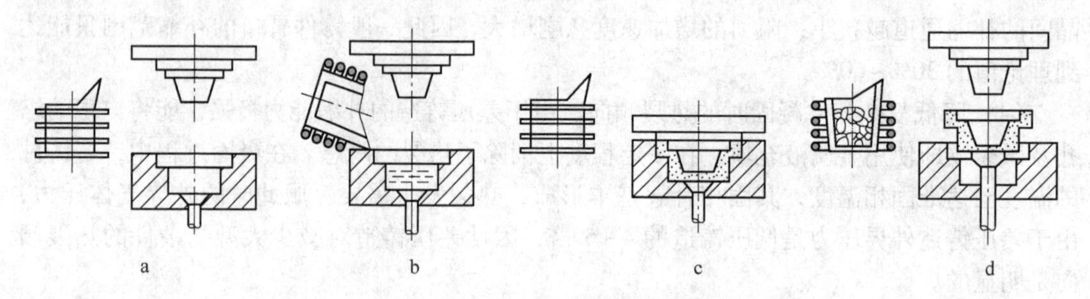

图 4-20　挤压铸造工艺流程图
a—熔化；b—充型；c—挤压；d—顶出铸件

挤压铸造具有如下的工艺特点：

（1）与压力铸造、低压铸造和差压铸造相似，金属液都是在压力下凝固结晶，因此气孔、缩孔和缩松等缺陷的含量较少，铸件致密性高，晶粒细小。不同于低压铸造和压力铸造，挤压铸造可进行热处理，因此其力学性能高于普通压铸件并与同种合金锻件的性能相近。

（2）铸件具有较高的尺寸精度、较低的表面粗糙度，一般而言，挤压铸造获得的铝合金铸件尺寸精度可达 CT5 级，表面粗糙度可达 $R_a = 3.2 \sim 6.3 \mu m$。

（3）挤压铸造可用来生产的材料范围较宽，既可用于生产普通铸造铝合金，还能生产高性能的变形铝合金或铝基复合材料。

（4）具有极高的材料利用率、显著的节能效果。

（5）便于实现机械化和自动化生产，具有较高的生产效率。

（6）不太适合生产复杂结构件或薄壁件。

挤压铸造分为直接挤压铸造和间接挤压铸造两种方式，其铸造方法示意图如图 4-21 和图 4-22 所示。直接挤压铸造法适于生产活塞、卡钳、主汽缸等形状简单的对称结构铸件，其主要的工艺特点是没有浇铸系统，充型压力直接施加在型腔内的金属熔体上，充型金属液凝固速度快，所获得的铸件组织致密、晶粒细小，但浇铸金属液需精确定量。间接挤压铸造法与直接挤压铸造法最大的区别是充型压力通过浇道传递给充型金属液，间接挤压铸造法是在铸件凝固过程中保持较高压力，不利于生产凝固区间大的合金铸件，铸件的组织致密度也较低，但它不需要配置精确的定量浇铸系统，生产柔性较好，因此目前其应用要比直接挤压铸造法广泛。

图 4-21 直接挤压铸造法示意图
a—实心铸件；b—通心铸件

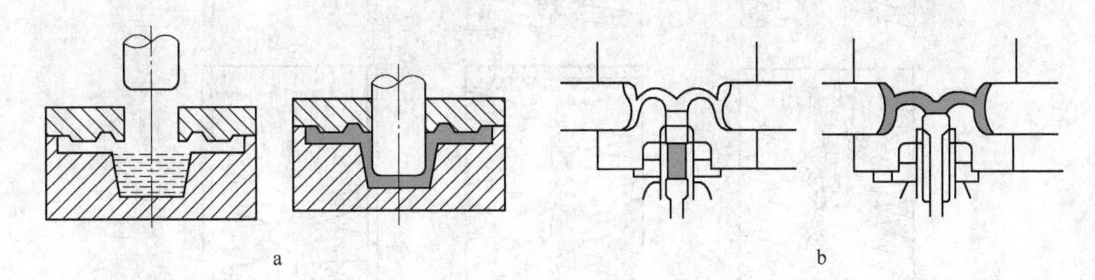

图 4-22 间接挤压铸造法示意图
a—冲头挤压；b—压射挤压

在挤压铸造中，压力是最为重要的工艺参数之一。过低的压力会使铸件的内部质量变差；过高的压力则降低模具的使用寿命。金属液开始充型到开始加压的时间间隔应尽可能地短，一般在 15s 之内。压力需保持到铸件本体完全凝固时为止，对壁厚≤50mm 的铝合金铸件，保压时间需 0.5s/mm；对 50<壁厚≤100mm 的铝合金铸件，保压时间需 1.0~1.5s/mm。铝液在浇铸时应尽可能保持层流，尽量避免因为涡流的产生而卷入气体，否则铸件会在后续热处理时起泡。充型速度一般控制在 0.8m/s，过低则可能充不满型。对于厚壁铸件的挤压铸造，直接冲头挤压可慢些，如 0.1m/s，间接冲头挤压控制在 0.5~1m/s；对于薄壁或小型铸件的挤压铸造，直接冲头挤压可设置为 0.2~0.4m/s，间接冲头挤压控制在 0.8~2m/s。浇铸温度控制在合金液相线以上 50~100℃，铸型预热温度为 150~200℃，工作温度为 200~300℃。

4.5.2 挤压铸造合金的组织及性能

4.5.2.1 挤压铸造合金的组织

Al-Si 合金在压力下凝固结晶时，其共晶点会向富硅和高温方向移动，使固液相区扩大，再加上型腔的加速冷却作用，挤压铸造的合金组织具有不同于普通铸造的特点，具体如下。

（1）亚共晶和共晶 Al-Si 系合金的 α-Al 的树枝晶比例增加，α-Al+Si 共晶组织的数量相应减少；过共晶 Al-Si 系合金的 α-Al+Si 共晶组织的数量增加，初晶硅的比例相应减少。

（2）细化 α-Al 的树枝晶或 α-Al+Si 共晶组织。

（3）硅在共晶体中的数量增加，其中硅质点会发生细化和局部球化，在过共晶铝硅合金中，初晶硅会细化并均匀分布。因此挤压铸造工艺可起到与钠、锶、磷等变质处理类似的效果。

然而，由于金属液是在压力作用下凝固，枝晶间的金属液会在压力下被强行挤出，并在最后凝固部位出现异常偏析。实验结果表明，通过改变加压方向和凝固方向之间的关系或将出现偏析的部分移至铸件以外的部分可消除异常偏析。图 4-23 是挤压铸造下偏析的形成机理及解决方法。

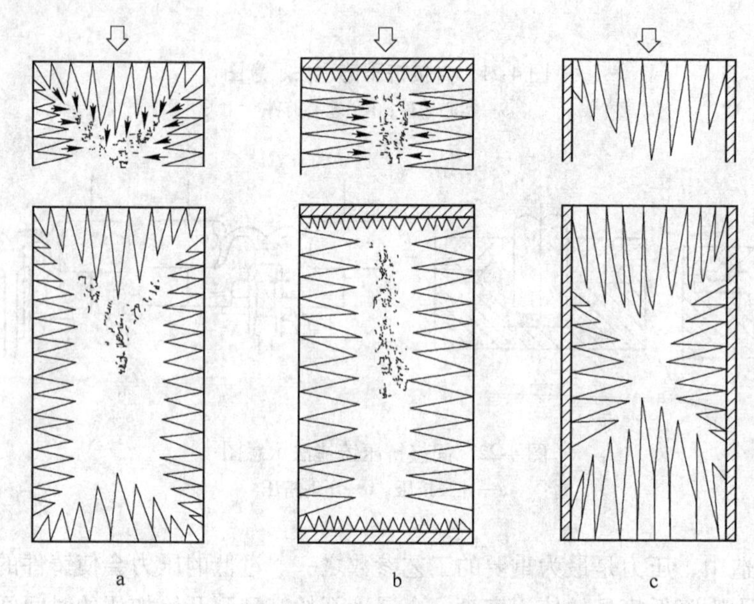

图 4-23　挤压铸造下偏析的形成机理及解决方法

a—无绝热，柱状晶间的溶质富集相被挤出，在铸件上部形成偏析；
b—铸件上部和底部绝热，偏析出现极端状况；
c—铸件侧面绝热，由侧壁生长的柱状晶少，无偏析形成

4.5.2.2　挤压铸造合金的性能

显微组织的改变会影响合金的力学性能，在挤压铸造后，合金的 α-Al 固溶体的数量增加且硅质点得到细化，使合金的塑性得到明显的提高。但 α-Al 固溶体数量的增加会降低合金的强度，因此，Al-Si 系合金的挤压铸件强度并没有出现明显的提高。表 4-14 是不同铝合金挤压铸造时的力学性能。

表 4-14　不同铝合金挤压铸造时的力学性能

合金牌号	热处理状态	挤压铸造		金属型铸造	
		抗拉强度/MPa	伸长率/%	抗拉强度/MPa	伸长率/%
ZL101	淬火及时效	252	15.0	≥210	≥2
ZL105	淬火及时效	358	11.3	335	6.4

续表 4-14

合金牌号	热处理状态	挤压铸造		金属型铸造	
		抗拉强度/MPa	伸长率/%	抗拉强度/MPa	伸长率/%
ZL110	人工时效	220	1.0	180	0.5
ZL108	淬火及时效	230~290	0.7~2.4	190~250	1.0~1.4
ZL201	淬火及时效	458	16.7	336	2.6

4.5.3 挤压铸造缺陷与对策

挤压铸造的实际生产中，铸件中往往由于各种原因出现缩孔、缩松、夹杂、冷隔、热处理气泡等缺陷，只有了解常见挤压铸造缺陷的形成机制，才能制定出相应的解决措施。

4.5.3.1 缩孔、缩松

在挤压铸造时，由于压力传递不足或压力不足等原因易导致缩孔和缩松等缺陷。

直接挤压铸造中无冒口补缩系统，只能靠压力 p 对正在凝固的铸件进行压缩，若压力不足，则尚未凝固的金属液很难对铸件的热节处进行补缩，导致形成缩孔或缩松缺陷（如图 4-24 所示）。因此，在直接挤压铸造时，只有当挤压压力大于某一临界挤压压力时，缩孔或缩松缺陷才能消除，这个临界挤压压力取决于铸件的结构、合金的成分和挤压位置等，一般应大于 60MPa。

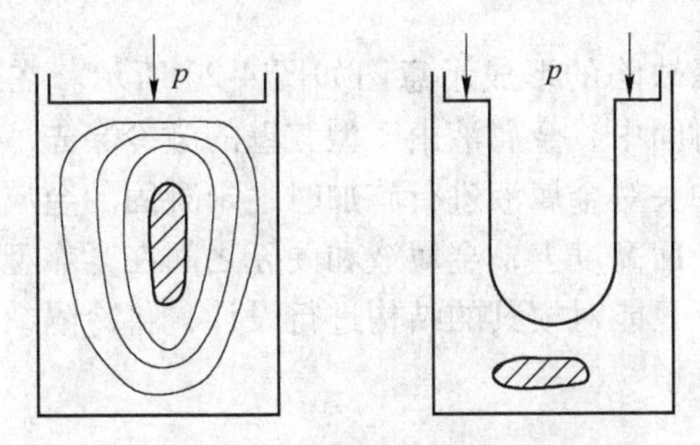

图 4-24 直接挤压铸造时由于压力不足导致的缩孔、缩松缺陷

对于间接挤压铸造（如图 4-25 所示），在较薄的内浇口处先形成一个凝固壳，会使金属液的补缩通道进一步缩小，从而导致铸件所受的压力小于挤压压头对金属液的压力，即存在压力传递损失，因此在铸件的厚大处易出现缩孔、缩松缺陷。一旦出现这类缺陷，需要将铸造工艺更改为符合“顺序凝固”原则的方案，或者对局部部位施加额外的压力。

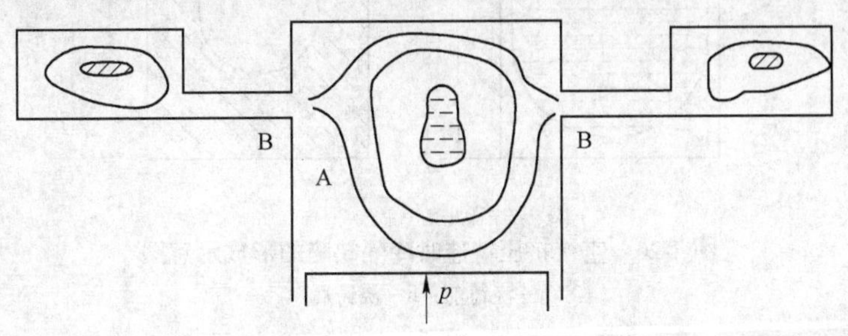

图 4-25 间接挤压铸造时由于压力传递不足导致的缩孔、缩松缺陷

4.5.3.2　夹杂

在挤压铸造时，夹杂缺陷是其较为突出的一个问题。对于直接挤压铸造而言，由于其没有浇冒口和排渣系统，所以夹杂会和所浇铸的金属液一起成为铸件。为了解决这一缺陷，需要纯净度非常高的金属液，并在熔炼时进行严格的精炼和扒渣处理。在金属液浇铸之前，对型腔进行严格清理，并烘干涂料；在浇铸时，尽量避免带入夹杂。

对于间接挤压铸造，金属液在浇铸时首先与带有涂料的料缸壁接触并在其激冷作用下凝固。若内浇口的直径比料缸的直径小，则这部分凝固的外壳会被冲头挤碎并随金属液一起进入型腔中；若内浇口的直径与料缸的直径相等，则可能还会在铸件底部形成冷夹层。为了解决这一缺陷，通常可在料缸的上部放置一个直径大于料缸和内浇口的集渣腔，当金属液在挤压冲头作用下充型时，破碎的凝固壳会留在集渣腔中。此外，间接挤压铸造模具中还需设置溢流槽（或集渣包），浇铸后充型前及时扒渣也能有效减少夹杂的形成。

4.5.3.3　冷隔

直接挤压铸造和间接挤压铸造的冷隔形成机理不一样，其中在间接挤压铸造中的形成机理类似于压铸，其一般在远离浇道的薄壁端头或液流汇合处形成，解决对策也可借鉴压铸，比如设置溢流槽、排气槽、提高浇铸温度等。而直接挤压铸造的冷隔缺陷则与挤压铸造的成形过程息息相关。

直接挤压铸造时冷隔缺陷的形成示意图如图 4-26 所示。在金属液浇铸入型腔至冲头下移挤压之间的这段时间中，金属液由于型腔壁的激冷会先形成凝固硬壳，并在其表面产生氧化膜，当挤压冲头对金属液进行施加时，未凝固的金属液在型腔中流动而凝固硬壳不动，这样在浇铸液面高度上，金属液和硬壳之间在紧靠型腔壁的周边形成冷隔缺陷。这种缺陷无法避免，只能对模具的结构进行设计，将冷隔缺陷转移至铸件的非重要部位。

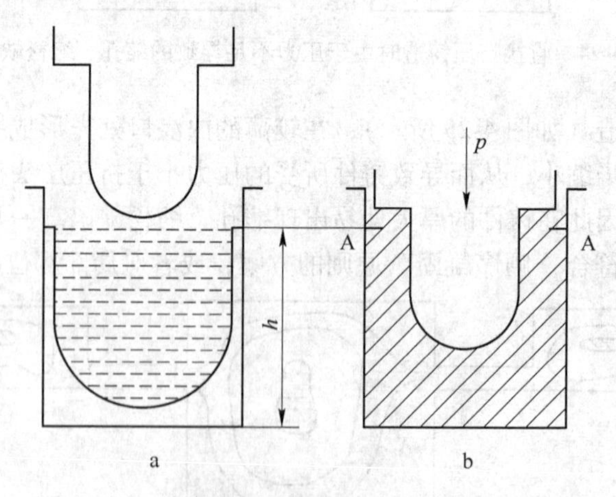

图 4-26　直接挤压铸造时冷隔缺陷的形成示意图

a—浇铸前；b—浇铸后

4.6 熔模铸造

4.6.1 模料性能及种类

4.6.1.1 模料性能

熔模铸造中所使用的模料应满足以下要求：

(1) 熔点。在熔模铸造时，为了便于进行配制模料、制模及脱蜡工艺，需要选择合适的模料熔点，一般为60~90℃。

(2) 软化点。软化点是模料开始发生软化变形的温度，模料的软化点是标准悬臂试样加热保温2h后挠度变形值为2mm时的温度，模料的软化点一般不宜低于40℃。

(3) 流动性。良好的流动性有助于模料及时充满压型型腔，得到具有尺寸精确、棱角清晰、表面平滑光洁等特点的熔模；此外，脱蜡时流动性较好的模料也可及时从型壳中流出。

(4) 收缩率。模料应具有收缩率小（一般小于1%)、线膨胀系数小的特点，可保证熔模达到应有的尺寸精度并防止脱蜡时的型壳胀裂。

(5) 强度和表面硬度。为了防止熔模在制模、制壳、运输等生产过程中发生破损、断裂或表面擦伤，常温下的模料应有足够的强度和表面硬度。一般来说，用于大型铸件的模料的抗拉强度应不低于2.5MPa，用于小型铸件时应大于1.4MPa。

(6) 涂挂性。模料与耐火涂料之间应具有良好的润湿性，耐火涂料能均匀地覆盖在模料的表面。

(7) 灰分。灰分是模料灼烧后的残留物。为了避免影响铸件的质量，型腔中的模料灰分应尽可能小（即其灼烧后的残留物尽可能少)。

(8) 焊接性。大多采用焊接法对熔模进行组合，因此为了避免模组在运输和制壳过程中从焊接处发生断裂，应保证模料具有良好的焊接性能和焊接强度。

除上述要求外，模料还需要具有良好的复用性、稳定的化学性质、便利的回收性、不易变质老化、物料来源丰富、生产和采购成本低廉等特点。

4.6.1.2 模料种类

通常按组成模料的基体材料和性能的不同对熔模铸造用的模料进行分类，主要可分为蜡基模料、松香基模料、填料模料及水溶性模料等几种。

A 蜡基模料

a 石蜡-硬脂酸模料

目前，石蜡-硬脂酸模料常用于我国熔模铸造的生产。由于硬脂酸分子是极性分子，因此在石蜡中加入对涂料的湿润性较好的硬脂酸，有利于模料涂挂性的改善，并提高模料的热稳定性。白石蜡和一级硬脂酸的配比一般为1：1，在液态时两者具有良好的互溶性。石蜡-硬脂酸模料具有低熔点，方便制备，容易制模、脱蜡，较高的模料回收率和较好的复用性等优点。针对实际生产对模料性能的要求，可调整石蜡与硬脂酸的配比。石蜡含量的适当增加有助于提高模料的强度，但过高的石蜡含量（>80%）会使模料表面出现起泡现象，降低熔模的表面质量、模料的涂挂性和流动性；硬脂酸含量的适当增加有助于提高模料的涂挂性、流动性和热稳定性，但过高的硬脂酸含量（>80%）会显著降低模料的强度和韧性。

模料中的部分硬脂酸会因为皂化反应而被消耗，因此为了稳定模料的性能需要在模料回用时补加新的硬脂酸。

一般而言，不宜选用熔点低于58℃的石蜡，而应选用熔点不低于58℃精白蜡（或白石蜡）与一级硬脂酸配合使用进行模料的配制。表4-15为石蜡-硬脂酸模料的性能。

表4-15 石蜡-硬脂酸模料性能（配比 1∶1）

项 目	性能指标	备 注	项 目	性能指标	备 注
熔点/℃	50~51		抗弯强度/MPa	1.90	
软化点/℃	31	热稳定性	流动性/mm	110.2	
针入度/mm	$22\times\frac{1}{10}$	表面硬度	焊接性/MPa	0.65	
收缩率/%	2.05	自由收缩	灰分/%	0.09	

模料的配比和石蜡的熔点都会影响石蜡-硬脂酸模料的性能。石蜡熔点的适当提高会显著提高模料的强度和热稳定性，减小其收缩率，改善模料的性能。

b 石蜡-低分子聚乙烯模料

95%石蜡（62℃）加5%低分子聚乙烯可配制成石蜡-低分子聚乙烯模料。这种模料熔点为65~70℃，软化点约为34℃。与石蜡互溶性很好的低分子聚乙烯，相对分子质量约为3000~5000。采用低分子聚乙烯代替硬脂酸，可获得强度高、韧性好、熔模表面光滑、收缩率低、化学性能稳定、模料回收方便、使用时不会皂化的蜡基模料；然而，这种模料在制模时由于具有较大的黏度，因此需要将糊状模料的温度和注蜡压力适当提高。表4-16为石蜡-低分子聚乙烯模料的性能。

表4-16 石蜡-低分子聚乙烯模料性能

项 目	性能指标	备 注	项 目	性能指标	备 注
熔点/℃	65~70		抗弯强度/MPa	3.30	
软化点/℃	34	热稳定性	流动性/mm	90	
针入度/mm	$1.04\times\frac{1}{10}$	自由收缩	焊接性/MPa	1.24	
收缩率/%	18	表面硬度	灰分/%	0.045	

c 石蜡-蜂蜡-EVA模料

乙烯-醋酸乙烯酯共聚物简称EVA。EVA具有结晶度小、与石蜡的互熔性好、在烷烃中溶解度大等特点，因此采用EVA作为模料强化剂可进一步改善蜡基模料的性能。

石蜡-蜂蜡-EVA模料主要有两种配比：

（1）60℃石蜡50%~60%，67℃蜂蜡15%~20%，75℃地蜡10%，EVA 10%~15%。

（2）70℃石蜡50%，蜂蜡23%，地蜡10%，424树脂10%，EVA 7%。

石蜡-蜂蜡-EVA模料的配制简单，使用方便，复用性好。此类模料相较于石蜡-硬脂酸模料，具有强度和弹性较高、热稳定性和表面质量较好的优点，适用于形状较复杂的小型熔模生产。

当EVA作为模料强化剂应用于熔模铸造时，其产品规格为28/250，即醋酸乙烯含量为28%，熔融指数为250。

d 石蜡-硬脂酸-乙基纤维素模料

在这种模料中，乙基纤维素可溶于硬脂酸，但不溶于石蜡，因此，石蜡与乙基纤维素可借助硬脂酸互溶在一起。模料的配比为：石蜡50%，硬脂酸45%，乙基纤维素5%。模料的强度和热稳定性在加入5%乙基纤维素后有所提高，可用于制造大型薄壁的熔模，但收缩率增加较多，易出现“缩陷”，故不宜用于生产厚大的熔模件。

B 松香基模料

a 松香-石蜡基模料

最具代表性的松香-石蜡基模料的配比为：松香40%，石蜡40%，地蜡20%。这种模料具有高韧性、高强度和软化点（34℃）、较好的涂挂性且回收简便等优点，但是松香的熔点约90℃，因此导致模料熔化及配制模料的温度较高。此外，模料的流动性较差，凝固区间较小，故要严格控制注蜡温度，并且需要相对提高注蜡压力和延长保压时间。

b 松香-地蜡基、松香-川蜡基模料

最常用与最有代表性的松香-地蜡基模料和松香-川蜡基模料配比有以下几种：

（1）松香81%，地蜡14.3%，聚乙烯3.1%，210号树脂1.6%。

（2）松香60%，川蜡30%，地蜡5%，聚乙烯5%。

（3）松香75%，川蜡15%，地蜡5%，聚乙烯5%。

（4）松香30%，川蜡35%，424树脂27%，地蜡5%，聚乙烯3%。

表4-17、表4-18是常见松香基模料的配比组成及其性能，这类模料的熔点在86~95℃之间。特别地，表中（1）号松香-地蜡基模料具有较低的线收缩率和热稳定性（软化点约35℃），且松香含量相对较高，因此模料的制备及注蜡温度也较高。

表4-17 松香基模料的组成 （%）

编号	松香	聚合松香（140号）	424号树脂	川蜡	地蜡	石蜡	褐煤蜡	聚乙烯	EVA	210号树脂
(1)	81				14.3			3.1		1.6
(2)	75			15	5			5		
(3)	60			30	5			5		
(4)	30		27	35	5			3		
(5)		17	40			30	10		3	
(6)		30	25	5	5	30			5	
(7)		52			10	34			3	
(8)	40				20	40				

松香-川蜡基模料的线收缩率在0.78%~1.0%之间，见表4-18。

表 4-18　松香基模料的性能

编　号	熔点/℃	热稳定性/℃	抗弯强度/MPa	线收缩率/%
(1)	95	35	3.6	0.58
(2)	94	40	10	0.95
(3)	90	40	6	0.88
(4)		40	6.1	0.78
(5)	74~78	>40	5.4	0.76
(6)	80		6.4	0.55
(7)	78		5.3	0.70
(8)	58	34	2.0	0.8

为了适应熔模较高的尺寸精度和表面质量的制备要求，进一步提高松香基模料的性能，可采用 EVA 代替聚乙烯、石蜡和褐煤蜡代替川蜡，以软化点高的改性松香代替松香来配制模料。改性松香由于我国的资源限制而主要以聚合松香和 424 号树脂为主，最具有代表性的改性松香基模料的成分为：（140 号）聚合松香 17%，424 号树脂 40%，石蜡 30%，褐煤蜡 10%，EVA 3%（见表 4-17 中（5）号模料）。

这种模料的收缩率较小、热稳定性较高、韧性和弹性相对较好，所制备的熔模表面质量较高。此模料优异的性能可用于液态压铸，适用于生产精度和表面质量要求高的熔模铸件，如航空、航天领域中要求较高的熔模铸件。

C　填料模料

填料模料是在蜡基或松香基模料中加入充填材料形成的模料，也叫做充填模料。充填材料可以为固体、液体或气体。在模料中加入填料，可以使收缩减小，抑制熔模产生表面变形和表面凹陷，使熔模表面质量和尺寸精度提高。

以固体粉末作填料的固体填料模料在实际生产中应用最为广泛。可用作固体粉末填料的主要有聚乙烯、聚乙烯醇、聚苯乙烯、聚氯乙烯、多聚乙烯乙二醇、合成树脂、尿素粉、橡胶、炭黑等。

填料需要具有较高的熔点，防止模料在工作温度下发生熔化。此外，填料与液态模料之间要有较好的亲和性和润湿性，但两者之间不能发生化学反应。填料的密度适中，粒度大小适宜，且在焙烧后残留灰分要少。

液体填料模料中的填料大多以水为主，可配制成水乳液填料模料。常用水乳液填料模料的成分比例如下：30% 褐煤蜡，26% 褐煤蜡树脂，20% 石蜡和 24% 水。其配制工艺为：首先加热熔化固体模料并加入少量液体乳化剂，搅拌均匀；然后加入温度约 90℃ 的热水进行高速搅拌，获得蜡-水乳化液，这种乳化液即可作为液体填料模料。实际上，这种模料就是一种带乳化剂的蜡包水型的分散体系。用压力较高的注蜡机将此乳化液填料模料制成的熔模具有表面光滑、无凹陷、表面粗糙度小等优点，可用于尺寸精度要求高的铸件的熔模铸造。但是，这种模料的回收处理比较复杂，回收后再生的模料性能也低于其原性能，因此实际生产中的应用相对较少。

通常以空气或二氧化碳气体作为气体填料模料的填料。将 5%~12% 的气体通入一般蜡料中，搅拌成气糊状模料。采用这种模料制备的熔模在压力去除后会略有膨胀，可抵消模料的部分收缩，降低熔模的收缩率。但是，实际生产中很少使用此类填料模料。

4.6.2 制模工艺及性能

4.6.2.1 模料熔化

由于碳氢化合物是常用模料原材料的主要组成部分，因此这些材料在加热时若温度过高会产生不同程度的氧化、热分解或热裂解，从而恶化模料的性能。模料中的石蜡虽然化学性质稳定，但当加热温度超过140℃时也会出现较为明显的氧化。在采用直接加热熔化模料时，由于模料的熔点低、导热性较差，并且极易在靠近热源的部分出现局部过热，因此需要选用合适的熔化装置，以严格控制不同类型模料的加热最高升温点以及尽量缩短在高温区的停留时间。通常采用水套间接加热（如图4-27所示）来避免蜡基模料在熔化时因为温度过热而被氧化。为了防止蜡料中的硬脂酸和石蜡部分被“树脂化”（使含碳量高的物质增加），熔化温度一般控制在不超过90℃，否则会导致模料颜色逐渐变深，并降低塑性，增大收缩率，增大模料的脆性，因此，通常采用间接加热法熔化模料来制备蜡基模料。

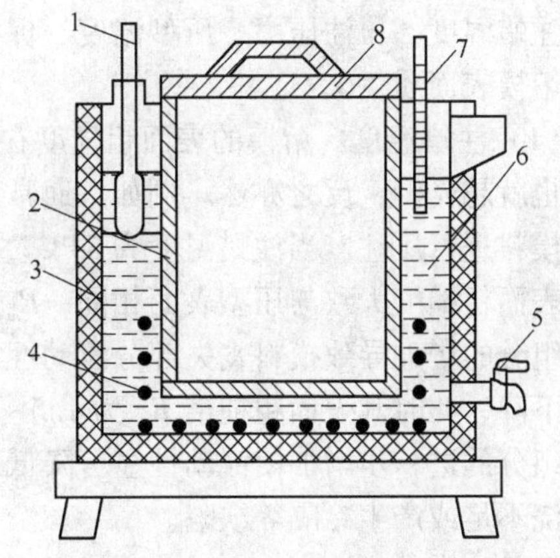

图4-27 水套（或油套）电热式模料熔化装置
1—水位指示浮标；2—内桶；3—外壳；
4—内加热器；5—放水阀；6—水（或导热油）；
7—温度计；8—盖子

模料熔化时加料先后顺序的合理确定需要考虑各组元的相溶性。一般原则是：加料时需要考虑各组元之间的相互固溶度，假设模料由石蜡、松香、硬脂酸等组成，由于硬脂酸在松香中的溶解度大于石蜡，因此正确的加料顺序是先将硬脂酸和松香熔化混合后再加入石蜡，整个熔化过程需不断搅拌以保证各组元的均匀混合。

此外，最好用由耐酸搪瓷、陶瓷或不锈钢等材料制成储蜡坩埚，尤其是不能使用铁器对石蜡-硬脂酸模料进行熔化，否则易形成皂化物硬脂酸铁使模料的颜色和性能改变。

4.6.2.2 模料制备

相对于液态模料，糊状模料具有收缩小、凝固快、生产率高等优点，因此实际生产中较多采用糊状模料压注熔模。虽然糊状模料的流动性相对较差，但在压力作用下也能较好地充满型腔。

糊状模料的制备方法主要有两种：(1) 直接对液态模料进行搅拌制备；(2) 将适量固态模料（蜡屑或块料）加入液态模料中进行快速搅拌。此外，也可直接对固态模料进行搅拌制备，但这种方法对设备的要求较高，国内较少应用。

通过慢速搅拌可使液态模料的成分和温度均匀。液态压注模料的注蜡温度常控制在熔点以下，因此模料并非全是液态，而是一种液、固两相共存并仍具有流动性的浆状模料。这种浆状模料制备出的熔模表面质量优异，表面粗糙度小。

4.6.2.3　制模工艺及质量控制

在一定压力下将已配制好的糊状模料或液态模料注入压型中，凝固冷却后即可成为熔模。熔模的质量取决于模料的性能、制模工艺及设备等因素。熔模的表面质量主要包括表面粗糙度、尺寸精度及表面缺陷等。

注蜡温度、压注压力、压型温度、保压和开型时间、分型剂选用等制模工艺参数均会影响熔模表面质量。

（1）注蜡温度。熔模的表面粗糙度在一定的温度范围内随着注蜡温度的升高而减小，表面也就越光滑，反之亦然。例如，通常采用糊状模料对62℃精白蜡与一级硬脂酸配制的蜡基模料进行压注。当注蜡温度为54℃左右时，浆状的模料可以获得表面光滑的熔模，此时其表面粗糙度大致与压型表面相同，R_a 可达 1.25~0.30μm；当注蜡温度为 48~52℃时，固态组分的增加导致模料丧失部分流动性，模料呈现为糊膏状，注蜡后所得熔模的表面光滑度下降，此时其表面粗糙度 R_a 为 1.5~2.5μm；当注蜡温度进一步下降至 48℃以下时，固态组分的进一步增加使流动性显著降低，注蜡后所得熔模的表面粗糙度 R_a>4μm，甚至出现浇不足或产生冷隔等缺陷。

但是熔模的收缩率也会随着注蜡温度的提高而增大。尤其是线收缩率在模料冷却过程中从液相到固相的过渡阶段随注蜡温度变化而变化的幅度更大。模料类型的不同也会造成其收缩率产生不同的变化。例如石蜡-硬脂酸模料在液态注蜡时的液态自由浇铸收缩率可达 2%以上，液态收缩率大，虽可获得表面光滑、表面粗糙度小的熔模，但此类模料显然不适用于液态压注，而宜采用注蜡温度较低、收缩率较小的糊状模料制模。在实际生产中，如果需要获得表面粗糙度小的熔模，可选用收缩率小的液态模料进行制模。

在保证液态模料或糊状模料制模时具有良好充型性的前提下，尽可能降低注蜡温度，防止模料出现较大的收缩，使熔模的尺寸精度提高。

（2）压注压力。在压力下将糊状模料或液态模料注入压型时，模料性能、注蜡温度和熔模结构等因素决定了所需的压注压力大小。较高的压注压力适用于流动性差的较大黏度模料的制备；反之，较低的压注压力适用于流动性好的较小黏度模料的制备。例如，由于石蜡基模料的黏度和熔点均较低，因此常用的压注压力仅为 0.2~0.6MPa。

一般认为，压注压力越大，模料的线收缩率越小。因而模料压注压力的适当提高有利于降低其收缩率，使熔模的尺寸精度提高。但是，并不是说压注压力可无限提高，若压力过大，则需要具有非常高强度的压型结构，并且在注蜡时也易造成模料飞溅。此外，若熔模中带有水溶型芯或陶瓷芯，则过大的压注压力可能导致型芯断裂或变形。

（3）压型温度。压型的工作温度对熔模质量的影响主要体现在熔模在压型中冷却、凝固成型的过程中。常用的压型温度一般为25℃左右。过高的压型温度会减缓熔模的冷却速度，增加其收缩率，导致变形、缩陷等缺陷的出现，降低生产率。过低的压型工作温度会加速熔模的冷却，使熔模的表面质量下降，导致冷隔、浇不足等缺陷的出现，并易在局部出现裂纹。压型工作温度最好控制在 20~30℃范围内。

（4）保压和开型时间。当模料充满压型的型腔后，熔模的线收缩率随着保压时间的延长而下降。注蜡温度、熔模壁厚及冷却条件等因素决定了熔模在型内停留冷却时间的长短。一般实际生产中的中小件熔模在压型中的停留时间约为 1~5min。过短的开型时间会造成熔模表面出现“鼓泡”。对压型进行强制冷却（水冷或冰冷），开型后取出熔模放入冷水中定型可缩短开型取模时间，使生产率提高。

此外，强制冷却压型还能防止或减轻熔模厚壁部位出现缩陷。在厚壁部位预先放置冷蜡块，通过减少压型收缩的方法也能防止熔模厚壁出现的缩陷。

（5）分型剂（脱模剂）选用。为了防止模料在制模过程中黏附压型型腔，方便起模，并使熔模的表面质量提高，需要于注蜡前在压型的型腔表面薄而均匀地涂擦或喷涂一层分型剂（或称脱模剂）。若分型剂（或称脱模剂）涂擦或喷涂得过厚或不均匀，反而会降低熔模的表面质量。硅油、蓖麻油酒精混合液（1∶1）等均可用作分型剂。白油、缝纫机油或变压器油等可在石蜡基模料中用作分型剂。

（6）熔模存放。多数熔模在取出后需放置 8h 以上才能使尺寸稳定下来，否则会由于收缩而影响其尺寸精度。因此需要控制制模及存放室的温度以防止熔模出现变形。熔模在取出后应平整存放，对于尺寸精度要求高的熔模，为了稳定熔模的质量需要放置在专用托架或靠模上，这些专用托架或靠模的材质主要是石膏、环氧树脂或易熔合金。

4.6.3 制壳耐火材料

4.6.3.1 石英

二氧化硅（SiO_2）在自然界中的存在形态即为石英。根据加工方法的不同，可将铸造用的石英砂（粉）分为天然的和加工粉碎的两种。在熔模铸造常用的石英砂（粉）是经加工粉碎的，其资源丰富、价格低廉。

石英在自然界中主要以低温型的 β-石英状态存在。作为型壳中的耐火材料，β-石英会在加热至 573℃时转变为 α-石英。相变伴随着体积的骤然膨胀，最大膨胀率可达 1.4%，从而在很大程度上影响型壳的高温性能。而石英在 573℃以上发生的相变进程较慢，所需的时间较长，在实际的铸造条件下发生的可能性较小，体积膨胀也不明显，对型壳状态的影响不大。

在所有的石英中，自然界少见的鳞石英在加热时体积变化最小。据报道，在 850～900℃将石英预焙烧 2～3h 即可获得鳞石英，型壳的尺寸稳定性较好。但实际上很难通过此焙烧工艺得到鳞石英，因此，目前在生产中已不采用。

高温下的石英呈酸性，其熔化温度为 1713℃，熔点会随着石英中杂质的增加而下降。表 4-19 是熔模铸造用的石英砂（粉）中 SiO_2 及有害杂质的含量要求。

表 4-19 石英材料的化学成分要求 （%）

成 分	SiO_2	CaO，MgO，Na_2O，K_2O	氧化铁	其他
含 量	≥96①	≤1.15②	≤0.75	≤0.75

① 用于表面层及酸性炉衬 SiO_2 含量应不小于 98%；

② 指总含量。

在碳钢、低合金钢、铸铁及铜合金等铸件的生产中，常用石英砂（粉）。由于高锰钢和高合金钢中的铬、镍、钛、锰、铝等合金元素易与酸性 SiO_2 在高温下发生化学作用使铸件表面出现麻点及粘砂缺陷，因此在其生产中不使用石英材料。SiO_2 和耐热合金中的活性元素（如 Ti）在真空条件下会发生如下的化学反应：

$$3SiO_2(s) + 2[Ti](l) \longrightarrow 2SiO(g) + 2[TiO_2](s) + Si(l)$$

从上述反应式中可以看出，反应生成的 SiO 会以蒸气的形式逸出，被还原的 Si 溶于液体金属中，导致反应自发进行，从而消耗很多的 Ti。因此，含 Ti 合金采用真空浇铸时不能采用石英砂（粉）作为制壳耐火材料。

在使用硅酸乙酯水解液作黏结剂时，若石英粉中不存在 K_2O 或 Na_2O 等强碱金属氧化物，则 CaO 或 MgO 等碱土金属氧化物的含量可达 0.8%，但不能超过这个值，否则会使硅酸乙酯水解液的稳定性下降，使涂料发生凝结反应。

石英型壳虽然具有较差的耐急冷急热性（即热震稳定性）和较铝硅系耐火材料型壳低的高温强度，但残留强度低、脱壳性好、原料丰富、价格低廉，因此至今在国内熔模铸造生产中仍作为主要的制壳材料使用。

石英粉尘对人体健康有害，应注意工作环境的除尘排气以防造成硅沉着病。

4.6.3.2　熔融石英（石英玻璃）

熔融石英或石英玻璃是纯净的石英熔体在过冷的条件下得到的一种非晶态二氧化硅，主要有透明和不透明的两种形态。最纯的石英晶体（即水晶）的外形呈六方柱锥体，其中 SiO_2 含量大于 99.95%。使用氢氧焰或电阻炉将水晶石熔融后急速冷却，即可得到透明的熔融石英。在熔模铸造中熔融石英由于昂贵的价格而只能用作陶瓷型芯的基体材料。在电弧炉或炭极电阻炉中将普通优质石英砂（SiO_2 含量大于 99%）熔融后急速冷却，即可得到不透明的熔融石英。相对于透明熔融石英，不透明的熔融石英纯度虽然较低，但原料来源广泛、成本低廉，并且透明度远高于普通石英，所以是一种良好的制壳耐火材料。

熔融石英的熔点与普通石英相似，均为 1713℃。熔融石英具有极低的线膨胀系数，其在 100~1200℃ 的温度范围内的线膨胀系数仅为 $(0.51 \sim 0.63) \times 10^{-6}/℃$。因此，熔融石英的热震稳定性（耐急冷急热性）非常好，温度从 1100℃ 急速下降至 20℃ 时都不会发生明显的损伤，加热至 1300℃ 还可在空气中急剧冷却。在焙烧和浇铸过程中，采用熔融石英制备的型壳和型芯不会因温度剧变而破裂。采用熔融石英制作制壳材料，由于其很小的线膨胀系数而可使铸件的尺寸精度提高。

透明熔融石英和不透明熔融石英的密度分别为 $2.21g/cm^3$ 和 $2.02 \sim 2.18g/cm^3$。熔融石英具有极高的抗压强度，较高的抗弯、抗拉强度，但其抗冲击强度相对较低。

熔融石英的力学性能会随着其中气泡、外来夹杂物、熔化不均匀以及内部应力等缺陷的存在而下降。

熔融石英是一种优良的耐酸材料，对酸性物质的化学稳定性较好。熔融石英在室温和高温下都不受除氢氟酸和热磷酸外的任何浓度有机酸和无机酸的浸蚀，其耐酸性超过一切耐酸金属与合金及一般有机耐酸材料。然而碱和碱性盐对熔融石英的浸蚀性较大，在强碱介质中不宜使用。熔融石英会被氢氧化钠或氢氧化钾等强碱热溶液溶解生成可溶性硅酸盐。

在 1100℃ 以上高温下长时间保温会使熔融石英逐渐转变为 α-方石英，出现结晶现象，即高温析晶（出现白点），导致石英的透明度下降；若温度降低，α-方石英会随之转变为 β-石英，体积发生 -3.7% 的变化，造成裂纹萌生和扩展剥落。石英中存在的杂质，其含量的增多也会使析晶形成的阈值下降，因此，提高熔融石英的纯度能提高其抗结晶性能。

4.6.3.3 电熔刚玉

电熔刚玉是将铝矾土和碳在2000～2400℃的电炉内反应，除去SiO_2、Fe_2O_3等杂质，熔融后获得的结晶α-Al_2O_3。纯α-Al_2O_3在其熔点（2050℃）以下均处于稳定状态。刚玉具有比石英更高的熔点、更大的密度、更致密的结构、更好的导热性、更小且均匀的热膨胀，其总膨胀量在室温加热至2000℃后仅为2%。在高温下，作为两性氧化物的刚玉常呈弱碱性，有时也呈中性，具有很强的酸和碱抵抗能力，即使受到氧化剂、还原剂或各种金属液的作用也不会发生变化。因此，采用电熔刚玉制得的型壳，具有比石英型壳更好的尺寸稳定性、热稳定性及高温下的化学稳定性。电熔刚玉不和铝、锰、铁、硅、锡、钴及镍等元素反应，因此可作为高合金钢、各种特殊耐热合金、铝合金和镁合金铸件的制壳耐火材料，也可用于陶瓷型芯的制作。目前没有普遍使用的原因是因为其原料来源较窄，价格约为石英砂的数十倍。

表4-20是熔模铸造所用电熔刚玉的技术规格。

表4-20 刚玉的化学成分要求 （%）

成 分	$Al_2O_3$①	氧化铁	SiO_4^{2-}	Na_2O	SiO_2	灼减
含 量	≥95	≤0.15	≤0.5	≤0.6	≤0.25	≤2.0

① 白色刚玉Al_2O_3含量不小于98%，棕色刚玉Al_2O_3含量不小于95%。

4.6.4 水玻璃黏结剂

4.6.4.1 对涂料性能的要求

由水玻璃黏结剂、表面活性剂、消泡剂和耐火粉料等混合而成的一种水基浆料称为水玻璃涂料，在国内熔模铸造车间中也常简称为涂料。

除了保证型壳工作特性和铸件质量外，涂料自身的工艺性能还应较好。这些工艺性能包括以下几点：（1）为了能均匀紧密地使涂料涂挂、覆盖在熔模表面，涂料的涂挂性和覆盖性应良好；（2）熔模表面的涂层厚度应合适，且涂料能在熔模表面均匀分布、不堆积、不流淌，需要涂料具有适当的黏度且流动性较好；（3）经充分搅拌后，涂料具有良好的分散性和均匀性，无沉淀，无结块，无气泡，性能稳定。

4.6.4.2 黏结剂水玻璃性能控制和调整

A 模数的控制

型壳质量还受水玻璃模数的影响，因此，为了保证型壳及铸件的质量，需要选择和控制模数。

水玻璃模数的选用范围通常控制在3～3.4之间。相对较高的模数意味着水玻璃中的胶体SiO_2相对含量大，能在型壳硬化时析出更多的硅凝胶数量，提高型壳的湿态强度和高温强度，降低制壳工艺过程和型壳工作过程中的破损率。然而，过高的模数会降低涂料的稳定性，使之易老化而不易存放，涂层表面在模组浸涂时也会易结皮而粘不上砂粒，较易产生型壳分层缺陷。在密度相同时，水玻璃的模数越高其黏度也越大，导致涂料的粉液较低，从而降低型壳的表面质量及型壳强度。

B　模数的调整

以加盐酸或氯化铵为例，简述提高水玻璃模数的工艺方法。

（1）对加水量及 NH_4Cl 量进行称量，先将部分水和 NH_4Cl 配成浓度小于 10% 的 NH_4Cl 水溶液，将剩下的水留下备用以稀释水玻璃；然后边搅拌边将 NH_4Cl 水溶液以细流状加入水玻璃中，加完后继续搅拌 20min 均匀分散析出物；然后加盖静置数小时，使析出物逐渐回溶，最终重新形成均匀透明的水玻璃溶液。

（2）若采用工业盐酸，首先对总加水量及盐酸量进行称量，先用部分水将盐酸稀释成浓度小于 8%的稀溶液，将剩下的水留下备用以稀释水玻璃；然后边搅拌边将稀盐酸溶液以细流状加入水玻璃中，充分搅拌和静置以使析出物全部回溶。采用盐酸处理具有比氯化铵更多的优点：较快的析出物回溶速度，无氨气逸出，水玻璃模数提高后的性能较稳定，工业盐酸的来源广泛、价格低廉。

水玻璃模数在采用加酸或酸性盐处理后提高，其稳定性降低，无法长时间存放。若水玻璃的模数过高，则将 NaOH 溶液直接加入水玻璃溶液中，搅拌均匀即可降低模数。

氯化铵的加入量计算公式如下：

$$D = 1.73A\left(b - \frac{1.032a}{M'}\right)\frac{1}{Q} \tag{4-19}$$

式中，D 为氯化铵加入量，g；A 为需处理的水玻璃量，g；b 为原水玻璃中 Na_2O 含量,%；a 为原水玻璃中 SiO_2 含量,%；M' 为处理后要求的模数；Q 为工业氯化铵中 NH_4Cl 含量,%；1.73 为中和 1g Na_2O 所需 NH_4Cl 数量。

工业盐酸的加入量计算公式如下：

$$V = 1.17A\left(b - \frac{1.032a}{M'}\right)\frac{1}{Q'd'} \tag{4-20}$$

式中，V 为盐酸加入量，mL；Q'为盐酸中 HCl 含量,%；d'为盐酸密度，g/cm^3；1.17 为中和 1g Na_2O 所需 HCl 数量。

通常情况下，工业盐酸的浓度为 29%～31%，相对密度 d'为 1.14～1.15。采用加入氢氧化钠降低水玻璃模数的处理，其加入量的计算公式如下：

$$G = 1.29\left(\frac{1.032a}{M'} - b\right)\frac{1}{Q''} \tag{4-21}$$

式中，G 为氢氧化钠加入量，g；Q''为工业氢氧化钠中 NaOH 含量,%；1.29 为系数（80/62）。

在采用加入氢氧化钠降低水玻璃模数的处理时，由于 NaOH 水溶液一般为 10%～30%，因此需要考虑水玻璃密度在处理过程中的变化。

除上述方法外，将高模数水玻璃与低模数水玻璃进行混合也可调整水玻璃模数，使之介于两者之间，以改善水玻璃的应用性，这种调整方法相对简单而又有效。

C　密度的控制

水玻璃的浓度也可用密度进行间接表示。涂料的性能、铸件的表面质量、型壳的强度、脱壳的清理性能均受水玻璃黏结剂密度的影响。因此，面层涂料和加固层涂料在熔模铸造制壳工艺中应控制选用不同的水玻璃密度，以适应不同的性能需求。

型壳强度的基础是加固层涂料，而型壳强度又受水玻璃密度的影响，因此最好从型壳的湿态强度和高温强度角度着重考虑和控制加固层涂料的水玻璃密度，同时型壳的残留强度需较低而便于进行脱壳清理。通常而言，加固层涂料的水玻璃密度为1.32~1.37。型壳强度随着水玻璃密度的提高而增大，但型壳的残留强度也随之增大，因此需要综合考虑。

D 表面活性剂的作用及应用

在熔模铸造中，表面活性剂能起到降低涂料表面张力的作用，提高涂料对熔模的润湿性，使涂挂性得以改善。此外，表面活性剂有助于硬化剂对涂层的渗透和硬化，从而使涂料的渗透性提高。表面活性剂能有效降低水溶液的表面张力，改变其蒸气压、渗透压和导电率等，具有较为广泛的应用范围。表面活性剂具有润湿性、分散性、渗透性、起泡性、去污性、乳化性、增溶性，对纤维的柔软性、杀菌性染料的固着性、抗静电性、防锈性等也有影响，这些均与表面活性剂分子的化学结构有关。

E 表面活性剂的选择应用

表面活性剂在熔模铸造中应具有以下特点：

(1) 易溶于水，能显著降低表面张力，具有良好的润湿性和渗透性。

(2) 在涂料中产生泡沫少且泡沫稳定性低，易于消泡。

(3) 不与涂料组分发生化学反应，不影响涂料稳定性。

(4) 对人体健康无害，价廉易得。

熔模铸造涂料的表面张力随着适量表面活性剂（润湿剂）的加入而下降，即溶液表面积的自动缩小趋势降低，有利于发泡。在涂料制备过程中，搅拌时卷入空气会形成气泡，在其形成的瞬间，表面活性剂的疏水基进入气泡内部，亲水基则在泡膜外部的液相中。气泡在形成后在浮力作用下向流体的表面运动，在运动过程中，大量气泡会逐渐形成一个集合体并合并成较大的气泡，气泡在液体表面向外部空气中逸出或半逸出时，会形成双分子膜。

消泡剂按其作用和效果的区别可分为：

(1) 以醇、醚系消泡剂为主的破泡剂，也称暂时性消泡剂。

(2) 以有机硅树脂（硅酮）系消泡剂为主的破泡抑泡剂，也叫持续性消泡剂。

正辛醇等醇系消泡剂在目前的熔模铸造生产中应用较多，其无抑泡作用，实际上仅是一种破泡剂，因此只具有短暂的消泡作用。选用具有持续性消泡作用的破泡抑泡剂有利于涂料质量的稳定。

有机硅树脂系消泡剂通常可在溶液（涂料）出现气泡后加入，加入量约占黏结剂量的0.03%~0.05%。

4.6.4.3 涂料的制备

表面层涂料和加固层涂料的配比及制备根据熔模铸造型壳在工作过程中对涂料性能的要求不同而有所差异，具体如下。

A 表面层涂料

a 组成

水玻璃+耐火粉料+表面活性剂+消泡剂（后加）。

b　基本要求

分项列出如下。

水玻璃：模数为 3~3.4，密度为 1.25~1.28。

耐火粉料：粒径不大于 270~320 目（干粉料）。

表面活性剂：JFC、OP、TX-10 等非离子型表面活性剂，常用加入量约占黏结剂量的 0.1%~0.3%（最多不宜超过 0.5%）。

消泡剂：醇类破泡剂或有机硅树脂系抑泡剂，常用加入量约占黏结剂量的 0.05%。

应根据铸件合金种类的不同选用配制面层涂料用的耐火粉料的种类。通常选用精制白石英粉、莫来石粉、铝矾土粉等作为碳钢、低合金钢、铸铁及铜合金等的面层粉料。采用白刚玉粉、锆英粉、熔融石英、棕刚玉粉等作为不锈钢、锰钢及高合金钢铸件的面层粉料。表面层涂料可起到保证型壳及铸件的表面质量的作用。

在配制表面层涂料时加入密度较低的水玻璃（d=1.25~1.28g/cm^3）可多加粉料。在一定范围内，型腔表面的致密度和光滑程度随着表面层涂料粉液比的提高（即粉料含量越高）而提高。

c　配涂料

一般先加入已称重的水玻璃及活性剂，边搅拌边加入粉料来配制涂料。为了避免过多的卷入气体，应平稳、匀称地进行搅拌，并且不宜采用过高的搅拌叶片转速。

黏结剂与粉料经充分搅拌 1h 后能充分混合润湿，然后加入可去除涂料表面气泡的适量消泡剂，此时涂料应无沉淀、无团块、无气泡，上下均匀、分散良好。对流杯黏度及涂片（涂层）自重等性能进行检测和调整，再静置 4h 以上以获得稳定性能的涂料，达到可使用的状态，这一过程称为涂料回性。涂料黏度在充分回性后会有所下降，使用前若重新均匀搅拌，则需要重新对涂料的性能指标进行测定调整，以便能正常使用。

在保证组分适宜的条件下，涂料的配制能保证其工艺性能良好。涂料性能及其均匀性也会受到混制过程及搅拌设备的影响。近年来，低速连续式搅拌机（或称 L 形搅拌机）在实际生产中较为常用，这种搅拌机中的 L 形条状叶片固定不动，搅拌混合涂料主要依靠的是涂料桶约 20~26r/min 的慢速转动，因此气体在这个过程中很难进入涂料。涂料在靠近底部的搅拌叶片作用下，基本无沉淀，粉料具有较好的分散均匀性；较低的料桶转速能实现整个涂挂操作过程的不停机连续转动搅拌，保证涂料的工艺性能及质量。采用连续式低速搅拌机有助于稳定涂料的性能，改善并提高型壳及铸件的质量。

B　加固层涂料

a　组成

水玻璃+耐火粉料（在需要时，也可加适量表面活性剂）。

b　基本要求

分项列出如下。

水玻璃：模数为 3~3.4，密度为 1.32~1.37g/cm^3。

耐火粉料：粒径不大于 200 目（干粉）。

为了保证型壳具有足够高的强度，对型壳进行加固加厚处理，此时即用到加固层涂料。在一定范围内，通常型壳的强度随着涂料中粉液比的增大（即耐火粉料的含量增大）而提高；型壳的强度也随着黏结剂密度的增大而提高。铝-硅系材料常可用于水玻璃加固层涂料的耐火粉料。常用的铝-硅系材料主要分为两类：一类如耐火黏土（要求 Al_2O_3 含量大于 25%），是以生料、轻烧熟料为主。采用生料配制的涂料，吸水易膨胀，黏度发生较大的变化，性能的稳定性较差。耐火黏土（生料）和石英粉混合配制的加固层涂料的粉液比一般不高。型壳若采用此种涂料制作，则其高温强度仅能满足最低的生产要求，并且具有较低的残留强度，便于脱壳清理。另一类是包括匣钵粉、上店土、煤矸石、焦宝石等，以莫来石、铝矾土等铝-硅系耐火熟料为主。采用熟料配制的涂料，粉液比较高，吸水后不易发生膨胀，性能的稳定性较好，具有较快的涂层渗透、硬化速度和较高的型壳高温强度，但其残留强度也较高，不利于脱壳清理。

将耐火黏土生料与耐火熟料混合后可配置成兼有生、熟料优点的加固层涂料。这种型壳既具有较高的高温强度，也有较低的残留强度，有利于脱壳清理，因此，采用生熟耐火材料混合配制制备的型壳综合性能较好，是一种较好的加固层涂料配料方法。

4.7 真空吸铸

真空吸铸是将型腔浸入合金液体中，在型腔内形成真空，使金属液克服重力作用由下而上地吸入并充填型腔，并在负压下凝固冷却成形铸件的方法。真空吸铸的原理示意图如图 4-28 所示，其中 3 可以是结晶器，也可以是熔模铸造的型壳、石膏型、树脂型或陶瓷型等铸型。

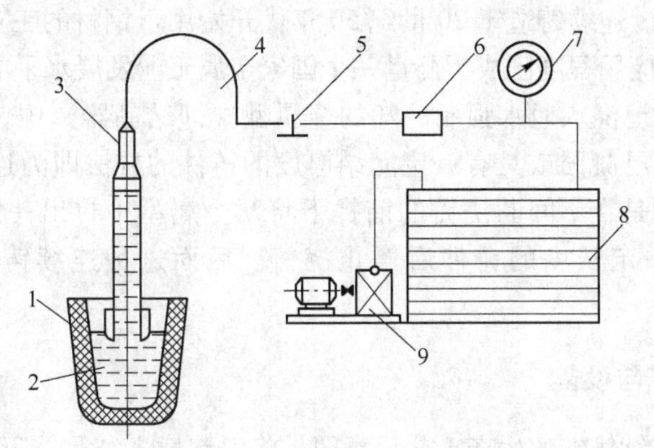

图 4-28 真空吸铸原理示意图

1—石墨坩埚；2—液态金属；3—结晶器；4—软管；5—三通阀；
6—真空调解器；7—真空表；8—真空罐；9—真空泵

真空熔模吸铸法（CLA 法）、真空熔化吸铸法（CLV 法）和真空砂型吸铸法（CLAV 法）的原理相同，均为反重力铸造。它们均能对合金液体的流动进行精确的控制，可用于生产形状复杂、薄壁、无气孔疏松、少缺陷、组织均匀致密的铸件，而且生产成本不高。

真空吸铸具有如下的优缺点：

（1）结晶器在液态金属的液面以下吸取金属，浮于液态金属表面的熔渣和氧化物等不会进入其中，因此基本不存在夹杂缺陷。

（2）型腔内部空气稀薄，类似于真空条件，因此金属液充填过程中不会造成气体的卷入，基本不存在气孔和二次氧化等。

（3）真空吸铸具有较大的凝固速度，铸件的晶粒细小，不易出现偏析。

（4）铸件具有较好的定向凝固条件，因此补缩效果优异，致密度高，力学性能好。

（5）金属液在充型时的气体阻力较小，流动性和充型性相应得到提高，因此可用来生产薄壁复杂的铝合金零部件。

（6）易于实现机械化和自动化的生产，具有极高的生产效率。

（7）由于中空铸件的内壁不平度大，很难控制其内孔尺寸，因此加工余量相应较大。

（8）真空吸铸在我国常用于铜套、铜轴瓦的铸坯、铸造铝合金锭坯以及轻合金铸件的生产。

铝合金重力铸造和真空吸铸的力学性能对比如表 4-21 所示。

表 4-21 铝合金重力铸造和真空吸铸的力学性能对比

浇铸方法	屈服强度/MPa	抗拉强度/MPa	伸长率/%
重力铸造	234.2	311.5	8.0
真空吸铸	253.9	344.5	14.0

4.8 连续铸造

在 19 世纪中后期，人们提出了一种可用于低熔点有色金属（如铜、铝等）的铸造成形技术，即连续铸造。连续铸造于 20 世纪 50 年代开始用于钢材的工业化生产。目前，连续铸造技术的开发和应用程度已成为衡量一个国家金属工业发展水平的标志之一。

将液体金属连续地浇入通水强制冷却的金属型（即结晶器）中，又不断地从金属型的另一端连续地拉出已凝固或具有一定完结厚度的铸件的方法即为连续铸造。连续铸造可以分为两种：一种是在不间断浇铸的前提下将从金属型中拉出一定长度的铸件切断；另一种则是在获得一定长度的铸件后停止浇铸。后面这种连续铸造法也称为半连续铸造。

4.8.1 连续铸造工艺与设备

图 4-29 是两种连续铸锭的生产工艺示意图。将引锭插入结晶器下端形成结晶器的底，当浇入的金属液达到一定高度后启动拉锭装置，使铸锭随着引锭的下降而下降，在结晶器上端不断地浇入金属液，即可将铸锭连续地从结晶器下端拉出。

作为连续铸造中的一个关键设备，需要详细介绍结晶器。在连续铸造铝合金时，滑动结晶器工作壁会因为热负荷升高和不稳定性产生磨损和扭曲；结晶器工作壁也会因为温度场的脉动特征在热循环负荷下产生疲劳现象。低熔点熔渣的使用可以平衡散热量，消除热循环负荷，并提高工作壁寿命，但工作壁的扭曲却避免不了，冷却系统的安全可靠运行也无法保证。

结晶器的使用寿命由扭曲所决定，结晶器壁在一开始铸造就可能出现挂锭现象，使正常的热传导状态被破坏，降低铸锭的质量。减少扭曲，既能使铸锭的质量得到显著提高，也能使加工工作壁的费用和重新安装结晶器所花费的时间大大降低，提高结晶器寿命和生产效率，具有重要的经济价值和实际意义。通过长时间的归纳总结，有以下几种方法提高结晶器寿命。

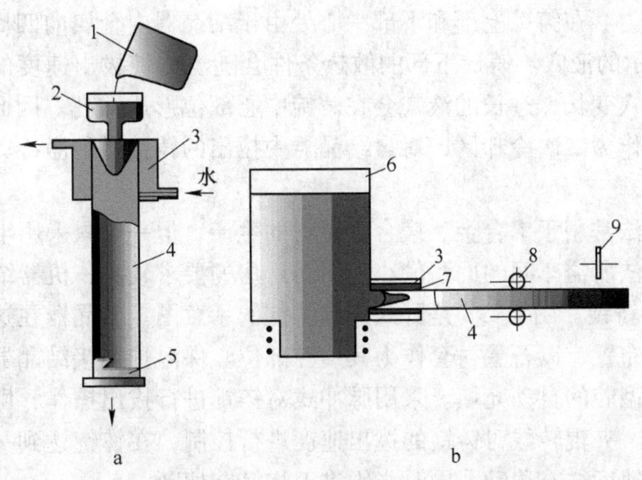

图 4-29 连续铸锭生产工艺示意图

a—立式连续铸锭；b—卧式连续铸锭

1—浇包；2—浇口杯或中间浇包；3—结晶器；4—铸坯；5—引锭；

6—保温炉；7—石墨工作套；8—引拔辊；9—切割机

(1) 水冷槽的宽度适当变窄，按比例降低滑动结晶器的高度，可以使结晶器工作壁的扭曲变形程度下降。

(2) 结晶器的使用寿命取决于其材料的综合物理参数。应在结晶器材料的弹性模量、工作壁的线膨胀系数、速度降低的同时提高 σ_r。

(3) 对结晶器的结构进行适当改进，如可应用开槽的滑动结晶器或组合式滑动结晶器替代原有结晶器。

以下参数会影响结晶器的水冷效果。

(1) 为了保证结晶器的迅速凝固并避免结晶器受热过度，结晶器内的冷却水须在水压的作用下保持较快的流速，因此水压一般控制在 150~250kPa。

(2) 将结晶器的进水和出水的温度差定义为冷却水温差，温差的大小显著影响拉管的速度和结晶器的寿命，因此温差一般控制在 6~20℃之间，对于小管而言，温差须取上限。

(3) 结晶器中进出水的管径及水隙等结构决定了水的流量和水压大小。过小的水量会使冷却强度下降。一般根据进出水的温差对水的流量进行适当调整，其流量在 0.1~2.12m^3/min 之间。

连续铸坯的生产方法可根据结晶器轴线在空间的布置特点分为立式连续铸锭和卧式连续铸锭两种，如图 4-29 所示。

(1) 立式连续铸锭。图 4-29a 是立式连续铸锭的示意图。常采用导热性较大的紫铜或钢合金制备结晶器，其轴线垂直而立。将冷却水通入结晶器内部，把引锭在浇铸开始前上提以封住结晶器的下口，然后在结晶器中逐渐浇入液态金属，待其上升至一定高度，结晶器下部的金属已凝固到一定的硬壳厚度时，下移引锭，将已凝固的铸件从结晶器中拉出。同时，保持一定的速度把液态金属继续浇入结晶器的上部，维持结晶器内金属自由表面的高度不变。在工作时结晶器常做一定频率和振幅的上下振动，同时沿结晶器内壁刷油，油燃烧后在结晶器内壁上形成的煤烟可起一定的润滑作用，这些措施可减少凝固铸锭自型中拔出时所遇到的阻力。在铸锭上部和下部中心处由于结晶器内金属向四周和向下的散热而形成如图 4-29a 所示的液穴。铸锭下部的散热条件会随着铸锭拔出速度的增大而变差，导致铸锭中形成的液穴变长，过长的液穴会在铸锭中心部位形成缩孔。因此，常在结晶器的下面安装喷水装置作为二次冷却区，对自结晶器中拉出的铸锭进行激冷，以缩短液穴并提高生产效率。

立式连续铸锭法常用于铝合金、镁合金锭材的生产，但一般只采用半连续铸造法。

立式连续铸锭法所需车间的面积较小，但对厂房的要求较高，机器结构也较复杂。

（2）卧式连续铸锭。图 4-29b 是卧式连续铸锭的示意图。结晶器在这种连续铸锭机上沿主轴线水平方向布置，以石墨衬套作为其型腔部位。保温炉连接结晶器的一端，可实现液态金属对结晶器型腔的自动充填。采用脉冲式对铸锭进行拔出操作，即周而复始地进行拔出—稍停—再拔。夹辊转数对铸锭的拨出速度进行控制，在铸锭达到一定长度时，飞锯架以与铸锭相同的速度往右移动，同时飞锯进刀将铸锭切断。

卧式连续铸锭法所需车间的面积较大，厂房高度较低，但机器设备的结构简单，易于维修，可显著降低基建投资。此外，由于液态金属是从保温炉直接进入结晶器中，因此其氧化、夹杂较少。

4.8.2　铝合金连续铸造

挤压型材是铝合金的主要应用形式之一。熔炼出成分符合要求的合金液并浇铸出成分与组织均匀、夹杂少的铸锭是挤压型材质量控制的首要环节。因此，需要控制好铝合金连续铸锭的质量。

通常采用组合铸锭半连续铸造的方式对铝合金进行连续铸造，即在铸锭达到十几米或几十米的长度时中断连铸过程，将铸锭取出，然后继续对新的铸锭进行连铸，多个铸锭可以在一次连铸过程中同时铸出。铝合金半连续铸造三种组合铸型的铸锭分布如图 4-30 所示。图 4-30a 所示的结构可一次铸出 7 个圆柱铸锭，而图 4-30b 所示的结构则可同时浇铸出 32 个圆柱铸锭，图 4-30c 所示的结构则可同时浇铸 4 个矩形铸锭。

与钢材的连铸相比，铝合金的连铸过程由于其化学活性、热物理参数、凝固特性及力学特性的不同而具有一定的特殊性。

4.8.2.1　铝合金连铸过程的导热特性

在连续铸造过程中，导热是三维的。但对于轴对称的圆柱铸锭，导热在圆柱坐标系中则是准二维的。一般忽略轴向的传热，应用一维的传热模型对导热进行近似分析以简化模型，如图 4-31 所示。凝固层内导热微分方程的计算公式为

$$a \times \frac{1}{r} \times \frac{\partial}{\partial r}\left(r \times \frac{\partial T}{\partial r}\right) = \frac{\partial T}{\partial \tau} \tag{4-22}$$

式中，a 为合金的热扩散率；r 为半径。

可以认为表面激冷的连续铸锭的表面温度恒定，从而得到式（4-22）的一个定解条件。

$$T|_{r=R} = T_0 \tag{4-23}$$

此外，导热速率与凝固潜热的释放速率在凝固界面处相等，则可得到式（4-22）的另

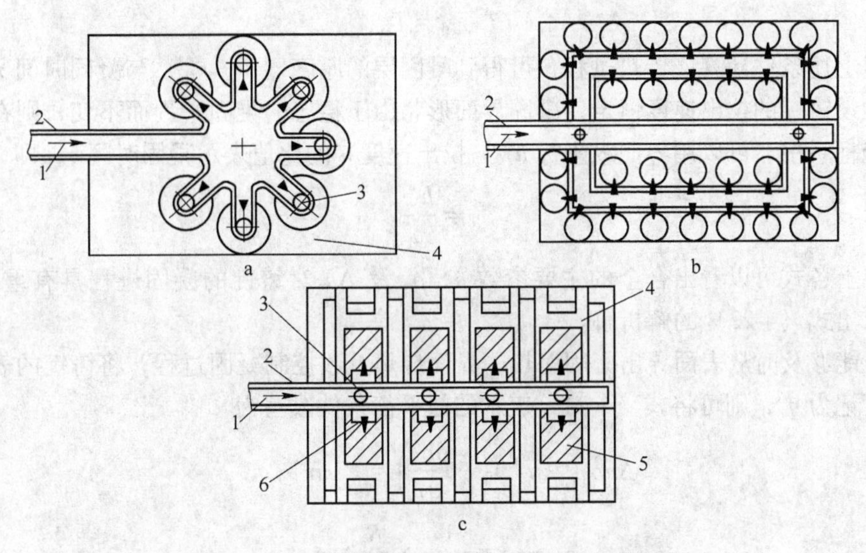

图 4-30 铝合金半连续铸造的三种组合铸型的铸锭分布

a—7 个圆柱铸锭排列方式；b—32 个圆柱铸锭排列方式；c—4 个矩形铸锭排列方式

1—合金液；2—浇铸槽；3—漏斗；4—铸型；5—铸锭；6—漂浮分流器

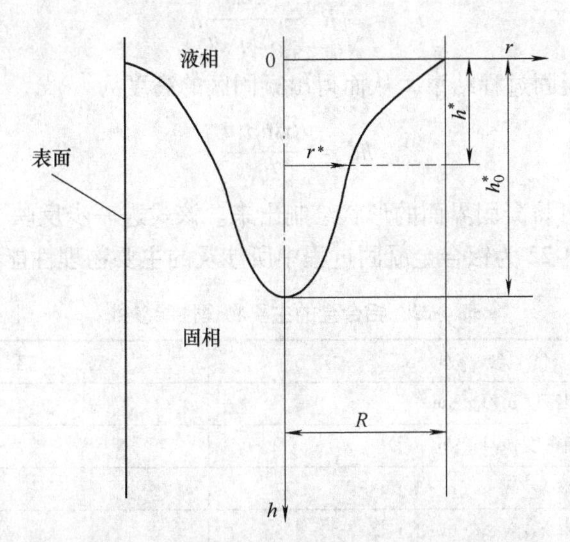

图 4-31 连续铸锭凝固过程的传热模型及主要参数

R—铸锭半径；r^*—固液界面的径向坐标；h^*—固液界面的轴向坐标；h_0^*—凝固区高度

一个定解条件。

$$\Delta h \rho_S (2\pi r^*)\left(-\frac{\mathrm{d}r^*}{\mathrm{d}\tau}\right) = (2\pi r^*)\left(-\lambda \frac{\mathrm{d}T}{\mathrm{d}r}\right)_{r=r^*} \tag{4-24}$$

即

$$\frac{\mathrm{d}r^*}{\mathrm{d}\tau} = \frac{1}{\Delta h \rho_S}\left(\lambda \frac{\mathrm{d}T}{\mathrm{d}r}\right)_{r=r^*} \tag{4-25}$$

式中，Δh 为凝固潜热；λ 为热导率；ρ_S 为固相密度；其他尺寸参数的定义如图 4-31 所示。

将初始条件引入：

$$T|_{r=0} = T_m \tag{4-26}$$

通过上述条件计算该传热过程，可得到凝固层的厚度（$R - r^*$）与凝固时间 τ 之间的关系。假设铸锭的拉出速度恒定，凝固界面形状由于稳态的凝固过程而不变，则在图 4-31 所示的坐标系中，可以用界面纵坐标 h^* 与拉出速度 u 的比值表示凝固时间 τ，即

$$\tau = \frac{h^*}{u} \tag{4-27}$$

由以上各式可以看出合金的主要参数 a、ρ_S 及 Δh 对铸锭的凝固进程具有重要影响，但很难求出式（4-22）的解析解。

假设能够及时从表面导出凝固潜热，界面传热系数控制凝固过程，将铸锭的表面导热热流密度记为 q_1，则可将式（4-24）表示的热平衡条件改写为

$$\Delta h\rho_S(2\pi r^*)\left(-\frac{dr^*}{d\tau}\right) = (2\pi r^*)q_1 \tag{4-28}$$

则

$$-\frac{dr^*}{d\tau} = \frac{1}{\Delta h\rho_S} \times \frac{R}{r} \times q_1 \tag{4-29}$$

将初始条件 $r^*_{\tau=0} = R$，代入式（4-29），可求出

$$r^* = \sqrt{R^2 - \frac{2Rq_1}{\Delta h\rho_S u}h^*} \tag{4-30}$$

当 $r^*=0$ 时表示凝固过程结束，从而得出凝固区的高度为

$$h_0^* = \frac{R\Delta h\rho_S u}{2q_1} \tag{4-31}$$

由式（4-31）即可将凝固界面的形状绘制出来。该式进一步反映了合金热物理参数对凝固过程的影响。表 4-22 为铝合金凝固过程中所涉及的主要物理性能参数。

表 4-22　铝合金的主要物理性能参数

性 能 参 数	铝 合 金
液相密度 ρ_L/kg · m	2.39×10^3
固相密度 ρ_S/kg · m	2.55×10^3
液相热导率 λ_L/W ·（m · K）$^{-1}$	95
固相热导率 λ_S/W ·（m · K）$^{-1}$	210
液相体积热容 c_L/J ·（m^3 · K）$^{-1}$	2.58×10^6
固相体积热容 c_S/J ·（m^3 · K）$^{-1}$	3×10^6
液相热扩散率 a_L/m^2 · s^{-1}	3.67×10^{-5}
固相热扩散率 a_S/m^2 · s^{-1}	7×10^{-5}
凝固潜热 Δh/J · m^{-3}	9.5×10^8

4.8.2.2　凝固组织的控制

图 4-32 是铝合金连续铸锭凝固过程示意图。由于铸型的激冷作用，液态金属在接近熔池上表面的位置首先凝固形成凝固层。此时，铸型与铸锭之间会因为凝固收缩而形成间

隙，显著降低热流的导出速率。凝固层部分会因为金属液释放的较大过热量而发生重熔。合金液的过热度、合金的凝固温度间隔和铸型的导热能力等均影响重熔。较大的合金液过热度和合金凝固温度间隔会熔化部分的枝晶间合金，导致金属液从枝晶间渗漏到铸锭表面。金属液的凝固过程直至进入二次冷却区才会继续进行。

当金属液的过热度很小时，铸型的激冷作用会瞬间凝固与其接触的金属液，导致铸型与内部金属液隔离。金属液在后续持续的铸锭下拉过程中逐渐从凝固层上表面漫出，与铸型再次接触并凝固。重复的过程造成铸锭表面出现波纹，其示意图如图 4-33 所示。

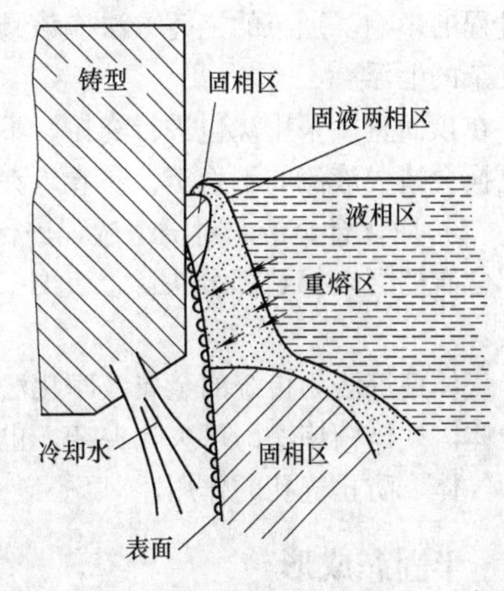

图 4-32 铝合金连续铸锭凝固过程示意图

在传统的工艺基础上对连续铸造方法进行改进，其凝固示意图如图 4-34 所示。改进的连续铸造工艺是在合金液的上表面加上有利于铸锭顺序凝固的保温帽，并且在激冷铸型表面进行吹气操作，使金属液与铸型分离，对一次冷却凝固进行抑制，避免因重熔发生渗漏或因半连续凝固形成表面波纹等表面缺陷，并且还能获得细小的等轴晶，有利于控制挤压型材的组织和成分均匀性，提高连续铸造铝合金的质量。

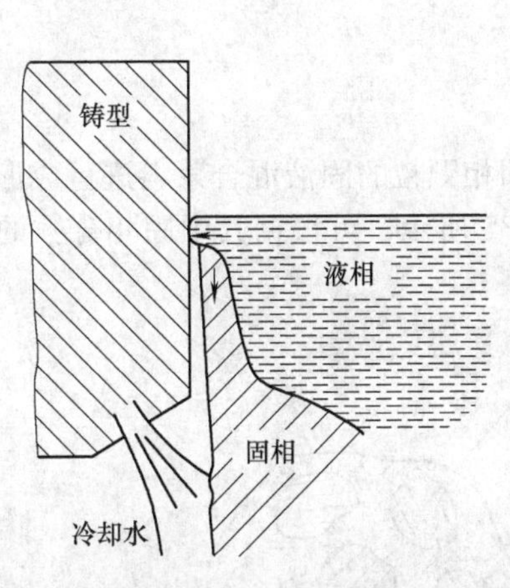

图 4-33 金属液过热度过小时铸锭表面出现裂纹

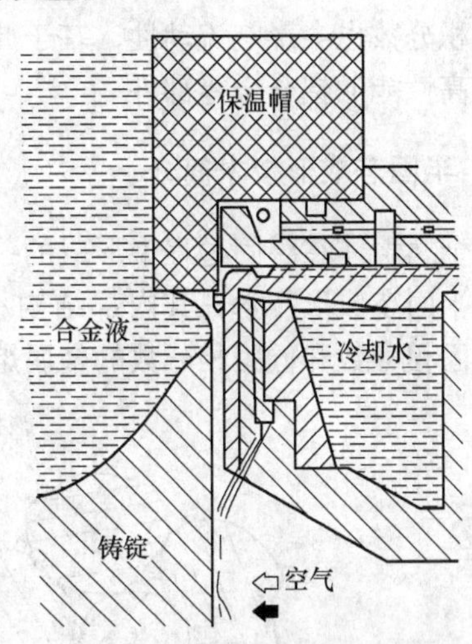

图 4-34 改进的连续铸造方法

4.8.2.3 氧化夹杂的防止

铝合金的氧化性较高，在铸造过程中金属液卷入氧化夹杂会恶化铸锭的质量，并进一步影响挤压型材的质量。因此，在铝合金连铸工艺过程中，需要优先考虑如何防止氧化夹杂的卷入。目前主要有两种途径防止氧化夹杂的产生：一种是保证平稳的浇铸过程，防止卷入表面的氧化膜；另外一种是采取一定的工艺措施去除熔炼过程中金属液卷入的夹杂。

（1）控制连续铸锭的浇铸过程。铸锭的温度场和气泡、夹杂等外来缺陷的控制均受浇铸过程的影响。理想的浇铸方法应该具有平稳的充填过程、合理的温度场，并利于金属液中夹杂的上浮。

在顶面直接采用浇包进行浇铸，不易控制液面高度，并且浇铸过程中对浇完的浇包进行更换会造成液流的不稳定，易卷入夹杂。

（2）净化合金液。对浇铸过程进行适当的改进，可提高其防止夹渣的效果，使金属液内部含有的夹杂得到部分去除。此外，在浇铸前净化金属液也能进一步提高金属液的纯净度。

气体精炼法为传统的金属液净化法。即通过将惰性气体吹入金属液中而吸附夹杂并带出液体。气体精炼法即可去除夹杂，也能将金属液中溶解的游离氢带出金属液，从而达到去除气体、防止气孔的作用。

4.9　半固态成形

铝合金的液态成形技术要求金属液具有能顺利充型的优异流动性，并使其能进行补缩以消除缩孔、疏松等缺陷；还能获得细小的凝固组织、等轴状晶粒、成分无偏析、组织均匀、致密度高的铸件。为了实现这一目的，人们研发了多种铸造新技术以提高铸件的尺寸精度和质量，如上述的压力铸造、挤压铸造、低压铸造、差压铸造和真空吸铸等，以增大外力的方式进一步提高金属液的流动性和充型能力。

除了金属液自身的特性影响其在凝固过程中的流动性外，熔体中初生固相的形态、尺寸、体积分数也会影响流动性，基于此开发了半固体成形技术，采用半固态成形技术可以生产出高性能的铝合金零部件。

4.9.1　半固态成形技术简介

将金属熔体在凝固过程中形成的一种含有一定固相颗粒的固液混合浆料进行成形的技术称为半固态成形技术，其内部结构示意图如图 4-35 所示，可根据其中固相分数的多少分为高固相分数和低固相分数的金属熔体。

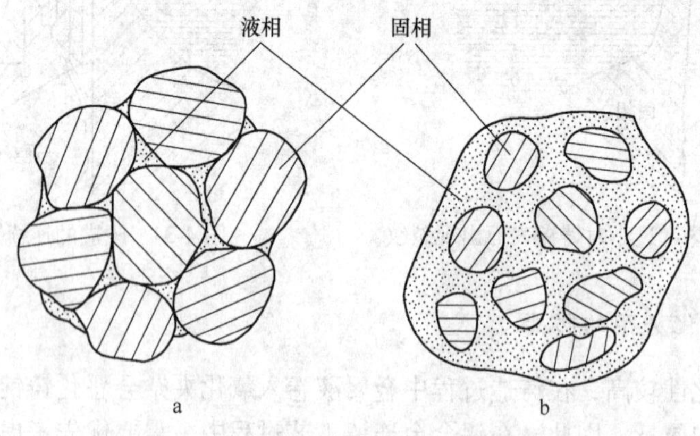

图 4-35　半固态金属的内部结构示意图
a—高固相分数；b—低固相分数

半固态成形工艺可根据工艺流程不同分为两类：流变成形和触变成形。流变成形是对熔体在金属凝固过程中施加强烈的搅拌，将树枝状的初生晶体充分打碎，获得均匀悬浮着一定数量球状初生固相的固液混合浆料（固相含量（体积分数）可达到50%）的一种液态金属母液（流变浆料），然后直接进行成形加工。触变成形是首先将流变浆料凝固成的铸锭按需要分割成一定大小，然后二次加热至金属的半固态区进行成形加工。

半固态成形工艺的特点如下：

（1）成形温度低于普通铸造，一方面可以降低能耗，另一方面可在凝固时释放部分的结晶潜热，使模具受到的热冲击减轻，大幅度提高模具寿命。

（2）较低的半固态浆料成形压力具有较高的成形速度，可以用来制备结构复杂的大型零部件。

（3）工艺简单，可实现近净形成形。半固态浆料较小的凝固收缩能生产具有较高尺寸精度的铸件，使机械加工余量大大减少，有利于薄壁零件的生产。

（4）铸件的显微组织细小均匀。半固态铸件的显微组织一般为细小的等轴晶，无传统铸造件中粗大树枝晶或柱状晶，使铸件内部气孔、缩松、偏析等缺陷显著降低。半固态浆料在充型时不会像液态金属一样形成湍流和溅射，而是以层流形式平稳地流入模腔内，减少了气体和氧化夹杂的卷入，使铸件的内部与表面质量提高，模具所受到的热冲击和表面冲刷也降低。

（5）铸件具有优异的力学性能，表4-23是不同加工方法获得的A356铝合金的力学性能，从表中可以看出半固体成形的优越性。

（6）凡在相图上存在固液两相区的合金系，如铁基、铝基、锌基、镁基、铜基等合金材料均可进行半固态成形，适用范围广。

（7）容易实现连续化和自动化生产，具有较强的过程可控性。

表4-23 不同加工方法获得的A356铝合金的力学性能

加工方法	热处理状态	屈服强度/MPa	抗拉强度/MPa	伸长率/%	硬度（HB）
SSM	铸态	110	220	14	60
SSM	T4	130	250	20	70
SSM	T5	180	255	5~10	80
SSM	T6	240	320	12	105
PM	T6	186	262	5	80
PM	T51	138	186	2	—
CDF	T6	280	340	9	—

注：表中SSM表示半固体加工；PM表示金属型铸造；CDF表示闭模锻造。

流变铸造由于不需二次加热而能耗较低、铸件成本低且工艺流程简单，但其半固体浆料对运输要求较高，很难进行自动化生产，因此发展非常缓慢。目前国内外应用最多的半固态铸造技术主要是触变铸造技术。触变铸造虽然需要首先制备半固态坯料而增加了成本，且因为二次加热也使能耗增加，工艺过程较复杂，但自动化生产很易实现。

近年来，国内外研究人员在半固态铸造工艺中应用了塑料注射成形原理，形成了流变和触变注射成形新工艺，兼具了半固态浆料保存输送和铸件成形控制的优点，促进了半固态铸造技术的应用进展。

4.9.2　铝合金半固态成形用原材料的制备与成形过程

半固态成形过程一般分为两个阶段：制备非枝晶组织坯料和半固态成形。半固态成形的前提是获得具有非枝晶组织的优质坯料。因此，为了保证过程稳定性，需要重视半固态金属及合金坯料的制备。

4.9.2.1　半固态组织的特征及其形成机理

在普通铸造过程中，粗大的树枝晶、柱状晶和等轴晶极易在合金熔体中形成，这种组织的出现会显著提高熔体的黏度，使其流动性下降。若对熔体在凝固过程中施以强烈搅拌，则上述粗大的组织会在剪切力作用下破碎，随着搅拌时间的延长，细小等轴状的固相逐渐增多，熔体的黏度和流动性变好。细小等轴的初始固相颗粒和残余的液相是半固态组织的典型形貌。这种无枝晶组织的半固态浆料表现出独特的流变学特性（即触变性和伪塑性），其流变性能的好坏可用表观黏度来表征。在半固体浆料中，固相颗粒体积分数、形状大小及粒度分布、颗粒间的相互作用及聚集状态、浆料的剪切速率和冷却速度等因素都会影响表观黏度。半固态合金的显微组织受剪切速率、搅拌方式、熔体温度、冷却速度和搅拌时间等因素的影响。强烈搅拌作用可破碎结晶形成的枝晶，使其在流动熔体的作用下形成球状晶，晶粒的球化速率与剪切强度和搅拌速率有关。

4.9.2.2　非枝晶组织半固态浆料的制备

制备非枝晶组织的半固态浆料，可根据原材料所处的状态分为三类：液态法、固相法和其他方法。

A　液态法

液态法采用机械搅拌、电磁场和超声波等处理熔体，利用外场的作用使初生的固相枝晶组织破碎成球状颗粒。

（1）最早采用的半固态浆料制备方法是机械搅拌法，其设备结构简单，较快的剪切速度有助于细小球状微观组织结构的形成。但这种方法要求与熔体接触的设备构件材料具有较好的耐蚀性且不污染半固态金属浆料，否则都会影响半固态坯料的质量。

（2）目前较常用的半固态浆料制备方法是电磁搅拌法，是一种非接触式的搅拌方法。它是利用旋转电磁场在金属液中产生感应电流，使其在洛伦兹力的作用下运动以实现搅拌，可克服机械搅拌法的缺点。根据搅拌时金属液流动方式的不同分为水平式和垂直式两类，根据产生旋转磁场的方式不同可分为交变电磁场和永磁场两种。在电磁搅拌中，搅拌功率、冷却速度、金属液温度、浇铸速度等是其主要的工艺参数。金属液在电磁搅拌的作用下产生三维流动，使搅拌效果增强。电磁搅拌法制备的铸锭晶粒形貌为尺寸约 60μm 的球状等轴晶。相比于机械搅拌法，电磁搅拌法对金属浆料无污染，也不会卷入气体，能实现较高生产效率的连铸，但是其设备投资大，工艺复杂，成本高。此外，电磁搅拌法无法获得内部较均匀的组织，也仅限于 150mm 以下小直径锭坯的制备。

B　固相法

固相法的原理主要有两种：一种是采用粉末冶金法或喷射沉积法制备出具有等轴晶粒

组织的合金锭坯，将锭坯加热到金属的半固态温度区间，即可获得具有一定球状固相体积分数的半固态浆料；另一种是使普通铸造合金锭坯在挤压、拉拔、轧制、锻造或扭转等方法的作用下发生强烈的塑性变形，使锭坯中的枝晶组织破碎，然后将上述锭坯加热到再结晶温度以上获得细小的再结晶晶粒组织，最后将坯料加热到半固态温度区间形成浆料。其中后面一种方法也称为应变诱发激活法（strain-induced melt activation，简称 SIMA）。SIMA 法比其他方法多了一道变形工序，适用于直径小于 60mm 的坯料制备。

C 其他方法

除液态法和固相法外，还可以对合金熔体的凝固速度进行控制或加入细化变质元素，以抑制形成枝晶组织而形成含有等轴颗粒的细晶组织，将这些铸坯加热到金属的半固体温度区间即可得到浆料。在这种方法中，变质元素种类、加入量、熔体温度和保温时间等因素都会影响半固体浆料的性质。

近年来，控制浇铸温度法、剪切-冷却-滚动法和超声波处理法等方法也用来制备具有细小等轴颗粒的细晶组织。

4.9.3 半固态成形工艺

4.9.3.1 流变成形

将制备出的半固态金属浆料通过压铸或挤压进行成形的方法称为流变成形。半固态浆料中含有一定体积分数的固相颗粒，流动性较差，不能直接采用重力铸造成型，而需要在一定的压力下完成浆料的流动充型，也可以使用模锻进行成型，这类工艺也称为流变铸造。

在半固态技术产生的初期，流变铸造技术被认为是一种新型的合金制品生产工艺，但一直未能实现工业化生产，这与采用搅拌法制备的半固态浆料的质量息息相关。机械搅拌法制备的半固态浆料，因为尺寸一般在几百微米至毫米级之间的粗大蔷薇状颗粒的存在而使其流变性显著下降，不足以满足铸造或锻造成形的需求；电磁搅拌法制备的半固态浆料，其细小的等轴枝晶组织会逐渐长大，必须保证足够长的保温时间实现颗粒的球化才能用于后续的直接铸造成形。这些方法的生产效率低，较难控制其工艺过程，但流变铸造法却耗能低且工艺简单，因此，为了使该技术能产业化应用，Helmut Kaufmann 等人提出了一种新的流变铸造工艺（new rheocasting，NRC），其基本原理为采用合适的工艺促使初生晶粒强制均匀形核，然后在适宜的冷却速度下生长成为球状粒子。

4.9.3.2 触变成形

将具有触变组织的合金锭坯重新加热，使其达到半固态温度区间形成浆料，然后进行压铸、挤压或锻造成形，这种工艺称为触变成形，是一种近净成形工艺。目前半固态金属成形方法中应用最为广泛的就是触变成形。触变成型具有以下特点：

（1）二次加热。需要在半固态触变成形之前进行加热重熔。首先根据加工需要将具有非枝晶组织的坯料切成一定的质量或体积，然后将其加热到半固态温度区间进行加工成形。二次加热具有以下两个目的：一个是可获得不同的固体体积分数以应对不同的工艺需求；另一个是球化处理细小的枝晶碎片，为触变成形提供基础。半固态浆料的重熔加热非常重要，必须精确控制坯料的加热温度，有时1~2K的温度误差也会导致坯料的组织发生显著变化，同时，坯料的重熔加热需要具有一定的速度以满足成形生产率的需要。目前普遍采用电磁感应加热的方法保证坯料的重熔加热精度、加热速度和温度均匀性，但是其能量利用率相对较低。

除此之外，电阻炉、盐浴炉加热也可以对半固态金属及合金坯料进行重熔加热，能直接测温并精确控制加热温度，保证坯料的整体形貌，但这些方法的加热时间相对较长，显微组织会随之粗大且加重坯料表皮的氧化。对加热中的坯料进行温度监控是实现精确加热金属坯料的前提，为此，Buhler和EFU公司开发了感应圈涡电流法，AEG公司开发了能量测量法，另外还有尖针浸入法，这些方法都可对坯料加热的温度进行实时监控，保证金属及合金的半固态成形稳定可靠。

（2）成形工艺。触变成形根据半固态浆料的不同成形方式，可分为触变铸造、触变挤压、触变锻造和触变轧制等几种工艺。在半固体压铸工艺中，触变压铸法非常重要，其主要的工艺路线是水平式冷室压铸。类似于普通的热挤压工艺，半固态挤压工艺是把保持固态形状的半固态坯料放入挤压模腔中，最终获得挤压产品。坯料的变形抗力因为很低的半固态浆料晶界强度而很小。由于半固态挤压工艺所需的压力仅为普通热挤压的1/5~1/4，因此挤压比可在较大范围内进行调整，使产品的致密度提高。在锻模内可将半固态坯料锻造成形状复杂的零部件，工艺简单，所需成形力低，其中模具的结构、温度、坯料的固相量、锻压设备的性能等为该工艺的关键因素。

4.9.4　铝合金半固态成形技术的发展与应用

半固态铝合金的触变压铸（thixocasting）和触变锻造（thixoforging）工艺由于坯料的重熔加热和输送都很方便，且易于自动化操作，因此具有一定规模的商业应用。

北美著名的半固态铝合金成形零件生产企业之一是美国的阿卢马克斯工程金属加工公司（Alumax Engineered Metal Processes Inc.），该公司在1993~1994年间共进行了约300万件汽车零件的生产，且增长势头快速。Missouri州Tennesssee的Jackson公司于1994年6月投资7500万美元建成首家专门生产汽车零件的半固态铝合金成形工厂，拥有24台半固态铝合金锻造成形设备。Arkansas州的Bentonville公司于1996年投资2360万美元建成了另一家半固态铝合金成形工厂，专门生产汽车零件。上述两个半固态铝合金成形工厂在1997年的年产能为5000万件，可生产9kg的锻件。公司采用半固态成形技术替代高压压铸件为Ford汽车公司生产了25万件的空调压缩机壳体，为Chrysler公司的8V发动机生产了200万件摇臂座。2000年，Winterbottom宣称：阿卢马克斯工程金属加工公司每年主要生产汽车制动总泵壳（master brake cylinder）约240万件，油道（fuel rail）约100万件，发动机支座零件（engine/transmission bracket）约100万件，摇臂座（rocker arm pedestal）150万~200万件，正时皮带支架（timing belt bracket）约20万件等。

在欧洲，也有众多研究机构和公司研究和开发半固态金属成形技术，目前，约有40家公司从事半固态铝合金零件毛坯的生产，这一数量还在继续增加。

在金属半固态成形的研究和生产方面，日本相对落后于欧美，但也进行了大量的研发工作，最具代表性的研究机构是流变技术公司。日本的一些公司已经可生产半固态铝合金产品，如Speed Star Wheel公司1994年开始利用半固态铝合金成形技术生产铝合金轮毂

(质量约5kg);Honda Engineering公司利用法国Pechine公司的AlSi6Cu3Mg合金坯料,触变成形了汽车空调压缩机蜗室,合格率达到95%以上。

在半固态金属及合金成形技术的研究和应用领域,我国的起步较晚,与世界先进水平的差距较大。但在国家"863"高技术发展计划项目的支持下,上海交通大学、北京科技大学、哈尔滨工业大学、中国科学院金属研究所、清华大学和昆明理工大学等国内许多高校及科研院所都在积极推动半固态金属及合金成形技术的研究和应用。但总的来看,与先进的半固态金属及合金成形技术相比,我国面临的差距还比较大,需要不断地努力,才有可能赶上世界先进水平。

4.10 快速凝固和喷射沉积

4.10.1 铝合金快速凝固

4.10.1.1 快速凝固技术简介

在常规的凝固条件下,铝合金的显微组织比较粗大(晶粒尺寸一般在数十微米到数百微米之间,甚至达到毫米级),同时其一次凝固组织的析出相也比较粗大,在高温下也极易粗化,因此采用常规铸造方法制备的铝合金铸件室温和高温强度相对较低,无法满足高性能结构材料的需求。

作为一种新型的金属材料制备技术,快速凝固是设法将合金熔体分散成细小的液滴,从而使熔体体积与散热面积的比值减小,熔体凝固时的传热速度提高,消除成分偏析并获得细小的晶粒尺寸。快速凝固技术相对于传统材料制备技术,具有合金熔体的凝固冷却速度快、晶粒组织细小、合金元素过饱和固溶度高、合金成分及组织均匀、容易产生亚稳相等优点,因此快速凝固铝合金的综合性能(如力学性能和耐蚀性能)优异。此外,快速凝固技术在目前还能用于获得高熵合金,开发新型的合金体系,研制新材料。

4.10.1.2 快速凝固技术制备铝合金的方法

主要有两条途径实现铝合金的快速凝固:(1)采用急速的冷却速度实现快速凝固。这种方法的原理是使同一时刻凝固的熔体体积减小,并降低熔体体积与其散热表面积之间的比值,使熔体与热传导性能很好的冷却介质的界面热阻下降,同时通过传导的方式进行散热。通俗地说,就是一方面使单位时间内金属凝固时产生的潜热降低,另一方面使凝固过程中的传热速度提高。(2)采用大过冷的熔体实现快速凝固。这种方法原理是通过在熔体中形成尽可能接近均匀形核的凝固条件而得到大的凝固过冷度。在熔体凝固过程中,熔体内部和容器壁均可产生大量的非均匀形核质点,而大过冷技术主要从以下方面消除形核质点:一方面可将熔体设法变为弥散的熔滴,使熔体内部的形核质点减少或消除;另一方面是避免熔体与容器壁接触,消除或减少由容器壁引入的形核质点。

上述两种快速凝固的途径,其凝固机制也有所区别。在急冷或深过冷条件下,大量形核的晶体会快速长大,因此不会出现在平衡或接近平衡凝固条件下才有的粗大亚稳相;若冷却速度或过冷足够大时,晶体的形核与长大均会受到抑制而形成非晶或准晶相。

快速凝固技术可根据实现快速凝固的机制分为以下几类:

（1）急冷衬底快速凝固法。薄层熔体在高热导率衬底上冷却，可获得极高的凝固速率。它包括以下几类：

1）气枪法。在实验室中获得快速凝固合金样品的方法之一是气枪法。其工艺过程和原理如下：首先将小于500mg的较少合金料加热熔化，然后在气枪中高压惰性气体流的突发冲击作用下将熔融的合金液滴射向高热导率的衬底上，由于液滴尺寸较小且冲击速度较大，因此可使极薄的液态合金与衬底紧密相贴，其冷却速度高达107～109K/s。这种方法仅能得到外形不规则且厚度不均匀的多孔薄膜，但无法测试样品的力学或其他物理性能。此外，样品的单次制备量很小，因此只能在某些实验室中研究极高的冷却速度对薄膜显微组织的影响。

2）锤砧法。用电弧、等离子束或电子束等高能束将放置在砧座水平面上的金属料进行熔化，然后直接重锤砸在砧座上，最后获得圆形片状材料。这种方法可形成直径为25mm，厚度为5～300μm的均匀致密合金箔片。箔片的厚度决定了合金的冷却速度，一般在104～106K/s的范围之间。实验室制取薄片状试样和各种金属和合金粉末的制备均可采用锤砧法。活塞砧座法和双活塞法与锤砧法的原理相似，分别是将铅直落下的液滴在运动的活塞和砧座之间及两个相向运动的活塞之间用水平方向迅速合拢的两块高热导率衬底挤压破碎，形成片状材料。这种方法由于制备合金数量的限制而只能作为实验室的制备方法。

3）旋铸法。在惰性气体的压力下，将熔融的合金液射向高速旋转的、以高热导率制成的辊子的外表面，由于辊面运动具有极高的线速度，因此熔融的合金液在紧密相贴的辊面间凝固成一条连续的薄条带，并在离心力作用下飞离辊面。厚度为几十微米的合金条带的冷却速度在106～107K/s之间。这种方法能获得大量厚度均匀致密的合金条带，因此既可用于实验室研究，也能在工业生产中运用。在美国、日本等国已经形成了宽度至数百毫米的快速凝固合金条带生产线，北京钢铁研究总院已建成了一次浇铸量为近100kg的非晶软磁合金宽条带生产装置。

4）旋转叶片法。在20世纪90年代初，郑州大学开发出一种急冷衬底快速凝固方法，即旋转叶片法。其本质是在气压的作用下，将合金熔体细流射向一高速旋转的内水冷铜制叶片上，高热导率叶片对合金液流柱进行打击使其紧贴叶片分散和铺展，然后在径向脱离叶片之前迅速凝固成合金粉粒，这种方法的冷却速度可达到105K/s以上。快速凝固合金薄片的尺寸可根据叶片几何形状及过程的参数进行选择。旋转的叶片对合金液流柱有一个约5MPa的打击力，可提供极高的界面传热系数，也能获得比平面流铸法在同样的试样厚度下更高的冷却速度。

（2）雾化法。另外一种快速凝固合金的制备方法是雾化法，这种方法通过热挤、热压等固结工艺将粉末成形为块状料或零件。它包括以下几类：

1）高压水雾化和高压气体雾化法。早在20世纪60年代，流体介质（气体、水）中的雾化法已用于金属粉末的生产，当时所达到的冷却速度不高于102K/s。根据流体介质的不同，利用高压水流或高压气体将连续的熔融金属细流进行破碎以生产金属粉末。雾化机理可分为三个阶段：流体薄层的形成、薄层破碎成金属液流丝线和金属液流丝线收缩形成微液滴。高压气体雾化粉末的直径为50～100μm，粉末为光滑圆球形，冷却速度为102～103K/s；高压水雾化粉末粒径在75～200μm之间，粉末具有不规则形态和表面，冷却速度为 102~104K/s。大吨位铝、工具钢、超合金、铜、铁、锡和低合金粉末的生产都可用雾化法进行生产。在雾化时，对雾化区温度分布、金属粉末粒度及速度分布可用实时图像技术（如高速摄影等）、激光散射、激光衍射及激光多普勒技术等进行在线测量，以实现成品粉末粒度、形状和组织的控制。

2）超声气体雾化法。从生产快速凝固合金的需要出发，美国 MIT 的 Grant 在 20 世纪 70 年代发展了超声气体雾化技术。这种技术的原理是以 8~100kHz 频率的高速气流冲击液态金属流，形成小液滴并凝固成粉末。也能用超声驻波雾化法产生超声雾化。超声气体雾化法相较于普通高压气体雾化和水雾化，具有比较集中的粉末尺寸，其平均尺寸小于 20μm，粉末收得率超过 90%，根据估算，液滴的冷却速度超过 106K/s。超声气体雾化的能量消耗约为普通气体雾化的 1/4。

3）快速旋转杯法。在氩气加压下将金属液流挤入旋转杯的淬火介质中使其破碎、淬冷，然后在离心力作用下快速穿过淬火介质到达旋转杯杯壁，最后获得粉末。粉末的粒度随着金属液喷嘴尺寸的减小和金属液过热度的提高而细化，粉末收得率的提高可以通过气体喷射压力的增大来实现。金属熔液在进入旋转杯的淬火介质之前，可以通过气体雾化、离心雾化和冲击雾化的方式实现雾化，从而使坩埚喷嘴免于堵塞和腐蚀，使雾化效率提高。

4）离心雾化法。从坩埚或浇包中将熔融的金属液浇铸到旋转的圆盘或杯中，或者将旋转金属棒料的一端直接熔化，使金属液在旋转离心力的作用下破碎成小液滴，然后凝固成金属粉末。离心雾化法包括旋转电极雾化法、旋转盘雾化法、旋转带孔杯法等几种。

旋转电极雾化法（REP），是将沿长轴方向高速旋转的电极圆形原料棒的末端伸入雾化室中，用钨电极的电弧熔化。熔融金属液流在旋转的切线方向上被分散成小液滴。在凝固前液滴有足够的时间球化并获得光滑的球形粉末。这种方法的冷却速度相对较低，约为 103K/s，粉末的粒度范围为 50~400μm，平均直径约为 200μm。旋转电极雾化法已可进行工业化生产，但生产的粉末粒度分布范围较宽，不易控制其工艺参数。

旋转盘雾化法（RSR），是用底注式坩埚将熔融的金属液浇铸到转速达到 35000r/min 的凹形圆盘雾化器中。金属熔液在离心力作用下沿切线方向喷射出来形成微滴，高速氦气流对其进行强制对流冷却使其快速凝固成球形粉末，冷却速度估计达 105K/s。

旋转带孔杯法（RPC），是把熔融金属液浇铸到快速旋转的钢杯中，在离心力作用下，金属液从钢杯杯壁上的小孔中挤出，在空气中飞行冷却，形成针状粉末颗粒，其长度为 1000~5000μm，直径为 1000μm。空气中粉末颗粒的飞行速度与其尺寸相关，尺寸较大的粉末飞行速度低，冷却速度较小，仅约为 10K/s。因此，这种方法仅可用于铝、铅、锌等低熔点金属的制备。

5）超声速气体雾化法。利用一种特殊喷嘴产生的高速高频脉冲气流对金属液流进行冲击，使金属液流粉碎成细小均匀的液滴，然后在强制对流气体的冷却下凝固成细小粉末。这种方法的冷却速度极高（可达 104~107K/s），能获得细小均匀的近球形粉末颗粒，粉末收得率较高。

（3）激光或电子束表面快速熔凝法。采用具有很高线速度的高能量密度激光或电子束对工件表面进行扫描，可形成瞬间的薄层小熔池，基底材料将产生的热量吸收，这样表面就会出现一个快速移动的温度场，实现快速凝固。瞬间熔池层中的金属受到基底材料与小熔池界面强烈的非均质形核作用而导致起始形核过冷较低。

4.10.1.3　快速凝固铝合金的应用

A　快速凝固铝基晶态合金

针对快速凝固铝基晶态合金的相关研究主要集中在快速凝固热强合金上。20 世纪 60 年代 Jones 开始对快速凝固结构轻合金进行研究，并于 1969 年报道了快速凝固 Al-Fe 合金。快速凝固铝基合金具有高温应用潜力，国内外研究人员深入研究了合金的相组成、组织结构、室温性能和高温性能，这些合金包括 Al-Si、Al-Pd、Al-Fe、Al-Cr、Al-Ce、Al-Nd、Al-La 等二元合金，Al-Fe 基合金（如 Al-Fe-X，X＝Ce、Ni、Mo、V、Si 等）、Al-Cr 基合金（如 Al-Cr-Zr）等三元合金及 Al-Fe-V-Si、Al-Cr-Zr-Mn 等三元以上合金。

B　快速凝固铝基准晶合金

作为一种新的固态物质有序相，准晶的电子衍射图呈现五重对称轴，具有长程准周期平移序和晶体学上不允许的长程取向对称。准晶相首次在快速凝固 Al-Mn 合金中由 Shechtman 等人发现，是凝聚态物理学领域中的重要突破。研究表明，高温下准晶相会转变成其他亚稳相或稳定的晶相，非晶合金在晶化的过程中首先形成准晶亚稳相，然后才形成晶态稳定相。

C　快速凝固铝基非晶合金

快速凝固铝基合金的重要组成部分之一是非晶合金。快速凝固铝基非晶合金自 1988 年通过快速凝固的方法获得含铝量（体积分数）大于 80% 的铝基非晶合金以来发展极为迅速。特别是含铝量大于 90%的铝基非晶合金，具有高强度、低密度、高耐蚀性等优点，具有高度的潜在应用价值。

4.10.2　铝合金喷射沉积

4.10.2.1　喷射沉积技术的基本原理

快速凝固技术有助于获得高性能合金材料，但也存在很多缺点限制了其进一步的发展应用，这些缺点包括工艺复杂、在制备和储存过程中粉末容易氧化或污染，难以制备大尺寸零部件等。为了克服这些缺点，英国 Swansea 大学的 A. R. E. Singer 教授于 1968 年首次提出一种新型的快速凝固新工艺，即喷射沉积或喷射成形工艺，并于 1970 年予以公开报道。英国 R. G. Books 等人在 1974 年成功地在锻造坯的生产中应用了喷射沉积技术，并由此发展成为著名的 Osprey 工艺，成立了 Osprey 金属有限公司。此后，Books 等人深入研究了 Osprey 工艺，并在此基础上开发出一系列的合金体系，设计和制造了多种 Osprey 成套设备，实现了传统方法难以制备的高合金和超合金管、环、筒、棒状坯件的生产。Osprey 工艺已成为喷射沉积技术的代名词。美国麻省理工学院 N. J. Grant 教授和加州大学欧文（Irvine）分校的 Lavernia 等人在 20 世纪 70 年代后期开发了一种液体动压成形（LDC）工艺，即将金属熔体通过超声雾化的方法雾化成极细的液滴并使其在水冷基体上沉积。LDC 工艺和 Osprey 工艺在本质上都属于喷射沉积技术，前者更强调雾化液滴的微细效果和沉积坯的冷却效果。

作为一种节能、低消耗、低成本的净成形快速凝固新技术，喷射沉积技术在欧美和日本等工业发达国家和地区已实现了产业化生产，经济和社会效益显著。该技术不仅在军事、国防工业中有着重要应用，而且在民用工业如汽车等行业中也占据了重要地位。

喷射沉积技术是在惰性气氛中将熔融金属或合金雾化形成颗粒喷射流，在较冷的基体上直接喷射，经过撞击、聚结、凝固而形成沉积物，将这种沉积物进行锻造、挤压或轧制加工成近净成形产品的过程。它介于铸造冶金和粉末冶金之间，是第三类材料制备新技术，兼备了两者的大部分优点并且克服了各自的主要缺点。

4.10.2.2 喷射沉积技术的特点

在与铸造、粉末冶金工艺竞争中发展起来的喷射沉积技术，相较于其他快速凝固技术，其具有更为广阔的应用前景。喷射沉积技术的主要特点具体如下：

（1）极高的冷却速度。在喷射沉积过程中，飞行颗粒的冷却速度可达 $10^2 \sim 10^4$K/s，沉积物的冷却速度可达 $10^1 \sim 10^3$K/s，能获得成分偏析程度小、组织细小均匀的快速凝固态组织。沉积坯的冷速还可以通过喷射沉积工艺的改进而进一步提高，例如坩埚移动式喷射沉积工艺中沉积坯的冷速达到 10^4K/s 以上。

（2）金属的氧化程度小。在惰性气氛中，金属瞬间完成喷射沉积过程，因此其氧化程度较小。另外由于液态金属是一次成形，所以具有较短的工艺流程，使材料受污染的程度降低。

（3）材料的力学性能优异。材料在喷射沉积过程中具有极大的冷却速度，能获得细小均匀的组织且受到低于快速凝固的氧化，因此材料的综合力学性能优异，显著高于普通铸造材料，如断裂韧性 K_{IC} 有较大改善，能满足特殊领域的要求。

（4）材料的电化学性能优异。喷射沉积技术没有快速凝固和粉末冶金工艺中出现的污染物，并且氧化物弥散相和氢、氧的含量很低，因此，材料的电化学性能得到很大的提高。

（5）技术的经济性显著。喷射沉积技术是一种近净成形技术，能大大简化产品的生产工艺过程，缩短生产周期，显著提高生产效率。

（6）技术具有较大的灵活性和普适性。喷射沉积技术原则上能生产任何金属产品，如高性能金属基复合材料、双金属和多金属材料等。

参 考 文 献

[1] 罗启全．铝合金熔炼与铸造［M］．广州：广东科技出版社，2002.
[2] 刘志明，王平原，李杰．压力铸造技术与应用［M］．天津：天津大学出版社，2010.
[3] 周志明，王春欢，黄伟九．特种铸造［M］．北京：化学工业出版社，2014.
[4] 高义民．材料凝固成形方法［M］．西安：西安交通大学出版社，2009.
[5] 陈宗民，姜学波，类成玲．特种铸造与先进铸造技术［M］．北京：化学工业出版社，2008.
[6] 司乃潮，贾志宏，傅明喜．液态成形技术［M］．北京：化学工业出版社，2004.
[7] 田荣璋．铸造铝合金［M］．长沙：中南大学出版社，2006.
[8] 潘复生，张津，张喜燕．轻合金材料新技术［M］．北京：化学工业出版社，2008.
[9] 贾志宏，傅明喜．金属材料液态成型工艺［M］．北京：化学工业出版社，2008.

[10] 李远才．金属液态成形工艺 [M]．北京：化学工业出版社，2007.
[11] 毕大森．材料工程导论 [M]．北京：化学工业出版社，2010.
[12] 朱秀荣，侯立群．差压铸造生产技术 [M]．北京：化学工业出版社，2009.
[13] 罗守靖，陈炳光，齐丕骧．液态模锻与挤压铸造技术 [M]．北京：化学工业出版社，2007.
[14] 李绍成，陈绍麟．金属液态成形技术 [M]．南京：东南大学出版社，2001.
[15] 谢建新．材料加工新技术与新工艺 [M]．北京：冶金工业出版社，2004.
[16] 管仁国，马伟民．金属半固态成形理论与技术 [M]．北京：冶金工业出版社，2005.

5 铝合金的固态成形

5.1 金属的塑性变形

从本质上来看，金属的塑性变形过程是金属晶体内部的位错运动过程。金属之所以出现塑性变化，是大量的位错运动造成的。图 5-1 是位错运动实现金属塑性变形的基本过程。在金属晶体中，位错中心上面的原子列在切应力作用下向右做微量位移，同时下面的原子列向左做微量位移。保持切应力不变，位错将持续运动，从晶体的一侧移动到晶体的另一侧，使晶粒产生一个原子间距的塑性伸长量。新的位错在外力作用下不断增殖并移动到晶体表面使变形量不断增大。大多数的金属都是多晶体，晶粒的大小、位向、晶界等因素都会影响其塑性变形量的大小。

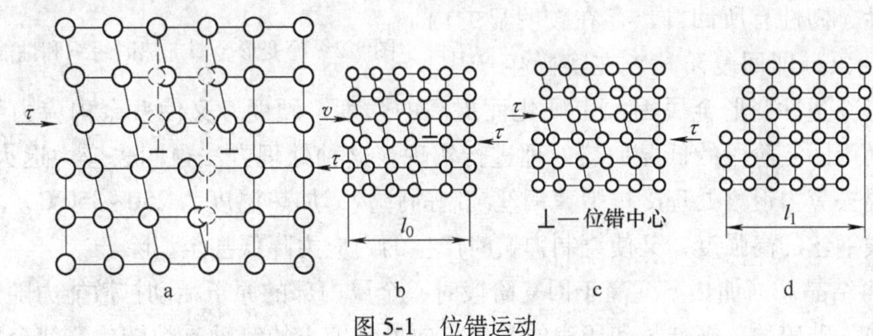

图 5-1 位错运动

a—位错中心位移；b，c—位错运动；d—塑性变形

5.1.1 冷塑性变形

在冷塑性变形后，金属除外形和尺寸发生变化外，其组织与性能也相应地产生以下的变化。

（1）形成纤维组织。冷塑性变形既改变金属的外形，也改变其内部晶粒的形状。较大的变形度会导致变形方向上晶粒及金属中夹杂物的逐渐拉长；而很大的变形度会使晶界变得模糊不清，形成细条状的晶粒和细带状或碎链状的夹杂物，即得到纤维组织。金属的性能因为纤维组织的出现而呈现各向异性，顺纤维方向比横纤维方向的力学性能高得多。

（2）产生加工硬化。金属材料的强度和硬度随着冷塑性变形程度的增加而提高，但其塑性和韧性不断下降的现象，称为加工硬化，也称形变强化或冷作硬化。之所以产生加工硬化，是因为金属晶体内位错的密度和阻力随着变形程度的增加而不断增大。

在实际生产中，加工硬化现象有利也有弊。对于那些不能用热处理方法进行强化的金属材料来说，加工硬化是强化金属的常用手段。然而在冷变形过程中，金属一旦出现加工硬化现象，就很难对其进行继续变形。在冷冲压工艺中增加再结晶退火处理可消除加工硬化，恢复塑性。

5.1.2　回复与再结晶

在冷塑性变形后，严重的晶格畸变使金属内部的原子呈现不稳定状态，其具有向稳定状态转化的趋势。多数金属的原子活动能力在室温时很低，较难实现这种转化。为了使内部原子的活动扩散能力增加，加速金属组织向稳定状态转化，在生产中经常对已产生加工硬化的金属采用“中间退火”的方法进行处理，即人为加热金属。冷塑性变形金属随着加热温度的升高，将相继发生如图 5-2 所示的回复、再结晶和晶粒长大三个阶段变化。

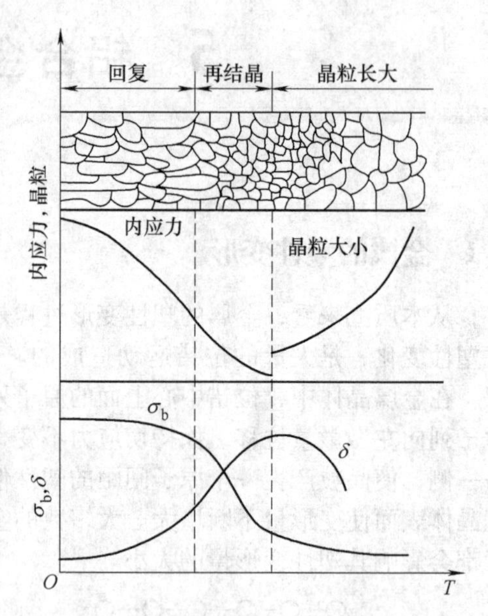

图 5-2　冷变形金属加热时组织和性能的变化

（1）回复。冷塑性变形金属内部原子在较低的加热温度下活动能力较小，不发生明显的显微组织变化。此时虽然强度、硬度略有下降，但塑性、韧性有所回升，存在较明显的内应力降低现象，即回复阶段。在实际生产中，若希望保持冷塑性变形金属因加工硬化而提高的强度、硬度，又使残余内应力下降或消除，则可利用回复阶段的低温加热处理进行实现，这种处理方法也叫去应力退火。例如，常采用低温去应力退火处理冷拔弹簧钢丝绕制的弹簧，加热温度为 250~350℃。目的就是既保持冷拔钢丝的高强度，又使绕制弹簧时产生的内应力降低甚至消除。

（2）再结晶。当加热温度高于回复阶段时，金属内部的原子活动扩散能力随着温度的升高而增强，破碎的、被伸长和压扁的晶粒将向均匀细小的等轴晶粒转化，使金属内部的组织结构出现显著的变化。此时伴随着强度、硬度的明显下降，金属的塑性、韧度显著提高。各项性能与冷塑性变形前的基本一致，由于这个过程是通过晶粒的形核和长大完成的，类似于结晶过程，因此称为再结晶过程。

晶粒的晶格类型和化学成分在再结晶前后不发生变化，只有晶粒的形状发生改变，因此，再结晶过程不是相变过程，这也是再结晶和液态结晶最大的不同点。常在冷塑性变形生产中（如冷冲压）利用再结晶过程消除加工硬化现象，以使其能够继续变形。这种热处理称为再结晶退火或中间退火。

金属的再结晶是在一定的温度范围内进行的，而不是一个固定的温度，一般将再结晶温度定义为开始进行再结晶的最低温度。金属之前所受冷塑性变形的程度决定了其再结晶温度的大小。金属的再结晶温度随着之前变形程度的增大而降低，在变形度达到一定值时，再结晶温度趋于某一极限值。图 5-3 是金属的变形度与再结晶温度之间的关系。

（3）晶粒长大。再结晶后，冷塑性变形金属的晶粒细小且均匀。但随着加热温度的继续升高或加热时间的延长，晶粒会出现明显长大的现象，从而在冷却后得到粗晶组织，使金属的力学性能降低。

5.1.3 冷塑性变形和热塑性变形的区别

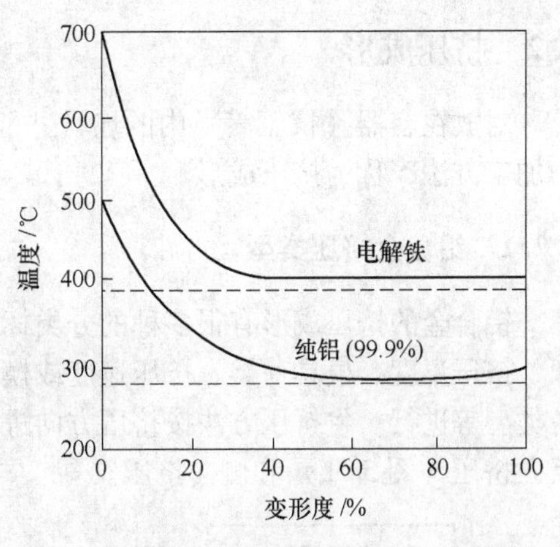

图5-3 金属的变形度对再结晶温度的影响

通常以金属的再结晶温度值区分冷塑性变形与热塑性变形。将变形时温度在该金属再结晶温度以下的称为冷塑性变形，反之称为热塑性变形。因此，不能用是否对金属进行加热来区分热塑性变形或冷塑性变形。

冷轧、冷拔、冷冲压、冷挤压等工艺均属于冷塑性变形的范畴，其在变形时的加工硬化现象明显，因此不宜使用过大的变形量，防止工件撕裂或模具寿命下降。但冷塑性变形产品的表面质量好，尺寸精度高，强度、硬度高，因此在实际生产中应用较为广泛。

在热塑性变形时，金属同样产生加工硬化，但由于变形温度高于再结晶温度，因此，其变形时产生的加工硬化被再结晶软化相抵消，金属的塑性仍较高，变形抗力较低。热塑性变形工艺包括自由锻、热模锻、热轧等，虽然毛坯件成形较易，但其表面会因为高温而出现氧化皮，降低尺寸精度和表面质量，因此，热塑性变形常用于形状复杂、厚大毛坯件的制造。

5.1.4 热塑性变形

铸锭中的组织缺陷在热塑性变形及再结晶后会得到明显改善，例如，粗大的铸态金属原始结晶晶粒会变为细小的等轴晶粒，金属的组织致密度会因为气孔、缩松被压实而增加，某些金属的一次凝固组织中粗大的初生相被打碎并均匀分布，使金属化学成分偏析的情况得到缓解。

金属中的脆性杂质在热塑性变形时被破碎，并沿金属流动方向呈粒状或链状分布。沿变形方向带状分布的塑性杂质会形成锻造流线。流线随锻造比的逐渐增大而趋于明显。锻件的力学性能因为流线的存在而呈现明显的各向异性，其纵向的塑性和韧性比横向的要高得多，并且强度也略有提高。因此，合理的分布流线有助于提高锻件的使用寿命。锻造曲轴和轧材切削加工曲轴的流线分布示意图如图5-4所示，从图中可以看出，经切削加工的曲轴，沿轴肩部位的流线易发生断裂，流线分布不合理。

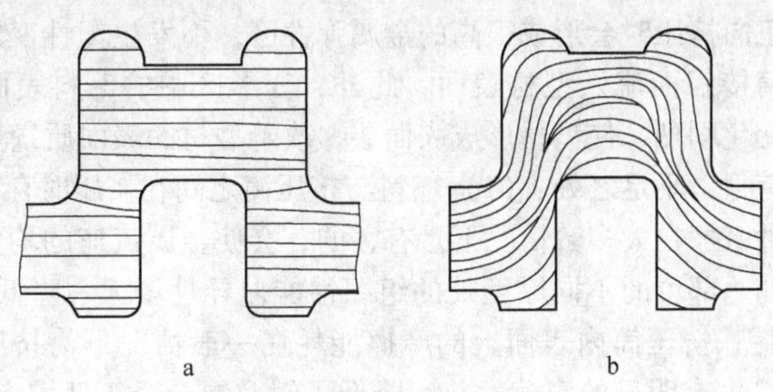

图5-4 曲轴的流线分布示意图

a—轧材切削；b—锻造

5.2　挤压成形

对放在容器（挤压筒）内的坯料进行施压，使之通过模孔而成形为特定截面形状制品的加工方法，称为挤压成形。

5.2.1　铝合金挤压类型

铝合金的挤压成形有很多种的分类标准，如分类可以按挤压方向、润滑状态、变形特征、挤压温度、模具种类、挤压速度或模具结构、产品品种或数目坯料状态或数目以及设备类型等进行。将挤压方法按挤压方向进行分类，可分为以下三种：正向挤压（图 5-5a）、反向挤压（图 5-5b）和侧向挤压。

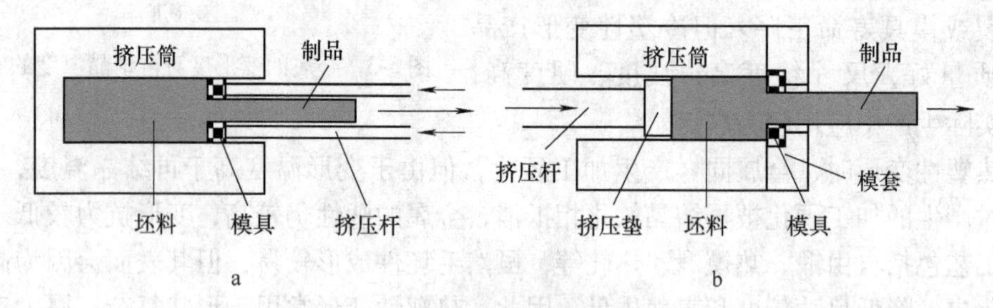

图 5-5　铝合金挤压过程基本原理

a—正向挤压；b—反向挤压

5.2.1.1　正向挤压

正向挤压，也叫正挤压，是制品在挤压过程中的流出方向与挤压轴的运动方向一致的挤压方法，如图 5-5a 所示。将坯料在挤压时放入挤压筒中，挤压杆的压力作用使金属通过模孔流出，获得与模孔尺寸形状相同的挤压制品。正向挤压法的主要特点如下：挤压筒在挤压过程中保持不动，坯料沿挤压筒内壁在挤压杆压力作用下移动，金属的压出流动方向与挤压杆的运动方向相同。

作为最基本的挤压方法，正向挤压具有技术成熟、工艺操作简单、生产灵活性大、表面质量好等优点，因此广泛用来成形加工铝及铝合金材料。正向挤压可细分为平面变形挤压、轴对称变形挤压和一般三维变形挤压等，也可分为冷挤压、温挤压和热挤压等。

正向挤压法的工艺操作简单，可在任何挤压设备上使用；灵活性大，可生产各种挤压制品。模具附近在正向挤压时会形成很高的金属弹性区，不发生塑性变形，因此挤压缺陷不会从毛料与挤压筒接触面流入型材表面。此外，变形区中的毛料表面层的剪切变形很大，导致金属层的变化剧烈，使型材形成表面层，改善型材的表面质量。

正向挤压法也有很多不足之处：（1）坯料与挤压筒之间在挤压时存在相对滑动，产生很大的外摩擦，这种摩擦在大多数情况下是有害的，会使金属流速的均匀性下降，使挤压制品的不同部位、同一部位的不同厚度处的组织性能差异性增大，降低挤压制品的品质；（2）增加挤压的能耗，挤压筒内表面上的摩擦能耗在一般情况下为挤压总能耗的 30%～40%，甚至更高；（3）有明显的摩擦发热，降低了铝及铝合金等低熔点合金的挤压速度，使挤压模具的磨损加剧。

5.2.1.2 反向挤压

反向挤压，也叫反挤压，是制品在挤压过程中的流出方向与挤压轴的运动方向相反的挤压方法，如图5-5b所示。正向挤压法的主要特点如下：挤压筒与挤压筒之间在挤压过程中无相对运动，使挤压筒中金属流动的力学条件发生改变；变形相对较均匀；所需的挤压力下降。

铝及铝合金（尤其是高强度铝合金）的管材和型棒材热挤压成形，各种铝合金材料零部件的冷挤压成形常使用反向挤压的成形方法。金属坯料与挤压筒之间在反向挤压时无相对滑动，不需要很大的挤压力，具有较低的挤压能耗。反向挤压在与正向挤压相同的设备上进行挤压变形能获得程度更大的变形，或对挤压变形的抗力更高。不同于正向挤压，金属的流动在反向挤压时主要集中在模孔附近的区域，金属的变形沿制品长度方向较均匀。但反向挤压成形技术也存在一些缺陷而限制了其进一步应用：工艺和操作较为复杂；比正向挤压更长的间隙时间；较差的制品的表面质量；需要专用的挤压设备和工具等。但是在近年来，铝合金的反向挤压技术在专用反挤压机和工模具技术的快速发展下也得到越来越广泛的应用。

5.2.1.3 复合挤压法

复合挤压法是在挤压时锭坯的一部分金属的流动方向与挤压轴的运动方向相同，另一部分金属的流动方向与挤压轴的运动方向相反，其原理示意图如图5-6所示，兼具了正向挤压法和反向挤压法的优点，可用来生产断面形状为圆形、方形、六方形、齿形、花瓣形的双杯类和杯杆类挤压件或等断面的不对称挤压件。

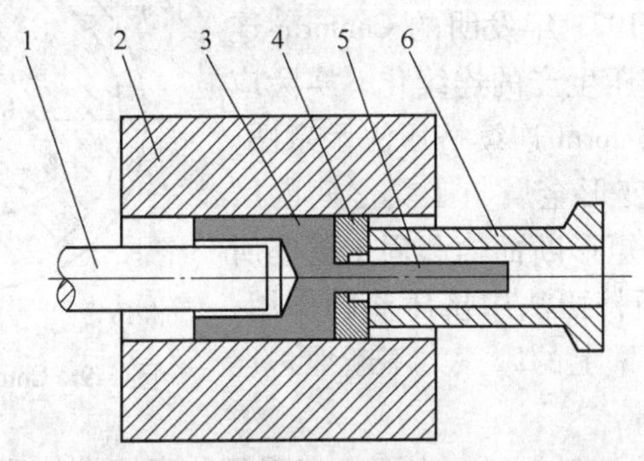

图5-6 复合挤压法示意图

1—实心挤压轴；2—挤压筒；3—锭坯；4—挤压模；5—挤压制品；6—空心挤压轴

5.2.1.4 其他挤压法

A 减径挤压法

图5-7是减径挤压法示意图，其可使锭坯断面出现轻度的缩减。减径挤压法在直径相差不大的阶梯轴类挤压件生产中较为常用，也可用于修整深孔薄壁杯形件。

B 径向挤压法

图5-8是径向挤压法示意图，从图中可以看出，金属的流动方向与挤压轴的运动方向

相垂直。十字轴类挤压件、花键轴的齿形部分和直齿和小模数螺旋齿轮的齿形部分等均可用径向挤压法进行制造。

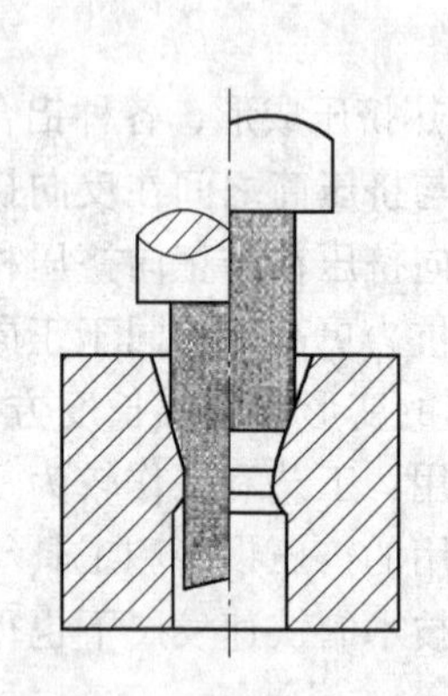

图 5-7　减径挤压法示意图

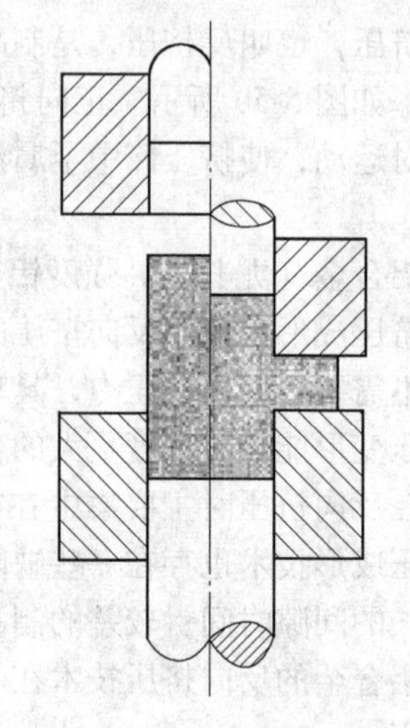

图 5-8　径向挤压法示意图

C　Conform 连续挤压法

上述所有方法均有一个共同的特点，即挤压生产是不连续的，需要在坯料前后挤压的间隙时辅助进行分离压余和充填坯料等操作，降低挤压制品的生产效率，无法用于长尺寸制品的连续生产。英国原子能局的 D. Gyeen 于 1971 年发明的 Conform 连续挤压法可以真正实现挤压生产的连续化，实际应用效果较好。图 5-9 是 Conform 连续挤压法示意图。Conform 连续挤压是依靠变形金属与工具之间的摩擦力实现的。旋转槽上的矩形断面槽和固定模座所组成的环形通道起到普通挤压法中挤压筒的作用，当槽轮旋转时，借助于槽壁上的摩擦力不断地将坯料送入而实现连续挤压。

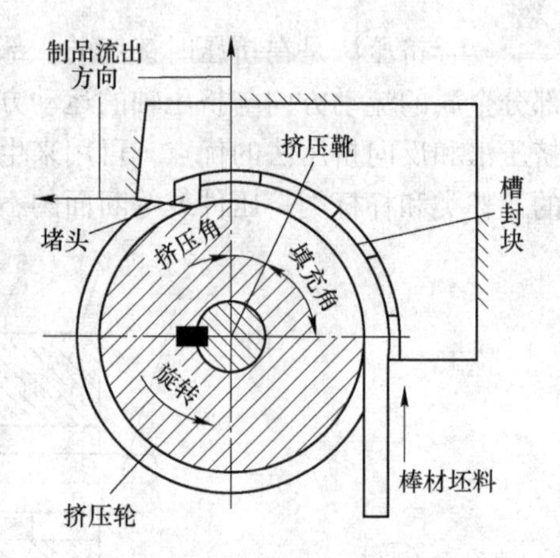

图 5-9　Conform 连续挤压法示意图

Conform 连续挤压时，坯料与工具表面会有明显的摩擦发热现象，因此，在不进行外部加热的前提下，可实现铝及其合金等低熔点合金的变形区在 400~500℃下进行热挤压。

铝包钢电线等包覆材料、小断面尺寸的铝及铝合金管材、线材、型材的成形均可使用 Conform 连续挤压法。较大断面型材的生产可应用扩展模挤压技术。

此外，在铝及其合金的挤压成形中，润滑挤压、冷挤压、静液挤压等方法也有一定的应用。

5.2.2　铝合金挤压工艺的特点

铝合金挤压工艺最主要的特点之一是具有模锻的特性（有成形模）。任意断面或空心形状均可作为模口的形式。挤压成形制品的形状可以为条形、带状，属于连续成形的一种，因此又具有轧制的某些特性，铝合金挤压工艺与锻、轧相比的优点如下：

（1）相对于轧制和锻模等工艺，挤压工艺的三向压缩应力状态更加强烈，金属能充分发挥其塑性变形，因此，挤压工艺能实现轧制工艺和模锻工艺难以完成的制品生产，也能用来加工一些低塑性合金。

（2）挤压工艺既可用于断面形状简单的棒、管线等制品的生产，也可用于断面形状复杂的空心和实心形制品的制备。

（3）采用特殊的专用模具还能生产变断面型材和带异形筋条的型材。

（4）挤压工艺只需更换模具就可生产形状和尺寸均不同的制品，因此具有很大的生产灵活性。较短的模具更换时间和高的生产效率有利于制备小批量生产规模的产品。

（5）挤压工艺得到的制品尺寸精度和表面粗糙度远高于轧制和模锻制品，在不加工或少加工下就可成为成品件。

（6）挤压制品具有优异的力学性能，铝及铝合金制品在淬火或时效处理后的纵向性能（抗拉强度、屈服强度）均高于轧制和模锻制品的。

（7）挤压工艺相比于轧制工艺，其设备结构紧凑、占地少、基础设施费用少，操作简单，维修易行。

（8）有利于半自动或自动化生产的实现，对操作人员的需求少且其劳动强度不大，目前在先进的挤压设备上已实现人机对话和计算机程序控制。

但是，挤压工艺还存在以下问题：

（1）材料利用率低，在挤压工艺制造过程产生的废料占了整个坯料的12%~15%。

（2）具有比轧制工艺较低的生产效率。

（3）挤压工艺中的正向挤压会因为坯料与挤压筒内孔壁间存在摩擦力而增加能耗，并减低制品的品质。

5.2.3 铝合金的挤压工艺

5.2.3.1 挤压工艺流程

铝及铝合金的挤压工艺流程如下：首先在挤压前将铝铸棒加热软化，并置于挤压机的盛锭筒中，然后用大功率的油压缸推动前端带有挤压垫的挤压杆，在强大的压力作用下，加热变软的铝合金从模具孔中挤出成形，生产出所需要产品的形状。

典型卧式液压挤压机的示意图如图5-10所示，其是目前挤压工艺中使用最为广泛的

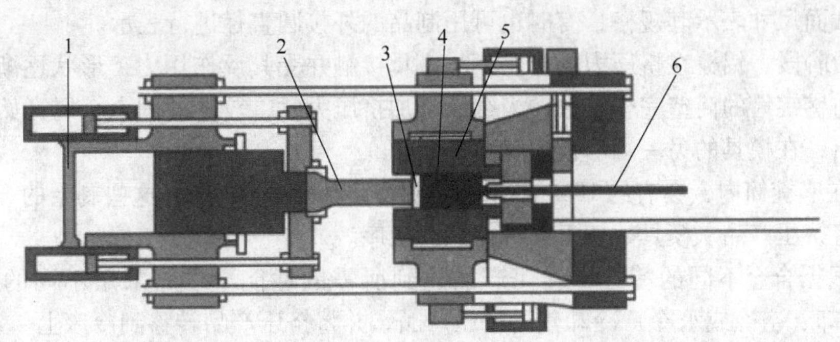

图5-10 典型卧式液压挤压机示意图（挤压方向由左向右）

1—主缸；2—挤压杆；3—挤压垫；4—坯料；5—挤压筒；6—挤压件

设备。模具在挤压时保持不动，铝及铝合金在挤压杆的压力作用下运动并通过模具孔成形。此外，还有种挤压工艺，是将模具安装在中空的挤压杆上，推动模具向不动的铝棒坯进行挤压，从而成形。

铝及铝合金的挤压工艺生产过程如图 5-11 所示，图 5-11a 为挤压开始时第一根型材刚刚被挤出一段，图 5-11b 为生产过程中的铝型材。

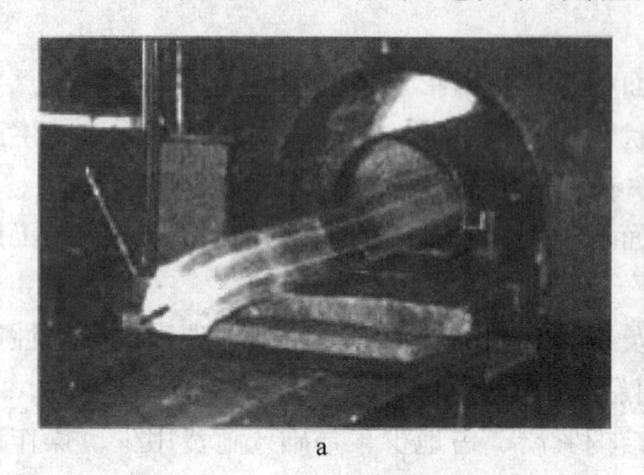

a

b

图 5-11 铝及铝合金挤压工艺生产过程

a—第一根型材刚刚被挤出一段；b—生产过程中的型材

挤压铝型材的基本步骤如图 5-12 所示。首先在加热炉中对坯料进行预热，然后在挤压机和模具中对预热的坯料进行挤压，通过锯切、拉直、再锯切处理后，在时效炉中完成时效处理即可获得挤压铝型材。挤压铝型材的具体步骤如下所述。

图 5-12 挤压铝型材的基本步骤

（1）对铝棒和挤压工具进行预热，使固态的铝棒变软。铝合金的熔点约为 660℃，根据其挤压状态，典型的预热温度为 375~500℃。

（2）将挤压杆对铝棒开始施加压力的时间视为挤压工艺的起始阶段。挤压杆的压力决定了挤压机能生产的制品的大小，设计挤压力的值涵盖了 100~15000t 的所有区间。制品的最大横截面尺寸表示其规格，有时也可用制品的外接圆直径进行表示。

在起始阶段，铝棒在挤压力的作用下与模具接触并受其反作用力，形状逐渐变短、变粗，直至与盛锭筒的筒壁完全接触。当继续施加挤压力时，较软的固态金属开始从模具的成形孔挤出，在模具的另一端形成型材。

（3）在盛锭筒内，会有约 10%的铝棒（包括铝棒表皮）剩余，这些剩余的金属可以回收利用。将挤压产品从模具处切下来进行后续工序。

（4）根据合金不同的特性，确保产品达到所需的性能要求，采用不同的冷却方式（如自然冷却、空冷或水冷）冷却热的挤压产品，并将挤压产品转移到冷床上。

（5）用拉伸机或矫直机对冷床上的挤压产品进行调直和矫正扭拧（挤压后的冷加工工序也包含拉伸），然后将产品通过输送装置送往锯切机。

(6) 根据需要将产品锯切为特定的商用长度。目前使用最多的锯切工具是圆盘锯。在自润滑锯切机装备中，存在向锯齿输送润滑剂的系统，可保证锯口具有较好的表面质量和装备达到最佳的锯切效率。设备中的自动压料装置可固定好型材以备锯切，收集起来的锯切碎屑也能回收利用。

(7) 很多挤压产品强度的提高都需要对其进行时效处理，使其出现析出强化效果，这种处理方式也叫时效硬化。可以在室温下进行自然时效，在时效炉中进行人工时效。

挤压机挤出的型材的状态接近半固态，在介质（空气、水和油等）的介入下冷却成固态。铝镁系或铝锰系等非热处理强化合金依靠自然时效和冷加工提高强度，铝铜系、铝锌系和铝镁硅系等热处理强化型合金依靠能影响合金组织结构的热处理方式提高强度和硬度。

时效处理能使合金基体中均匀析出强化相粒子，从而使合金的屈服强度、硬度等得到极大程度的提高。

(8) 在产品进行充分的时效处理后，会转移到表面处理或深加工车间或捆包运输给客户。

有很多种捆包的方法包装铝型材，可根据实际的包装需求进行操作。码垛堆放包装好的型材，避免出现表面损坏、扭曲和其他伤害。特定的挤压产品也有特定的包装方法以便储存和运输。

图 5-13 是铝及铝合金热挤压时挤压程序循环框图，其中的润滑工艺工序在铝的热挤压中不常使用。挤压筒在铝及铝合金的挤压实际生产中也很少润滑，较为常见的是对模具进行润滑。

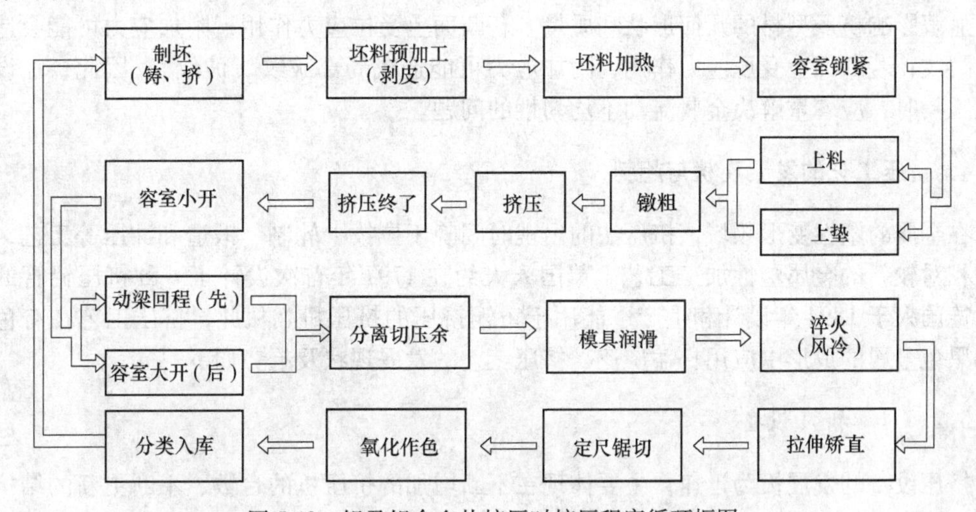

图 5-13 铝及铝合金热挤压时挤压程序循环框图

5.2.3.2 金属在正向挤压时的流动

在热挤压过程中，铝合金具有以下两个基本的特点：(1) 铝合金坯料会粘着工模具，产生的接触摩擦应力接近于剪切屈服强度，从而导致挤压坯料的表面层产生与中间层差别较大的剪切变形量，增大变形的不均匀性；(2) 挤压坯料和工具之间的加热温差因为较低的铝合金变形温度而差别不大。此外，铝合金具有小的热容量、良好的导热性，因此温度场梯度在挤压断面和长度方向上较小。相较于其他挤压坯料和工具加热温差很大的金属及合金（如铜合金、钢等），铝合金正向挤压时的变形不均匀性较小。对于金属的流动性质而言，这两个特点产生的影响截然相反。

在其他条件一致的前提下，坯料与挤压筒之间的接触摩擦力在很大程度上决定了铝合金挤压变形的不均匀性。首先，坯料与挤压筒之间的摩擦力在挤压时会阻碍金属表面层的运动，在纵向上相对坯料中心压缩并镦粗坯料表层金属，增大其横向尺寸。靠近挤压垫的坯料受到最大的轴向应力，因此表面层金属的横向增宽最大。坯料和挤压筒接触长度及摩擦应力的增加会增大轴向应力，明显地压缩坯料的内层金属，在挤压筒和模具连接处产生阻碍金属流动区。其次，挤压过程不存在稳定阶段，随着挤压过程的进行，表面层和中心层的变形程度均在不断地增大，但相对而言，表面层的变形程度增大较快，因此变形的不均匀性在挤压过程中不断增大，导致挤压型材在断面和长度方向上存在力学性能的差异。第三，摩擦力在坯料与挤压筒接触处金属的阻碍区中很大，模孔中很难被薄的坯料表面层流入，从而获得具有优质表面的挤压制品。在具有重要用途的型材生产上，拥有诸多缺点的不润滑正向挤压应用最为广泛，尤其是那些挤压后不需要机械加工处理或只在型材表面的很小一部分上进行机械加工（如铆接前钻孔、开槽等）。

相比于挤压圆棒，挤压异形型材时沿型材断面变形的不均匀性更为明显。变形不均匀性之所以增加，是因为坯料与挤压制品的横断面间的几何相似性很低，而变形的不均匀性随型材断面不对称性的增大而增大。断面的各个部分因为不均匀变形而力图以不同的速度流动，但金属的整体性却限制了这种流动方式，从而造成极大附加应力的出现。这种附加应力显著影响挤压型材的几何形状和质量。若断面上受拉应力作用，附加应力可能会造成横向裂纹；若断面上受压应力作用，附加应力可能造成局部皱纹（波纹）。因此，在设计挤压工具时，应着重解决金属流动不均匀性的问题。

5.2.4　挤压工艺的发展现状与趋势

在金属的塑性变形领域，挤压法的出现时间晚于拉拔、轧制、锻造和冲压等工艺，是一种相对较新的金属塑性加工工艺。英国人大约在 1797 年首次设计了一种挤压铅管的装置，德国人于 1894 年设计和生产了能用于黄铜挤压的挤压机。从此，挤压工艺在有色金属和黑色金属的成形中应用日益广泛，挤压工艺的发展现状及趋势如下。

5.2.4.1　挤压设备

挤压设备的发展极为迅速，主要体现在不断增加的挤压机的台数、不断更新的结构形式、不断提高的自动化程度和不断扩大的生产能力。在这个过程中，油压挤压机也获得了广泛应用。例如，建造的最大挤压力为 270MN 的大型水压机可用于大型运输机、战斗机、导弹、舰艇等所需要的整体壁板等结构材料的制造，油压机的挤压力最大也已经达到了 95MN。截止到 2015 年 8 月，全世界已投产的挤压力大于 50MN 的铝型材挤压机约有 70 台。

近代的挤压机生产线也具有较高的自动化程度，挤压机也由传统的人工操作改变为远距离集中控制、程序控制和计算机自动控制，大幅度提高了生产效率，减少了操作人员。

例如，操作人员在实现完全自动化操作的建筑铝型材的挤压生产线中已减少到2人，并有望实现生产线的无人化操作。

5.2.4.2 挤压工模具

挤压模具中不断出现的新式挤压模使挤压工模具的面貌焕然一新。这些工模具，如舌形模、平面分流组合模、叉架模、导流模、可卸模、宽展模、水冷模等都在一定程度上提高了生产效率，同时，多种活动模架和工具自动装卸机构的出现也使工模具的装卸操作流程得到了大大的简化。

此外，对挤压工模具的材料也开展了大量的研究工作，比如，模具材料的质量随着高合金化的铬镍模具钢和新型热处理方法的使用而显著提高。挤压模具的计算机设计和制造也实现了模具的自动设计和制造，为模具质量的提高和寿命的延长提供了一个全新的思路。

5.2.4.3 挤压新技术

近年来在铝合金挤压方面涌现出许多成形新技术，如等温挤压技术，即金属流出模孔时的温度在挤压过程中保持不变，这种技术能有效控制金属流出速度，避免制品的表面上出现周期性的裂纹；冷挤压技术可以提高金属的挤压速度；润滑挤压技术可以使外摩擦在挤压时对金属流动不均匀性的影响下降；锭接锭挤压技术能使挤压生产率和成材率提高，显著降低挤压压余量。

紫铜和黄铜等合金易发生氧化，因此在挤压时可采用水封挤压、惰性气体保护挤压和真空挤压等方法，避免紫铜和黄铜等材料与空气中的氧发生接触，从而显著降低紫铜和黄铜的氧化程度。对于钨、钼等在挤压时极易破碎的脆性材料，可考虑采用带反挤压力的挤压和静液挤压等方法。

挤压筒壁与锭坯间的摩擦力在常规挤压中是阻碍锭坯前进的力，其不仅增大挤压力，还会导致不均匀挤压变形，而有效摩擦挤压可以使外摩擦力转变为促进挤压过程进行的力，使其变害为利。

5.2.4.4 产品品种和规格

目前，铝合金型材的品种和规格不断扩大，已达到30000多种，其中包含了具有复杂外形的型材、逐渐变断面型材、阶段变断面型材、大型整体带筋壁板及异型空心型材等很多复杂的铝合金型材。此外，挤压管材除了有圆、椭圆、扁、方、六角等形状之外，还出现了变壁厚管材和多孔腔管材等。

在最开始的时候，挤压法主要是用来生产铜、铝及铝合金等低熔点金属的型材，而无法生产钢、镍合金、钛合金、钨、钼等熔点较高、变形抗力较大的金属型材。但随着熔融玻璃润滑剂的应用，能使用挤压法生产金属的种类也越来越多，上述金属及其合金均实现了工业化的规模生产。

此外，金属粉末和颗粒等原料通过挤压法能直接成材，它还能用于双金属、多层金属以及复合材料等制品的生产。

5.2.4.5　理论成果

随着挤压工艺的发展，挤压过程相关的计算和分析也取得了一些突破。比如，20 世纪初对挤压过程的金属流动进行试验，阐释清了金属流动规律和挤压缩尾的形成机理，此后，又出现了能计算挤压力的公式。现在，挤压过程的分析更是采用了滑移场理论、视塑性法、有限元法、上界法等方法。

5.2.4.6　铝合金挤压技术的发展趋势

自 20 世纪 70 年代以来，日本相继开发出了静水挤压、连续挤压等挤压加工技术，并将其进行工业试用。新型特殊的挤压加工技术，如连续挤压拉拔技术、新材料新功能挤压技术、可变断面挤压技术、弯曲挤压技术以及精密挤压技术等也在不断的开发研制中，其挤压产品在建筑、家电、汽车、船舶以及高速列车等行业得到大量的应用。美国在挤压成形领域具有扎实的基础理论和丰富的生产实践经验，俄罗斯在铝合金型材挤压方面也处于世界前列。英国、法国、意大利、挪威、瑞典、加拿大以及澳大利亚等国的铝合金型材挤压技术也发展到了相当高的程度，我国的挤压技术主要学习前苏联，到现在在很大程度上仍沿用前苏联的技术。

我国的铝型材挤压技术的研究开发方向如下：

（1）研发新型的铝合金材料和模具材料。

（2）充分利用铝型材挤压的特点对型材产品进行设计。

（3）研究先进的制模技术和挤压技术。

（4）开发挤压模具的 CAD/CAM 技术。

（5）对现有的模具结构进行改进，设计各种新结构，改善冷却系统和润滑系统，提高模具的寿命和产品的质量。

（6）研究挤压加工过程的温度场、速度场、应力应变场及其耦合作用下的变化规律，阐释金属的流动规律；对挤压过程进行仿真模拟，指导模具设计和工艺规程的制订。

5.3　轧制成形

从坯料的供应方式上将铝及铝合金的轧制方法分为连续铸轧法、铸锭轧制法和连铸连轧法等三种，如图 5-14 所示。

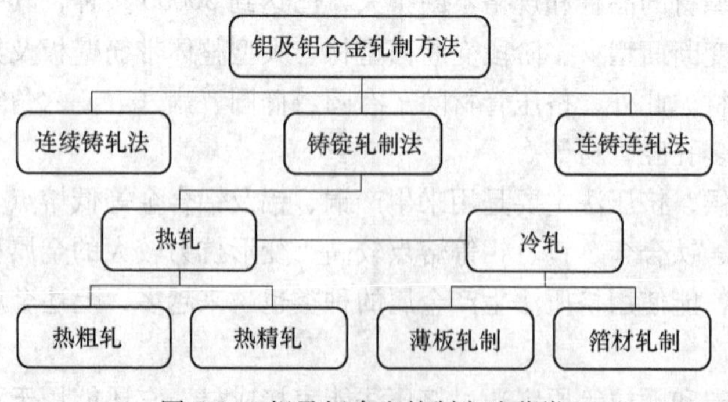

图 5-14　铝及铝合金轧制方法分类

其中，将金属熔体直接轧制成半成品带坯或成品带材的工艺称为连续铸轧。在这种工艺中，两个带水冷系统的旋转铸轧辊作为结晶器，熔体在其辊缝间于很短的时间内（2~3s）完成凝固和热轧两个过程。

将铝及铝合金的熔体通过连续铸造机制成具有一定厚度或截面形状的铸锭，然后直接在单机架、双机架或多机架热轧机上轧制成冷轧所使用的板带坯或其他成品的过程称为连铸连轧。在连铸连轧中，铸造与轧制虽然是两个独立的工序，但是产品的生产过程是在同一条生产线上连续地进行的。

连续铸轧与连铸连轧是两种截然不同的轧制方法，但却有共同的特点，即均是在一条生产线上实现熔炼、铸造、轧制过程，有利于生产的连续性，使常规的熔炼—铸造—铣面—加热—热轧的间断式生产流程缩短。连续铸轧与连铸连轧虽然省去了铸锭轧制中的热轧工序，实现了节能减耗，但是板坯的连铸厚度在一定程度上限制了产品的规格，并且很难对产品的组织和性能进行适时调控，产品的品种也受到了限制。目前仅有 1×××系和 3×××系产品适于连续铸轧与连铸连轧进行生产。

铝及铝合金板带材的传统轧制方法是铸锭轧制。可将轧制根据温度的不同分为热轧和冷轧两种类型。轧制温度高于金属再结晶温度的是热轧，由于高温下金属具有良好的塑性，因此具有较大的加工率、较高的生产率和成品率。在对铝及铝合金的板带材进行铸锭轧制时，一般采用热轧开坯后再进行后续工序处理。轧制温度低于金属再结晶温度的是冷轧，冷轧会造成加工硬化，增加金属的强度和变形抗力，降低其塑韧性。冷轧根据轧制成品厚度的不同还可细分为薄板轧制和箔材轧制。其中薄板轧制即是通常所说的冷轧；箔材轧制也简称为箔轧，其轧制成品厚度一般小于 0.2mm。

5.3.1 铝合金轧件的轧制过程

图 5-15 是铝合金轧件轧制过程示意图，轧件的轧制过程在一个轧制道次里可分为开始咬入、拽入、稳定轧制和轧制终了（抛出）4 个阶段。

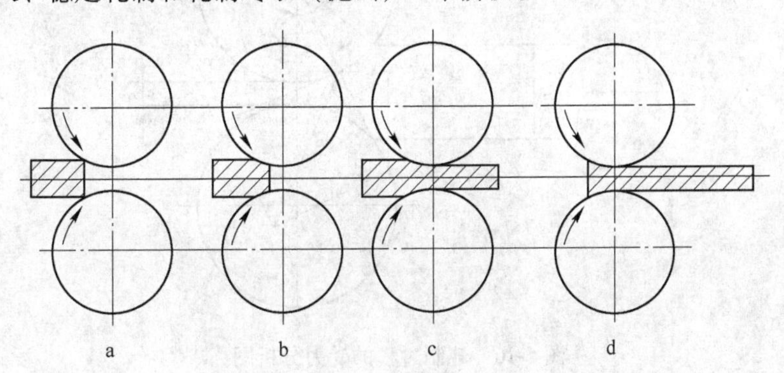

图 5-15 铝合金轧件轧制过程示意图

a—开始咬入阶段；b—拽入阶段；c—稳定轧制阶段；d—轧制终了阶段

（1）开始咬入阶段。由于轧件在开始接触到轧辊时受到轧辊摩擦力的作用，因此会被轧辊“咬入”，开始咬入阶段是在一瞬间实现的。

（2）拽入阶段。一旦旋转的轧辊咬入轧件后，轧件受到的轧辊作用力就在不断改变，轧件逐渐被拽入辊缝中，直到轧件前端到达两辊连心线位置，即完全充满辊缝，这个阶段时间也很短，并且轧制变形、几何参数、力学参数等因素都在变化。

（3）稳定轧制阶段。轧件前端从辊缝出来后，整个轧件均在辊缝中承受变形，轧制过程连续不断地稳定进行。

（4）轧制终了阶段。轧件与轧辊在轧件后端进入变形区开始逐渐脱离接触，变形区随着轧制的进行而逐渐变小，直到轧件后端完全脱离轧辊。这个阶段的时间也很短，各种参数也在不断变化。

轧制过程中稳定轧制阶段是最重要的，也是轧件成形的主要阶段。在这一阶段中，变形区内金属流动、受力情况都是板带材轧制的主要研究对象，为此开展了大量的工艺控制、产品质量与精度控制、设备设计等。此外，瞬间完成的开始咬入阶段也是建立整个轧制过程的先决条件，应在制定工艺和设计轧辊时引起足够的重视。拽入与抛出阶段各种条件均在变化，外界影响因素较多，但不影响整个轧制过程的进行，相关研究工作开展的较少。

5.3.1.1　轧件咬入条件

轧件能否被旋转的轧辊咬入是轧制过程能否建立的前提。因此，开展轧辊咬入轧件条件的研究和分析，具有十分重要的现实意义。摩擦力可以实现轧辊咬入轧件，因此，常分析轧件的受力情况以研究其咬入条件。

图 5-16 是轧件在咬入时的受力情况，轧件的咬入需满足：

$$Q + 2T_x \geqslant 2P_x \tag{5-1}$$

式中，Q 为后推力；P_x 为轧制力，$P_x = \sin\alpha$；T_x 为摩擦力，$T_x = \mu P\cos\alpha$。

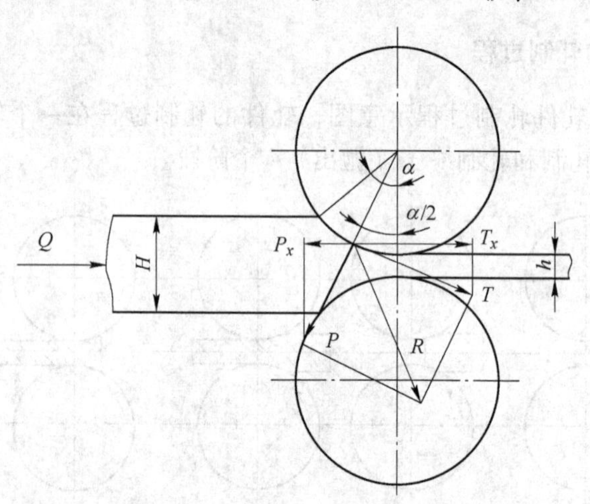

图 5-16　轧制过程的受力分析图

将轧制力和摩擦力的计算式代入式（5-1）中，可得

$$\mu \geqslant \tan\alpha - \frac{Q}{2P\cos\alpha} \tag{5-2}$$

又 $\mu = \tan\beta$，β 为摩擦角。若不计后推力，$Q = 0$，则有

$$\tan\beta \geqslant \tan\alpha \tag{5-3}$$

即 $$\beta \geqslant \alpha \tag{5-4}$$

所以，实现咬入条件为

$$\beta \geqslant \alpha \quad (摩擦角大于咬入角) \tag{5-5}$$

$$\beta = \alpha_{max} \quad (\alpha_{max}为临界咬入角) \tag{5-6}$$

临界咬入角 α_{max} 受轧机能力的限制，当 $\beta \geqslant \alpha$ 时，可实现自然咬入。然而，即使是在较大压下量的条件下，若摩擦系数过小也会导致咬入角较大，在自然条件下很难出现咬入阶段，轧件进入不了轧辊间隙中。因此，摩擦系数对咬入条件的影响较大，而改变摩擦系数也会相应地改善轧件咬入，可以通过调节轧制温度、轧制速度等参数对摩擦系数进行控制。

5.3.1.2 稳定轧制

轧件的接触压力水平分量 $P\sin\alpha$ 会随着咬入的进行而逐渐减小，摩擦力将轧件拽入辊缝中，使轧制过程建立。假设摩擦力沿接触弧平均分布，接触弧的中点是摩擦力作用点，则轧制建成所需的摩擦条件为

$$F\cos\frac{\alpha}{2} - P\sin\frac{\alpha}{2} \geqslant 0 \tag{5-7}$$

即有

$$\beta \geqslant \frac{\alpha}{2} \tag{5-8}$$

从上节咬入条件的确定公式可以看出，只要轧件能被自然咬入，即可满足稳定轧制条件，将 $\beta = \frac{\alpha}{2}$ 时的摩擦系数称为最小允许摩擦系数 μ_{min}。这时，轧辊不会出现打滑，轧件在轧制过程中也不会出现前滑。最小允许摩擦系数 μ_{min} 估算值的确定有助于保证轧制过程的稳定。

轧辊在实际轧制过程中会出现弹性压扁的现象，可用 Hitchcock 公式对变形后的轧辊直径进行计算。在实际冷轧过程中或采用工艺润滑的条件下，轧辊压扁直径可近似认为是原辊径的两倍，即 $D' = 2D$，那么有：

$$\mu_{min} = \frac{\alpha}{2} = \frac{1}{2}\sqrt{\frac{\Delta h}{R}} = \sqrt{\frac{H\varepsilon}{2D'}} = \frac{1}{2}\sqrt{\frac{H\varepsilon}{D}} \tag{5-9}$$

若考虑前、后张力，可得到

$$\mu_{min} = \frac{1}{2}\left[1 + \frac{\tau_H - (1-\varepsilon)\tau_h}{K'\varepsilon}\right]\sqrt{\frac{H\varepsilon}{D}} \tag{5-10}$$

式中，τ_h、τ_H 为前、后张力；K' 为材料平面变形抗力。

5.3.1.3 改善咬入的措施

通过式（5-8）与式（5-9）可看出，开始咬入阶段的摩擦条件是稳定轧制阶段的 1 倍，即一旦通过开始咬入阶段，会多出来一半以上的摩擦，这些摩擦称为剩余摩擦，也称为无效摩擦。一部分剩余摩擦会推动前沿区金属流动，使其速度大于轧辊的线速度；另一部分在后滑区用来平衡前滑区的摩擦力。有效摩擦和无效摩擦之间的关系如图 5-17 所示。

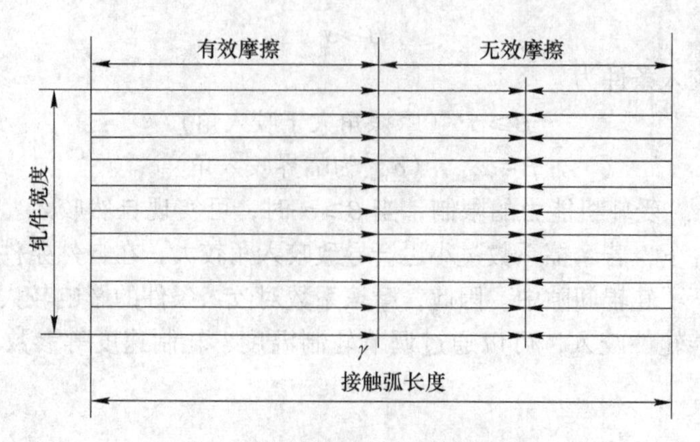

图 5-17　有效摩擦与无效摩擦的关系

通过分析轧件咬入条件、轧制建成条件和轧制建成后的剩余摩擦，可以从提高咬入时的摩擦系数、降低咬入时的加工率、有效利用剩余摩擦等方面入手以改善轧制过程轧件的咬入措施，具体的做法如下：

(1) 锥形或圆弧形的轧件前端可以使咬入角变小，压入量增大。

(2) 采用外推力沿轧制方向对轧件施加水平作用力，如将轧件用工具推入辊间，或利用辊道运送轧件的惯性冲力，实现轧件的强迫咬入。轧辊可以在外力作用下将轧件的前端压扁，降低实际咬入角，而且其正压力也会相应增加，提高了轧件和轧辊的接触面积，使摩擦力增大，从而有利于轧件咬入条件的改善。

(3) 将辊缝在轧件咬入时调大，可减小压下量，进而使咬入角减小。在建立稳定轧制过程后，将辊缝适当减小，使压下量增大，并可实现咬入后的剩余摩擦力充分利用。

(4) 在冷轧薄板轧制时，常在轧件进入辊缝后再进行压下操作。

(5) 为了满足大压下量轧制，可通过提高轧辊的辊径的方法降低咬入角。

(6) 减小轧件原始厚度和增加轧出厚度，可实现道次压下量的减小，但相应地会减小轧件的变形量，使生产率降低。

5.3.2　铝及铝合金轧制过程中金属变形

5.3.2.1　前滑与后滑

在轧制过程中，压缩变形区内的金属除形成少部分的宽展外，大部分是流向变形区的出口和入口。金属流动受变形区形状的限制，导致出现前滑和后滑现象。前滑是轧件的出口速度 v_h 大于轧辊线速度 v ($v_h > v$)；后滑是轧件的入口速度 v_H 小于轧辊入口线速度的水平分量 $v\cos\alpha$ ($v_H < v\cos\alpha$)。将前滑区和后滑区的交界面称为中性面，金属在中性面上的流动速度与轧辊在该点线速度的水平分量 $v\cos\gamma$ 相等，这个角度 γ 称为中性角。图 5-18 是在轧制过程各部位的速度示意图，图中前滑 S_h 和后滑 S_H 分别为

$$S_h = \frac{v_h - v}{v} \times 100\%$$

$$S_H = \frac{v\cos\alpha - v_H}{v\cos\alpha} \times 100\%$$

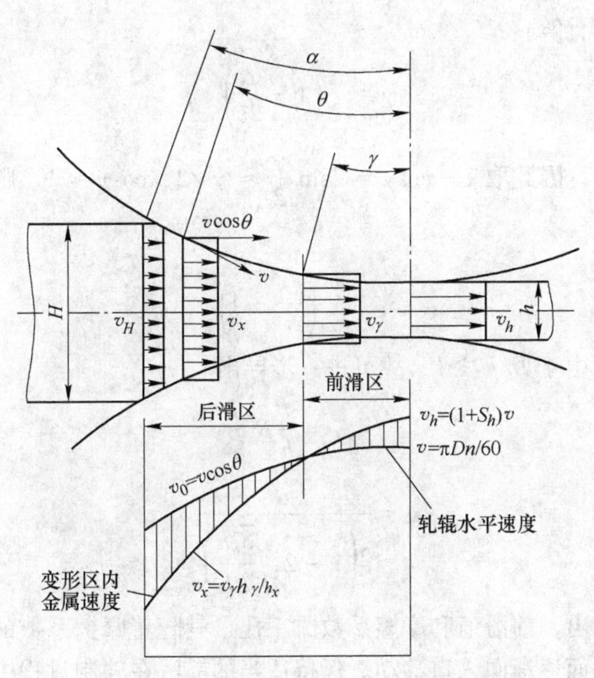

图 5-18 轧制过程各部位的速度示意图

前滑、后滑与延伸系数之间的关系根据轧制过程流量相等原则可表示为

$$S_H = 1 - \frac{\frac{v}{\lambda}(1 + S_h)}{v\cos\alpha} \tag{5-11}$$

或

$$\lambda = \frac{1 + S_h}{(1 - S_H)v\cos\alpha} \tag{5-12}$$

由式（5-11）和式（5-12）可知，在已知轧制速度 v 和延伸系数 λ 或加工率的条件下，前滑值决定了轧件的出口速度和入口速度，并且与后滑值有关。因此，前滑在轧制过程中起重要作用。

5.3.2.2 前滑的计算及影响因素

由前滑的定义及轧制变形区的几何关系，可以得到

$$S_h = \frac{v_h}{v} - 1 = \frac{h_\gamma\cos\gamma}{h} - 1 = \frac{h + D(1 - \cos\gamma) - 1}{h} \tag{5-13}$$

简化后得

$$S_h = \frac{(1 - \cos\gamma)(D\cos\gamma - h)}{h} \tag{5-14}$$

式（5-13）为 E. Frank 前滑计算公式，从公式可以看出，轧辊直径、轧件厚度和中性角等决定了前滑的大小，其中中性角的影响最为显著。前滑也会随着压下率与张力的增加而产生不同程度的增加。

从图 5-18 也可以看出，变形区中性面的位置也决定了前滑的大小。中性角 γ 可由变

形区的受力平衡进行计算：

$$\gamma = \frac{\alpha}{2}\left(1 - \frac{\alpha}{2\mu}\right) \tag{5-15}$$

由于中性角很小，因此取 $1 - \cos\gamma \approx 2\sin\frac{\gamma}{2} \approx \gamma^2/2$，$\cos\gamma \approx 1$，则 E. Frank 前滑公式可写成

$$S_h = \frac{\gamma^2}{2}\left(\frac{D}{h} - 1\right) \tag{5-16}$$

对于冷轧薄板，由于 $D/h \gg 1$，故可进一步导出

$$S_h = \frac{\gamma^2}{h}R \tag{5-17}$$

$$\mu = \frac{\alpha}{2\left(1 - 2\sqrt{\frac{S_h h}{\Delta h}}\right)} \tag{5-18}$$

从以上公式可看出，前滑值和摩擦系数成正比，其随着摩擦系数的增大而增大。随着中性角的增大，中性面逐渐向入口移动。保持适当的前滑在轧制过程中至关重要。虽然前滑随着摩擦系数的减小而减小，但过小的摩擦系数不利于轧制过程的咬入并降低轧制和连轧的稳定性，继而使轧件的表面质量下降。轧件在出口时会因为前滑的存在而与轧辊发生滑动，轧件表面会在一定程度上受到光滑轧辊表面的磨削或抛光作用。若前滑过小，则轧件受到轧辊表面的抛光作用较弱，使轧后产品的表面光洁度下降。

除根据摩擦系数对前滑进行计算外，也可实际测量轧制过程中的前滑。比如轧制前在轧件表面的某个位置刻一个标记，然后操作轧辊旋转一周，在轧件上再刻一个标记，这样轧件表面就形成两个标记。由于前滑的存在，轧辊的周长 L_0 应小于轧件表面两压痕之间的间距 L_h，根据前滑的计算公式，可得

$$S_h = \frac{v_h - v}{v} = \frac{v_h t - vt}{vt} = \frac{L_h - L_0}{L_h} \tag{5-19}$$

如某冷轧厂使用上述方法测量 1050 合金轧制时的前滑，经测量，$L_h = 1401\text{mm}$，$L_0 = 1319\text{mm}$，根据式（5-19）可以计算得到本道次的前滑为 6.2%。

5.3.2.3　宽展及影响因素

在轧制过程中，轧件在宽度方向上尺寸的改变称为宽展。宽展 Δb 的计算公式为

$$\Delta b = b_h - b_H = b_H\left[\left(\frac{h}{H}\right)^{S_b} - 1\right] \tag{5-20}$$

式中，b_H 和 b_h 为轧件轧前和轧后宽度；H 和 h 为轧件轧前和轧后厚度；S_b 为轧件宽展系数，它主要受轧前坯料厚度、轧前坯料宽度、工作辊半径、变形区接触弧长度、压下率等因素的影响。

带材在冷轧过程中受到张力的影响，轧制厚度的减薄会减小带材的宽度。但这个减小量很小，一般不会大于 5mm，因此在工艺设计中往往可忽略。

5.3.3 铝合金轧制技术的发展概况

5.3.3.1 冷轧技术的发展概况

A 铝合金冷轧设备与装备的发展

根据控制技术的不同，可将冷轧机分为老式轧机和新式轧机两种。根据轧制的产品可分为块片冷轧机和卷材冷轧机。根据机架数量的不同可将卷材冷轧机进一步细分为单机架冷轧机、双机架、多机架冷连轧机。根据轧制方向分为可逆冷轧机和不可逆冷轧机。根据结构形式分为二辊、四辊、六辊及其他多辊冷轧机。根据控制技术分为 HC 轧机、UC 轧机、VC 轧机、CVC 轧机、UPC 轧机、PC 轧机等。

单机架轧机根据轧制方向可分为可逆式轧机与不可逆式轧机两种。可逆式轧机虽然具有生产辅助时间短、生产效率高等优点，但其结构复杂和造价较高。并且轧制方向的每一次改变都必须调整压下量、前后张力、工艺润滑及辊形等条件，在调整时难以提高轧制速度，难以保持轧制条件的稳定，具有较大的人为因素影响性，因此没有得到普遍应用。

片式的二辊冷轧机是最早出现的冷轧机，但其效率低下，质量差，因此将片式改变为卷式。随着科技的进步和工业的发展，对冷轧机生产效率的要求越来越高，对冷轧铝带的质量也提出了更高的要求，已将带材的尺寸精度、轧件的表面质量作为评价制品质量的重要指标。轧机制造商开始采用四辊冷轧机和六辊冷轧机等多辊模式的轧机。

上卷小车，开卷机，开卷直头装置，轧机入口侧装置，轧机主机座，轧机出口侧装置，板厚检测装置，板形检测装置，液压剪，卷取机，卸卷小车，上、卸套筒装置及套筒返回装置，轧辊润滑、冷却系统，轧制油过滤系统，快速换辊系统，轧机排烟系统，油雾过滤净化系统，CO_2 自动灭火系统，卷材储运系统，稀油润滑系统，高压液压系统，中压液压系统，低压（辅助）液压系统，直流或交流变频传动及其控制系统，板厚自动控制系统（AGC），板形自动控制系统（AFC），生产管理系统以及卷材预处理站等各组元共同组装成了现代化的冷轧机。另外还将高架仓库建在某些现代化冷轧机旁边，以形成完善的生产体系。

目前世界上最先进的铝板带轧制厂是位于美国肯塔基州卢塞尔维尔市威特兰斯镇的洛根轧制厂，它也是加拿大铝业公司控股的合资企业。该工厂于 1984 年建成，1992 年进行扩建，冷轧年产能达 60 万吨，居世界第三位，仅罐料年产能就达 30 万吨，共有 19 类立体设备 1300 余台套，其核心设备是 3 机架冷连轧机列，轧制速度可达 1830m/min，是目前世界上最快的高速轧机之一。

世界最大的铝板带生产企业是加拿大铝业公司，总的年产能达 380 万吨，占世界的 22%。

B 铝合金冷轧工艺的发展

铝合金冷轧机在早期采用的润滑剂（乳液）与热轧机相同，可以对轧件和轧辊进行冷却和润滑。润滑剂根据结构形式的不同，可分为水包油和油包水两种，在铝合金冷轧机中通常采用水包油。水、乳化剂和油等三组元构成了水包油乳液，其外面是水，中间是油，油和水被乳化剂拴住，具有较好的稳定性。

轧机普遍采用全油轧制以应对冷轧机轧制速度和产品质量（特别是表面质量）要求的

提高。润滑用轧制油主要有矿物润滑油、动植物润滑油和合成润滑油三种，其中以矿物润滑油最为常见。

随着铝合金轧制工艺对轧制速度的要求逐渐提高，全油润滑的安全性越来越差，经常需要投入大量的相关设备避免断带失火，因此，水基润滑在一些高水平的冷轧厂中又开始重新研制使用。

C　我国铝合金冷轧技术的发展

截至 2009 年底，中国已有 180 多个铝板带轧制企业，其中大中型企业 135 个，现代化四辊与六辊冷轧机 165 台，冷轧生产能力为 660 万吨/a，比美国的高 2.5%。2002~2010 年冷轧能力增长 30%以上，到 2010 年我国铝板带年生产能力可超过 850 万吨。在建和拟建的大型项目 12 个，将安装具有世界先进水平的大型宽幅高速冷轧机和国内自主研发的先进冷轧设备。由此可见，我国铝及铝合金轧制生产与设备正处于高速发展时期，中国不仅是世界的铝轧制大国，而且将成为世界铝轧制强国。

5.3.3.2　铝合金热轧技术的发展概况

A　铝合金热轧技术的特点及发展

铝合金热轧技术具有如下特点：

(1) 生产专业化。为了保证生产需求，热轧坯料生产线目前拥有专用的厚板生产线，且逐渐向生产大规格产品的方向发展。现采用“异步轧制”的方法确保超厚板的高性能。理想的热轧坯料应具有如下性能：热轧卷厚度公差±0.7%；横向凸度达到 0.5%±0.3%；无明显板形缺陷；实际轧制温度与理论温度的偏差小于±8℃；表面质量优异且稳定；显微组织均匀且稳定。

(2) 使用更加自动化、智能化的设备并开发新技术。热轧技术和装备水平的提高可以使产品性能显著提升、产品质量得到有效改善、各卷之间的稳定性优异、生产效率提高且生产成本下降。归纳起来，铝及其合金热轧工艺和技术的发展方向如下：

1) 测量系统集成化。其与闭环控制系统一起完成轧制品各参数的自动控制，如厚度、横向厚度分布和板形等。

2) 板形测量。同时存在隐性板形测量和显性板形测量，使板形测量趋于完善。

3) 自动控制温度。自动温控系统可以有效控制最终的出口温度，使其偏差在 10℃以内，轧件在中间道次的温差应控制在 1~3℃。

4) 检查表面质量。使用先进的计算机技术，将带有缺陷分析软件的高性能“视觉”检查系统应用到铝合金热轧中。

5) 使用液压轧边机。液压轧边机能利用单一铸造宽度的坯料生产出多种不同宽度的产品；实现宽度的精确控制，使边部的裂边减少，切边量下降，成品率提高。

6) 采用新式的液压活套挑。在很多钢铁热连轧机上使用的最新的热连轧液压活套挑，将十分灵敏的测力装置装在活套辊上，以精确控制活套挑中的作用力，使机架间的张力变化消除，尺寸控制能力得到显著改善，带材宽度上、纵向上的厚度变化减小。

7) 利用可调式带材冷却系统。目前这种系统仅在钢铁工业应用，但在铝合金热轧中具有很大的应用潜力。

8）集成控制系统。综合应用在线控制模型、冶金模型、横向厚度分布和板形控制系统实现集成化。

随着科学技术的飞速发展，在铝及其合金的塑性加工设备中已广泛使用计算机控制、精密机械加工等现代化技术。现代化加工技术的应用和发展对产品的性能、价格比和产品的质量标准要求越来越高。例如铝合金制罐料，随着制罐技术的发展和市场需求的变化，3104罐料厚度由20世纪60年代的0.45mm，到80年代减至0.31~0.34mm、90年代减至0.28mm，预计不久将减至0.21mm；厚差范围由过去的±0.010mm，现在已减到±0.005mm，预计将来可能减到±0.025mm；制耳率也从现在的2%降至1.5%。只有对铝合金轧制工业在设备和技术上进行重大改进和创新才能实现铝板带质量的提高和成本的下降，才能满足日益变化的市场需求，正是这种需求有力地促进了热轧技术的发展。

B　我国铝合金热轧技术的发展概况

目前，世界上共有近40条热连轧生产线，热粗—精轧生产线近10条，其他各型热轧机近100台（不包含块片轧机），累计生产产能超过1900万吨/a。我国现有3条热连轧生产线，2条热粗—精轧生产线，其他各型热轧机近20台（不包含块片轧机），累计生产能力超过290万吨/a。

对于铝合金热轧技术，我国起步较晚且前期发展较慢，与世界先进铝热轧技术一直有较大的差距。但自21世纪初以来，西南铝业铝热连轧机和南山铝业铝热连轧机的相继投产使用正快速提升我国的铝加工技术水平。我国铝热轧机的装备水平也随着国内外各项控制技术和手段的提高，特别是随着计算机控制技术的飞速发展而得到进一步的提高。计算机模拟技术和各种检测手段在铝合金热轧技术的应用也使其得到大幅提升。我国部分老旧热轧设备随着产业结构优化因不能适应市场对产品质量和生产效率的要求也被淘汰，先进的具有智能控制功能的现代化轧机取而代之。我国的铝热轧机将整体向大型化、控制自动化和精密化方向发展，使生产效率和产品质量得到大幅度的提高。

5.4　锻造成形

铝合金锻件具有密度小，比强度、比刚度高等一系列优点，因此在航空航天、交通运输、船舶、兵器等领域中的应用极为广泛，已成为不可或缺的材料之一。特别地，铝及其合金的锻件和模锻件可满足飞机、航天器、铁道高速列车、汽车、船舶、坦克等对轻量化程度要求高的重要受力部件和结构件的需求。

通过工具在锻造设备上施力迫使塑性状态下的金属按设定的方式流动，使金属在塑性状态下完成体积成形的方法称为锻造。锻造加工技术既能使金属获得宏观上的预定几何形体及轮廓线面尺寸，也能改变微观上的晶粒尺寸、形状和方向，形成新的纤维组织和结构，有利于铸造枝晶、疏松和缩孔等缺陷的消除，改善金属组织结构并提高其性能。锻造方法常用于制造受力大、力学性能要求高的重要机械零件，相对于压铸、铸造和焊接等工艺，锻造生产在生产效率、金属材料利用率、产品的力学性能等重要技术经济指标方面的优势非常明显。

5.4.1　铝合金的可锻性及锻造特点

锻造时合金的塑性（极限镦粗比）及变形抗力称为可锻性，其与合金成分、组织和锻造工艺条件等因素有关。合金的固相线温度、变形速率和合金毛坯的晶粒大小决定了铝合金可锻性的好坏。大多数的 Al-Mg-Si-Cu 系合金和部分 Al-Cu-Mg-Fe-Ni 系合金均适于锻造成形，这些锻造合金主要用来成形航空及仪表工业中所需的各种形状复杂、要求比强度较高的零件，如各种叶轮、框架、支杆等。不同体系铝合金在其锻造温度范围内的可锻性比较如图 5-19 所示，从图中可以看出，6×××系铝合金的可锻性较好，7×××系铝锌合金和 5×××系高镁铝合金的可锻性较差，2×××系和 4×××系铝合金的可锻性介于两者之间。1×××纯铝系和不可热处理强化铝合金（如 3×××系和 5×××系的部分合金）的可锻性虽然在图 5-19 中未标出，但也都较高。

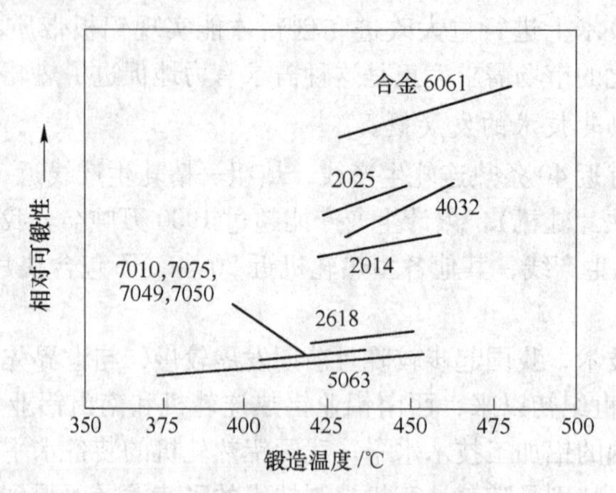

图 5-19 几种铝合金的可锻性比较

锻造铝合金的成形工艺，具有如下特点：

（1）变形温度范围窄。多数铝合金的锻造变形温度为 350~450℃，少数合金的变形温度范围甚至只有 50~70℃，允许锻造操作的时间较短，导致锻造的可操作性极差。将毛坯尽量加热到上限温度、增加锻造火次并将工模具预热至更高的温度可以争取到较长的锻造时间。

（2）对应变速率敏感。需要在较低和平稳工作速度的锻压设备中锻造对应变速率敏感的铝合金。通常采用挤压和锻造或者轧制工艺在压应力状态下对铸锭进行低速开坯以避免锻裂；铝合金模锻具有较小的设备选择余地，一般在液压机或机械压力机上进行，而不在锻锤类锻压设备上进行。

（3）对加热和锻造温度要求严格。由于铝合金的锻造变形温度范围窄，需要将其加热到变形温度允许的上限以延长锻造操作时间，因此对加热炉的精度和温度控制仪表的要求很高，须能精确测量和控制加热温度，避免过热的产生。

大多数铝合金经过开坯后具有较高的塑性，一般很难锻裂，但也应避免在锻造过程中它的变形过大，因为在过大变形量的铝合金锻造中，大量变形会转变成热能而可能使锻件温度超过锻造温度上限，引起锻件组织的改变，导致其性能不合格。

（4）导热性好。由于铝合金的热导率相对较高，因此毛坯在不预热的条件下就可直接装入高温炉中进行加热。但相应地，较高的热导率会使铝合金表面在锻造过程中的散热较快，增大锻件的内外温差，出现不均匀变形，导致局部区域出现临界变形形成粗晶，进而使锻件的显微组织具有不均匀性。大多数铝合金，特别是具有挤压效应的铝-锰系合金，常在挤压棒材表面发现粗晶环，可能是由表面散热太快而使变形不均匀造成的。为了降低热量的散失量，须把工模具预热至300℃或更高的温度。

(5) 摩擦系数大、流动性差。由于铝合金与钢质模具之间具有较大的摩擦系数，导致模锻时金属因流动性变差而很难充满模槽，因此常采用增加工步、模具，并加大模具圆角半径的方法降低摩擦系数，提高流动性。

(6) 黏附性大。当进行强烈的大变形锻造时，黏附性大的铝合金毛坯常会部分黏附在模具上，使锻件出现起皮、翘曲等缺陷，并使模具的磨损加剧，甚至会导致锻件和模具报废。

(7) 对裂纹敏感性强。铝合金对裂纹具有较强的敏感性，若不及时处理锻造过程中萌生的裂纹，则可能会导致锻件报废。

5.4.2 铝合金的锻造工艺

根据锻造使用的工具和生产工艺的不同，将其分为自由锻造、模型锻造和特种锻造三类。

5.4.2.1 自由锻造

在锻造变形时，金属受工具或模具的限制较小的一种工艺称为自由锻造。典型的自由锻造工艺示意图如图5-20所示，其特点是锻锤（手锤）或压力机上的锭坯或坯料在锤头或砧块上下作用力下，沿水平方向上自由地伸长（展宽）并在高度（厚度）方向上压缩。

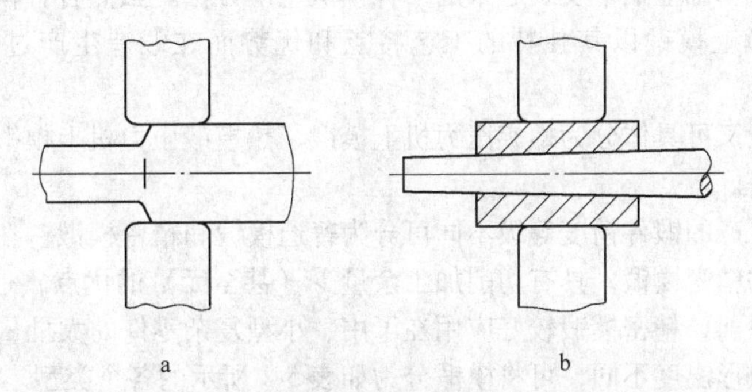

图5-20 典型的自由锻造工艺示意图
a—平砧拔长；b—芯轴拔长

在自由锻造时，锤、砧、型砧、摔子、冲子、垫铁等简单的工具即可实现铸锭或棒材的镦粗、拔长、弯曲、冲孔、扩孔等工序。自由锻造由于其较大的加工余量，较低的生产效率，以及锻造生产过程中操作工人技术水平的存在差异，因此锻件的质量和力学性能稳定性较差，只适用于生产单件、小批量或大锻件，在锻件新产品的试制中也可使用，模型锻造的制坯工步有时也采用自由锻造。

根据锻件的质量大小，可选用空气锤、蒸汽-空气锤或自由锻造水压机等自由锻造设备。

5.4.2.2　模型锻造

将坯料放入锻模的相应型腔中，借助锻锤、压力机或液压机产生的冲击力或压力使坯料发生变形，金属的自由流动在这个过程中受模膛壁的限制，在锻造终了时金属充满模膛得到所需零件形状与尺寸的方法称为模型锻造，也叫模锻，典型的模锻示意图如图 5-21 所示。模锻件的加工余量小，在其成形后一般只需进行少量的机械加工甚至不加工。此外，模锻还具有以下的优点：高的生产效率，高的锻件组织均匀性，稳定的锻件形状、尺寸和性能，较小的人为因素影响度。然而，由于模型锻造需要模锻模具，因此投资较大且生产准备的周期较长，不适合单件和小批量的锻件生产。

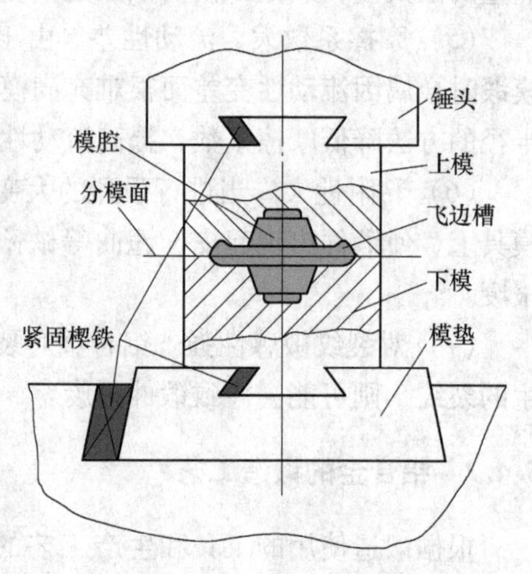

图 5-21　典型的模锻示意图

模锻生产根据锻件是否形成横向毛边分为开式模锻和闭式模锻两类。金属的流动不完全受模腔限制的锻造方式称为开式模锻，在此模锻过程中，多余的金属沿垂直于作用力的方向流动，沿着分模面在锻件周围形成横向毛边，最后迫使金属充满型槽。金属的流动完全受模腔限制的锻造方式称为闭式模锻，金属在模锻过程中一直被封闭在型腔内不能排出，迫使金属充满型槽而不形成毛边。

模锻生产根据模锻时所用设备的差异可分为锤上模锻和压力机上模锻。锤上模锻是在自由锻、胎模锻造基础上最早发展起来的一种模锻生产方法。虽然各种模锻新设备、新工艺不断涌现，但锤上模锻以其独特的工艺特点和优势而在锻造生产过程中占据重要的位置。

压力机上模锻又可具体分为螺旋压力机上模锻、热模锻压力机上模锻、平锻机上模锻和液压机上模锻等。

模锻按照所生产的锻件精度等级不同可分为普通模锻和精密模锻。在普通模锻的基础上逐步发展起来的精密模锻，具有切削加工余量少（甚至无）的优点，是锻造生产发展的一个重要方向。目前，精密模锻较好应用在了中、小型复杂零件的大批量生产中。

根据金属的成形温度不同，可将模锻分为如表 5-1 所示的各个类型。

表 5-1　模锻按金属成形温度分类

名　称	特　　点
热锻	终锻温度高于再结晶温度的锻造过程，锻件温度高于模具温度
等温锻	模具带有加热和保温装置
冷锻	指室温下进行的或低于锻件再结晶温度的锻造
温锻	介于热锻及冷锻之间的加热锻造

与常规锻造不同，等温锻造消除了毛坯和模具之间温度差的影响，在加热到锻造温度的恒温模具中将热毛坯以较低的应变速率进行成形，降低了由于变形金属表面激冷而造成的金属流动阻力和变形抗力增加量，缩小了变形不均匀导致的金属内部的组织性能差异，

使模锻时的变形抗力减小，能实现较大锻件在小型设备上的成形，也能实现结构复杂的锻件的精锻成形。等温锻造是目前国际上实现净成形或近净成形的重要方法之一。

在等温模锻基础上，发展出一种更为先进的模锻新工艺，即等温精锻。其工艺流程为：在加热到模锻温度的组合式精密锻模中放入预热到同样温度的毛坯，对其在一定时间内施加适当的压力，实现低应变速率的毛坯锻造，最后获得符合要求的精密锻件。

等温精锻技术的研究始于20世纪60年代，由于等温精锻要求加热到锻造温度时的模具材料仍具有良好的耐磨性、变形抗力、抗回火能力及热稳定性等，因此首先在锻造温度较低的铝镁合金上获得应用。

模锻锤、模锻液压机、曲柄压力机等是模锻常用的设备。模锻，尤其是模锻液压机和曲柄压力机上，还常需要自由锻造或辊锻进行制坯。

5.4.2.3 特种锻造

专用的锻造设备可以大幅度提高生产率，保证锻件尺寸、形状、性能等达到要求。典型的专用锻造设备有碾压扩孔（环轧）、楔横轧、径向锻造（旋转锻造）和摆动辗压等。专用的特种锻造设备只适用于生产某一类型产品，因此有一定的局限性，但可进行该类型产品的大批量生产。

5.4.3 铝合金的锻造工艺过程要点

5.4.3.1 坯料及其准备

铸锭、锻坯和挤压棒材都可作为铝合金坯料供锻造使用。

在自由锻中，铝合金铸锭可以作为锻件和锻坯的坯料。在锻造前，需要对铸锭进行均匀化退火，以细化铝合金铸锭的晶粒，减轻区域偏析，提高合金塑性。铸锭必须先经自由锻制成内部组织均匀的锻坯后才能用于大型模锻件的制备生产。

用卧式水压机挤压成的棒材在挤压时已对材料进行预变形提高了塑性，因此可直接作为模锻坯料使用。挤压棒材在挤压时内外的变形不均匀，表面也常存在缺陷，因此在锻造前需要清除缺陷。

铝合金可用锯床、车床或剪床进行下料，但不能用砂轮切割下料，否则会降低切割的端面质量。

5.4.3.2 预热

铝合金所需的锻造温度低、范围窄，因此可用电阻炉对其进行预热。将强迫空气循环的装置装在电阻炉可以保证炉温均匀，此外，温度自动控制和测温仪表也需装在电阻炉中，控制炉温偏差在±10℃以内。

在装炉前，需要去除铝合金坯料表面的油污和其他脏物，防止炉气受到污染而导致合金的晶界中渗入硫等有害杂质。铝合金导热性良好，可将坯料在高温下直接装炉。坯料在炉中不宜装过多，并且相互之间需要保持一定的距离，坯料与炉墙距离应至少大于50mm，以便所有的坯料均能获得相同的加热温度。相对于钢铁材料，铝合金的加热时间应适当延长，使合金中的强化相有足够的时间溶解，得到具有均匀单相组织的材料，以提高其可锻性。铝合金的加热速度根据生产经验按照坯料每毫米直径（或厚度）1.5~2min进行计算，合金的元素含量低或者坯料的尺寸较小时，取下限值。当加热到一半时间时，最好将大截面的坯料进行翻转。铸锭必须在加热到锻造温度后保温；若锻造时坯料出现裂纹，则需对锻坯和挤压棒材进行保温，否则也可不用保温。

5.4.3.3 锻造

A 自由锻造

铝合金具有狭窄的锻造温度和较高的裂纹敏感性，高温下坯料的表面摩擦系数高，易黏附在模腔壁上，因此，铝合金在自由锻造操作时需要注意以下问题以避免出现废品。

（1）尽可能地减少热量损失，钳口、上下砧面等操作模具必须预热到250℃以上。

（2）须在静止空气中进行锻造，避免锻坯在流动空气的作用下过快冷却。

（3）迅速准确地操控锻造过程，应既轻又快地锤击坯料，随时在坯料拔长时进行倒棱，防止棱角部分因过快散热而出现裂纹。

（4）在模具表面涂以润滑剂以保证其光滑度，以降低铝合金在高温时的黏附力。在对铝合金锻件进行冲孔时，很难除去黏附在冲头表面的铝屑，导致锻件在扩孔时出现裂纹和折叠缺陷。因此，最好将需冲孔锻件的内孔进行粗加工后再进行扩孔。

B 模锻

在对铝合金材料进行模锻时，锻模的设计原则与钢锻件的有所不同：（1）一般采用固定锻模生产铝合金模锻件，由于铝合金具有锻造温度范围窄、流动性差等特点，因此多采用单模膛锻模，多用自由锻对形状复杂的锻件进行制坯；（2）在终锻模膛加放适当的收缩率，根据经验，当锻模工作温度低于250℃时收缩率取1%，当锻模工作温度超过300℃时收缩率取0.8%；（3）与钢锻件相比，铝锻件锻模的毛边槽桥部高度和圆角半径应适当增大30%；（4）铝合金模锻的模槽表面粗糙度很高，一般应抛光到0.2~0.1μm；（5）常用5CrMnMo或5CrNiMo钢作为铝合金模锻的锻模材料，其热处理后的硬度稍低于模锻钢件的锻模材料，HRC为36~40。

锤上模锻时的锤击力度遵循从轻到重的原则，一旦形成毛边，锻件的应力状态较好，可不用控制变形程度。压力机上模锻一般有预锻和终锻两道工序，之所以选择两道工序，是因为大量金属在压力机一次行程的变形程度大于40%时会挤向毛边，无法充满模膛。这两道工序对模具的要求相对较低，但必须在两道工序间施加毛边切除、酸洗并清除表面缺陷等操作。

模具在铝合金模锻时应预热到150~200℃。润滑剂可采用水与胶状石墨的混合物，也可采用机油加石墨。通常在热的模具上涂抹或喷涂润滑剂。模具在铸锭的局部锻造后还需进行再次润滑，有时需要在锻造前将预热至100~150℃的锻坯放入水基或油基石墨中浸渍一次，使石墨润滑层均匀覆盖在坯料表面。含水的胶态石墨可对较低温度的模具进行润滑，并改善工作环境。在生产中，模具的工作面应被极薄的润滑剂涂层均匀且完全覆盖。应对黏附到铸件上的浓稠石墨沉积物进行清理，一般采用喷砂法清除而不使用酸洗。

5.4.3.4 冷却和切边

铝合金锻件在锻造完成后一般进行空冷。

除超硬铝锻件外，都是在冷态下对铝合金锻件进行切边。通常采用带锯切割大型模锻件的毛边。

5.4.3.5 清理和修伤

铝合金锻件在模锻工序之间、终锻之后以及在检查之前都要酸洗。残余的润滑剂和氧化薄膜在酸洗前必须清除，以便能清晰地显示出缺陷。腐蚀后的铝合金表面无光泽，其腐蚀流程如下：

（1）在60~70℃的碱溶液中（水中加入50~70gNaOH或KOH）腐蚀2~5 min；

（2）在流动冷水中漂洗3~5min；

（3）在硝酸溶液中（HNO_3与水的比例为1：1）发亮，溶液温度为室温。

利用特殊工具（如风动砂轮机、风动小铣刀、电动小铣刀或扁铲等），将锻件表面的裂纹、折叠等缺陷去除的工艺称为修伤，是铝合金模锻工艺中的重要一环。修伤处的宽度应为深度的5~10倍，且需圆滑过渡。

5.4.4 铝合金锻件的热处理

热处理不仅能提高铝合金铸件的性能，也能显著提高铝合金锻件的性能、质量和使用寿命，在生产过程中至关重要。绝大多数的铝合金锻件都会进行热处理以满足其使用性能的要求。在固态下，通过适当的加热、保温和冷却处理改变材料的组织形貌，进而达到符合要求的力学和物理性能是铝合金进行热处理的目的。不同于其他加工工艺，零件的形状和整体化学成分在热处理过程中一般不发生改变。热处理是改善变形铝合金的力学、物理和化学性能，满足不同的使用性能，充分发挥材料潜力的一种重要手段。铝合金锻件的可靠性受热处理质量的影响明显，因此，热处理在铝合金锻件生产过程中的地位极为重要。

表5-2是各种铝合金锻件热处理工艺所实现的目的。

表5-2 铝合金各种热处理的目的

热处理工艺名称	目　的
均匀化退火	提高铸锭热加工工艺塑性；提高铸态合金固溶线温度，从而提高固溶处理温度；减轻制品的各向异性，改善组织和性能的均匀性；便于某些变形铝合金制取细小晶粒制品
消除应力退火	全部或部分消除在压力加工、铸造、热处理、焊接和切削加工等工艺过程中工件内部产生的残余应力，提高尺寸稳定性和合金的塑性
完全退火	消除变形铝合金在冷态压力加工或固溶处理时效的硬化，使之具有很高的塑性，以便进一步进行加工
不完全退火	使处于硬化状态的变形铝合金有一定程度的软化，以达到半硬化使用状态，或使已冷变形硬化的合金恢复部分塑性，便于进一步变形
固溶处理+自然时效	提高合金的性能，尤其是塑性和常温条件下的抗腐蚀性能
固溶处理+人工时效	获得高的拉伸强度，但塑性较自然时效的低
固溶处理+过时效	拉伸强度不如人工时效的高，但提高了耐应力腐蚀和其他腐蚀的性能
形变热处理	使变形铝合金制品具有优良的综合性能；在保证力学性能的同时，极大地消除残余应力

铝合金锻件的热处理具有如下特点：

（1）铝合金锻件表面的氧化膜在热处理时能防止内部金属出现氧化，因此除非对锻件表面有特殊要求，否则不需采取保护措施。

（2）退火温度具有很宽的范围，可根据合金和用途的不同选择合适的退火温度。

（3）多数铝合金的固溶处理温度与其熔点接近，极易因为不当控制而产生过烧，因此需要较好的加热设备、控制仪表和较高的操作人员素质。

（4）铝合金锻件的时效处理温度通常在75~250℃之间，时效处理时间一般为几小时到数十小时。

（5）大多数的可热处理型铝合金在时效过程中都存在G. P. 区→中间相→稳定相的相变，析出相的状态决定了铝合金的性能。

（6）铝合金锻件常用的淬火介质是水基介质，可在保证力学性能不变的前提下使翘曲变形程度降低。

5.4.5 铝合金锻件的缺陷及防止措施

5.4.5.1 过烧

铝合金的锻造温度范围很窄，过高的锻造加热温度和固溶处理温度都可能造成材料出现过烧缺陷。因此，在锻造、模具预热和锻件固溶处理时，都要严格遵守工艺操作规程，避免超过温度上限出现过烧。过烧的锻件表面发暗、起泡，一锻就裂；热处理时出现的过烧，锻件的组织特点是：晶界处出现低熔点化合物，晶界发毛、加粗。轻微过烧虽然会略微提高锻件的强度，但会显著降低其疲劳性能；严重过烧则大幅度降低锻件的各项性能，使锻件成为废品。

5.4.5.2 裂纹

在铝合金锻造时，锻件很容易因为合金较差的塑性和流动性而出现表面和内部裂纹。坯料的种类在一定程度上也导致锻件表面出现裂纹。如果坯料为铸锭，则铸锭中较高的含氢量、较严重的内部缺陷（如疏松、氧化夹渣、粗大的柱状晶、组织偏析等）、不充分的高温均匀化处理、存在的表面缺陷（如凹坑、划痕、棱角等）都会在锻造时导致锻件表面出现裂纹。此外，坯料加热不充分，保温时间不够、锻造温度过高或过低，变形程度太大，变形速度太高、锻造过程中产生的弯曲、折叠没有及时消除，再次进行锻造，都可能产生表面裂纹。锻件也会因为挤压坯料的表面存在粗晶环和气泡等缺陷，而在锻造时产生开裂。

在变形时，坯料内部的粗大氧化物夹渣和低熔点脆性化合物会在拉应力或切应力的作用下萌生裂纹并扩展，从而使锻件内部出现裂纹。另外，若锻造时每次的变形量均小于15%，则多次滚圆也会产生内部中心裂纹。

若锻造工具和模具的预热温度不够，锻件也会因为铝合金过窄的锻造温度范围而出现裂纹。

上述是锻件出现表面和内部裂纹的原因，可采取相应的措施进行解决，具体方法如下：

（1）提高锻造原坯料的质量，彻底清除坯料表面的各种缺陷。例如，对挤压坯料的表面进行车削加工。锤上锻造时的小棒料用车削加工不方便时，可先轻击表面以打碎粗晶环，然后逐渐增加打击力度。

（2）充分的高温均匀化处理铸锭坯料，使残余内应力和晶内偏析消除，金属塑性得到提高。应保证加热温度在锻造加热时达到要求并充分保温。

（3）根据合金种类的不同而选择合适的锻造温度范围。例如，最佳的 LC4 合金铸锭的锻造温度范围为：在 440℃左右加热保温，然后缓冷至 410~390℃锻造，塑性最好。

（4）由于铝合金的流动性较差，因此，需要选择合适的变形程度，变形速度越低越好，不宜采用滚压等变形激烈的锻造工序。

（5）应注意在锻造操作时防止出现弯曲、压折，并对所产生的缺陷进行及时矫正或消除。例如对于滚圆而言，次数不宜过多，单次压下量也要大于 20%。

（6）充分预热锻造工具，为了使金属的塑性和流动性提高，一般加热温度设定为与锻造温度接近，为 200~420℃。

5.4.5.3 晶粒粗大

LD2、LD5、LD7、LD10、2024、2068 等锻铝和 LY11、LY12 等硬铝在锻造时，锻件变形程度小而尺寸较厚的部位、变形程度和变形激烈的区域、飞边区附近和锻件表面均易产生粗大的晶粒。之所以会出现晶粒粗大，一方面是变形程度过小或变形程度过大和变形激烈不均匀造成的，另一方面，过多的加热和模锻次数、过高的加热温度和过低的终锻温度也是其形成的原因。而锻件的表面之所以会出现粗晶层，一是因为锻造时将挤压坯料表层的粗晶环锻入锻件中，二是因为模锻时的模具温度较低、模膛表面太粗糙、润滑不良等增加了表面接触层的剪切变形程度。

因此，可采取以下对策避免铝合金锻件中出现粗大晶粒：

（1）必须合理设计模具结构和选择坯料，确保锻件变形均匀；

（2）缩短材料的高温加热时间，LD2 等容易出现晶粒长大的合金的淬火加热温度应取下限；

（3）减少模锻次数，力求一火锻成；

（4）保证终锻温度；

（5）采用良好的工艺润滑剂以将模膛的表面粗糙度提高到 0.4μm 以上。

采用等温模锻工艺也可有效解决铝合金晶粒粗大的问题，即在液压机慢速的条件下，将模具加热至合金的实际变形温度并保持。合适的变形温度和变形程度可确保锻件具有完全再结晶组织，经固溶处理后可得到细小晶粒。

5.4.5.4 折叠和流线不顺

A 折叠

导致铝合金模锻件报废的主要缺陷之一是折叠，由此产生的废品率约占总废品率的 70%以上。由于金属在模锻时会发生对流，使某些金属出现重叠，然后在压力的作用下形成折叠。折叠在工字形断面的锻件中较多且不易消除。折叠产生的主要原因如下：

（1）金属在锻造时的流动过于复杂，比如同一锻件不同位置处的截面形状和尺寸变化太大，或腹板与筋交角处的连接半径太小，腹板太薄，筋太窄太高，筋间距太大等，都会影响金属流动。

(2) 太大或太小、形状不合理的坯料都会影响金属的分配。

(3) 锻件形状过于复杂，制坯和预锻模膛设计不合理，没有制坯和预锻模等因素。

(4) 工艺操作不规范，润滑剂过多或润滑不均匀，放料不正，一次压下量太大，加压速度太快等。

(5) 用于模锻的锻坯棱角太尖，或每次修伤不完全，都会在后续模锻时发展成折叠。

B　流线不顺

铝合金模锻件还可能出现涡流和湍流等流线不顺缺陷。流线不顺的形成原因类似于折叠，但程度没有折叠严重，它也是由金属对流或流向紊乱造成的。涡流和湍流能显著降低锻件的疲劳性能、力学性能（尤其是塑性）和耐蚀性能等。

可采用以下对策避免铝合金锻件出现折叠、流线不顺等缺陷：

(1) 锻件各断面的变化要尽量平缓，在进行锻件设计时，应避免出现太高太窄的筋、太大的筋间距、太薄的腹板以及过小的筋与腹板连接的圆角半径。

(2) 可采用多套模具进行多次模锻，使坯料由简单的形状逐步过渡到复杂的锻件，确保整个过程中均匀的金属流动。

5.4.6　铝合金锻压生产与技术的发展趋势

国内外铝合金锻压生产与技术在近几十年的发展突飞猛进，基本上已形成能满足国民经济和国防建设需要的完整的铝合金锻压生产体系。但是，与铝合金轧制和挤压相比，铝合金锻压生产的规模仍很小，只占铝材成形的2%～3%。随着经济的发展和科技的进步，尤其是剧增的轻量化需求，铝合金的锻压生产已远远无法满足需求。因此，需要大力发展铝合金锻压生产及其技术以适应这种发展趋势。

铝合金锻压生产今后可能主要向两个方向发展，一方面是增大产能，扩大规模，增加品种和扩展应用领域；另一方面是研发新材料、新技术、新设备和新工艺，具体如下。

(1) 增大产能，扩大规模。研发高速的、大型的、多功能的各种锻压设备，建立先进的、大型的、多用途的铝合金锻压生产线，适应市场的需求。

(2) 增加品种和扩展应用领域，使锻压件的质量提高，满足各行各业和各领域的需求。

(3) 研发新材料、新技术、新设备和新工艺，使铝合金锻压生产的技术含量不断提高，实现高产（生产效率高）、优质、多品种、多用途、低成本、高效益以及节能、环保、安全。具体包括：

1) 通过锻压件的力学性能（强度、塑性、韧性、疲劳强度）和可靠度的提高来提高其内在质量、性价比和产品竞争力。因此，需要深入理解金属塑性变形理论，研发新合金、熔铸优质坯料等提高材料的内在质量；锻前加热和锻造及热处理实现精确控制；锻压件进行严格的无损探伤等。

2) 研发省力、短流程的锻造工艺，实现节能降耗。由于锻件的组织致密且均匀，因此其力学性能比焊接件和铸造件高，但锻造所需的变形力较大，因此如何发展省力的锻造工艺是目前的研究热点。目前可采用以下几种途径实现省力锻造：① 降低拘束系数，减少变形抗力。通常可采用分流的方法实现；② 开发流变应力降低的工艺，如超塑性成形、半固态模锻和液态模锻等；③ 使接触面积下降；④ 开发新的锻压方法；⑤ 采用新型润滑剂以降低摩擦阻力。

3）研发并应用精密锻造成形工艺。锻造属于净成形和近终成形的一种，锻件的精度目前能控制在0.01~0.05mm以内，无须进行机械加工就能满足公差要求。而加工余量的降低可显著提高材料利用率和劳动生产率，并降低能源消耗。

4）综合利用各种技术的优势，采用复合工艺以减少和简化工序，进而提高生产效率和锻件质量。实际生产中，坯料可以用多种成形工艺制备，如采用喷射沉积或半固态方法等，最后经锻压而成形。

5）在锻造过程中实现信息化、自动化和管理现代化。采用模拟化、虚拟化的设计与生产方法对锻造现代化进行提高。CAD、CAE、CAM和CAD/CAE/CAM一体化的应用能达到锻造过程的虚拟生产、工模具设计与制造自动化的目的，对锻件组织性能和缺陷进行预测；人工智能、神经元网络和专家系统能在线检测和控制整个锻造过程，使生产过程的效率提高。

6）研发与应用微成形技术。零件变形小于0.5mm的变形称为微成形。微成形基本不会影响材料的晶格尺寸。微成形技术的需求随着微电子工业的快速发展而越来越大。但是尺寸效应是微成形技术中最大的应用障碍。

7）开发与应用多点柔性成形技术。在多品种、小批量的锻压生产中应用成组技术和快速换模等，提高锻压设备或生产线的效率和自动化水平，提高生产率和经济性。

8）应用环境友好成形技术。实现锻造过程的绿色化、无害化，使能源消耗下降。

5.5 板料成形

使板材在压力装置和模具中产生分离或塑性变形，最后获得成形件或制品的方法称为板料成形，也叫板料冲压。板料成形时的金属板料一般在常温下进行且厚度在6mm以下，因此也被称为冷变形或冷冲压。当板料厚度超过8mm时，会相应地采用热成形或热冲压的方式进行加工。

板料成形极为重要，在几乎所有的制造加工金属制品的工业部门中都获得广泛使用，特别是汽车、自行车、航空、电器、仪表、国防、日用器皿、办公用品等工业。板料成形较复杂的模具，较高的设计和制作费用和较长的周期都使其只有在大批量生产时才能表现出较高的优越性。

5.5.1 铝合金的冲裁成形

将板料的一部分从整体分离以获得所需形状的毛坯或零件的工艺称为冲裁成形。冲裁工艺既能用以加工复杂轮廓形状的平面零件，也能为零件进行修边、切口等处理。

冲裁成形的工艺过程如下：凸模和凹模刃口在冲裁凸模与板料接触时开始切入金属，将切口邻近的金属带入间隙中形成塌角；随着刃口的继续压入，金属受到模具侧面的挤压而形成称为光亮带的表面；随着压入的进一步进行，板材萌生裂纹并贯穿全部厚度使零件或坯料分离，在这个过程中，会形成粗糙的断裂带；在裂纹萌生时会产生毛刺，毛刺与刃口接触的侧面形成于刃口压入金属的过程，另一个侧面形成于裂纹的萌生过程。

5.5.1.1　冲裁间隙

冲裁过程中重要的工艺参数之一即是冲裁间隙。冲裁过程中的冲裁力、推件力、卸料力等力学参数，塌角和毛刺的大小，光亮带与断裂带宽度的比例，冲裁断面的平整程度等冲裁断面的质量都会受到冲裁间隙的影响。此外，模具的寿命也在很大程度上受冲裁间隙大小的影响。图 5-22 是冲裁间隙对断面质量的影响示意图。

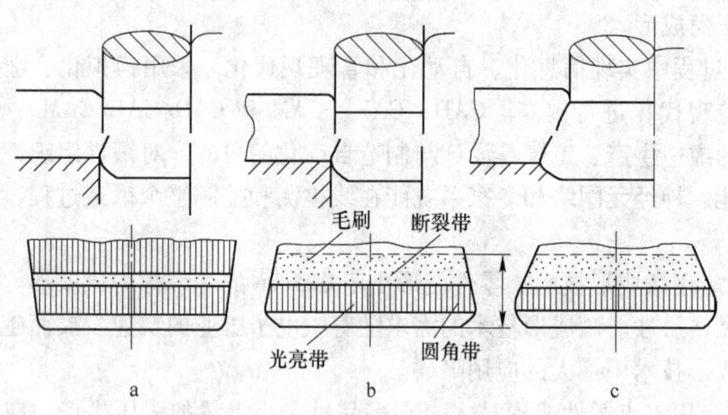

图 5-22　冲裁间隙对断面质量的影响
a—间隙过小；b—间隙合适；c—间隙过大

若冲裁间隙过小，则凸模刃口和凹模刃口产生的两个剪裂纹无法重合，随着凹模的不断下降，板材会形成二次剪切的光亮带；裂纹不重合也会造成零件或坯料无法从整体中分离，并且裂纹会扩展到板料的内部，这些裂纹在冲裁过程结束后会残留下痕迹，使冲裁断面的平整程度破坏。

若冲裁间隙过大，则凸模刃口和凹模刃口产生的两个剪裂纹也无法重合，两个剪裂纹之间的金属最后被切、折、拉断，破坏冲裁断面的平整程度。

只有在冲裁间隙合适时，在凹模下降过程中，凸模刃口和凹模刃口产生的两个剪裂纹才会重合，使坯料或零件顺利分离，保留完好且规则的冲裁断面。

凸模和凹模中相应两点之间的距离可在非规则形状零件的冲裁时用来确定凹模间隙。如果不合理的分布周边间隙，则凸模和凹模的刃口在冲裁过程中会迅速磨钝，并且出现单面的磨损。若凸模和凹模的位置出现了偏离，凸模刃口和凹模刃口会发生碰撞，磨损模具。

因此，必须合理设计冲裁模的冲裁间隙。一般采用理论计算法或查表选取法确定冲裁间隙。材料的种类、厚度，冲裁件断面质量、尺寸精度，冲裁成形的生产条件等都影响冲裁间隙的大小。

合理冲裁间隙的理论计算公式如下：

$$z = 2(t - h_0)\tan\beta = 2t(1 - h_0/t)\tan\beta$$

式中，h_0 为产生裂纹时的凸模压入深度，mm；t 为板料厚度，mm；β 为最大切应力方向与垂线间夹角（即裂纹方向角）。

一般情况下，h_0/t 的值随着板材厚度的增大、硬度的提高或塑性的下降而降低，合理间隙值越大；h_0/t 的值随着板材硬度的降低而增大，合理间隙值越小。

此外，还可按照经验公式对合理间隙 z 的数值进行计算，有：

$$z = ms$$

式中，s 为板料厚度，mm；m 为与材质及厚度有关的系数。实际生产中，当铝合金板料较薄时，m 取 0.06~0.10；当板料厚度大于 3mm 时，系数 m 的值应随着冲裁力的增大而适当提高，对冲裁件断面品质无特殊要求时，系数 m 可加大 1.5 倍。

冲裁过程中产生的毛刺会有很多坏处。如毛刺会增大冲裁表面边缘的厚度，使冲裁的尺寸精度下降；毛刺在使用或装配过程中会划伤工件表面；在冲裁件的使用时，毛刺可能出现脱落，导致设备运转出现障碍或其他故障。因此，毛刺需要在冲裁过程中进行减小和消除处理。由于毛刺无法在普通冲裁中消除，因此一些无毛刺的冲裁工艺（如往复冲裁法、反向平压法、圆角模拉伸冲裁法、拉力分离法等）相继被研发出来。

为了使冲裁件质量进一步提高，提出了精密冲裁工艺，其制备的冲裁件表面全部是光亮带而没有断裂带。精密冲裁方法主要包括强力齿形压边精冲法、对向凹模精冲法、阶梯凸模负间隙精冲法等。

5.5.1.2 冲裁力

在冲裁过程中，材料的硬度决定了冲裁力以及凸模开始作用时的冲压力大小，随着材料硬度的提高，冲裁力逐渐下降。在选用设备吨位和检验模具强度时，冲裁力是一个重要的依据。平刃冲模的冲裁力计算公式为

$$P = kLs\tau$$

式中，P 为冲裁力，N；L 为冲裁周边长度，mm；s 为板材的厚度，mm；τ 为材料抗剪切强度，MPa；k 为考虑到实际生产中的各种因素而给出的一个修正系数。影响修正系数的主要因素包括刃口的钝化、模具间隙的波动和不均匀程度、板料的厚度及力学性能变化等。一般根据经验取 k 值为 1.3。

5.5.2 铝合金的弯曲成形

将材料弯曲成一定的角度和形状的工序称为弯曲。在弯曲过程中，坯料所受的作用力在一开始就使材料出现弹性变形，当作用力增大到某一临界值时，坯料产生塑性变形。除去此作用力后，坯料的塑性变形部分无法恢复而呈现模具的形状。板材、棒材、管材和型材等材料均可进行弯曲成形。典型的弯曲模具示意图如图 5-23 所示。

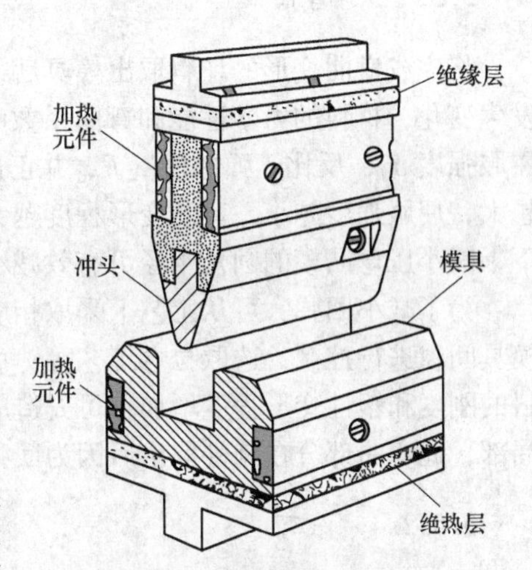

图 5-23 典型的弯曲模具示意图
（可对冲头和模具进行加热处理）

曲柄压力机、液压机、摩擦压力机等传统的压力机和弯板机、弯管机、滚弯机、拉弯机和自动弯曲机等专用设备都可进行弯曲加工。弯曲按照制件和所用设备特点的不同，可分为压弯和滚弯两大类，弯曲件的基本类型有开式、半封闭式、封闭式、重叠式、多向弯曲等几种。

5.5.2.1 弯曲变形分析

材料的变形在弯曲过程中遵循以下规律：

（1）零件圆角部分的弯曲变形最大，而直壁部分基本不存在变形。

（2）在弯曲变形区内，材料靠近凹模一边的外层纵向纤维在拉应力作用下伸长，靠近凸模一边的内层纵向纤维受到压应力的作用而缩短；伸长和缩短的程度从内、外表面到试样中心逐渐减小，伸长区和缩短区间有一层长度不变的纤维层，称为中性层。

（3）随着弯曲变形的进行，中性层偏离原先的正中位置向内表面方向移动。

（4）弯曲变形区内的金属厚度减小。

（5）试样的断面在弯曲区中出现了畸变，内层纵向纤维的缩短使其横向增宽，外层纵向纤维的伸长使其横向收缩；在板料宽度小于板料厚度的 2 倍的窄料弯曲时，试样断面的畸变才会比较明显，板料宽度大于板料厚度 2 倍的宽料的断面畸变不大。

（6）采用弯曲系数 K_w 对弯曲件的变形程度进行衡量，其中，$K_w = \frac{r}{h}$（式中，r 为弯曲角半径；h 为弯曲板材的厚度）。K_w 值越小，变形程度越大，制件越容易在外层开裂。

5.5.2.2 最小弯曲半径

由上述分析，可看出厚度为 h 的铝合金板料存在一个最小弯曲半径 r_{min}。材料的力学性能、厚度、热处理状态，模具的结构，板材的平面方向性、侧面和表面的质量均影响最小弯曲半径 r_{min} 的大小。确定合适的最小弯曲半径有助于合理设计弯曲件结构和选择弯曲工艺规程。当弯曲半径远超过平板毛坯的厚度时，中性层十分接近毛坯厚度的中间层；当弯曲半径与平板毛坯的厚度相近或相等时，中性层向内表面移动。变形程度随弯曲半径的减小而增大，使金属的加工硬化作用增强。弯曲半径过小可能造成工件弯曲部分的外侧出现开裂。规定弯曲半径的值应大于板料厚度的 1/4。

5.5.2.3 弯曲回弹

将完成弯曲变形的坯料取出模具后，工件的弯曲角度及半径会因为金属的弹性回弹而发生变化，材料的力学性能和弯曲系数 K_w 均会影响回弹值的大小。回弹值正比于材料的屈服强度 σ_s，反比于弹性模量 E，并正比于弯曲系数 K_w，即弯曲系数 K_w 越小，弹性模量越大，屈服强度越小，弯曲变形程度越大，回弹值越小。因此，在确保制品不开裂的前提下，减小压弯凸模的圆角半径可有效减小回弹。

为了减小回弹，可从工艺上采取相应的措施，如将自由弯曲用校正弯曲进行代替，对模具间隙进行控制，选取拉弯工艺等；可改进制件的某些结构，如加入加强筋使弯曲区材料的刚度和塑性变形程度增加；可先造成制件的局部弯曲变形，如用弧面顶件器弯曲制品局部，此弯曲部分在制件取出后因为回弹而出现负回弹，对圆角部分的正回弹进行补偿。

5.5.2.4 滚弯

在可调上辊与两个固定下辊间送入板料或工件，相对位置不同的上、下辊连续地对板料或工件施加塑性弯曲的成形方式为滚弯，其示意图如图 5-24 所示。板材滚弯的曲率可通过上辊位置的改变而改变。滚弯成形中的上、下辊可以为一对或多对，板料或工件每通过一对上、下辊，都会产生一定的弯曲变形，最后成形为一定形状。

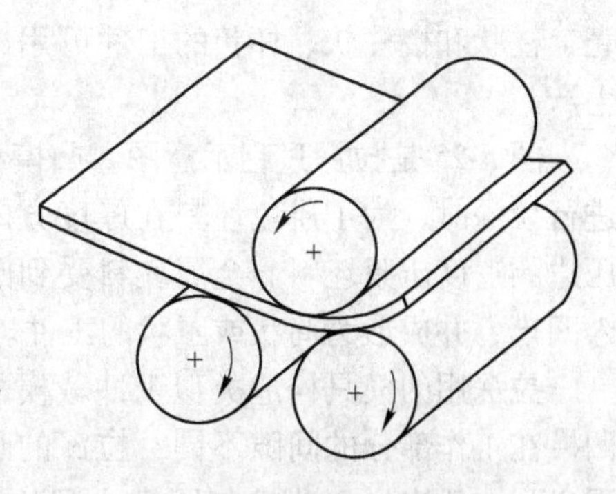

图 5-24 滚弯示意图

直径较大的圆柱、圆环、容器及各种各样的波纹板（尤其厚壁件）等都可用滚弯工艺进行生产，滚弯工艺有专门的滚弯设备。在滚弯生产中，工件外表面的应变不能超过断裂应变，即板料或工件的塑性必须足够大。原材料的性质决定了工件滚弯后的表面精度和表面粗糙度。每道工序中材料所允许的变形程度及产品零件的形状和尺寸决定了零件在冲压时的工序选择、过程顺序的安排和各工序的应用次数。可采用几个基本工序多次冲压成形复杂结构或特殊的零件；若零件的变形程度较大，则需要进行中间退火等处理。

5.5.2.5 弯曲力的计算

弯曲力的大小决定了生产中选用何种冲压设备。材料的力学性能，毛坯的尺寸，凸凹模间的间隙，工件的弯曲半径，在弯曲工艺前工件或毛坯是否有预变形等因素都影响弯曲力的计算，因此比较复杂。

在实际生产中，常采用经验公式或经过简化的理论公式计算弯曲力。

(1) 自由弯曲时的弯曲力。

V 形件弯曲力：

$$P_{自} = \frac{0.6KBt^2\sigma_b}{R+t}$$

U 形件弯曲力：

$$P_{自} = \frac{0.7KBt^2\sigma_b}{R+t}$$

式中，$P_{自}$为自由弯曲在冲压行程结束时的弯曲力，kN；B 为弯曲件的厚度，mm；t 为弯曲件材料厚度，mm；R 为弯曲件的弯曲半径，mm；σ_b 为材料的强度极限，MPa；K 为安全系数，一般取 $K=1.3$。

(2) 校正弯曲时的弯曲力：

$$P_{校} = Fq$$

式中，$P_{校}$ 为校正弯曲力，kN；F 为校正部分阴影面积，mm^2；q 为单位校正力，kN/mm^2。

5.5.3 铝合金的拉深成形

冲头推压放在凹模上的平板板料通过凹模完成杯状工件的工序称为拉深。拉深属于一维成形，拉深产品的表面品质与原材料接近。拉深需要材料的塑性足够大，若工件的变形程度较大，还需要进行中间退火处理。

液压机、机械压力机等机械设备均可用于铝合金的拉深成形。根据拉深温度的不同，可将拉深分为冷拉深和热拉深两种。其中，瓶盖、仪表盖、罩、机壳、食品容器等各种壳、柱状和棱柱状、杯状的工件可用冷拉深成形；桶盖、短管等厚壁筒形件可用热拉深生产。

图 5-25 是拉深过程示意图。凸模和凹模之间的平板坯料进行拉深时，为了避免坯料在厚度方向上出现变形，需要用压边圈适度压紧坯料。金属坯料受到凸模的推压力作用而进入凹模，并成形为筒状或匣状的工件。

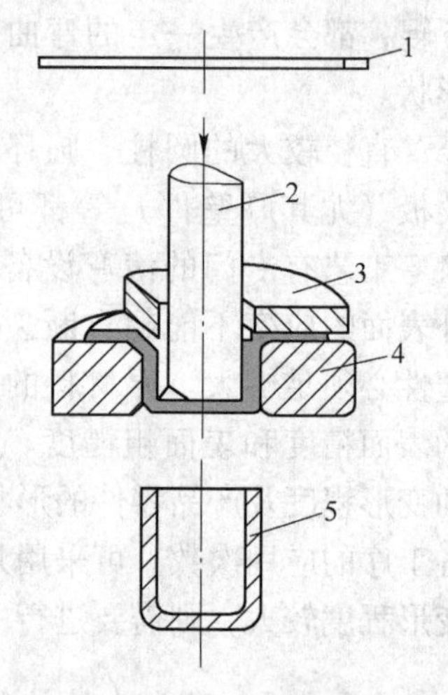

图 5-25　拉深过程示意图
1—坯料；2—凸模；3—压边圈；4—凹模；5—工件

拉深用的模具构造类似于冲裁模，不同之处为：凸模和凹模在工作部分的间隙不同，拉深的凸、凹模上没有锋利的刃口。一般来说，凸模与凹模之间的间隙 z 应比板料厚度 s 大，通常 z 为 $(1.1\sim1.3)s$。若 z 过小，工件会因为模具与拉深件间的摩擦增大而出现裂纹和擦伤，使模具的寿命下降；若 z 过大，工件易起皱导致其精度降低。凸模和凹模端部边缘处的圆角半径应适当，一般取 $r_{凹} \geqslant (0.6\sim1)r_{凸}$，产品会因过小的圆角而出现拉裂现象。

从图 5-25 中可以看出，工件的底部在拉深过程中不变形，但工件的周壁部分塑性变形程度明显，加工硬化作用显著。材料的加工硬化作用随工件直径 d 与坯料直径 D 比值的增大而增强，导致拉深过程中的变形阻力也相应增大。将工件直径 d 与坯料直径 D 的比值 m 称为拉深系数，一般 m 取 0.5~0.8。塑性较高的金属可取较小的拉深系数 m。若较大直径的坯料在拉深系数的限制下无法一次成形，则可采用多次拉深的方法拉成较小直径的工件。多次拉深过程中对金属进行适当的中间退火，也可使塑性变形产生的加工硬化消除，有利于下一次拉深的进行。

在拉深过程中，通常采用加入润滑剂的方法使摩擦减小，从而使拉深件壁部的拉应力下降，模具的磨损降低，使用寿命提高。

5.6　其他成形方式

5.6.1　旋压成形

在可旋转的模具上固定板料或空心毛坯，用擀棒在随主轴转动的毛坯上加压使其与模具逐渐紧贴，从而获得旋转体件的成形方法即为旋压成形。旋压成形可分为普通旋压和强力旋压两种，普通旋压是零件的厚度在旋压过程中基本不变而毛坯的形状和直径发生变化，强力旋压（又称普通旋压）是零件的壁厚在旋压过程中发生明显的减薄且毛坯的形状和直径也发生变化。各种形状复杂的旋转体件都可用旋压成形方法进行加工，以替代拉深、翻边、缩口、胀形等工序。旋压对设备和工具的要求较低，可用普通车床改装成旋压机床，甚至可用硬木胎模代替金属模具进行量少、精度要求不高的制件生产。

5.6.1.1　普通旋压

普通旋压主要有三种基本方式：拉深旋压（拉旋）、缩径旋压（缩旋）和扩径旋压（扩旋），其中，拉深旋压在普通旋压中的应用最为广泛。用旋压的方法生产拉深件即为拉深旋压，是通过普通旋压将平板毛坯成形为空心零件的方法。擀棒与毛坯之间在旋压过程中基本为点接触，一方面材料在擀棒的作用下出现局部凹陷而发生塑性流动，另一方面在旋压力的方向上出现材料的倒伏。毛坯因为局部的塑性流动而出现切向收缩和径向延伸，最终经多次塑性变形成形零件。另外，毛坯的倒伏会产生皱折和振动，随着转速的增加，倒伏逐渐消除，但过高的转速会造成材料的破裂。旋压成形的本质是依靠毛坯连续的局部点变形逐渐形成大的变形，因此，大尺寸的制件在旋压成形中可用较小的力来实现。

擀棒的操作控制在很大程度上影响了坯料皱折、振动和旋裂等旋压件质量问题，选择合理的旋压操作参数可有效避免上述缺陷的产生，是旋压工艺设计的主要目的。操作参数包括擀棒压力和速度、主轴转速、擀棒的过渡形状及操作动作等。

旋压机主轴转速的合理选择在旋压中至关重要。过低的旋压机主轴转速会使成形阻力增大，增加坯料边缘的起皱倾向，甚至造成工件的破裂；过高的旋压机主轴转速则会过度减薄材料。材料的种类及性能、板厚、模具几何尺寸等因素都会影响旋压机主轴转速的大小。坯料直径较小、厚度较大时，旋压机主轴转速可取较大值，反之取较小值。表5-3是铝合金材料不同厚度下旋压成形的旋压机主轴转速。

表5-3 铝合金材料不同厚度下旋压成形的旋压机主轴转速

料厚/mm	毛坯外径/mm	加工温度/℃	主轴转速/$r\cdot min^{-1}$
1.0~1.5	<300	室温	600~1200
1.5~3.0	300~500	室温	400~750
3.0~5.0	600~900	室温	250~600
5.0~10.0	900~1800	200	50~250

旋压工艺的发展方向是自动化生产，目前已出现带数字程序控制系统的自动旋压机。由于旋压生产过程中采用了自动控制技术，零件质量非常稳定，因此其应用范围得到进一步的拓展。旋压工艺得到制品的尺寸精度和表面质量均与切削加工相近，并且还能降低原材料和工具的使用量和费用，对工人的操作水平要求较低且加工时间较短。

5.6.1.2 强力旋压

强力旋压（又叫变薄旋压），是在旋压过程中将坯料的厚度强制变薄的旋压工艺。形状复杂的大型薄壁旋转零件可用强力旋压进行成形，获得比普通旋压更好的加工质量。强力旋压根据旋压件的类型和变形机理的不同，可分为加工锥形、抛物线形和半球形等异形件的锥形件强力旋压（剪切旋压）和加工筒形件、管形件的筒形件强力旋压（挤出旋压）两种。

强力旋压的本质如下：在机械或液压的作用下，旋轮沿模板按照一定的轨迹移动并保持与芯模变薄规律所规定的间隙，在此期间对坯料施加高达2500~3500MPa的压力，使其按芯模的形状逐渐成形。强力旋压的坯料受到轴向和厚度方向上的压力，沿厚度方向上变薄，在长度方向上延伸。纯剪切变形是异形件强力旋压的理想变形形式，可获得最佳的金属流动，此时，旋压过程中毛坯只有轴向的剪切滑移而无其他任何变形。因此，工件的直径和轴向厚度在旋压前后保持不变。

需考虑以下主要参数以确定强力旋压工艺：

（1）旋压方向。旋压方向分为正旋和反旋。材料的流动方向与旋轮的运动方向相同称为正旋，可用于加工异形件和筒形件；材料的流动方向与旋轮的运动方向相反称为反旋，可用于生产管形件。

（2）主轴转速。旋压过程受主轴转速的影响不明显，但生产率和零件的表面质量在一定范围内会随着转速的提高而提高。铝合金的最大转速约为1500m/min。

（3）进给量。芯模每转一周旋轮沿母线移动的距离为进给量，会较显著地影响旋压过程。芯模与旋轮之间的间隙、旋轮的结构尺寸、旋压温度等因素也会影响旋压过程。

5.6.2　拉拔成形

拉拔成形是材料在外拉力作用下通过模孔，直径或横截面积减小并获得一定形状尺寸制件的成形方法，其示意图如图5-26所示。拉拔是棒材、管材及其他各种型材制造的主要方法之一。

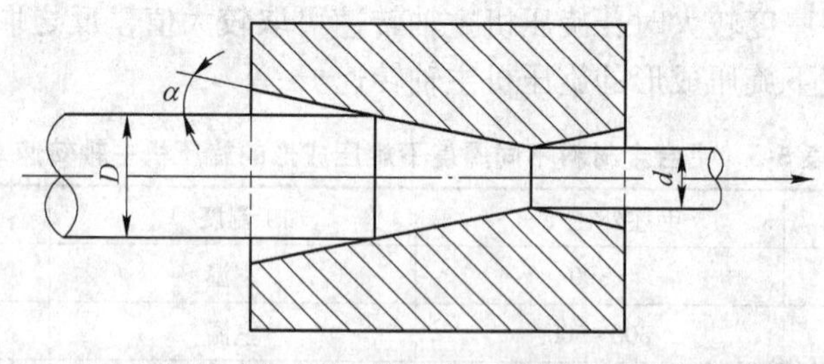

图5-26　拉拔成形示意图

拉拔成形可根据制件横截面形状的不同分为实心拉拔和空心拉拔，根据坯料在成形时的变形温度分为冷拔和温拔。

（1）实心拉拔。实心拉拔主要对棒材、线材及型材进行加工，其示意图如图5-26所示。

（2）空心拉拔。空心拉拔主要对管材及各种空心异型材进行加工，其示意图如图5-27所示。

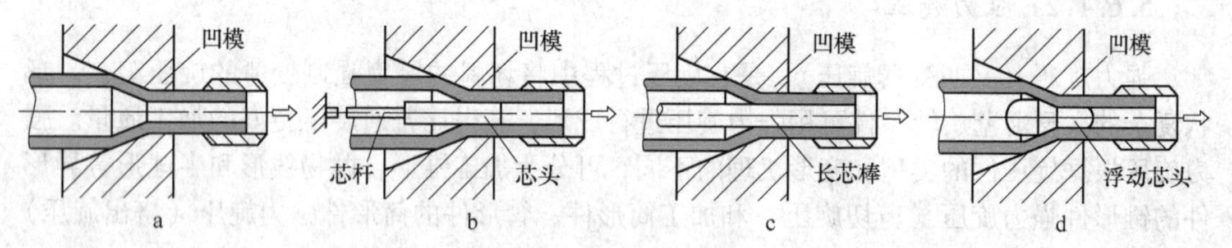

图5-27　空心拉拔示意图

a—空心拉拔；b—固定芯棒拉拔；c—长芯棒拉拔；d—浮动芯头拉拔

与其他塑性加工方法相比，拉拔的特点如下：

（1）一般毛坯的形状尺寸与拉拔制件的差异较大，通常在拉拔时采用多道次成形的方法减小材料的变形量。道次加工率一般控制在0.2~0.6，过大则易拉断制品。

（2）拉拔制件的尺寸精度高且表面光洁，适于非常细长的棒材、型材以及线材的连续生产。

5.6.3　摆动碾压成形

摆动碾压，也称为摆碾，是利用圆锥面或其他曲面的碾压模绕轴心的转动对坯料进行连续性局部压缩变形的过程。摆动碾压主要用于轴对称盘形零件的加工成形。

作为一种比较典型的压缩成形工艺，摆动碾压可以使坯料出现连续性的局部塑性变形，在很小的成形力作用下即可获得较高的极限变形程度。摆动碾压的设备吨位明显小于锻造加工的设备。摆碾成形制件沿轴线形成连续的金属纤维，使盘类零件的使用性能提高。对坯料进行加热再摆碾成形（称之为热碾）可以提高摆碾成形的效率。

摆动碾压成形中，通常在碾压机的摆头上固定上模，碾压模工作表面的母线与被加工盘类制件的上表面的中心射线重合。摆动碾压成形的工作原理示意图如图5-28所示，摆头轴线与机床主轴线的夹角 α，称为摆角。位于碾压机滑块或下模上的碾压制件在摆头带动碾压模绕轴心摆动时受到压应力，制件上表面随着摆头的往复滚动碾压形成与碾压模母线形状相同的中心射线的形状。若母线为直线，则摆碾后的制件上表面为平面；若母线为曲线，则摆碾制件表面的形状为与上模相同的曲面；若下模中存在型腔，则金属在上模的不断滚动碾压下流入型腔，最终形成具有一定形状的制件。

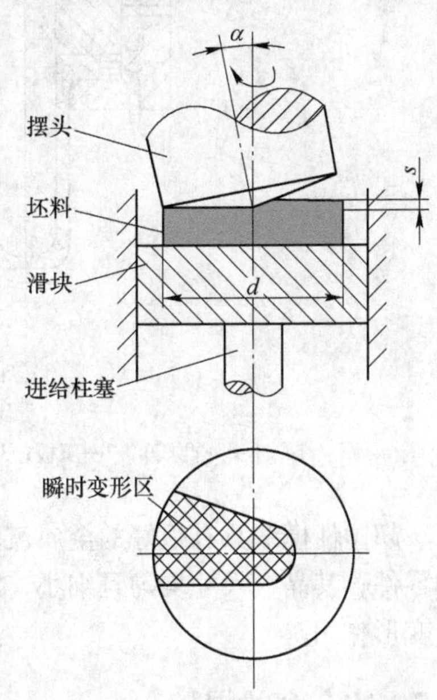

图5-28　摆动碾压工作原理示意图

摆碾成形时，锻坯在一个较小的区域内由于上模摆动施压而产生塑性变形，随着碾压模的摆动，变形区沿锻坯进行周向移动并呈螺旋面扩展，改变整个锻坯的形状。在逐渐变形中，摆头的摆动精度有限，使每次与锻坯接触的上模工作表面不断变化，锻坯产生相应的弹性回复和材料流动。上模工作表面的形状越简单，成形过程中的接触摩擦越小，非成形部分材料的变形抗力越低。可将复杂形状尽可能置于下模侧以便于材料充满型腔。改变摆头母线与下模形状的组合，可以实现摆碾反挤、摆碾镦挤、碾扩反挤和正反碾挤等复合摆碾成形。

5.6.4　超塑性成形

金属或合金在变形温度一定、形变速率较低（$\varepsilon = 10^{-2} \sim 10^{-4} s^{-1}$）和晶粒度细小均匀（平均晶粒尺寸为0.2~5μm）条件下的相对伸长率 δ 超过100%，即称其具有超塑性。

在拉伸变形过程中，超塑性状态的金属没有颈缩，且变形应力极低，因此非常容易成形，可制备结构极为复杂的零件。

超塑性成形主要在以下几方面获得应用：

（1）板料冲压。当零件的高径比相差很大时（如图5-29所示），使用超塑性材料在一次拉深后即可成形，并且成形零件的质量优异，性能也呈现各向同性。图5-29a为超塑性材料拉深成形过程示意图。

（2）板料气压成形。将放入模具中的超塑性金属板料和模具一起加热，在既定温度下向模具内充入压缩空气或抽出模具内的空气使之形成负压，板料在压力作用下紧贴在模具上形成具有一定形状的工件。

（3）挤压和模锻。对超塑性状态的合金进行挤压和模锻，能成形常态下塑性极差的合金，降低材料的损耗和产品成本。

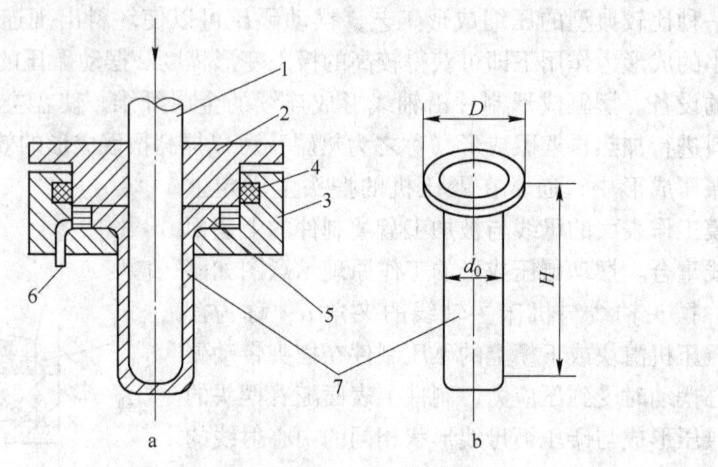

图 5-29　超塑性板料拉深

a—拉深过程；b—工件

1—冲头（凸模）；2—压板；3—凹模；4—电热元件；5—坯料；6—高压油孔；7—工件

超塑性模锻具有很好的金属流动性，能充分填充模膛，获得尺寸精度高、加工余量小的零件；其晶粒尺寸均匀且细小，零件性能高且各向同性；能充分发挥中、小设备对金属的变形作用。

5.7　铝合金的焊接

铝及铝合金的焊接工艺起步较晚，但发展极为迅速，目前已拥有完善的焊接技术，使铝及其合金的应用范围进一步提高。铝及其合金的焊接技术既可用于不可热处理强化的合金，也能用于可热处理强化的高强度硬铝合金。铝及其合金的焊接方法较多，如熔焊、电阻焊、钎焊、脉冲氩（氦）弧焊、等离子弧焊、极性参数不对称的方波交流钨极氩弧焊、真空及气体保护钎焊、真空电子束焊以及扩散焊等，常见的普通焊接设备和工艺即可完成铝及其合金的焊接，特殊的设备和工艺能实现有特殊要求的合金焊接。

5.7.1　铝及铝合金的焊接性

虽然目前铝及铝合金的焊接工艺应用十分广泛，但其具有的独特焊接性还是有一定的限制性。一般来说，纯铝和非热处理强化的变形铝合金焊接性较好，热处理强化型的合金焊接性略差。

铝及其合金的焊接性主要表现在以下几个方面：

（1）极易氧化。熔滴表面和熔池表面会因为铝的氧化而被一层氧化铝（Al_2O_3）薄膜所包裹，这层氧化膜会显著影响金属的焊接性。

1）与铝及其合金的熔点（约 660℃）相比，氧化铝高达 2050℃的熔点会严重妨碍正常焊接的进行。

2）氧化铝薄膜的存在降低金属之间的结合性，出现未熔合、未焊透等缺陷。

3）氧化铝的密度约为铝及其合金密度的 1.4 倍，很容易卷入熔池中，造成焊缝出现夹渣缺陷。

4）氧化铝易吸附水分，使焊缝中出现气孔缺陷。

5）氧化铝因为较低的电子逸出功而易发射电子，造成焊接电弧的不稳定。

（2）易产生气孔。焊缝在铝及其合金，尤其是纯铝和防锈铝，熔化焊时已出现气孔缺陷，这种气孔主要为氢气孔，氮气孔、一氧化碳气孔和氧气孔等很少见。

氢在铝及其合金中的溶解度随着温度的升高也明显增大，熔池在凝固过程中会析出大量的氢。若析出的氢来不及从熔池中逸出，就会团聚形成气泡，导致焊缝中出现气孔缺陷。

铝及其合金的密度较小，熔池中气泡的上浮速度较慢，另外熔池的冷却速度也相对较快，更不利于气泡浮出，因此，气孔缺陷在铝及其合金的焊接中极易出现。

（3）较大的热裂倾向。

1）焊接时，一般铝及其合金不会出现冷裂纹。

2）焊接时，纯铝及非热处理强化型铝合金一般不会出现裂纹。

3）热处理强化型等高强度铝合金具有较大的热裂倾向，易在焊接时出现裂纹。

（4）需采用大的焊接热输入。铝及其合金的导热系数是钢的 2~4 倍，相对于钢，铝在焊接时的热量会迅速地传递到金属内部造成热损失的增大，因此，只有增大焊接热输入才能获得与钢相同的焊接速度，一般热输入增加量为钢的 2~4 倍。

采用能量集中、功率大的强热源或对铝工件进行预热，均可提高焊接接头的质量。

（5）易烧穿和下塌。铝及其合金从固态转变为液态时的颜色变化不明显，较难确定焊接时的熔池温度，难以观察接缝坡口的熔化程度，因此熔池常因为温度过高出现下塌或下漏烧穿。

（6）易变形。焊接时，由于铝及其合金具有较强的导热性和较大的热容量，焊件易出现变形缺陷。

（7）合金元素易蒸发和烧损。在焊接电弧的高温作用下，铝合金中镁、锌、锰等低沸点合金元素极易蒸发和烧损，使焊缝金属的化学成分和性能发生改变，因此，在这类合金进行焊接时最好选用能补充镁、锌、锰等合金元素的焊丝。

（8）焊接接头具有“不等强”性。所谓“不等强”性，是指铝及其合金在焊接后接头的强度和塑性比母材差的现象。

由于铝及其合金不存在同素异构转变，因此在多层焊时焊缝会积累缺陷，降低其性能，甚至会因为过高的层间温度而出现热裂纹。通常而言，焊缝性能下降的趋势随焊接热输入的增大而增大。

无论是非热处理强化型铝合金还是热处理强化型铝合金，其焊接热影响区受温度的影响会发生软化。为了避免这一现象，可从以下方面入手进行解决：

1）Al-Mg 系等非热处理强化型铝合金的焊接须在退火状态下进行。

2）除 Al-Zn-Mg 合金外的热处理强化型铝合金在任何状态下焊接，若不对焊件进行热处理，其接头强度都会低于母材。

5.7.2　焊接方法的选用

根据应用场合的需要，可选择不同的焊接方法对铝及其合金进行焊接。

表5-4是常用铝及铝合金焊接方法的特点及适用范围，根据铝及其合金的牌号、产品结构、焊件厚度和对焊接性能的要求选择合适的焊接方法。

表5-4　铝及铝合金常用焊接方法的特点及适用范围

焊接方法	特　点	适　用　范　围
气焊	热功率低，焊件变形大，生产率低，易产生夹渣、裂纹等缺陷	用于非重要场合的薄板对接焊及补焊等
手工电弧焊	接头质量差	用于铸铝件补焊及一般修理
钨极氩弧焊	焊缝金属致密，接头强度高，塑性好，可获得优质接头	应用广泛，可焊接板厚1~20mm
钨极脉冲氩弧焊	焊接过程稳定，热输入精确可调，焊件变形量小，接头质量高	用于薄板、全位置焊接、装配焊接及热敏感性强的锻铝、硬铝等高强度铝合金
熔化极氩弧焊	电弧功率大，焊接速度快	用于厚件的焊接，可焊厚度为50mm以下
熔化极脉冲氩弧焊	焊接变形小，抗气孔和抗裂性好，工艺参数调节广泛	用于薄板或全位置焊，常用于厚度2~12mm的工件
等离子弧焊	热量集中，焊接速度快，焊接变形和应力小，工艺较复杂	用于对接头要求比氩弧焊更高的场合
真空电子束焊	熔深大，热影响区小，焊接变形量小，接头力学性能好	用于焊接尺寸较小的焊件
激光焊	焊接变形小，生产率高	用于需进行精密焊接的焊件

5.7.2.1　气焊

气焊一般是指氧-乙炔气焊，这种焊接方式较低的热功率和较分散的热量会增大焊件的变形程度，降低生产效率。一般需要预热较厚的铝焊件，焊缝中的金属在焊后会出现晶粒粗大、组织疏松、氧化铝夹杂、气孔及裂纹等缺陷。此外，这种方法只能焊接厚度范围在0.5~10mm的不重要铝结构件或补焊铸件。

5.7.2.2　钨极氩弧焊

在氩气保护下进行的钨极氩弧焊具有热量集中、电弧稳定、焊缝致密等优点，并且焊接接头具有较高的强度和塑性，因此工业应用范围越来越广。钨极氩弧焊可以焊接厚度在1~20mm的重要铝结构件，工艺设备完善，但设备较复杂，不宜在室外露天条件下操作。

5.7.2.3　熔化极氩弧焊

相对于手工钨极氩弧焊，自动、半自动熔化极氩弧焊具有电弧功率大、热量集中、热影响区小等优点，可使生产效率提高2~3倍。熔化极氩弧焊可以焊接厚度在50mm以下的纯铝及铝合金板，并且板材不需预热。定位焊缝、断续的短焊缝及结构形状不规则的焊件焊接均可采用半自动熔化极氩弧焊，但半自动焊的焊丝直径一般在ϕ3mm以下，相对较细，且焊缝具有较大的气孔敏感性。

5.7.2.4 脉冲氩弧焊

A 钨极脉冲氩弧焊

钨极脉冲氩弧焊的焊接过程电流稳定性较好，调节各种工艺参数即可控制电弧功率和焊缝成形。焊件具有较小的变形程度和热影响区，特别适合焊接薄板、对热敏感性强的锻铝、硬铝、超硬铝等材料。

B 熔化极脉冲氩弧焊

熔化极脉冲氩弧焊具有较小的平均焊接电流，较大的参数调节范围，因此焊件的变形及热影响区小，具有较高的生产率和较好的抗气孔及抗裂性，适合焊接厚度在2~10mm铝合金薄板。

5.7.2.5 电阻点焊、缝焊

电阻点焊、缝焊适用于厚度在4mm以下的铝合金薄板的焊接。直流冲击波点焊、缝焊机焊接可用来焊接质量要求较高的产品。这种焊接方法的设备较复杂，焊接电流大，生产率较高，特别适用于大批量生产的零、部件。

5.7.2.6 搅拌摩擦焊

搅拌摩擦焊是一种板材固态连接技术，相对于传统熔焊，其飞溅和烟尘很少，接头无气孔、裂纹缺陷，也不需要焊丝和保护气体。搅拌摩擦焊能焊接直焊缝并不受轴类零件的限制。铝及其合金的熔点较低，更适于采用搅拌摩擦焊进行焊接。

5.7.3 铝用焊接材料

5.7.3.1 焊丝

焊丝是气焊、钨极氩弧焊等焊接方法中必不可少的材料。根据焊丝与母材金属材质的差异，可将焊丝分为同质焊丝和异质焊丝两大类。合适的焊丝能提高焊接接头的性能。适用于铝及铝合金焊接的焊丝型号（牌号）、规格与用途如表5-5所示。焊丝的牌号、型号和化学成分见表5-6和表5-7。

表5-5 铝及铝合金焊丝的型号（牌号）、规格与用途

型号	牌号	焊丝规格/mm		特点与用途
		直径	长度	
SAl-1	HS301	卷状		具有良好的塑性与韧性，良好的可焊接性及耐腐蚀性，但强度较低，适用于对接头性能要求不高的纯铝及铝合金的焊接
		1.2	每卷10.2kg	
SAlSi-1	HS311	1.2	每卷10.2kg	通用性较大的铝基焊丝，焊缝的抗热裂性能优良，有一定的力学性能，适用于焊接除铝镁以外的铝合金
SAlMn	HS321	条状		具有较好的塑性与可焊性，良好的耐腐蚀性和比纯铝高的强度，适用于铝锰合金及其他铝合金的焊接
		3.4，5.6	1000	
SAlMg-5	HS331	3.4，5.6	1000	耐腐蚀性、抗热裂性好，强度高，适用于焊接铝镁合金和其他铝合金铸件补焊

表 5-6 铝及铝合金焊丝的牌号和化学成分

牌号		化学成分/%											
		Si	Fe	Cu	Mn	Mg	Cr	Zn	V、Zr	Ti	其他		Al
											每种	合计	
1070	—	≤0.20	≤0.25	≤0.04	≤0.03	≤0.03	—	≤0.04	—	≤0.03	≤0.03	—	≤99.70
1100	HS301	Si+Fe≤1.0		0.05~0.2	≤0.05	—	—	≤0.10	—	—	≤0.05	≤0.15	≥99.00
1200	—	Si+Fe≤1.0		≤0.05	≤0.05	—	—	≤0.10	—	≤0.05	≤0.05	≤0.15	≥99.00
2319	—	≤0.20	≤0.30	5.8~6.8	0.2~0.4	≤0.02	—	≤0.10	V0.05~0.15 Zr0.10~0.25	0.10~0.20	≤0.05	≤0.15	余量
4043	HS311	4.5~6.0	≤0.8	≤0.30	≤0.05	≤0.05	—	≤0.10	—	≤0.20	≤0.05	≤0.15	余量
4047	HL400	11.0~13.0	≤0.8	≤0.30	≤0.15	≤0.10	—	≤0.20	—	—	≤0.05	≤0.15	余量
4145	HL402	9.3~10.7	≤0.8	3.3~4.7	≤0.15	≤0.15	≤0.15	≤0.20	—	—	≤0.05	≤0.15	余量
5554	—	≤0.25	≤0.40	≤0.10	0.50~1.0	2.4~3.0	0.05~0.20	≤0.25	—	0.05~0.20	≤0.05	≤0.15	余量
5654	—	Si+Fe≤0.45		≤0.05	≤0.01	3.1~3.9	0.15~0.35	≤0.20	—	0.05~0.15	≤0.05	≤0.15	余量
5356	—	≤0.25	≤0.40	≤0.10	0.05~0.2	4.5~5.5	0.05~0.20	≤0.10	—	0.06~0.20	≤0.05	≤0.15	余量
5556	HS331	≤0.25	≤0.40	≤0.10	0.50~1.0	4.7~5.5	0.05~0.20	≤0.25	—	0.05~0.20	≤0.05	≤0.15	余量
5183	—	≤0.40	≤0.40	≤0.10	0.50~1.0	4.3~5.2	0.05~0.25	≤0.25	—	≤0.15	≤0.05	≤0.15	余量

表 5-7 铝及铝合金焊丝的型号和化学成分（GB/T 10858—1989）

类别	型号	化学成分/%											
		Si	Fe	Cu	Mn	Mg	Cr	Zn	Ti	V	Zr	Al	其他元素总量
纯铝	SAl-1	Fe+Si≤1.0		0.05	0.05	—	—	0.10	0.05	—	—	≥99.0	≤0.15
	SAl-2	0.20	0.25	0.40	0.03	0.03		0.04	0.03	—	—	≥99.7	
	SAl-3	0.30	0.30	—	—	—		—	—	—	—	≥99.5	
铝镁	SAlMg-1	0.25	0.40	0.10	0.50~1.0	2.40~3.0	0.05~0.20	—	0.05~0.20	—	—	余量	
	SAlMg-2	Fe+Si≤0.45		0.05	0.01	3.10~3.90	0.15~0.35	0.20	0.05~0.15	—	—		
	SAlMg-3	0.45	0.40	0.10	0.50~1.0	4.30~5.20	0.05~0.25	0.25	0.15	—	—		
	SAlMg-5	0.40	0.40	—	0.20~0.60	4.70~5.70	—	—	0.05~0.25	—	—		
铝铜	SAlCu	0.20	0.30	5.8~6.8	0.20~0.40	0.02		0.10	0.10~0.20	0.05~0.15	0.10~0.25		
铝锰	SAlMn	0.60	0.70	—	1.0~1.6	—		—	—	—	—		
铝硅	SAlSi-1	4.5~6.0	0.80	0.30	0.05	0.05		0.10	0.20	—	—		
	SAlSi-2	11.0~13.0	0.80	0.30	0.15	0.15		0.20	—	—	—		

注：除规定外，单个数值表示最大值。

焊缝的成分，焊件的力学性能、耐蚀性能，结构的刚性、颜色及抗裂性等因素在焊丝选择时都需要进行考虑。若焊丝的熔化温度低于母材，则焊接热影响区的晶间裂纹倾向会显著降低。对于非热处理型铝合金而言，焊接接头的强度按1×××系、4×××系、5×××系的次序增大。由于含镁3%以上的5×××系合金的应力腐蚀敏感性较高，因此应避免在使用温度高于65℃的结构中采用这种合金焊丝，否则会发生应力腐蚀龟裂。若焊丝的合金含量高于母材，则一般可防止焊缝金属的裂纹倾向。

目前，常用的铝及铝合金标准牌号焊丝与基体金属成分相近，若缺少标准牌号焊丝，可用基体金属上切下的狭条进行替代，此狭条的长度为500~700mm，厚度与基体金属相同。SAlSi-1(HS311）是较为通用的焊丝，这种焊丝具有良好的液态金属流动性，较小的凝固收缩率和优良的抗裂性能。在焊丝中加入少量的Ti、V、Zr等合金元素作为变质剂，可细化焊缝晶粒、提高焊缝的抗裂性及力学性能。

在选用铝及其合金焊丝时，需要注意如下的问题：

（1）焊接接头的裂纹敏感性。焊丝与母材之间的匹配性直接影响裂纹敏感性，若焊丝的熔化温度低于母材金属，则焊缝金属和热影响区的裂纹敏感性下降。比如，采用与母材相同合金成分的焊丝焊接Si含量0.6%的6061合金有很大的裂纹敏感性，更换为比6061熔化温度低的Si含量5%的ER4043焊丝，其在冷却过程中的塑性较高，具有良好的抗裂性能。另外，由于Al-Mg-Cu合金的裂纹敏感性很高，所以焊丝应避免出现Mg与Cu的组合。

（2）焊接接头的力学性能。焊接接头力学性能的大小顺序为：工业纯铝 < 4×××系合金 < 5×××系合金。虽然铝硅焊丝的抗裂性能较强，但其塑性较差，若接头在焊后需要进行塑性变形加工，则不能选用此类焊丝。

（3）焊接接头的使用性能。除母材成分外，焊丝还与接头的几何形状、耐蚀性要求和焊接件的外观要求有关。比如，需要用耐蚀性优异的高纯度铝合金焊丝焊接储存过氧化氢的容器，以防储存产品的污染。

5.7.3.2 焊条

表5-8是铝及铝合金焊条的型号（牌号）、规格与用途，表5-9是铝及铝合金焊条的化学成分和力学性能。

表5-8 铝及铝合金焊条的型号（牌号）、规格与用途

型号	牌号	药皮类型	焊芯材质	焊条规格/mm		用途
E1100	L109	盐基型	纯铝	3.2，4.5	345~355	焊接纯铝板、纯铝容器
E4043	L209	盐基型	铝硅合金	3.2，4.5	345~355	焊接铝板、铝硅铸件，一般铝合金、锻铝、硬铝（铝镁合金除外）
E3003	L309	盐基型	铝锰合金	3.2，4.5	345~355	焊接铝锰合金、纯铝及其他铝合金

表 5-9　铝及铝合金焊条的化学成分和力学性能

型号	牌号	药皮类型	电流种类	焊芯化学成分（质量分数）/%	熔敷金属抗拉强度/MPa	焊接接头抗拉强度/MPa
E1100	L109	盐基型	直流反接	Si+Fe≤0.95，Co0.05~0.20，Mn≤0.05，Be≤0.0008，Zn≤0.10，其他总量≤0.15，Al≥99.0	≥64	≥80
E4043	L209	盐基型	直流反接	Si4.5~6.0，Fe≤0.8，Cu≤0.30，Mn≤0.05，Zn≤0.10，Mg≤0.05，Ti≤0.2，Be≤0.0008，其他总量≤0.15，Al 余量	≥118	≥95
E3003	L309	盐基型	直流反接	Si≤0.6，Fe≤0.7，Cu 0.05~0.20，Mn 1.0~1.5，Zn≤0.10，其他总量≤0.15，Al 余量	≥118	≥95

在手工电弧焊时，须注意以下问题：

（1）应采用直流反极性（DCEP）焊接。对铝合金厚件的焊接而言，一般应先将母材预热至 120~200℃以保证焊接熔池具有合适的熔深。在焊接开始时，熔池因为铝的热传导率较高而冷却速度极快，预热也可有效防止气孔的产生。预热也有助于减小复杂焊件的变形。但是，如果预热温度较高（大于 175℃），6×××系合金焊接接头的力学性能会显著下降。

（2）焊接气孔产生的主要原因之一是焊条药皮中存在的水分和污物，母材焊接接口处的脏物和油脂等也会形成气孔，所以需要保证焊条和母材的清洁度。焊条应该在干燥、清洁的地方进行储存以防止焊条药皮在潮湿空气中发生吸潮。焊条在使用前应在 175~200℃保温 1h 以进行烘干，烘干后的焊条在 60~100℃的保温箱内储存。

（3）用于手工电弧焊的母材，其厚度最好不低于 3.2mm，必要时应进行单道手弧焊。较厚的铝材可能需要进行多道焊，在每道焊接后应及时对焊道之间进行清理。焊接接头和工件应在焊接结束后彻底清理以去除残余焊渣。钢丝刷和尖头锤等机械工具能去除大部分的残余焊渣，可用蒸汽或热水冲洗的方法去除其余部分的残余焊渣。

（4）焊缝耐蚀性的好坏在应用时非常重要，此时，焊条成分应尽量与母材的成分相近。由于气体保护焊焊丝的成分范围较宽，因此推荐采用气体保护焊对需要耐蚀的焊件进行焊接。

5.7.3.3　保护气体

通常采用氩气（Ar）和氦气（He）等惰性气体对铝及其合金的焊接进行保护。氩气的技术要求为氩>99.9%，氧<0.005%，氢<0.005%，水分<0.02mg/L，氮<0.015%。阴极雾化作用会因氧、氮的增多而恶化；氧>0.1%时焊缝表面无光泽或发黑，钨极烧损在氧>0.3%时会加剧。

在钨极氩弧焊（TIG）中，通常采用纯氩气对大厚度板的交流加高频焊接进行保护，采用 Ar+He 或纯 Ar 对直流正极性焊接进行保护。

在熔化极氩弧焊（MIG）中，当板厚小于 25mm 时，采用纯 Ar；当板厚为 25~50mm 时，采用添加 10%~35% Ar 的 Ar+He 混合气体；当板厚为 50~75mm 时，宜采用添加 10%~35%或 50%He 的 Ar+He 混合气体；当板厚大于 75mm 时，推荐用添加 50%~75% He 的 Ar+He 混合气体。

5.7.4　铝及铝合金的焊接工艺

5.7.4.1　焊前准备

A　化学清理

化学清理法具有较高效率且质量稳定的优点，可用于焊丝以及尺寸不大、批量生产工件的清理。一般采用浸洗法对小型工件进行清理。去除铝表面氧化膜的化学清洗溶液配方和清洗工序流程如表5-10所示。

表5-10　去除铝表面氧化膜的化学清理方法

溶液	浓度	温度/℃	容器材料	工　艺	目　的
硝酸	50%水 50%硝酸	18~24	不锈钢	浸15min，在冷水中漂洗，然后在热水中漂洗，干燥	去除薄的氧化膜
氢氧化钠加硝酸	5%氢氧化钠 95%水	70	低碳钢	浸10~60s，在冷水中漂洗	去除厚氧化膜，适用于所有焊接方法和钎焊方法
	浓硝酸	18~24	不锈钢	浸30s，在冷水中漂洗，然后在热水中漂洗，干燥	
硫酸铬酸	硫酸 CrO_2 水	70~80	衬铝的钢罐	浸2~3min，在冷水中漂洗，然后在热水中漂洗，干燥	去除因热处理形成的氧化膜
磷酸铬酸	磷酸 CrO_2 水	93	不锈钢	浸5~10min，在冷水中漂洗，然后在热水中漂洗，干燥	去除阳极化处理镀层

清洗后的焊丝需要在150~200℃的烘箱中保温0.5h，然后存放在100℃烘箱内随用随取。清洗过的焊件一般在24h内进行装配和焊接，不准随意乱放。若超过24h，则在焊接前需要再进行机械方法清理，才能进行下一步的装配和焊接工序。

受酸洗槽尺寸的限制，难以对大型焊件进行整体清理，可以用火焰将接头两侧各30mm的表面区域加热至100℃左右，然后涂擦并擦洗室温的NaOH溶液，处理时间稍长于浸洗时间。待焊接区的氧化膜清除干净后，用清水冲洗，然后再经中和和光化，最后用火焰烘干。

B　机械清理

首先将零件表面的油污用丙酮或汽油擦洗干净，然后根据零件形状的不同使用风动或电动铣刀、刮刀等工具对其表面进行切削。若零件表面的氧化膜较薄，则可用不锈钢的钢丝刷进行清理，不宜采用纱布、砂纸或砂轮打磨。

若工件在表面清理后装配不及时，则会重新生长氧化膜，尤其在潮湿的环境以及被酸碱蒸汽污染的环境中生长更为迅速。

C　焊前预热

热影响区的宽度会因为预热而加大，使某些铝合金焊接接头的力学性能下降，因此焊前最好不进行预热。但是，为了防止厚度超过5~8mm的厚大铝件在焊接时出现变形、未焊透和气孔缺陷，需要对其进行焊前预热。90℃的预热即可保证始焊处的熔深足够，一般预热温度不应超过150℃，含4.0%~5.5%Mg的铝镁合金的预热温度不应超过90℃。

5.7.4.2　铝及铝合金的气焊

铝及铝合金在气焊时需采用熔剂，焊后需清除残渣，并且接头质量及性能也较差。气焊的选择应遵循以下的原则。

（1）气焊的接头形式。由于铝及铝合金在气焊时所用的搭接接头和T形接头很难将流入缝隙中的残留熔剂和焊渣清理干净，因此尽可能采用对接接头。铝及铝合金在540~658℃时的强度很低，在悬空焊接铝时，接头可能会无法承受自身的重量而整体塌落。采用不锈钢或纯铜等制成带槽的垫板，能保证焊件焊接时既焊透又不塌陷和烧穿。带垫板的焊接能提高焊接质量和生产率。

（2）气焊熔剂的选用。若气焊时不使用熔剂，则熔化的铝件表面会漂浮一层黑色的皱皮隔层，这层隔层会影响焊丝熔滴与基体金属熔体的熔合，从而导致无法焊接成形。这层皱皮即是熔点高达2050℃的Al_2O_3氧化膜，普通的气焊火焰很难将其熔化。

在气焊时加入熔剂可除去铝表面的氧化膜及其他杂质，保证焊接过程的进行并提高焊缝质量。

气焊熔剂，又称为气剂，是气焊时的助熔剂。气焊熔剂能将气焊过程中生成在铝表面的氧化膜去除，使母材的润湿性能得到改善，最后获得致密的焊缝组织。熔剂在铝及铝合金的气焊中必须使用，其加入方式如下：焊前直接把熔剂撒在被焊工件坡口上，或沾在焊丝上加入到熔池中。

将钾、钠、钙、锂等元素的氯化盐及氟化盐进行粉碎过筛后，即可按一定比例配制成铝及铝合金的熔剂。1000℃时铝冰晶石（Na_3AlF_6）可以熔解氧化铝，氯化钾（KCl）等也能将难熔的氧化铝转变为熔点为183℃的氯化铝。这些熔剂具有低熔点和优异的流动性，能使熔化的金属流动性得到改善，促进焊缝的成形。

按照铝及铝合金气焊熔剂是否含有锂，可将其分为含Li熔剂和无Li熔剂两大类。在气焊时加入含Li熔剂的氯化锂，能使熔渣的物理性能得到改善，熔渣的熔点和黏度降低，氧化膜能较好地去除，适用于薄板和全位置焊接。但氯化锂的吸湿性强且价格昂贵；无Li熔剂具有高熔点、大黏度和较差的流动性，焊缝易产生夹渣，主要用于焊接厚大件。表5-11是常用铝用气焊熔剂的化学成分、用途及焊接注意事项。

表5-11　常用铝用气焊熔剂的化学成分、用途及焊接注意事项

牌号	名称	熔点/℃	熔剂成分/%	用途及性能	焊接注意事项
CJ401	铝气焊熔剂	560	KCl 49.5~52，NaCl 27~30，LiCl 13.5~15，NaF 7.5~9	铝及铝合金气焊熔剂，起精炼作用，也可用作气焊铝青铜熔剂	焊前将焊接部位及焊丝洗刷干净 焊丝涂上用水调成糊状的熔剂，或焊丝一端煨热蘸取适量的干溶剂立即施焊，焊后必须将焊件表面的熔剂残渣用热水洗刷干净，以免引起腐蚀

将粉状熔剂和蒸馏水按照2∶1的比例调成糊状后，然后按照0.5~1.0mm的厚度涂在焊件坡口和焊丝表面上；或者将熔剂的干粉直接涂在灼热的焊丝上，以减少由于水分导致

的气孔缺陷。需要在12h内将调制好的熔剂用完。

为了避免铝及铝合金气焊熔剂受潮失效，需要将其密封在瓶中。在使用时随调随用，不宜长期存放。

（3）焊嘴和火焰的选择。焊嘴的大小可由焊件厚度、焊接位置、坡口形式和焊工技术水平进行确定。气焊时焊件厚度、焊炬型号、焊嘴号码、焊嘴孔径、焊丝直径及乙炔消耗量等数据如表5-12所示。

表5-12　气焊时焊件厚度、焊炬型号、焊嘴号码、焊嘴孔径、焊丝直径及乙炔消耗量

焊件厚度/mm	1.2	1.5~2.0	3.0~4.0	5.0~7.0	7.0~10	10.0~20.0
焊炬型号	H01-6	H01-6	H01-6	H01-12	H01-12	H01-20
焊嘴号码	1	1~2	3~4	1~3	1~4	4~5
焊嘴孔径/mm	0.9	0.9~1.0	1.1~1.3	1.4~1.8	1.6~2.0	3.0~3.2
焊丝直径/mm	1.5~2.0	2.0~2.5	2.0~3.0	4.0~5.0	5.0~6.0	5.0~6.0
乙炔消耗量/$L \cdot h^{-1}$	75~150	150~300	300~500	500~1400	1400~2000	2500

铝及铝合金的氧化性和吸气性很强。可以采用中性焰或微弱碳化焰加热熔池，形成还原性气氛以避免铝的氧化；不能使用氧化焰，否则铝会出现剧烈氧化而阻碍焊接；也不能使用乙炔过多的火焰，否则熔池会溶入大量的游离氢，导致焊缝产生气孔和疏松缺陷。

（4）定位焊缝。在焊前对焊件进行点固焊，可防止焊接过程中焊件的尺寸和相对位置变化。由于铝的导热速度快、线膨胀系数和气焊加热面积大，所以铝件的定位焊缝相比钢件更密。

定位焊缝所用的焊丝与焊接产品时使用的相同，但焊缝间隙需要涂覆一层气剂，此外，定位焊的火焰功率也略大于气焊。

（5）气焊操作。焊接铝及其合金时，无法从颜色上直接判断焊接温度的大小，但可通过以下现象决定是否施焊：

1）工件表面的颜色由光亮银白色变为暗淡的银白色，加热处的金属存在波动且此处的氧化膜有皱皮出现，此时可以施焊。

2）用蘸有熔剂的焊丝端头对母材金属进行试焊，若焊丝和母材均能熔化，则可进行焊接。

3）焊丝接触母材后，母材被加热处的棱角软化倾倒，则可进行焊接。

在气焊薄板时，焊丝应位于焊炬的前面，此时火焰指向未焊的冷金属部分，消耗一部分热量对板材进行预热，防止熔池过热和热影响区的晶粒粗化；在气焊母材厚度大于5mm的板材时，焊丝应位于焊炬的后面，此时火焰指向焊缝，增大加热区的熔深，提高加热效率。焊炬倾角在气焊厚度小于3mm的薄件为20°~40°；在气焊厚件时，焊炬倾角为40°~80°，焊丝与焊炬夹角为80°~100°。

争取一次完成铝及其合金的气焊，否则二次气焊会导致焊缝中出现夹渣等缺陷。

（6）焊后处理。气焊焊缝表面的残留焊剂和熔渣会腐蚀接头，导致铝及其合金在使用中的失效。因此，需要将残留的熔剂、熔渣在气焊后1~6h内清洗干净，避免焊件出现腐蚀。气焊的焊后处理工序为：

1）最好用40~50℃的流动热水浸渍焊件，将焊缝及焊缝附近所残留的熔剂和熔渣用工具清理干净。

2）采用硝酸溶液浸渍焊件，15%~25%浓度的溶液在25℃以上时的浸渍时间为10~15min；20%~25%浓度的溶液在10~15℃时的浸渍时间为15min。

3）将焊件重新放入流动热水中浸渍5~10min。

4）将焊件用冷水冲洗5min。

5）将焊件自然晾干或烘干。

5.7.4.3　铝及铝合金的钨极氩弧焊（TIG焊）

钨极氩弧焊，又称钨极惰性气体保护电弧焊或TIG焊，是指钨极与工件之间的电弧会产生大量的热量，首先将待焊处熔化，然后将焊丝熔化并填充而获得牢固接头的工艺。由于铝及其合金的氩弧焊具有“阴极雾化”的特点，所以氧化膜能自行去除。喷嘴中喷出的惰性气体能保护钨极及焊缝区域，避免这些部分与周围空气发生反应。

厚度小于3mm的薄板最适合采用TIG焊工艺进行焊接，其产生的变形度明显比气焊和手弧焊的小。钨极氩弧焊的接头形式多种多样，焊缝具有良好的成形性和表面质量。氩气流能加速冷却焊接接头，使接头处的组织和性能得到改善。钨极氩弧焊可以不使用熔剂，因此需要焊前对工件和焊丝进行严格的清理。

在钨极氩弧焊中，交流TIG焊、交流脉冲TIG焊和直流反接TIG焊都适宜焊接铝及铝合金。但是，交流焊接能实现载流能力、电弧可控性以及电弧清理作用等因素的最佳配合，所以交流电源在铝及铝合金的TIG焊中应用最为广泛。直流反接TIG焊是在焊接时将电极接正极，此种焊接工艺能对薄壁热交换器、管道和壁厚小于2.4mm的工件进行连续焊或补焊，具有电弧易控制、熔深浅和良好的电弧净化等优点。

A　钨极

钨是熔点最高的金属，其熔点高达3400℃。高温时钨的电子发射能力非常强，将微量的稀土元素钍、铈、锆等的氧化物加入到钨电极后，能显著降低钨的电子逸出功，提高其载流能力。钨极作为电极在铝及其合金的TIG焊中主要起电流传导、电弧引燃和保持电弧正常燃烧的作用。常用的钨极材料包括纯钨、钍钨及铈钨等。表5-13是TIG焊中常用钨极的成分及特点。

表5-13　常用钨极的成分及特点

钨极牌号		化学成分/%							特点
		W	ThO_2	CeO	SiO	$Fe_2O_3+Al_2O_3$	MO	CaO	
纯钨极	W_1	>99.92	—	—	0.03	0.03	0.01	0.01	熔点和沸点高，要求空载电压较高，承载电流能力较小
	W_2	>99.85	—	—	总量不大于0.15				
钍钨极	WTH-10	—	1.0~1.49	—	0.06	0.02	0.01	0.01	加入了氧化钍，可降低空载电压，改善引弧稳弧性能，增大许用电流范围，但有微量放射性，不推荐使用
	WTH-15	—	1.5~2.0	—	0.06	0.02	0.01	0.01	
铈钨极	WCe-20	—	—	2.0	0.06	0.02	0.01	0.01	比钍钨极更易引弧，钨极损耗更小，放射性计量低，推荐使用

B 焊接工艺参数

合理地根据焊件的技术要求选择焊接工艺参数能获得优良的焊缝成形和焊接质量。影响铝及其合金手工 TIG 焊的主要工艺参数包括电极极性和大小、电流种类、钨极伸出长度、保护气体流量、喷嘴至工件的距离等；此外，电弧电压（弧长）、焊接速度及送丝速度等参数还会影响自动 TIG 焊。

在焊接前，先根据被焊材料的种类和厚度确定钨极直径与形状、保护气体及流量、焊丝直径、焊接电流、喷嘴孔径、焊接速度和电弧电压等参数，然后根据实际焊接效果对参数进行适当调整以达到使用要求。

选择铝及其合金 TIG 焊的工艺参数时，最好遵循以下要求：

（1）选用合适的喷嘴孔径与保护气体流量。铝及其合金 TIG 焊的喷嘴孔径为 5~22mm，保护气体流量一般为 5~15L/min。

（2）选择合适的钨极伸出长度和喷嘴至工件的距离。在对接焊缝和角焊缝时的钨极伸出长度分别为 5~6mm 和 7~8mm，喷嘴至工件的距离一般选定为 10mm 左右。

（3）选择合适的焊接电流与焊接电压。板料厚度、焊接位置、接头形式及焊工技术水平都会影响焊接电流和电压的选用。比如，采用手工交流电源 TIG 焊对厚度小于 6mm 铝合金进行焊接时，最大焊接电流 I 根据公式 $I=(60\sim65)d$ 确定，其中 d 是电极直径。弧长决定了电弧电压的大小，通常合理的弧长应与钨极直径近似相等。

（4）选用合适的焊接速度。为了减小铝及其合金 TIG 焊时的变形，应选用较快的焊接速度。在手工 TIG 焊时，根据熔池大小、熔池形状和两侧熔合情况焊工可随时对焊接速度进行调整，调整范围一般为 8~12m/h；自动 TIG 焊在工艺参数设定好之后，一般不改变其焊接速度。

（5）选择合适的焊丝直径。焊丝直径与板厚和焊接电流呈正比，板厚和焊接电流确定后，焊丝直径也相应确定。

在使用交流电 TIG 焊时，工件为负极时有阴极清理作用，工件为正极时，因发热量低，钨极不熔化。须维持短的电弧长度（约等于钨极直径），以保证熔深足够，避免咬边、焊道过宽和随之而来的熔深及焊缝外形失控。纯铝、铝镁合金手工钨极氩弧焊的工艺参数如表 5-14 所示。

表 5-14 纯铝、铝镁合金手工钨极氩弧焊的工艺参数

板厚/mm	钨极直径/mm	焊接电流/A	焊丝直径/mm	氩气流量/L·min⁻¹	喷嘴孔径/mm	焊接正面/背面层数	预热温度/℃	备注
1	2	40~60	1.6	7~9	8	正 1	—	卷边焊
1.5		50~80	1.6~2.0					卷边焊或单面对接焊
2	2~3	90~120	2~2.5	8~12	8~12			对接焊
3	3	150~180	2~3					V 形坡口对接焊
4	4	180~200	3	10~15	10~12	1~2/1		
5		180~240	3~4					

续表 5-14

板厚 /mm	钨极直径 /mm	焊接电流 /A	焊丝直径 /mm	氩气流量 /L·min^{-1}	喷嘴孔径 /mm	焊接正面/背面层数	预热温度 /℃	备注
6	5	240~280	4	16~20	14~16	1~2/1	—	V形坡口对接焊
8		260~320	4~5			2/1	100	
10		280~340				3~4/1~2	100~150	
12	5~6	300~360		18~22	16~20		150~200	
14		340~380	5~6	20~24			180~200	
16	6					4~5/1~2	200~220	
18		360~400		25~30			200~240	
20					20~22			
16~20		340~380			16~22	2~3/2~3	200~260	
22~25	6~7	360~400		30~35	20~22	3~4/3~4		

引弧板和断弧板的加入有助于避免起弧处及收弧处产生裂纹等缺陷。在稳定燃烧电弧将钨极端部加热到一定的温度后，才能将其移入焊接区。

为了进一步扩大 TIG 焊的应用范围，开发了特别适用于焊接精密零件的钨极脉冲惰性气体保护焊。高脉冲在焊接时提供大电流，可熔透留间隙的根部；低脉冲能起到冷却熔池的作用，避免烧穿接头根部。电极对母材的热输入会因为脉冲的作用而减少，有利于焊接薄铝件。交流钨极脉冲氩弧焊的优点如下：较快的加热速度，较短的高温停留时间，可有效搅拌熔池。因此，在薄板、硬铝等材料的焊接时能获得好的焊接接头。交流钨极脉冲氩弧焊适用于仰焊、立焊、管子全位置焊、单面焊双面成形。

C　铝及其合金 TIG 焊常见缺陷及防止措施

a　气孔

铝及其合金 TIG 焊焊缝中的气孔可能是由以下原因导致的：氩气纯度低或氩气管路存在水分、漏气，焊前未清理干净或清理后重新污染了焊丝或母材坡口附近，过大或过小的焊接电流和焊速，未有效保护熔池，电弧存在不稳、过长等缺点。

因此，为了避免焊缝中出现气孔，需要相应地采取以下措施：保证氩气纯度；对焊丝、焊件进行认真清理并及时焊接，防止一次和二次污染；正确选择焊接电流和焊速等工艺参数；选择合适的气体流量，调整钨极伸出长度，以有效保护熔池和电弧稳定性。此外，可以在必要时对焊丝和焊件进行预热，并防止焊接现场有大的空气流动。

b　裂纹

铝及其合金 TIG 焊焊缝中的裂纹可能是由以下原因导致的：焊缝本身的合金元素导致裂纹倾向增大，如 Mg 含量小于 3%或 Fe、Si 杂质含量超标等；焊丝的熔化温度偏高；焊缝由于不合理的结构设计而过于集中或受热区温度过高，会对接头产生很大的约束力；较长的高温停留时间导致过热；没填满弧坑等。

因此，为了避免焊缝中出现裂纹，需要相应地采取以下措施：选用与母材成分匹配的焊丝；适当减小焊接电流或增加焊接速度；合理设计结构，正确布置焊缝位置；选择合适的焊接顺序；加入引弧板或采用电流衰减装置填满弧坑等。

c 未焊透

铝及其合金 TIG 焊工艺中未焊透可能是由以下原因导致的：过快的焊接速度或过大的弧长和钝边；过小的焊件间隙、坡口角度和焊接电流；不正确的焊炬与焊丝倾角；焊前未清理干净底边的污垢和工件坡口边缘的毛刺等。

因此，为了避免未焊透，需要相应地采取以下措施：合理地选择焊接工艺参数；正确地选择焊件间隙、坡口角度和钝边；焊前彻底清除底边的污垢和工件坡口边缘的毛刺；提高操作技能等。

d 焊缝夹钨

铝及其合金 TIG 焊工艺中焊缝夹钨缺陷可能是由以下原因导致的：存在接触引弧，不合理的钨极尖端形状，不当的焊接工艺参数，热钨极尖端被焊丝接触，错用了氧化性气体等。

因此，为了避免焊缝夹钨，需要相应地采取以下措施：采用高频高压脉冲引弧，合理选择钨极尖端形状和焊接工艺参数，避免焊丝接触热钨极尖端，选用惰性气体等。

e 咬边

铝及其合金 TIG 焊工艺中咬边缺陷可能是由以下原因导致的：过大的焊接电流，过高的电弧电压，不均匀的焊炬摆幅，过慢的焊丝送丝速度，过快的焊接速度等。

因此，为了避免咬边缺陷，需要相应地采取以下措施：降低焊接电流，降低电弧电压，焊炬摆幅保持均匀，适当的焊丝送丝速度，合理的焊接速度等。

5.7.4.4 铝及铝合金的熔化极氩弧焊（MIG 焊）

铝及其合金的熔化极氩弧焊，也称熔化极惰性气体保护电弧焊或 MIG 焊，是惰性气体中在焊件和焊丝之间形成电弧，以焊丝作为电极和填充金属的焊接工艺方法。将焊丝作为电极的电流密度极高，母材可获得很大的熔深，并且焊丝熔敷速度快，焊接生产率高。

通常采用直流反极性对铝及其合金进行 MIG 焊以获得优良的阴极雾化作用。铝及其合金的 MIG 焊时以焊件金属作为负极，其电弧作用能去除妨碍熔化的氧化铝薄膜，因此 MIG 焊不必采用熔剂就能减少焊缝金属被腐蚀的危险。一般而言，在铝及其合金的 MIG 焊中，用纯氩作保护气体焊接薄、中等厚度板材；用 Ar+He 混合气体（或纯氦气）保护焊接厚大件。一般在焊前不预热焊件，或只预热厚大板件的起弧部位。铝及其合金的 MIG 焊根据焊炬移动方式的差异，可分为半自动 MIG 焊和自动 MIG 焊两大类，不需要焊工具有很高的操作技术水平。下面逐一介绍两种 MIG 焊工艺。

A 铝及其合金半自动 MIG 焊工艺

操作者握持半自动焊的焊枪向前移动。半自动 MIG 焊常用平特性电源且焊丝直径为 1.2~3.0mm。焊丝一般在焊炬的前面，并且焊炬与工件保持 75°的夹角。半自动 MIG 焊常用于短焊缝、断续焊缝或铝容器中的椭圆形封头、支座板、接管、加强圈、各种内件及锥顶等的焊接。

若熔化极半自动氩弧焊用于点固焊，则应在坡口反面设置焊缝，点固焊缝的长度为 40~60mm。纯铝半自动 MIG 焊的工艺参数如表 5-15 所示。焊接相同厚度的铝锰、铝镁合金时，焊接电流应降低 20~30A，氩气流量增大 10~15L/min。

表 5-15　纯铝半自动 MIG 焊的工艺参数

板厚/mm	坡口形式	坡口尺寸/mm	焊丝直径/mm	焊接电流/A	焊接电压/V	氩气流量/L · min^{-1}	喷嘴直径/mm	备　注
6	对接	间隙 0~2	2.0	230~270	26~27	20~25	20	反面采用垫板，仅焊一层焊缝
8	单面 V 形坡口	间隙 0~2 钝边 2 坡口角度 70°	2.0	240~280	27~28	25~30	20	正面焊两层，反面焊一层
10	单面 V 形坡口	间隙 0~0.2 钝边 2 坡口角度 70°	2.0	280~300	27~29	30~36	20	正反面均焊一层
12	单面 V 形坡口	间隙 0~0.2 钝边 3 坡口角度 70°	2.0	280~320	27~29	30~35	20	
14	单面 V 形坡口	间隙 0~0.3 钝边 10 坡口角度 90°~100°	2.5	300~330	29~30	35~40	22~24	正面焊两层，反面焊一层
16	单面 V 形坡口	间隙 0~0.3 钝边 12 坡口角度 90°~100°	2.5	300~340	29~30	40~50	22~24	
18	单面 V 形坡口	间隙 0~0.3 钝边 14 坡口角度 90°~100°	2.5	360~400	29~30	40~50	22~24	
20~22	单面 V 形坡口	间隙 0~0.3 钝边 16~18 坡口角度 90°~100°	2.5~3.0	400~420	29~30	50~60	22~24	
25	单面 V 形坡口	间隙 0~0.3 钝边 21 坡口角度 90°~100°	2.5~3.0	420~450	30~31	50~60	22~24	

脉冲 MIG 焊的熔池很小，能较易实现全位置焊接，是理想的薄板、薄壁管立焊缝、仰焊缝和全位置焊缝的焊接方法。脉冲 MIG 焊和脉冲 TIG 焊的焊接工艺参数基本一致，只是焊接电源前者是直流脉冲，后者是交流脉冲。

B　铝及铝合金自动 MIG 焊工艺

焊枪在自动焊机小车的带动下向前移动。坡口尺寸、焊丝直径和焊接电流等工艺参数可根据焊件厚度进行选择。在对接焊厚度 6mm 的铝板时，由于 MIG 焊具有大的熔深，因此可不开坡口。通常采用大钝边焊接较大厚度的焊件，此时焊缝余高的降低可通过坡口角度的增大实现。铝及其合金的 MIG 焊适于焊接形状较规则的纵缝、环缝等，其工艺参数如表 5-16 所示。

表 5-16 铝及铝合金自动 MIG 焊的工艺参数

板厚/mm	接头及坡口形式	焊丝直径/mm	焊接电流/A	电弧电压/V	焊接速度/$m \cdot h^{-1}$	气体流量/$L \cdot min^{-1}$	焊道数
4~6	对接 I形坡口	1.4~2	140~220	19~22	25~30	15~18	2
8~10		1.4~2	220~300	20~25	15~25	18~22	2
12		2	280~300	20~25	15~20	20~25	2
6~8	对接 V形坡口 加衬垫	1.4~2	240~280	22~25	15~25	20~22	1
10		2.0~2.5	420~460	27~29	15~20	24~30	1
12~16	对接 X形坡口	2.0~2.5	280~300	24~26	12~15	20~25	2~4
20~25		2.5~4	380~520	26~30	10~20	28~30	2~4
30~40		2.5~4	420~540	27~30	10~20	28~30	3~5
50~60		2.5~4	460~540	28~32	10~20	28~30	5~8
4~6	T形接头	1.4~2	200~260	18~22	20~30	20~22	1
8~12		2	270~330	24~26	20~25	24~28	1~2

在铝及其合金的 MIG 焊时，需注意以下问题：

(1) 应略微降低喷射过渡焊接时的电弧电压，减小弧长，否则不利于焊缝成形和气孔预防。

(2) 焊接电流为中等时（250~400A），应控制弧长在喷射过渡区与短路过渡区之间以实现亚射流电弧焊接，此时焊缝成形美观且焊接过程稳定。

(3) 焊接电流较大（400~1000A），在平焊厚板时具有熔深大、生产率高、变形小等优点。此时需要采用双层保护焊枪（外层喷嘴送 Ar 气，内层喷嘴送 Ar-He 混合气体）对熔池加强保护。

(4) 可将附加喷嘴安装在双层喷嘴后面，以有效保护大电流时熔池后面的焊道。

铝及其合金的自动 MIG 焊能获得力学性能良好的焊接接头，部分纯铝和防锈铝焊接接头的力学性能见表 5-17。

表 5-17 部分纯铝和防锈铝焊接接头的力学性能

母材牌号	板厚/mm	焊丝型号	焊丝直径/mm	焊接正面/背面层数	抗拉强度/MPa	冷弯角/(°)
1060（L2）	8	SAl-1	3	1	80.5~80.8	180（熔合区有裂纹）
	10	SAl-1	3	1/1	73.1~77.3	180 完好
1050（L3）	12	SAl-2	3	1/1	77.0~77.3	180 完好
5A02（LF2）	12	SAlMg-2	3	1/1	177.5~188	92~130
	25	SAlMg-2	4	1/1	175.8~177.6	107~164
5A03（LF3）	20	SAlMg-2	3	1/1	233~234 239~240	34~35 40~46
	20	SAlMg-5	4	1/1	296~299	64~74
5A06（LF6）	18	SAlMg-5	4	1/1	314~330	32~72

5.7.4.5 铝及铝合金的搅拌摩擦焊

图 5-30 是搅拌摩擦焊的原理图。搅拌摩擦焊是通过插入工件待焊部位的特殊形式搅拌头的高速旋转，摩擦释放大量的热，使该部位的金属达到热塑性状态，然后受到搅拌头的压力作用发生从其前端向后部的塑性流动，最后得到一个整体焊件。搅拌摩擦焊的搅拌头能碎化、摩擦和搅拌其周围的金属。

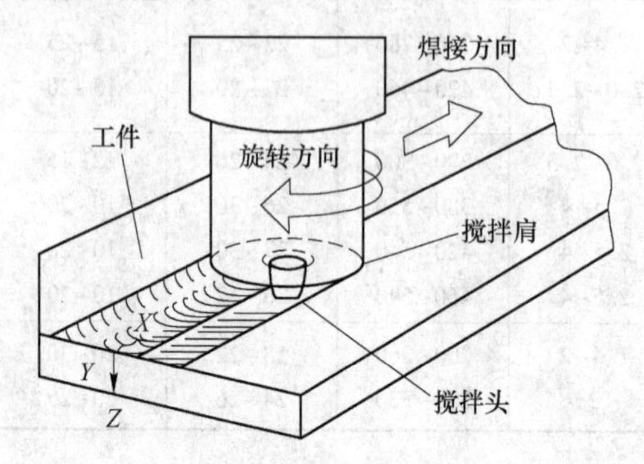

图 5-30 搅拌摩擦焊的原理图

金属在接头部位不会熔化，因此搅拌摩擦焊是一种固态焊接过程，不存在熔焊时的各种缺陷。硬铝、超硬铝等难于焊接的材料可用搅拌摩擦焊在任意位置进行焊接。搅拌摩擦焊接头部位的热塑性变形区域较小，其内应力和变形也相应较小，基本能低应力无变形地焊接板件。

目前，Al-Cu、Al-Mg、Al-Mg-Si、Al-Zn-Mg 和 Al-Li 合金等合金均成功实现了搅拌摩擦焊，其扩大了材料在结构设计时的选择范围，能使用比强度更高的铝合金材料。

搅拌头的尺寸、圆周速度及其与工件的相对移动速度等均是搅拌摩擦焊中的主要工艺参数。几种常用铝合金搅拌摩擦焊的焊接速度如表 5-18 所示。摩擦搅拌头的旋转速度在焊接铝合金时可从每分钟几百转到每分钟上千转。焊接速度一般在 1~15mm/s 之间。搅拌摩擦焊有利于自动控制的实现。需要注意的是，搅拌摩擦焊时搅拌头要压紧工件。

表 5-18 几种铝合金搅拌摩擦焊常用的焊接速度

材 料	板厚/mm	焊接速度/mm · s^{-1}	焊道数
Al 6082-T6	5	12.5	1
Al 6082-T6	6	12.5	1
Al 6082-T6	10	6.2	1
Al 6082-T6	30	3.0	2
Al 4212-T6	25	2.2	1
Al 4212+Cu 5010	1+0.7	8.8	1

搅拌摩擦焊的起步较晚，但发展极为迅速，并在铝及其合金的焊接工业中得到很大的重视，在航空航天、交通运输等领域的零部件生产中具有很大的应用潜力，并可实现异种材料的焊接。

5.7.4.6 铝及铝合金的钎焊

A 铝的钎焊特点和钎焊方法

a 铝的钎焊特点

在铝合金的钎焊中，铝与氧反应生成的致密而化学性能稳定的氧化铝是其主要障碍之一。但新型钎剂及钎焊方法的出现越过了这一障碍，实现了铝质换热器、波导元件、涡轮机叶轮等零部件的钎焊。

含镁量大于3%的铝合金无法很好地去除表面的氧化膜，因此不宜使用钎焊；含硅量大于5%的铝合金也很难实现软钎焊。铝及其合金硬钎料的熔化温度与其熔化温度相近，需要严格控制钎焊温度。在钎焊加热时，热处理强化型铝合金还会发生过时效或退火等现象。

铝及其合金钎焊的特点如下：

（1）钎焊接头平整光滑、外形美观；

（2）钎焊后的焊件变形小，容易保证焊件的尺寸精度；

（3）可以一次完成多个零件或多条钎缝的钎焊，生产效率高；

（4）可以钎焊极薄或极细小的零件，以及粗细、厚薄相差很大的零件，还适用于铝与其他材料的连接。

但铝及其合金的钎焊仍存在以下缺点：钎焊前需设法将铝表面的氧化膜去除，某些铝合金的熔点与钎料的熔点差异过大，较难掌握钎料与母材熔化温度差异较小的钎焊温度和时间，钎焊接头具有较低的强度和较差的耐热性，钎焊前需要严格清理表面，钎焊对焊件的装配质量要求较高。

b 铝的钎焊方法

常采用火焰、浸渍、炉中钎焊以及保护气氛或真空钎焊等方法对铝及其合金进行硬钎焊，具体如下：

（1）火焰钎焊。氧-燃气火焰可作为其热源，适用于铝及其合金钎焊的燃气为乙炔、天然气等。必须在铝及其合金的火焰钎焊中配用钎剂。火焰钎焊因为铝加热过程的颜色变化很小而很难掌握钎焊的加热温度。

（2）浸渍钎焊。在熔融钎剂槽中浸入装有钎料的待焊件，对其进行加热和钎焊。浸渍钎焊时焊件的氧化程度极小，并且变形小、质量好、生产率高，因此在连续作业的大批量生产中较为实用。但是，浸渍钎焊在焊后需对残留钎剂和残渣进行清理，生产现场及周围环境也会有腐蚀和污染。

（3）炉中钎焊。炉中钎焊一般在空气炉进行，且必须配用钎剂，焊后需清除腐蚀性钎剂产生的残渣。

（4）气体保护钎焊。钎焊前彻底清洗连接表面，焊接时使用流动的惰性气体进行保护，因此具有较高的生产成本。但生产效率很高，应用较为广泛。

（5）真空钎焊。这种钎焊方法不用配用钎剂，炉内真空度不得低于1.33×10^{-2}Pa。真空钎焊时一般需要采用活化剂，如金属镁等。

由于铝表面极易形成氧化物，因此铝及其合金的软钎焊用途不是很广，通常情况下在铝软钎焊时需使用专门的软钎剂。软钎焊时，高 Zn 软钎料的接头耐蚀性能好。Zn-Al 软钎料制作的组合件能满足户外的长期使用要求；中温和低温软钎料组合件的耐蚀性相对较低，适于室内的用途要求。

B　铝钎料及钎剂

根据钎料的熔点不同，可将钎焊分为软钎焊和硬钎焊，其中软钎焊是钎料的熔点低于 450℃，硬钎焊是钎料的熔点高于 450℃。

a　铝用软钎料和钎剂

根据钎料熔化温度范围的不同，将其分为低温、中温和高温软钎料三组。常用的铝用软钎料及其特性见表 5-19。

表 5-19　铝用软钎料及其特性

类别	牌号	合金系	化学成分/%						熔化温度/℃	润湿性	相对耐蚀性	相对强度
			Pb	Sn	Cd	Zn	Al	Cu				
低温	HL607	锡或铅基加锌、锡	51	31	9	9	—	—	150~210	较好	低	低
	—		—	91	—	9	—	—	200	较好		
中温	HL501	锌镉或锌锡基	—	40	—	58	—	2	200~360	良好	中	中
	HL502		—	60	—	40	—	—	265~335	优秀		
高温	HL506	锌基加铝或铜	—	—	—	95	5	—	382	良好	良好	高
	—		—	—	—	89	7	4	377	良好		

在锡或锡铅合金中加入锌或镉可提高低温软钎料与铝及其合金的相互作用，其熔化温度低于 260℃，但润湿性和耐蚀性较低。锌锡合金及锌镉合金可用来制造铝用中温软钎料，合金中较多的锌含量提供了钎料的润湿性和耐蚀性，熔化温度为 260~370℃。含有 3%~10%的铝和少量其他元素的锌基合金可用来制造铝用高温软钎料，能进一步改善合金熔点（熔化温度为 370~450℃）、润湿性和耐蚀性，提高接头的强度。

根据去除氧化膜方式的不同，可将铝用软钎焊钎剂分为有机钎剂和反应钎剂两大类。三乙醇胺是有机钎剂的主要组分，氟硼酸或氟硼酸盐的加入能提高其活性。反应钎剂含有大量锌和锡等重金属的氯化物。

b　铝用硬钎料和钎剂

硬钎料可以确保较高强度的钎焊接头，常用于重要的铝及其合金产品的钎焊。铝用硬钎料的成分主要是铝硅合金，有时考虑到工艺性能要求，可在其中加入铜等元素以降低熔点。

丝、棒、箔片、粉末和双金属复合板等都是铝基钎料的常见形式，热交换器等大面积或接头密集部件的钎焊可用双金属复合板以简化钎焊过程。

除真空钎焊及惰性气体保护钎焊外，所有铝及铝合金硬钎焊均要使用化学钎剂。碱金属及碱土金属的氯化物是化学钎剂的主要组成部分，其不但能降低钎剂的熔化温度，还能去除铝表面的氧化物。表 5-20 为常用铝用硬钎剂的成分、特点及用途。

表 5-20　常用铝用硬钎剂的成分、特点及用途

牌号	名　称	化学成分/%	熔点/℃	钎焊温度/℃	特点及用途
QJ201	铝钎焊焊剂	LiCl 40~44 KCl 26~30 $ZnCl_2$ 19~24 NaF 5~7	420	450~620	极易吸潮，能有效地去除氧化铝膜，促进钎料在铝合金上的浸流。活性极强，适用于在450~620℃温度范围火焰钎焊铝及铝合金，也可用于某些炉中钎焊，是一种应用较广的铝钎剂，工件须预热至550℃左右
QJ202	铝钎剂	LiCl 31~35 KCl 47~51 $ZnCl_2$ 6~10 NaF 9~11	350	420~620	极易吸潮，活性强，能有效地去除氧化铝膜，可用于火焰钎焊铝及铝合金，工件须预热至450℃左右
QJ206	高温铝钎剂	LiCl 24~26 KCl 31~33 ZnCl 7~9 $SrCl_2$ 25 LiF 10	540	550~620	高温铝钎焊钎剂，极易吸潮，活性强，适用于火焰或炉中钎焊铝及铝合金，工件须预热至550℃左右
QJ207	高温铝钎剂	LiCl 25~29.5 KCl 43.5~47.5 CaF_2 1.5~2.5 NaCl 18~22 ZnCl 1.5~2.5 LiF 2.5~4.0	550	560~620	与Al-Si共晶型钎料相配，可用于火焰或炉中钎焊纯铝、LF21及LD2等，能取得较好效果，极易吸潮，耐腐蚀性比QJ201号，黏度小，润湿性强，能有效地破坏氧化铝膜，焊缝光滑
Y-1型	高温铝钎剂	LiCl 18~20 KCl 45~50 NaCl 10~12 ZnCl 7~9 NaF 8~10 AlF_3 3~5 $PbCl_3$ 1~1.5	—	580~590	氟化物-氯化物型高温铝钎剂，去膜能力极强，保持活性时间长，适用于氧-乙炔火焰钎焊，可钎焊工业纯铝、LF21、LF1、LD2、ZL12等，也可钎焊LY11、LF2等较难焊的铝合金，若用煤气火焰钎焊，效果更好
No.17 (YT17)	—	LiCl 41 KCl 51 KF·AlF_3 8	—	500~560	适用于浸渍钎焊
—	—	LiCl 34 KCl 44 NaCl 12 KF·AlF_3 8	—	550~620	
QF	氟化物 共晶钎剂	KF 42 AlF_3 58 (共晶)	562	>570	具有“无腐蚀”的特点，纯共晶(KF·AlF_3)钎剂可用于普通炉中钎焊，火焰钎焊纯铝或LF21防锈铝
—	氟化物钎剂	KF 39 AlF_3 56 ZnF_3 0.3 KCl 14.7	540	—	是我国近年来新研制的钎焊铝用钎剂，活性期为30s，耐腐蚀性好，可为粉状，也可调成糊状，配合钎料400适用于手工、炉中钎焊

续表 5-20

牌号	名　称	化学成分/%	熔点/℃	钎焊温度/℃	特点及用途
129A	—	LiCl-NaCl-KCl-ZnC-$CdCl_2$-LiF	550	—	可用于 LY12、LF2 铝合金火焰钎焊
171B	—	LiCl-NaCl-KCl-TiCl-LiF	490	—	

注：1. 钎焊时，焊前应将工件钎焊部分洗刷干净，工件还应预热。
2. 钎剂不宜蘸得过多，一般薄薄一层即可，焊缝宜一次钎焊完成。
3. 钎焊后接头必须用热水反复冲洗或煮沸，并在 50~80℃的 2%酪酐（Cr_2O_3）溶液中保持 15min，再用冷水冲洗，以免发生腐蚀。

C　铝的钎焊工艺

a　钎焊前后的清理

经常采用化学清洗的方法去除铝及其合金表面的油污和氧化膜。对于小零件或棒状钎料，可用刮刀等工具进行机械清理，清理后还须用酒精、丙酮等擦洗。

铝及其合金钎焊后的钎剂残渣有很大的腐蚀性，因此，须采用热水立即清洗焊后的工件，钎剂残渣随着水温的升高溶解速度逐渐增加，所需的清洗时间相应缩短。工件经热水清洗后，还需要用酸洗液进行清洗，最后对其表面进行钝化处理。

b　接头设计及间隙

在设计钎焊接头时，接头的强度、焊件的尺寸精度以及进行钎焊的具体工艺等因素都需要加以考虑。铝及其合金的钎焊接头形式包括搭接结构、卷曲结构、T 形结构等。由于一般钎料及钎缝的强度低于母材，因此无法采用对接的接头形式。即使必须对接，也要设法将接头改成局部搭接。

在设计钎焊接头时，应尽量将零件拐角设计成圆角而不是钎缝，使应力集中减小。钎焊接头的承载能力可通过钎缝面积的增大或钎缝与受力方向垂直得到提高。

接头的装配定位、钎料放置、钎料流动、工艺孔位置等钎接工艺均会影响钎焊接头的设计。在封闭性接头上开设工艺孔有利于受热膨胀的气体逸出，否则会阻碍钎料的填隙或者使已填满间隙的钎料重新排出，降低致密度。

钎料和母材的性质、钎料放置、钎焊温度和时间等因素都会影响接头的间隙大小。钎缝的致密性及接头强度都会因过大或过小的接头间隙而下降。采用铝基钎料或锡锌钎料进行钎焊时，接头间隙一般控制在 0.1~0.3mm。

c　火焰钎焊工艺要点

火焰钎焊工艺要点具体如下：

（1）钎焊处需在钎焊前清洗干净并涂上钎剂水溶液。

（2）当钎料与母材的熔点相差较小时，由于不易通过铝及其合金的颜色变化判断钎焊温度，所以需要熟练的操作工。

（3）不能用火焰直接加热钎料，钎料的热量应从加热的工件处获得。否则，会因为钎料的提前凝固而妨碍钎焊的顺利进行。

（4）需要在炉中将厚大件预热到 400~500℃，然后再进行火焰钎焊，否则会造成工件变形。

d 空气炉中钎焊工艺要点

空气炉中钎焊工艺要点具体如下：

（1）通常使用电炉作为空气炉，炉子的钎焊容器最好带有密封装置，防止钎剂的蒸汽腐蚀炉壁和加热元件。

（2）用不锈钢或渗铝钢制作钎焊容器能提高其使用寿命，但在操作时的钎焊温度须严格控制。

（3）在不采用钎焊容器的炉中钎焊时，工件靠近电热元件一边应放置石棉板，隔离热量的直接辐射，避免钎焊工件局部过烧和熔化。

（4）将工件先装配好后放入炉中进行预热，使其温度接近钎料的熔化温度，可以减少钎焊工件受到的熔化钎剂的腐蚀。

（5）将钎剂和蒸馏水按照一定的比例配制成糊状溶液，然后涂敷在被钎焊表面上。

（6）由于炉中钎焊的加热速度比较慢，所以钎剂的熔点一般比钎料低10~40℃。

e 真空钎焊工艺要点

真空钎焊工艺要点具体如下：

（1）简单结构工件真空钎焊时的真空度应不低于1.33×10^{-2}Pa，大型多层波纹夹层复杂结构工件真空钎焊时的真空度应不低于1.33×10^{-3}Pa。此外，真空炉中的温度差异应不大于±5℃。

（2）在钎料中加入金属活化剂（如镁、铋等元素），能改善钎料对间隙的填充能力，对真空度的要求也可降低。

（3）辐射热是真空钎焊的主要加热方式。但是真空钎焊的辐射热效率低，工件很难受热均匀，所需的加热时间也相对较长，并且金属活化剂易发生汽化附着在炉壁上污染炉子。

参 考 文 献

[1] 吕立华．金属塑性变形与轧制原理［M］．北京：化学工业出版社，2007.
[2] 段小勇．金属压力加工理论基础［M］．北京：冶金工业出版社，2004.
[3] 胡世光，陈鹤峥．板料冷压成形的工程解析［M］．北京：北京航空航天大学出版社，2004.
[4] 童幸生．材料成形技术基础［M］．北京：机械工业出版社，2006.
[5] 赵海霞，刘春廷．工程材料及其成形技术［M］．北京：化学工业出版社，2015.
[6] 严绍华．材料成形工艺基础［M］．北京：清华大学出版社，2001.
[7] 李亚江，王娟，刘强．有色金属焊接及应用［M］．北京：化学工业出版社，2006.
[8] 于增瑞．钨极氩弧焊［M］．北京：化学工业出版社，2014.
[9] 马朝利．海洋工程有色金属材料［M］．北京：化学工业出版社，2017.
[10] 李亚江，王娟．特种焊接技术及应用［M］．5版．北京：化学工业出版社，2018.

6 铝合金的表面处理

虽然铝及其合金具有许多优点并且其应用非常广泛，但在潮湿环境中，电极电位极低的铝与高电位的金属接触时会产生接触腐蚀。为了克服铝及其合金表面性能的缺点，进一步扩大其应用范围，发展出了表面处理技术。表面处理的本质是解决或提高防护性、装饰性和功能性等三大问题。常见的防护性手段有阳极氧化和聚合物涂层两种；装饰性，如光亮、着色等，能提高外表的美观性，必须同时考虑和增加防护措施以维持装饰效果；功能性，如高硬度、耐磨损、电绝缘、亲水性等，能赋予铝表面在工程方面需要的某些物理或化学特性。此外，将新的特殊功能（如光电性、电磁性等）利用阳极氧化膜的多孔性引入形成的氧化膜，具有潜在的功能材料用途。

6.1 铝合金表面预处理

铝及其合金表面转化处理前需要对其进行预处理，以去除干净表面的油污和锈迹，这对后续的表面转化处理非常重要，预处理不当会引起诸多表面处理质量问题。一般来说，预处理可分为机械法和化学法两类，在工业生产中，化学法是最常用的方法。

6.1.1 表面机械预处理

一般将机械预处理分为以下几种：抛光（包括磨光、抛光、精抛或者镜面抛光等）、喷砂/喷丸、刷光、滚光等。根据铝制品的生产方法、类型、表面初始状态以及所要求的精饰水平，综合确定使用何种机械预处理方式。铝制品的表面机械预处理能实现以下目的：(1) 使制品的表面精饰质量提高；(2) 使产品品级提高；(3) 降低焊接的影响；(4) 达到某些装饰效果；(5) 获得干净表面。具体的表面机械预处理方法阐述如下。

6.1.1.1 磨光

在我国的工厂实践中，习惯上将布轮黏结磨料后的操作称为磨光。将工件与粘有磨料的旋转特制磨光轮接触，使工件表面受到磨削的机械处理方法，即为磨光处理。工件表面的划痕、毛刺、气孔、腐蚀斑点砂眼等表观缺陷一方面会影响产品的表观质量，另一方面会在后续的化学处理时黏附酸碱或尘粒等，不利于表面精饰。而磨光处理可以将这些缺陷有效清除。

磨光可以分为粗磨、中磨、精磨等三道工序，每经过一道工序，磨光轮中的磨料更细、转速更慢，以逐步提高制品表面的光洁度及亮度。

6.1.1.2 抛光

在我国的工厂实践中，习惯将抛光膏涂抹于软布轮或毡轮后的操作叫做抛光。一般在工件磨光后进行抛光处理，可进一步将工件表面上的细微不平处清除，工件表面的光泽度更高，甚至达到镜面光泽。不同于磨光过程，工件在抛光过程中不存在明显的金属消耗。

类似于磨光，抛光也分为三道工序：初抛、精抛、镜面抛光等，能满足不同的精饰要求。通常而言，工件的磨光属于初抛的一种。

6.1.1.3 喷砂（丸）

用净化的压缩空气将磨粒喷到铝工件表面，去除其表面缺陷，得到均匀一致无光砂面的操作方法称为喷砂。其中，磨粒可以为干砂，也可以为金刚砂、玻璃珠、不锈钢砂或氧化铝颗粒等。由于钢铁磨粒在喷砂时易嵌入铝基体中引发生锈腐蚀，因此很少使用。磨粒的种类和粒径、冲击角度、空气压力、喷嘴与工件的距离、喷砂方法等都会影响喷砂后的工件表面状态。喷砂的作用如下：

（1）工件表面的毛刺、铸件熔渣以及其他的缺陷和垢物能得到有效清除。

（2）能改善铝及其合金的表面力学性能。工件在喷砂时受到表面压应力作用，第一，能强化金属表面，降低其应力和疲劳；第二，能使某些组合件对交替应力的疲劳寿命成倍增加；第三，能使表面可能存在的裂纹闭合和消除。

（3）工件在喷砂后，其表面为均匀一致的消光面，也称为砂面。磨粒的种类不同，砂面的颜色也略有区别，比如，喷吹石英砂的表面呈浅灰色，喷吹碳化硅磨粒的表面呈深灰色。因此，在喷砂前，保护工件表面的某些部位使其难以被磨粒喷吹到，则这些部位在喷砂后将呈光亮色，其他喷到的部位消光，从而得到具有艺术图案的铝工件表面，起到一定的装饰效果。

喷砂操作可以在手工、半自动或自动喷砂机上进行。喷砂机根据工件的外形和尺寸的差异分为很多种类型，一般设有专门的喷砂柜。挤压铝型材的喷砂处理往往是直线式的，其工艺有两种：一种是固定喷嘴，沿轨道将型材按一定的速度前行；另一种是固定型材面，喷嘴与工件间保持一定的距离和角度往复运行。喷砂处理往往产生大量的粉尘，为了减少粉尘的数量，可将细磨料悬浮在水中一起喷击工件表面。工件在喷砂处理后应立即进行下道工序，以防止沾染油污和指印等污垢。

喷丸类似于喷砂，但也存在区别：一方面喷丸处理使用的磨粒比喷砂的大很多，并常使用钢丸。钢丸在使用前须将其表面的氧化皮去除，铝及其合金的喷丸处理使用的钢丸常为不锈钢丸。铝合金工件表面经大颗粒不锈钢丸喷击后，呈现敲击或锤击状消光外观。另一方面喷丸采用与喷砂不同的操作方法。喷丸除可用与喷砂相同的操作方法外，还能利用机械快速旋转产生的离心力将钢丸抛向工件表面，因此这种方法也叫抛丸。

6.1.1.4 刷光

刷光操作与磨光或抛光相类似，但是刷光的刷光轮是特制的。铝工件的刷光主要能达到两个目的：一是在刷光轮与工件接触时，利用其旋转作用将工件表面的污垢、腐蚀产物、毛刺或其他不需要的表面沉积物刷除干净；二是对铝工件进行装饰。一般采用不锈钢丝或尼龙丝制备刷光轮，其他金属丝在刷光时易嵌入或黏着在铝基体上，在后期易出现腐蚀。

刷光轮的圆周速度一般为1200～1500m/min，可用干法刷光，也可用湿法刷光。在湿法刷光时，通常用水或抛光剂作润滑剂。刷光轮能用于装饰炉具面板，其在平面状制品上刷出一条条一定长度和宽度的无光条纹，光面和砂面相间具有较好的装饰效果。

6.1.1.5 滚光

滚光是将工件放入盛有磨料和化学溶液的滚筒中，借滚筒的旋转使工件与磨料、工件与工件相互摩擦以达到清理工件并抛光的过程。滚光适合小零件的大批量生产。

在滚筒中装料时，工件和磨料应间隔放置以避免工件发生相互碰撞而出现凹痕、划伤和碰伤，鼓形滚筒装载量为筒容积的1/2~2/3，水平圆筒则装满，滚筒内的溶液液面应高于工件和磨料。滚筒在滚光时的转速一般为75~100圆周米/min，其中圆周米是圆周长与转速的乘积。

6.1.1.6 磨痕装饰机械处理

平面状的工件表面可用磨料带、刷光或喷砂（丸）等方法处理成光亮面与砂面相间的装饰条纹或装饰图案。磨料带是表面覆有碳化硅、金刚砂等磨料的布质或纸质磨带。用手工或机械半自动及自动操作，通过改变磨料类型和磨料的粒度，可以获得不同的磨砂效果。如软轮或软磨带可以使用更细的磨料粒度，抛光膏或者无润滑油脂的液体状抛光剂能细化砂面。

6.1.2 表面化学预处理

在铝工件的表面用化合物溶液或溶剂进行预处理的工艺称为铝的化学预处理，是一种最为经济的铝件表面预处理工艺。铝材表面的油脂、污染物和自然氧化膜等都能通过化学预处理的方式进行去除，并得到润湿、均匀的清洁表面。铝合金表面化学预处理方法有脱脂、碱洗、除灰和氟化物砂面处理等。

6.1.2.1 脱脂

为了清除铝工件表面的油脂和灰尘等污染物，首先需要对铝材进行脱脂处理。脱脂能使后道工序进行比较均匀的碱洗，使阳极氧化膜的质量提高。可用铝工件的表面润湿效果评判脱脂质量的好坏，经脱脂、水洗后的铝工件表面能与水完全均匀地润湿，并且润水膜能连续保持30s以上。铝工件的脱脂处理可分为三种类型，即酸性脱脂、碱性脱脂和有机溶剂脱脂。

A 酸性脱脂

目前，常温下进行的酸性脱脂已替代传统的碱性脱脂，是铝材，尤其是铝型材的主要脱脂工艺，容易控制生产且成本较低。油脂在以硫酸、磷酸或硝酸为基的酸性脱脂溶液中发生水解反应生成甘油和相应的高级脂肪酸，在溶液中添加有利于油脂软化、游离、溶解和乳化的少量润湿剂和乳化剂可使脱脂效果显著提升。阳极氧化槽内的“废硫酸”可以补充酸性脱脂溶液中硫酸，能确保脱脂槽液所需的硫酸浓度、有效降低阳极氧化槽内的铝离子浓度、保持脱脂的生产成本和废水处理负担不变。表6-1为典型的酸性溶液脱脂工艺。

表 6-1 典型的酸性溶液脱脂工艺

序号	溶液组成	含量/g·L^{-1}	温度/℃	时间/min	备注
1	H_2SO_4	100~200	常温	3~5	一般铝型材厂常用
2	H_2SO_4 HNO_3	200~150 30~50	常温	2~4	铝基材和水质较差的铝型材厂使用
3	“三合一”清洗剂（也称低温抛光剂）	40~50	常温	5~10	处理溶液中含有氟离子，综合生产成本可能较低
4	H_3PO_4 H_2SO_4 表面活性剂	30 7 5	50~60	5~6	脱脂效果较好
5	HNO_3 H_2SO_4 HF OP 乳化剂	10 120~130 5~10 5	常温	3~8	兼有去除自然氧化膜的功能

B 碱性脱脂

传统的碱性脱脂工艺是用碱性较低的溶液浸蚀铝以实现铝工件的表面脱脂清洗。但溶液的碱性须适度控制，若碱性过低，则无法完成表面脱脂的目的；若碱性过高，则溶液会造成铝材的清洁表面受到较快的浸蚀而油脂表面浸蚀速度较慢，使铝材表面的浸蚀有可能不均匀导致出现斑痕。

碱与油脂会发生皂化反应生成可溶性的肥皂以消除油脂与铝材表面的结合，实现脱脂。碱性溶液在脱脂时需要加热，一方面会提高生产成本，另一方面导致较难进行生产控制。一般碱性脱脂时溶液的温度需要控制在45~65℃的范围内，因此生产过程中需要频繁加热升温避免温度的降低。表 6-2 为典型的碱性溶液脱脂工艺。

表 6-2 典型的碱性溶液脱脂工艺

序号	溶液组成	含量/g·L^{-1}	温度/℃	时间/min	备注
1	Na_2CO_3 Na_3PO_4 $Na_4P_2O_7$ $C_{18}H_{29}SO_3Na$	10~15 10~15 5~10 0.1~0.2	45~60	5~10	适于建筑铝型材碱性脱脂
2	Na_3PO_4 NaOH Na_2SiO_3	40~60 8~12 25~35	60~70	3~5	适于建筑铝型材重油污脱脂处理
3	Na_2CO_3 Na_3PO_4	5~15 5~8	80~95	2~5	小槽液、小零部件脱脂处理
4	Na_2CO_3 $NaHCO_3$ $C_{12}H_{25}SO_4Na$	18 36 少量	38~43	2~5	适于轻微油污脱脂处理

续表 6-2

序号	溶液组成	含量/g · L^{-1}	温度/℃	时间/min	备　注
5	Na_3PO_4 Na_2SiO_3 液体肥皂	30~40 10~15 5~7	60~80	1~2	高纯铝镁合金较宜
6	Na_3PO_4 Na_2CO_3 NaOH	20 10 5	45~60	3~5	

C　有机溶剂脱脂

利用油脂易溶于有机溶剂的特点进行脱脂的工艺称为有机溶剂脱脂。有机溶剂的脱脂能力很强，脱脂速度快，能溶解皂化油和非皂化油且不腐蚀铝基体。但有机溶剂易燃有毒，因此只能用在特殊场合。苯、三氯乙烯、四氯化碳、汽油、煤油、酒精和丙酮等均可作为有机溶剂使用。

铝材表面经有机溶剂脱脂后常残留一层薄膜，需要后续进行碱洗处理来消除。有机溶剂具有极强的挥发性，易着火且成本高，限制了其进一步的推广应用，常用来对极为污秽或小批量的铝件进行脱脂。由于有机溶剂脱脂不存在腐蚀问题，铝件表面不会出现失光，因此可替代酸性脱脂或碱性脱脂处理机械抛光后铝件表面的残留物，以保证铝件原有的光亮度。有机溶剂也可清除羊毛脂或某种油漆保护的特殊铝工件表面的保护膜。

6.1.2.2　碱洗

在以氢氧化钠为主成分的强碱性溶液中对铝材进行浸蚀反应的工艺称为碱洗，也叫碱蚀洗或碱浸蚀。碱洗能使铝件表面的自然氧化膜和污物去除，得到纯净的金属基体表面，以便在后续阳极氧化时生成均匀的氧化膜。适当的碱洗时间能获得趋于平整均匀铝材的表面，消除铝材表面模具痕、碰伤、划伤等轻微的粗糙痕迹；较长的碱洗时间能获得没有强烈反光的均匀柔和的漫反射表面（即砂面）；过长的碱洗时间，则会导致铝材的严重消耗，使其出现尺寸偏差，并且铝材可能存在的粗晶、偏析等内部缺陷也会显露出来。

6.1.2.3　除灰

铝材的表面在碱洗后常会附着一层呈灰褐色或灰黑色的混合物（即挂灰），铝材种类的不同使这些混合物的具体成分也稍有差异，其主要成分是不溶于碱洗槽液的铜、铁、硅等金属间化合物及其碱洗产物，将这层混合物清除的操作称为除灰，也叫中和或出光。除灰可以将这层不溶于碱液的挂灰清除干净，避免其污染后续阳极氧化时的槽液，使阳极氧化膜更为纯净。铝材表面的这些挂灰物质在碱洗过程中不与碱洗溶液发生反应也不溶解，而是在碱洗和随后水洗后仍残留在铝材表面，形成一层附着力较低的疏松混合物，在实际生产中，这些挂灰可用酸性溶液溶解除去。由于硝酸具有很强的氧化性和溶液溶解能力，能在不损伤铝基体的前提下除去残留在铝材表面上的各种挂灰，因此工业上常用一定浓度的硝酸溶液作为除灰槽液进行除灰。表 6-3 是国内外常用的几种不同除灰工艺。

表 6-3　国内外常用的几种不同除灰工艺

序号	溶液组成	含量/g·L^{-1}	温度/℃	时间/min	备　注
1	HNO_3	100~300	常温	1~3	适于传统普通工艺
2	H_2SO_4 HNO_3	150~180 30~50	常温	2~4	适于经济实用工艺
3	H_2SO_4	150~200	常温	3~5	仅适用于6063建筑铝合金
4	H_2SO_4 CrO_3	150~180 20~50	35~60	3~5	航空材料工艺，除灰效果良好
5	H_3PO_4 CrO_3	56 17	30~50	根据需要决定时间	也可用于剥离阳极氧化膜
6	H_2SO_4 NaF	90~120 7.5~15	常温	3~5	适用于低硅铝合金
7	HNO_3 NaF	90~120 7.5~15	常温	3~5	适用于低硅铝合金
8	HNO_3 HF	HNO_3/HF=3∶1 （体积比）	常温	0.1~0.3	适用于高硅铝合金，操作注意安全
9	H_2SO_4 $KMnO_4$	150~180 10~20	常温	3~5	除灰效果良好，但易出现水锈斑
10	HNO_3	350~700	常温	1~3	适用于化学抛光后除灰

6.1.2.4　氟化物砂面处理

铝材表面的砂面处理目前有两种途径实现，一种是碱洗，一种是使用氟化物处理。碱洗砂面工艺对铝的损耗为5.0%~7.0%，会显著增加生产成本，但是氟化物砂面处理工艺的环境污染问题非常严重，所以目前工业生产中仍推荐使用碱洗砂面工艺。

氟化物砂面处理是铝材表面在氟离子的作用下产生高度均匀、高密度点腐蚀的一种酸性浸蚀工艺，能消除产品表面的挤压痕并生成平整的表面。氟离子在浸蚀过程中与铝表面的自然氧化膜首先反应，然后与铝基体反应，反应生成具有一定黏度的氟铝配合物，填平铝表面的挤压纹沟底并隔离沟底的铝合金和酸蚀液，降低其反应速度，而其他部位黏附的氟铝配合物较薄，反应速度下降得相对较慢，因此可实现挤压痕消除和表面平整的目的。

铝材表面经氟化物砂面浸蚀工艺处理后具有比碱洗更好的细腻性和柔和性，工艺控制简单，产品质量稳定，总体生产成本低于碱洗。由于铝材表面存在不溶于水的氟化铝，因此与碱洗砂面工艺相比具有不同的金属质感。

6.2　铝合金的电镀

在铝及其合金的表面通过化学或电化学的方法沉积一层其他金属镀层，能使其表面的物理或化学性能得到改善，延长铝件的使用寿命并进一步拓宽其应用范围。如铝电子元件或导体接触部位或表面导电率的提高可通过镀银或金实现；铝合金焊接性的改善可通过镀铜、镍或锡的方法；铝合金润滑性的提高可依靠其表面的热浸镀锡或铝锡合金；铝合金的表面硬度与耐磨性提高可通过镀铬或镀镍的方法；铝材表面镀铬、镍等有助于改善装饰性。

铝及其合金的表面电镀比较困难，主要原因如下：

（1）当零件浸入槽液后，标准电位很负的铝（$\varphi^0=-1.67V$）会立即置换槽液中电位较正的金属，生产的接触镀层较为疏松。

（2）铝与氧的亲和力很强，与氧接触极易生成 Al_2O_3 薄膜，铝材表面在旧氧化膜去除后会很快生成新的氧化膜。

（3）铝属于两性金属，能被酸、碱溶液溶解导致基体发生腐蚀。铝在电镀槽中的溶液会污染槽液。

（4）与大多数金属相比，铝的线膨胀系数较大（如铝为 $24\times10^{-6}/℃$，铬为 $7\times10^{-6}/℃$），基体与镀层间在电镀过程中会产生影响结合力的内应力，一旦温度发生变化，镀层就会出现裂纹、起泡等缺陷。

（5）铝合金中存在的其他金属元素，如 Cu、Si、Mg 等，在电镀过程中也会影响镀层的结合力。

铝在电解液中电解形成的镀层结合力很弱，极易被剥离。为了解决这个问题，提出了锌置换法或沉积法，即铝首先在含有锌化合物的水溶液中完成镀层的沉积，然后再电镀。另外，也可以采用电镀前在铝材表面形成薄的多孔质膜的方法，但这种方法镀层的附着稳定性较差，剥离时间无法确定。铝电镀层的附着性之所以较差，主要是因为铝与镀层间存在氧化物、铝与镀层金属的线膨胀系数存在差异、电镀层有针孔以及残存电镀液等问题。

根据铝及其合金电镀在应用上的特点，可将其分为：

（1）装饰类，能提高铝材表面的色调和光泽；

（2）耐蚀类，能提高铝材的抗应力腐蚀性等；

（3）机械类，能提高铝材表面的硬度、耐磨性、耐热性润滑性和焊接性；

（4）电气类，能提高铝材表面的导电性，使其具有半导体性质或磁性。

6.2.1　铝合金表面镀锌

在铝及其合金的表面进行镀锌，可用于装饰与耐蚀，也可作为其他金属的中间镀层。

一般使用锌置换法对铝镀锌的中间层进行处理，根据电镀液种类的不同，可将镀锌分为氰化物镀锌和硫酸盐镀锌两类。

氰化物镀锌具有结晶致密度高和分散性好等优点，但是其电流效率较低、毒性大。

几种常见的铝镀锌工艺如表 6-4 所示。

表 6-4　常见的铝镀锌工艺

电解液组成/$g\cdot L^{-1}$	电流密度/$A\cdot dm^{-2}$	电压/V	温度/℃	备　注
$ZnSO_4\cdot7H_2O$ 360 NH_4Cl 30 $NaCH_3CO_2\cdot3H_2O$ 15 葡萄糖 120	3	—	—	—

续表 6-4

电解液组成/$g \cdot L^{-1}$	电流密度/$A \cdot dm^{-2}$	电压/V	温度/℃	备　注
$ZnSO_4 \cdot 7H_2O$ 200 $Na_2SO_4 \cdot 10H_2O$ 40 $ZnCl_2$ 10 H_3BO_3 5 用稀硫酸作弱酸性溶液	0.5	约 0.3	室温	电极间距为 3cm
$ZnSO_4 \cdot 7H_2O$ 200 β-萘酸 0.1 pH 值为 3.5~3.5	0.86~1.7	—	—	对纯铝最适当的 pH 值为 4.3，而对含有铜的铝合金最适当的 pH 值为 3.5，阳极为锌
$ZnSO_4 \cdot 7H_2O$ 145 $NaCH_3CO_2 \cdot 3H_2O$ 35 阿拉伯树胶 1 添硫酸，pH 值为 4	3.23	—	15.25	在电解中要经常振动阴极
$ZnSO_4$ 30 Na_2SO_4 3 H_3BO_3 3.5 用 H_2SO_4 使之成弱酸性	1	—	30	可得到比上述还好的结果
$Zn(CN)_2$ 60 NaCN 30 NAOH 20 或 $Zn(CN)_2$ 60 NaCN 40 NH_4OH 30mL/L ($D=0.880$)	0.21~0.84	—	室温	
$Zn(CN)_2$ 30 NaCN 30 NH_4OH 30mL/L ($D=0.90$) 明胶 5 或陶土 1	0.5	—	室温	

氰化锌在氰化物镀锌工艺中能起到提供锌离子的作用。电流效率随着锌离子含量的升高而提高，但相应地，其镀层粗糙且光亮度下降。锌离子的分散能力与覆盖能力会随着其含量的降低而提高，且电流效率下降。

镀液中的主配合剂是 NaCN。氰化钠除与锌配合外，还存在能使镀层结晶致密的游离 NaCN，但其覆盖能力会随着游离 NaCN 的增加而下降，降低电流效率。镀层会因为游离 NaCN 过低而粗糙发暗。

作为辅助配合剂的 NaOH 能促进阳极溶解，使溶液的导电率提高。若溶液中 NaOH 含量偏高，则锌含量会因为过快的阳极溶解而上升，增加镀层的粗糙度；若 NaOH 含量偏低，则溶液的导电性下降，电流效率偏低，同样造成镀层表面光亮度下降。

氰化物镀锌时，温度通常选择为 10~40℃。若温度过高，则加速 NaCN 的分解，导致镀液成分出现较大的波动；若温度过低，则电流效率较低，但锌离子的分散能力提高，镀层表面粗糙度下降。

不宜采用过高的电流密度以避免 NaCN 的分解加速，锌离子的浓度越低，电流密度越低。

镀锌适用于硬铝系合金及高硅系铝合金。若镀锌是为了提高合金表面的耐蚀性，则需要进行下述操作：氰化物溶液中电解 5min+硫酸盐溶液中电解 30min。铝及其合金的表面镀锌能使其耐海水腐蚀性能提高，因此，船舶上使用的铝件经常进行表面镀锌处理。

在以铬酸为主的溶液中对镀锌层进行化学处理，在表面生成一层铬酸盐薄膜的工艺过程叫做“钝化”。

镀锌层的钝化处理能达到以下效果：

（1）化学抛光镀层表面，增加表面光亮度。

（2）钝化膜使镀层的抗大气、二氧化碳和水蒸气的腐蚀能力提高，并使镀层的化学稳定性和耐磨性增强，延长了镀件的贮存和使用寿命。

（3）钝化膜表面能根据需要形成彩虹色、白色、军绿色和黑色等各种颜色，起到一定的装饰作用。

锌及其镀层的钝化，是固态金属与液态溶液在两相界面上发生氧化还原的过程，诸多因素决定了这个成膜的反应过程。镀层与六价铬在钝化液中发生了氧化还原反应：锌被氧化溶解，六价铬被还原。氢离子在反应中被消耗而提高了界面的 pH 值，形成氢氧化铬胶核，与其他反应得到的胶状盐一起在镀层表面沉积，干燥后就变成一层抗蚀性良好的钝化膜。

6.2.2　铝合金表面镀铬

在铝合金表面镀铬后会呈现微蓝色调的金属光泽，色度稳定性较好，镀层也具有优异的硬度和耐磨性，因此在防护装饰性镀层中得到广泛应用。此外，功能性镀铬也在各工业领域中被大量使用，比如在轴承材料用铝合金与轴承间的连接部分进行镀铬，可获得与钢轴相仿的耐磨性。

在镀铜层或锌镍置换层上镀镍后进行抛光镀铬，即可获得光亮装饰性镀铬。在 18～21℃的锌沉积层上电镀 5～10min，然后进行抛光也可获得具有金属光泽的镀层，这种镀层具有极高的耐蚀性，但由于其厚度较薄，导致耐磨性比 Cu-Ni-Cr 镀层差。

在 54℃的高温和 16A/dm^2 的电流密度下电解可获得厚且硬的铝合金镀铬层。若需要得到适当厚度的硬质镀铬层，一般采取以下工艺：首先在含有四水酒石酸钾钠的氟化铜溶液槽中将工件电解 3～5min，然后将水洗后的镀铜中间层移到高温镀铬槽中进行镀铬。此外，硬质铬也可以在锌沉积层上直接电镀得到。

表 6-5 是镀铬常用电解液成分及其工艺条件。

表 6-5　镀铬常用电解液成分及其工艺条件

电解液组成/g · L^{-1}	电流密度/A · dm^{-2}	电压/V	温度/℃	备　注
CrO_3 250 $Cr_2(SO_4)_3$ 4 $Na_2CO_3 \cdot 10H_2O$ 14 H_3BO_3 3	13～17	4～5	50	Cd 中间层

续表 6-5

电解液组成/$g \cdot L^{-1}$	电流密度/$A \cdot dm^{-2}$	电压/V	温度/℃	备注
CrO_3 50~60 Cr_2O_3 15.6	8~15	—	40~45	Cd 中间层，Pb 阳极电解 45min，Cr 膜厚 7~8μm，适于硬铝和铝合金
CrO_3 300 H_2SO_4 2.4	8.1~8.5	4	42	Pb 阳极，用 Ni 中间层
CrO_3 250 H_2SO_4 2.5 或 1.25	21~5	—	约 45	因是灰色，应抛光；不需要中间层；电解 3~30min；为了得到厚膜，使用 60℃的溶液和电流密度 40A/dm^2
CrO_3 50~300 Na_2SO_4 约 0.5 为了去阴极氧化膜可用 H_2SO_4	6	3~4	35~40	阳极为 Pb
CrO_3 320 H_2SO_4 1.2	50	—	50	电解 1h，能得到约 0.02mm 厚的硬质镀铬层
CrO_3 200 H_2SO_4 2.0~2.5 Cr^{3+} 2~8	40~60	—	55~60	

作为镀液中的主要成分，铬酐能供给阴极电沉积的铬。由于镀铬时采用不溶性阳极，因此主要靠铬酐的添加以保持镀液中铬的浓度。镀液性能和镀层质量受铬酐浓度高低的显著影响。

铬酐浓度的高低有利也有弊，很难说哪种浓度的铬酐好，应该按照产品的实际使用情况选用溶液浓度。

在镀铬液中，作为必要成分的硫酸根会生成复杂的硫酸铬阳离子$[Cr_4 \cdot O(SO_4)_4 \cdot (H_2O)_4]^{2+}$，能加速溶解阴极表面的碱式铬酸薄膜，阴极顺利放电将铬离子形成镀层。

一般不对镀液中硫酸根的绝对浓度进行控制，而是对它与铬酐浓度的比值进行调控，通常 $CrO_3 : SO_4^{2+}$ 的值在(80~120) : 1 的范围内。

一定量的三价铬在镀铬溶液中一定存在，镀液中的三价铬是获得良好铬镀层的前提。若三价铬在镀液中的含量偏低时，镀液的颜色为棕黑色，电阻增大，槽电压上升，导致镀层光亮范围狭窄。因此三价铬的含量在装饰性镀铬液中最好不低于 10g/L。

在镀铬时，通常采用铅、铅锑合金或铅锡合金等材料作为不溶性阳极。一般不以金属铬作阳极，这主要是出于以下几点的考虑：金属铬价格昂贵、硬度高、脆性大、难加工；金属铬作阳极时的效率远高于阴极效率，且阳极溶解下来的三价铬会迅速破坏镀液中各种成分的平衡，导致很难获得理想的镀层。

在普通镀铬液中通常采用铅锑合金（在铅中加入 6%~8%锑）做阳极，相对于纯铅阳极而言，其强度更高，耐蚀性和导电性更好。

电镀时在新的阳极使用之前，应在较高的电压下先将其预电解几分钟，在阳极表面覆盖一层黑褐色且导电性良好的活性过氧化铅膜，从而避免或延缓铅阳极表面生成导电性差的黄色铬酸铅膜。此外，预电解处理还能将阴极不完全还原产生的三价铬在阳极再氧化至六价铬，保持镀液中三价铬的浓度稳定，使镀液的生产稳定。在电镀结束后，最好将阳极取出以保护其表面生成的过氧化铅膜，否则铬酸会与过氧化铅反应生成导电性较差的铬酸铅膜。

在镀铬时，镀液的温度会显著影响镀层的外观色泽。一般来说，过低的镀液温度会导致镀层外观呈暗灰色，正常镀液温度的镀层颜色正常，过高镀液温度的镀层外观呈乳白色。镀层的硬度和阴极电流效率随着镀液温度升高而降低，若进行装饰性镀铬，镀液的温度应控制在45~55℃的范围内。

镀铬时的镀液温度也会影响阴极电流密度。通常，温度低，电流密度也低，零件边缘易烧焦，较难得到具有光亮外观的镀层；温度高，电流密度也相应较高，较易得到具有光亮外观的镀层。阴极电流效率随着电流密度的升高而提高，有助于改善镀液的分散能力。

6.2.3　铝合金表面镀镍

镍的硬度高于金、银、铜、锌、锡等金属但低于铬和铑等，是一种微带黄光的银白色金属。镍在大气中的化学稳定性很高，在硫酸和盐酸中能缓慢溶解，在硝酸和硫与硝酸的混合酸中溶解较快。在铝合金表面镀镍能提高金属的耐蚀性或产品的装饰性，可用于自行车、汽车、冰箱、缝纫机和电视机等零件表面的防护装饰性电镀；利用镍的耐碱性，可在用碱性介质作导电液的钮扣电池和燃料电池的外壳上进行电镀镍。

虽然在大气中的镍镀层稳定性较好，但经过长时间暴露后其表面也容易变暗，所以镍在防护装饰性镀层体系中主要以中间层的形式进行使用，在镀镍后还需再进行镀铬处理。

表6-6是常见的铝合金镀镍电解液及条件。

表6-6　常见的铝合金镀镍电解液及条件

电解液组成/g · L^{-1}	电流密度/A · dm^{-2}	电压/V	温度/℃	备　注
$NiSO_4 \cdot 7H_2O$ 125 $(NH_4)_2SO_4$ 2 Na_2SO_4 30 $MgSO_4 \cdot 7H_2O$ 30 NaCl 5 pH值为5.5~6.5	2~4	—	35~45	铁中间层
$NiSO_4 \cdot 7H_2O$ 400~450 $NiCl_2 \cdot 6H_2O$ 22 H_3BO_3 22 少量20%$Ni(NO_3)_2$溶液 pH值为5.3~5.7	3~10	—	45~50	铁中间层，适于快速镀镍
$NiSO_4 \cdot 7H_2O$ 200 $NiCl_2 \cdot 6H_2O$ 25 H_3BO_3 15 pH值为5.0~5.7	2~4	—	35~45	铁中间层
$NiSO_4 \cdot 7H_2O$ 119 $MgSO_4 \cdot 7H_2O$ 36 NH_4Cl 12.5 pH值为5.8~6.0	1.6	—	32~35	纯铝用镍作中间层，铝合金无中间层

续表 6-6

电解液组成/$g \cdot L^{-1}$	电流密度/$A \cdot dm^{-2}$	电压/V	温度/℃	备注
$NiSO_4 \cdot 7H_2O$ 140 $MgSO_4 \cdot 7H_2O$ 75 NH_4Cl 15 H_3BO_3 15	1.5	—	—	纯铝用镍作中间层，铝合金无中间层
$NiSO_4 \cdot 7H_2O$ 120 Na_2SO_4 195 NH_4Cl 15 H_3BO_3 15	1.5	—	—	纯铝用镍作中间层，铝合金无中间层
$Ni(NH_4)_2(SO_4)_2 \cdot 7H_2O$ 75 NaCl 53 H_3BO_3 15 柠檬酸钠 · $11H_2O$ 7.5	0.8	—	—	纯铝用镍作中间层，铝合金无中间层
$NiSO_4 \cdot 7H_2O$ 135 $Ni(NH_4)_2(SO_4)_2 \cdot 6H_2O$ 22.5 NaCl 15 $MgSO_4 \cdot 7H_2O$ 7.5 H_3BO_3 15 H_2O 1000	1.65	4~5	21	黄铜中间层，阳极为镍铸件，薄膜为 15min，厚膜为 1h
$NiSO_4 \cdot 7H_2O$ 400 $MgSO_4$ 500 柠檬酸钠 30 甘油 100 H_2O 1000 添加 NaOH 到弱碱性	—	—	35~40	
$NiSO_4 \cdot 7H_2O$ 50 $MgSO_4$ 500 Na_2CO_3 3.5 柠檬酸 2 甘油 12 H_2O 1000	—	—	60 以下	—
$NiSO_4 \cdot 7H_2O$ 175 柠檬酸钠 19 H_2O 1000 加 $NiCO_3$ 使成中性	—	从 5 下降到 2	—	不用中间层，镀镍后，在 177℃保温 10min
$Ni(NH_4)_2(SO_4)_2$ 50 NaCl 12.5 柠檬酸 12.5 $MgSO_4$ 12.5 加 $NiCO_3$ 使成中性	—	—	—	铁中间层

续表 6-6

电解液组成/g·L^{-1}	电流密度/A·dm^{-2}	电压/V	温度/℃	备 注
$Ni(NH_4)_2(SO_4)_2 \cdot 6H_2O$ 75 $MgSO_4 \cdot 7H_2O$ 15 H_3BO_3 15 H_2O 1000	0.3	—	20	铝和硬铝用铜作中间层，电解30min，约生成20μm厚镍膜
$NiSO_4$ 5 柠檬酸钠 35 H_2O 1000	0.5	—	—	用Cd中间层
$NiSO_4$ 350 $NiCl_2$ 6 NaCl 19 H_2O 1000 pH值为5.6 使用透明的过滤液	1.6	—	20~325	不用中间层，电解镀镍30min后，在480℃保温15min，慢慢加热
$NiSO_4$ 150 $Ni(NH_4)_2(SO_4)_2$ 50	0.5	—	—	铜中间层，电解1h，抛光
$Ni(NH_4)_2(SO_4)_2$ 76 其次$NiSO_4$ 250 $NiCl_2$ 20 H_3BO_3 20 pH值为5.3	—	—	—	适于硬铝，用锌和锑作中间层时，应立刻电镀，电镀后在150℃保温24h
$NiSO_4 \cdot 7H_2O$ 50 NH_4Cl 30 H_2O 1000	0.1~0.15	—	—	电解2~3h
$NiCl_2$ 50 H_3BO_3 20 H_2O 1000	1	2~3	—	铁中间层
$NiCl_2$ 70 Na_3PO_4 70 H_2O 1000	—	—	60~70	无中间层

作为镀镍溶液的主要成分，硫酸镍的含量一般为150~300g/L，是在阴极沉积镍离子的主要供给源。若硫酸镍的含量较低，则具有较好的镀液分散能力，能获得结晶细致且易抛光的镀层，但较低的阴极电流效率和极限电流密度导致了其沉积速度较慢；若硫酸镍的含量较高，则具有较大的电流密度和较快的沉积速度，但镀液分散能力较差。

若镀液中仅有硫酸镍，则镍阳极表面在通电后极易钝化，降低镀液中的镍离子含量，恶化镀液的性能。在镀液中加入适量的氯离子，能使阳极的钝化下降，能较好地溶解阳极。此外，氯离子还能使镀液的导电性提高，镀液的极化度增加，改善镀液的分散能力。因此，氯离子在镀镍溶液中不可或缺，但应严格控制氯离子的含量。若氯离子的含量过高，则阳极极易被腐蚀产生大量的阳极泥，导致镀层出现毛刺。在常温电镀的镀液中，可用氯化钠作阳极活化剂；为避免钠离子在其他镀镍溶液中的影响，可用氯化镍作阳极活化剂。

氢离子在镀镍时会产生阴极放电作用，提高镀液的pH值，过高的pH值会造成阴极周围的氢氧根以金属氧化物的形式夹杂于镀层中，恶化镀层的外观和力学性能。通常采用加入硼酸的方法缓冲镀液的pH值，在水溶液中硼酸会离解出氢离子，保持镀液的pH值相对稳定，根据温度应将硼酸的加入量控制在30~45g/L的范围内。若硼酸在镀液中的含量过低，则缓冲作用太弱，pH值不稳定；若含量过高，则室温下硼酸易结晶析出，导致材料浪费且镀层易出现毛刺。

在镀镍溶液中加入硫酸钠和硫酸镁，其良好的导电性能使镀镍过程在常温下进行。此外，硫酸根的同离子效应能增大阳极极化作用，提高镀层的结晶细致度。另外镁离子还能增加镍层的柔软度、光滑度和白度。但是，导电盐的加入会使阴极极限电流密度和阴极电流效率下降，积累的钠离子还会增加镀层的硬度和应力，因此，一般情况下不在镀液中加入硫酸钠和硫酸镁。

以镍作为阳极，其正常溶解可为电解反应导入所需的电流，对溶液中因阴极沉积反应而消耗的镍离子进行补充，因此其在很大程度上影响镀液的稳定性。若采用石墨等作为镀镍的不溶性阳极，则在阳极上会积聚氯离子并形成氯气逸出，污染周围环境，此外，阳极上的析氧也会迅速降低镀液的pH值。因此，一般采用可溶性镍阳极进行镀镍。常用镍阳极的种类包括电解镍、铸造镍、含硫镍、含氧镍等。将电解镍与铸造镍搭配能获得更好的镀镍效果。采用阳极袋屏蔽可避免阳极泥进入到镀液中，出现毛刺缺陷。

通常情况下，镀液的pH值在3.8~5.6范围时硼酸具有较好的缓冲作用。若保持其他条件不变，将镀液的pH值提高到5以上，则会迅速增加镀层的硬度、内应力和拉伸强度等，降低伸长率。因此，较适宜的pH值一般为3.8~4.4，常温条件下镀液允许的pH值可适当提高。

在进行镀镍操作时，温度范围一般为15~60℃，若在镀液中加入导电盐，则电镀可在常温下进行。在其他条件不变的前提下，适当提高镀液的温度，能使用较大的电流密度进行电镀，此时镀层具有较低的硬度和较高的韧性。

阴极电流密度一般不影响镀层内应力，但会影响镀层的硬度。一般降低电流密度可提高镀层的硬度。

6.2.4 铝合金表面镀铜

由于铜和铝的电位差较大，因此在铝合金表面镀铜无耐蚀性，但铜可作为铝和其他金属的通电接触层，或在电镀其他贵金属时作为中间层。

在四水酒石酸钾钠的氰化铜溶液中镀铜作为中间层可在锌的沉积层上电镀其他金属。

铝合金镀铜时可采用适当的化学法对其表面进行预处理以形成氧化膜。具体操作方法是在碳酸钠和铬酸钾（MBV溶液）或碳酸钠和钒酸钠的溶液中煮沸10~15min。

表6-7是常用铝合金镀铜的电解液及工艺条件。

氰化亚铜是氰化物镀铜工艺镀液的主要成分。这种镀液中的Cu^+被配合在铜氰配合物中导致其具有较负的标准电极电位（$\varphi^{\ominus}Cu(CN)_3^{2-}/Cu=-1.165V$）。因此，这种镀液可以实现钢铁零件、锌及锌合金零件的直接电镀，且镀层具有良好的结合力。

表 6-7　常用铝合金镀铜的电解液及工艺条件

电解液组成/g · L^{-1}	电流密度/A · dm^{-2}	电压/V	温度/℃	备　注
$CuSO_4 \cdot 5H_2O$ 180 浓 H_2SO_4 60 动物胶 2 H_2O 1000	0.4~0.5	0.3~0.35	18~20	用于硬铝，阳极为铜，用铁做中间层
10% $CuSO_4$ 溶液	约 1	—	—	进行阳极预处理，形成锌的中间层，电解 50~60min
H_2SO_4(密度为 1.84g/cm^3) 100g15℃的 $CuSO_4$ 饱和水溶液 1000	1	2~3	15	用于铝及硬铝，电解 30min，铜膜厚 13μm
$CuSO_4$ 250 钾明矾 12.5 H_2SO_4 31 H_2O 1000	1.7	—	18~21	进行阳极预处理，电解 30~40min
$Cu(CN_2)$ 22~23 NaCN 30 Na_2CO_3 15	0.05	—	—	进行阳极预处理，可用锌中间层，电解 2h
$Cu(CN_2)$ 22.5 NaCN 30 Na_2CO_3 15	—	—	—	用锌作中间层，镀铜后，在 430℃下保温 30min
$K_3[Cu(CN)_4]$ 40 KCN 1 Na_2CO_3 10 $NaHSO_4$ 20 H_2O 1000	0.3	—	—	进行阳极预处理
$CuCO_3$ 57 KCN 99 Na_2CO_3 42.5 $NaHSO_4$ 71 H_2O 3780	—	—	80	用汞作中间层
$Cu(CN)_2$ 60 KCN 90 Na_3PO_4 99 H_2O 1000	—	—	60~70	—

在不改变镀液中游离 NaCN 含量和温度的前提下，镀液中铜含量的降低能改善镀液的分散能力和覆盖能力，使镀层结晶细致。但若铜盐的浓度较低，则会降低阴极电流效率，缩小电流密度范围。因此，一般采用低浓度的铜盐进行预镀铜，用高浓度的铜盐进行快速镀铜。

硫酸铜是硫酸盐镀铜溶液中主盐。适当提高硫酸铜的含量，可提高阴极电流密度的上限，获得表面光亮且平整性好的镀层。若硫酸铜的含量过高，则镀层表面变粗糙，甚至在阳极袋上会出现硫酸铜结晶析出造成的阳极钝化，导致电流减小；若硫酸铜的含量过低，则镀层的表面光亮度不足。因此，需要将硫酸铜含量控制在合适的范围内。

溶液中硫酸的作用是使其导电性提高，抑制铜盐的水解，使镀层结晶细致。适当地提高溶液中硫酸的含量，能提高镀液的分散能力和覆盖能力，使阳极更好地溶解。若硫酸的含量过高，会降低镀层的光亮度，不宜作为装饰性镀层的底层使用。在印刷线路板电镀时，提高硫酸含量能获得高的分散能力，但同时须降低硫酸铜的含量，因为硫酸铜的溶解度会随着硫酸含量的提高而降低，导致硫酸铜结晶析出，对镀层的质量造成不良的影响。

电流密度的上限会随着镀液温度的升高而提高，可改善镀层的光亮度和整平性。若镀液温度过高，则电流密度范围缩小，镀层的光亮度和整平性下降。因此，需要选择合适的镀液温度以获得具有良好光亮度和整平性的镀层。

镀液中铜的浓度、操作温度和搅拌速度都影响电流密度的大小。电流密度的上限会随着镀液中 Cu^{2+} 浓度的提高、镀液操作温度的升高和搅拌速度的加快而提高。合适的电流密度能获得较好的镀层的光亮度和整平性。若电流密度过高，则镀件边缘和尖端处的镀层会变得粗糙，甚至烧焦；若电流密度过低，则镀件深凹端处沉积速度较慢，镀层光亮度不够。在实际生产中，应该在合理的范围内采用提高电流密度进行电镀。

6.2.5 铝合金表面镀银

在大多数有机酸和强碱中，银具有十分稳定的化学性能，不与水和空气中的氧发生反应。此外，银具有极高的导热性和导电性，抛光后能形成高度反射能力的表面。锡、铅或铅锡焊料都能和银发生合金化反应，具有良好的焊接性。

根据溶液性能的不同，可将镀银溶液分为有氰化物镀银溶液和无氰化物镀银溶液两种。相对而言，有氰化物镀银溶液的性能较好，在工业生产中的应用较为广泛。

按照银镀层性能的差异，可将银镀层分为普通镀银、光亮镀银和镀硬银三种，其中以普通镀银用的最多。

在锌沉积层上镀银与在铁表面镀银的方法相同。工件在镀银前需要先接通电极，然后在铜镀层上进行镀银。表 6-8 列出了镀银电解液组成及电镀条件。

表 6-8 镀银电解液组成及电镀条件

电解液组成/g·L^{-1}	电流密度/A·dm^{-2}	电压/V	温度/℃	备注
AgCN 22 NaCN 30~37 K_2CO_3 15 H_2O 1000	—	1~2	—	用镍和铜作中间层，把银作阳极，阴极要振动，电解 20min
氰化银溶液	0.3	—	—	用铜作中间层，电解 1h
$AgNO_3$ 20 KCN 40 Na_3PO_4 40 H_2O 1000	—	—	60~70	—
$AgNO_3$ KCN $(NH_4)_3PO_4$	—	—	常温	—

在氰化物镀银溶液中，氰化银、硝酸银都是各自溶液的主盐。随着银含量的提高，溶液的导电性增加，沉积速度加快。但若银含量过高，则银与氰化钾配合不稳定，在低温下析出沉淀，降低阴极极化效率和镀液分散能力，使镀层结晶变得粗糙，色泽发黄，甚至在滚镀时产生橘皮状镀层；若银含量过低，则阴极电流密度的上限下降，也会降低沉积速度和生产效率。

在氰化物镀银溶液中，氰化钾是主配合剂。银与氰化钾反应会生成银氰化钾配盐。在镀液中保持适量的游离氰化钾，能稳定溶液中的银氰化钾配离子，使阴极极化作用提高，进而使镀层结晶细致均匀，阳极的正常溶解也能增强溶液的导电能力和分散能力。若游离氰化钾含量过高，则阳极可能出现颗粒状金属的溶解减慢镀液的沉积速度；若游离氰化钾含量过低，则阳极易钝化形成黑色氧化膜，降低镀层结合力并使镀层呈灰白色。

银的含量、溶液温度、溶液的流动程度以及所用的电源都会影响阴极的电流密度。例如，为了提高普通氰化物镀银溶液的阴极电流密度，需要增加溶液的流动程度或者用特殊的喷嘴将溶液从喷嘴喷到阴极镀件上并施加压力，采用脉冲电源和周期换向的交流电源也能提高阴极电流密度。适当提高阴极电流密度能获得结晶致密的银镀层，但若阴极电流密度过高，则可能导致粗糙镀层，甚至海绵状镀层的出现。在滚镀和形状复杂零件的电镀时，阴极电流密度可适当降低。

适当的温度范围是获得细致均匀银镀层的前提条件。阴极电流密度上限和生产效率虽然会随着温度的提高而提高，但镀液的挥发也会加快，导致有毒气体的释放和碳酸盐的加速形成，降低镀液的稳定性。若温度过低，则阴极电流密度上限和沉淀速度都会下降，甚至会导致银镀层表面呈现黄色并伴有花斑及条纹。

搅拌能扩大温度范围，提高阴极电流密度上限和沉积速度，降低浓差极化，还能使镀液中的各种成分均匀分布。但不能用压缩空气对氰化物镀液进行搅拌，否则其会在空气作用下分解碳酸盐，降低溶液的稳定性。

需要用高纯度的银（纯度不低于 99.97%，银加铜的总含量不低于 99.98%）制作氰化物镀银溶液中的银阳极。若银阳极不纯，含有镀液中难溶的铅、硒、碲、钯等杂质，这些杂质会在电镀时富集在阳极表面，形成影响阳极正常溶解的黑膜，甚至导致阳极剥落，形成黑色的阳极膜。此外，镀液中较低的游离氰化物含量、较低的溶液 pH 值、过高的阳极电流密度和溶液中存在铁或硫化物（光亮剂的分解产物）等杂质都会使得到的镀层粗糙。为了防止高电流密度下产生黑的阳极膜，常在快速电镀时加入硝酸盐和氢氧化物。使用聚丙烯、聚乙烯或其他耐碱性材料制成阳极袋有助于防止阳极杂质对银镀层的不良影响。

6.3　铝的阳极氧化

6.3.1　铝阳极氧化与阳极氧化膜的定义及分类

国家标准将铝阳极氧化定义为一种电解氧化过程，铝及其合金的表面在这个过程中形成具有防护性、装饰性以及一些其他功能特性的氧化膜。根据这个定义，阳极氧化是在电解槽液中将铝作为阳极连接到外电源的正极，将电解槽液的阴极连接到外电源的负极，在外加电压下产生电流，保持电化学氧化反应的进行。在此种阳极氧化过程中，铝表面同时存在氧化膜形成和溶解两个矛盾的反应，这两个反应的相对反应速度大小决定了工件的表面状态。

根据铝材最终用途的不同，铝的阳极氧化可分为建筑用铝阳极氧化、腐蚀保护用铝阳极氧化、装饰用铝阳极氧化、工程用铝阳极氧化（如硬质阳极氧化）和电绝缘用铝阳极氧化等几种。电解溶液的成分、电源特征和工艺参数等可根据铝件不同的使用目的和不同的性能要求进行选择。按照阳极氧化工艺控制的不同，可分为定电压阳极氧化或定电流（密度）阳极氧化两大类；根据电源波形特征的差异，可分为直流（DC）阳极氧化、交流（AC）阳极氧化、交直流叠加（DC/AC）阳极氧化、周期换向（PR）阳极氧化和脉冲（PC）阳极氧化等。

铝的阳极氧化膜可分为壁垒型和多孔型两大类。壁垒型阳极氧化膜，又称壁垒膜、屏蔽型阳极氧化膜或阻挡层阳极氧化膜，是一层致密无孔且紧靠金属表面的薄阳极氧化膜，外加的阳极氧化电压决定了氧化膜厚度的大小，但一般不会超过0.1μm，主要用在电解电容器的制作。壁垒型阳极氧化膜（barrier-type film）与多孔型阳极氧化膜的阻挡层（barrier layer）有明显的区别，在国家标准中也有明确的区分。多孔型阳极氧化膜的阻挡层能分隔多孔层与金属铝，其厚度只与外加阳极氧化电压有关。一般来说，多孔型阳极氧化膜由多孔层结构和与壁垒膜结构相同的致密无孔的薄氧化物层（即阻挡层）组成，多孔层结构的厚度取决于通过的电量。

6.3.2 铝阳极氧化的过程

6.3.2.1 铝阳极氧化按照电解溶液性质的分类

至少可以将铝在各种电解溶液中作为阳极的极化行为分为五种情况，不同条件的阳极极化行为示意图如图6-1所示，其中有两种情况（第（1）种和第（2）种）属于国家标准定义的铝阳极氧化范围。

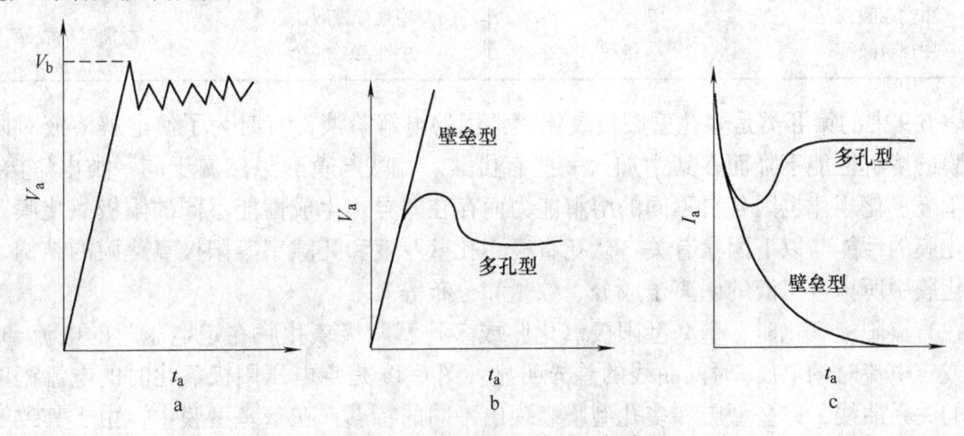

图6-1 铝阳极氧化的阳极行为

（a、b为定电流时阳极电压与时间的关系：a为阳极电压超过击穿电压；b为阳极电压低于击穿电压；c为定电压时电流密度与时间的关系）

（1）若以中性磷酸盐、中性硼酸盐或中性酒石酸盐溶液作为电解溶液，其基本不溶解阳极氧化膜。开始时，随阳极氧化时间的延长，电压迅速直线上升到比较高的电压，若这个电压超过氧化膜的击穿电压 V_b（如图 6-1a 所示），则氧化膜被击穿；如果电压未达到击穿电压，则此电压下的电流会迅速下降直至接近零或一个极小的所谓漏电电流，此时电化学反应基本停止（如图 6-1c 所示）。漏电电流的大小与膜中的缺陷、杂质或局部薄膜的电子电流有关，此时壁垒型阳极氧化膜产生。

（2）若电解溶液是草酸、硫酸、磷酸或铬酸等溶液，其对阳极氧化膜会有“有限度”的溶解，在开始时的电压变化与情况（1）相类似，但电压会在下降后又重新上升到相对恒定的稳态电压，使阳极氧化的电化学反应持续进行（如图 6-1b 所示）。此时多孔型阳极氧化膜产生。

（3）若电解溶液是某些有机酸溶液、中性硫酸盐溶液和含氯离子的溶液等液体，此时阳极氧化膜的形成速度与金属的溶解速度基本一致，电压在逐步下降之前能上升到一个极大值。金属铝的表面会出现点腐蚀，阳极氧化膜的完整性不能保证。

（4）若电解液是强酸溶液，电压会在一定范围内出现周期性波动或者维持在一个较低的电压上不变，金属的表面无法成膜，只发生电解抛光。

（5）若电解液是一些强酸或强碱溶液，则电压一直在低水平徘徊，此时金属铝的表面出现大量的电解浸蚀。

在上述五种阳极行为中，只有情况（1）和（2）才会形成阳极氧化膜。根据电解溶液对铝氧化膜溶解能力强弱的差异，可生成不同类型的阳极氧化膜。若电解液的溶解能力较强，则生成多孔型阳极氧化膜；若电解液的溶解能力较弱，则生成壁垒型氧化膜。根据电解液溶液对氧化膜溶解能力不同，对铝阳极氧化的分类表如表 6-9 所示。

表 6-9 铝阳极氧化按电解溶液对氧化膜溶解能力的分类

第Ⅰ类，生成壁垒型阳极氧化膜的溶液	第Ⅱ类，生成多孔型阳极氧化膜的溶液	第Ⅰ类，生成壁垒型阳极氧化膜的溶液	第Ⅱ类，生成多孔型阳极氧化膜的溶液
硼酸 中性硼酸铵 中性磷酸盐	硫酸 草酸 铬酸	中性酒石酸盐 中性柠檬酸盐 中性乙二酸盐	磷酸 硫酸加有机酸等

表 6-9 中的第Ⅱ类是多孔型阳极氧化膜常用的电解溶液，有时为了使电解溶液对阳极氧化膜的溶解性能下降而在其中加入一些有机酸。硫酸与草酸虽然属于同一类电解溶液，但其阳极氧化规律也因各自不同的溶解能力而存在差异，生成性能不同的阳极氧化膜。阳极氧化膜的性能与以下因素有关：微孔直径、孔壁厚度和孔隙率等阳极氧化膜的结构，阳极氧化膜中所掺入溶液的阴离子成分、数量和分布等。

在直流阳极氧化时，壁垒型阳极氧化膜或多孔型阳极氧化膜在定电压时的电流-时间曲线或定电流时的电压-时间曲线的差异明显。图 6-1c 是定电压阳极氧化时的电流密度与时间的关系曲线，壁垒型膜和多孔型膜表现出不同的特点：在壁垒型膜中，由于其致密无孔，所以电流密度呈指数形式下降到接近零或漏电电流；而多孔型膜的电流密度先下降而后在膜的溶解作用下又重新上升，在这个过程中氧化膜稳定生长。定电流密度阳极氧化时电压不断变化，若因为很大的电流密度导致电压达到击穿电压（如图 6-1a 所示），则会击穿氧化膜，若电压未达到击穿电压（如图 6-1b 所示），则壁垒型膜的电压呈直线上升的趋势，而多孔型膜的电压先上升后下降，并达到一个稳定电压值，此时多孔型膜处于稳定生长阶段。阳极氧化膜属于壁垒型膜还是多孔型膜，可根据不同形式的电压或电流随时间的变化曲线进行判别。

6.3.2.2 铝阳极氧化的反应过程

在电解液中，阴离子会迁移到铝阳极的表面失去电子发生放电，金属铝失去电子成为三价的铝离子，其价态随之升高。电解液中存在的氧离子与铝离子结合生成氧化物析出。电解质的本质、最终反应产物的性质、电流、电压、槽液温度和处理时间等工艺操作条件等都会影响这个反应的最终结果。

若阳极氧化膜为多孔型，首先阳极铝上会形成阻挡层（非导电薄膜），其附着性良好，这种膜在氧化物薄膜继续生长过程中会出现包括化学溶解和电化学溶解两部分的局部溶解。化学溶解在多孔型膜的所有面上都会发生，而电化学溶解则由电场的方向决定。溶解电流会溶解孔底的氧化膜。阳极氧化膜原“壁垒膜”上的微孔随着氧化膜厚度的增加而加深，阻碍氧化膜的生长速度。阳极氧化膜的厚度在氧化膜生长速度与其在电解液中的溶解速度持平时不再增长。阳极氧化膜的结构和性能均受阳极氧化的工艺操作条件和电解溶液对于氧化膜的溶解能力等因素制约。因此，如何平衡阳极氧化膜的生长速度与氧化膜的溶解速度为阳极氧化工艺的关键。通常而言，高的阳极电流密度、低的溶液温度和酸浓度均有利于生成阳极氧化膜，反之，低的阳极电流密度、高的溶液温度和酸浓度会阻碍阳极氧化膜的生成。

铝的电镀是建立在金属的外表面（即金属/电解液界面）上，而铝的阳极氧化是在氧化膜/铝的界面处向铝的内部生长。在阳极氧化过程中，电解液与氧化膜的外表面接触并使其溶解，而氧化膜的内表面会不断发生氧化反应生成氧化物，两者彼此抵消生长。一般来说，铝件在阳极氧化处理后其厚度会略有提高，但又不是单纯的净增加。在图 6-2 和图 6-3 中能对这种厚度变化的彼此消长关系进行直观形象的观察。

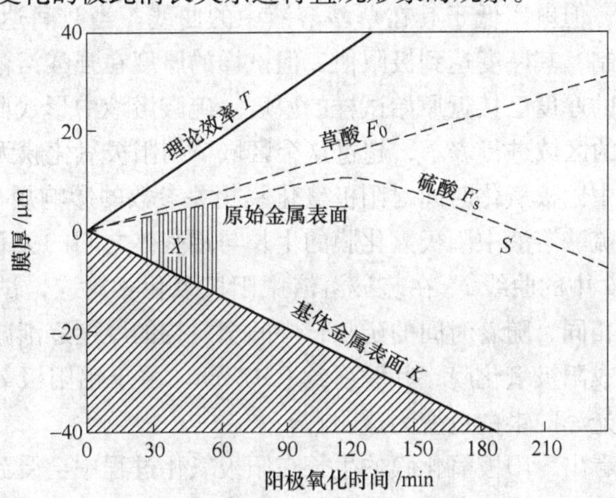

图 6-2 铝在硫酸和草酸溶液的阳极氧化膜生长过程中，基体金属铝合氧化膜厚度随时间的变化

（电流密度为 1.6A/dm²，X 为硫酸溶液成膜的工艺范围）

即使如表 6-9 所列的第Ⅱ类电解溶液都是生成多孔型阳极氧化膜，但由于铝合金与电解溶液的体系特征不同，所以阳极氧化的具体规律也有所区别。以 1.6A/dm² 的电流密度

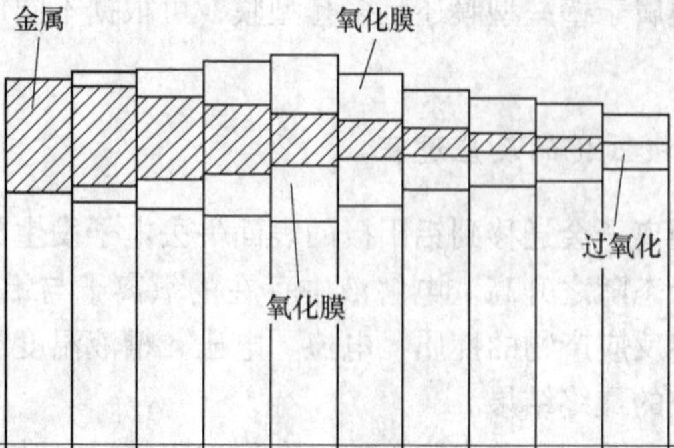

金属
氧化膜
氧化膜
过氧化

阳极氧化时间 /min	0	30	60	90	120	150	180	210	240	300
氧化膜厚度 /μm	0	14	26	37	43	43	43	43	43	40
质量变化 /mg·dm^{-2}	0	+100	+174	+198	+40	−108	−270	−429	−588	−853
厚度变化 /μm	0	+11	+19	+27	+29	+20	+7	−5	−17	−40

图 6-3　在阳极氧化过程中阳极氧化时间对于阳极氧化膜形成的影响
（0. 12mm 厚的纯铝箔用硫酸阳极氧化工艺，20℃，1. 6A/dm^2 阳极氧化）

对硫酸和草酸溶液中的铝进行阳极氧化，金属铝基体和阳极氧化膜厚度随时间的变化曲线如图 6-2 所示，其中理论效率 T 是阳极氧化膜的理论增长效率。从图中可以看出，在 210min 的时间内，草酸溶液中铝的阳极氧化膜厚度随时间一直呈线性增加并且还有继续线性增加的趋势，以 F_0 和 K 的差值表示阳极氧化膜的厚度。但是曲线 F_0 的斜率因为氧化膜的溶解作用而低于理论曲线 T 的斜率，表明即使氧化膜受到草酸溶液的溶解作用很低，但也会在一定程度上降低阳极氧化效率。铝的阳极氧化膜厚度在硫酸溶液中的曲线 F_s 在开始阶段也是线性增长，但斜率低于其在草酸溶液中的曲线。当时间达到约 120min 时，氧化膜的生长速度被抑制，其厚度达到极限值，但试样的厚度在强酸溶液的作用下仍在不断下降，到 S 点时试样的厚度已接近原始试样的厚度。硫酸溶液中形成阳极氧化膜的工艺区间以图 6-2 的符号 X 的区域进行表示，超过这个区域，则阳极氧化膜无法有效生成。

在阳极氧化过程中阳极氧化时间对阳极氧化膜相关参数的影响规律如图 6-3 所示，可以直观清楚地观察到硫酸溶液中阳极氧化膜的生长与铝基体之间的关系以及两者的厚度随时间的变化。与图 6-2 中的曲线 F_s 在硫酸溶液中阳极氧化相对应，试样厚度在约 180min 后与原始试样的厚度相同，随着时间的延长，中间金属铝的厚度逐渐减小，直到约 300min 后，金属铝全部氧化成阳极氧化膜，其厚度约 0. 12mm。由于铝阳极氧化膜是透明的，因此其颜色由具有金属光泽的银白色变为透明状。

从上述现象可以看出，阳极氧化膜的生长在阳极氧化过程中会受到溶液溶解能力、氧化物水解能力和氧化物生成过程中释放的热量等因素的影响。当阳极氧化膜的厚度超过一定值后，铝阳极的过热会加速氧化膜的化学溶解，提高其溶解速度，导致氧化膜的生成速度与溶解速度出现新的平衡，限制了阳极氧化膜的进一步生长。

采用硫酸溶液对铝进行阳极氧化处理时，金属铝的氧化膜形成过程及其溶解过程是密切相关且相互对立的。在工业生产中，通常以 Pb 等金属作为阴极材料，金属铝作为阳极

材料；在实验室中，通常以 Pt 作为阴极材料。在阳极氧化过程中，铝阳极同时发生的氧化膜形成和溶解过程的化学反应式如下。

成膜过程：

$$2Al + 3H_2O \longrightarrow Al_2O_3 + 6H^+ + 6e^-$$

膜溶解过程：

$$Al_2O_3 + 6H^+ \longrightarrow 2Al^{3+} + 3H_2O$$

阴极上发生水的分解析出氢气：

$$6H_2O + 6e^- \longrightarrow 3H_2\uparrow + 6OH^-$$

在硫酸溶液中，除氧化物的形成和溶解反应外，铝的阳极反应中也有阴离子 SO_4^{2-} 的参与，最终形成含硫酸根的阳极氧化膜，其成分大致为 $Al_2O_3 \cdot Al(OH)_x(SO_4)_y$。

若溶液中的阴离子参与反应，则阳极反应过程可能略有不同，即开始是铝的溶解：

$$2Al + 6H^+ \longrightarrow 2Al^{3+} + 3H_2\uparrow$$

然后电解溶液中的阴离子参与反应形成氧化物，成为阳极氧化膜的成分之一（反应方程式右边“[ ]”中就是含硫酸根的阳极氧化膜成分）：

$$2Al^{3+} + 3H_2O + 3SO_4^{2-} \longrightarrow [Al_2O_3] + 3H_2SO_4$$

$$Al^{3+} + xH_2O + ySO_4^{2-} \longrightarrow [Al(OH)_x(SO_4)_y] + xH^+$$

6.3.3 铝阳极氧化膜的生成机理

铝在阳极氧化时的外加电流 i 理论上应该是氧化膜生成电流 i_{ox}、氧化膜溶解电流 i_d 和电子电流 i_e 三部分之和。由于阳极氧化膜的生长以离子导电为主，因此电子电流 i_e 在一般情况下可忽略不计，但在阳极氧化膜“烧损”或阳极氧化发光时，由于电子电流的作用显著，所以不能忽略电子电流，此时其导电机制需要用半导体能带理论进行讨论。氧化物的溶解作用在生成壁垒型阳极氧化膜时非常小，此时可将 i_d 忽略不计；而氧化物的溶解作用在生成多孔型阳极氧化膜时占据的比例较大，此时需要综合考虑氧化膜生成电流 i_{ox} 和溶解电流 i_d。

6.3.3.1 壁垒型阳极氧化膜

在壁垒型阳极氧化膜产生过程中，氧化物生成电流 i_{ox} 起主导作用，铝的三价正离子和氧的二价负离子在壁垒膜中的反向运动产生了这个电流。壁垒膜/金属铝界面与壁垒膜/电解溶液界面之间形成新生的氧化物。壁垒型阳极氧化膜的生长行为和构造如图 6-4 所示，在壁垒膜/电解溶液界面处生成固体氧化物时，电解溶液中的负离子在铝离子溶解/氧化物沉淀的同时从溶液掺入氧化膜中。从图 6-4 中可以看出，纯 Al_2O_3 的内层和阴离子加上 Al_2O_3 的外层共同组成了壁垒型膜。Al^{3+} 和 O^{2-} 迁移数之比（两个离子反向运动形成的电流之比）可通过计算内层与外层厚度的比值获得。标记法或电子束照射结晶化法能确定离子迁移数，与外层相比，内层在经过电子束照射后更易结晶化，使两层的分界面更为直观地显现出来。

在阳极电场的作用下，进入氧化膜的阴离子的迁移方向和迁移速度在不同电解溶液（如硅酸盐、硼酸盐、钨酸盐、钼酸盐、铬酸盐和磷酸盐等）中是不同的。铝阳极氧化膜

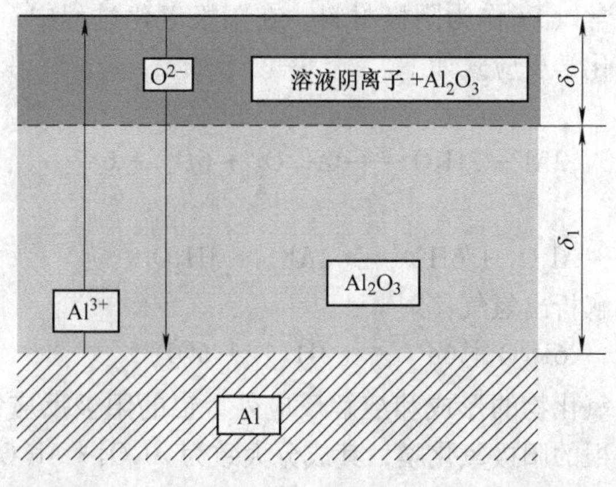

图 6-4　壁垒型阳极氧化膜的生长行为和构造

的生长过程和电解溶液阴离子在阳极电位下的迁移行为示意图如图 6-5 所示。从图中可以看出，氧化膜中硼酸根、硅酸根几乎不会迁移，铬酸根、钨酸根、钼酸根向氧化膜的外侧迁移，磷酸根向氧化膜的内侧迁移。

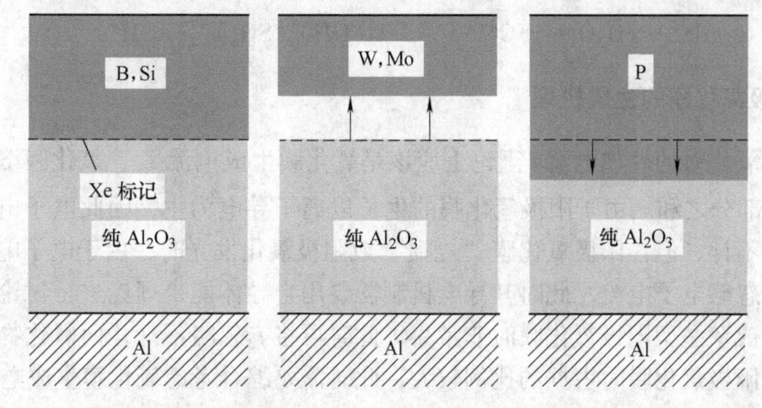

图 6-5　铝阳极氧化膜的生长过程和电解溶液阴离子在阳极电位下的迁移行为

氧化物的生成电流 i_{ox} 与加在氧化膜上的电场强度 E 的关系如下：

$$i_{ox} = A\exp(BE)$$

上式不是理论推导式，而是一个经验公式，式中的 A 和 B 是常数，电场强度 E 是用外加电压 V_a 除以膜的厚度 δ_b，那么上述方程式可以表示为

$$i_{ox} = A\exp(BV_a/\delta_b)$$

从上式可以看出，当外加电压恒定时，随着 δ_b 的增加，电场强度不断减小，此时 i_{ox} 以指数形式下降到极小值。膜的厚度在 i_{ox} 降低到极小值后不再增加，即壁垒膜的厚度与外加阳极电压成正比。在离子电导中，电压不与电流成正比而是与电流的对数成正比。随着阳极氧化时间的延长，电流会下降到一个极小值，这个极小的电流称为漏电电流，是通过氧化膜缺陷的电子电流，或修补缺陷的离子电流。随着阳极氧化过程的进一步进行，壁垒型阳极氧化膜有可能转变为多孔性阳极氧化膜。

在阳极氧化中电流一定的条件下，V_a/δ_b 与时间成正比。氧化膜的绝缘性在 V_a 上升到

某一个数值后遭到破坏，这个数值即为击穿电压，也叫破裂电压。通常情况下，试样的纯度、电解溶液本身的特性和浓度等因素决定了击穿电压的大小。

6.3.3.2 多孔型阳极氧化膜

与其他金属的阳极氧化膜显著不同，铝的阳极氧化膜在几何结构上具有典型的规则多孔结构，导致铝的阳极氧化行为也有明显不同。从图6-1b和c也可以看出来，在铝的阳极氧化中，随着时间的延长，阳极电压或电流先有一个初期的显著变化（其变化时间与体系有关)，然后趋于稳定，即进入氧化膜稳定生长阶段。此时若阳极氧化电压不变，则阻挡层的厚度和多孔层的结构参数也基本保持不变，但阳极氧化膜的厚度会逐渐增加。

在多孔性阳极氧化膜的产生过程中，氧化膜的生成电流和溶解电流共同起作用。在阻挡层的基础上形成多孔性阳极氧化膜，然后大致有两个阶段的多孔层生长过程：阻挡层上孔的萌生和孔的发展。这两个过程并没有明显的界线，只是人为地将其划分为4个区域。阻挡层上孔的发展是由于在萌生孔的位置处出现集中电流使铝发生电化学溶解。

（1）阻挡层上孔的萌生。阻挡层上孔的萌生已经被大量的实验直接观测到，但其萌生机理和出现位置尚不了解。Hoar等人认为，阻挡层上的外加阳极电场随着阻挡层的增厚而减小，阻挡层的表面局部区域进入质子，这些质子可能无规则分布，也可能集中在晶界或缺陷等薄弱位置，局部“电场抑制”或者“质子抑制”溶解作用导致了孔的萌生。Thompson和Wood等人在不同的时间间隔里持续观测了阳极氧化过程，根据实际观察到的电子显微镜图像，绘制了孔的萌生和发展过程的示意图，如图6-6所示，他们认为不存在“质子抑制”的概念。在电子显微镜直接观察到的结果中发现，均匀的原氧化膜在微孔萌生之前会出现起伏，凸起之处称为“脊”，凹陷之处称为“谷”，起伏导致了氧化膜上的电流分布不均匀，“谷”位置处容易出现电流集中而使微孔得到发展。

氧化膜首先在阳极氧化初期均匀生长（见图6-6a），然后瞬间不均匀分布的电流会增大金属表面氧化膜“脊”的电流，增加氧化膜局部（脊）的厚度，金属铝/氧化膜的界面趋于平坦（见图6-6b）。电流的不均匀分布会产生局部焦耳热，使表面氧化膜“脊”及其邻近位置处局部受热，造成氧化膜离子电导率的改变，直到电流集中到“脊”之间的位置即阻抗最小的通道（见图6-6c）。具有较小单元胞尺寸的薄膜分布在比较厚的氧化膜“脊”之间，其增厚比具有较大单元胞厚膜的增厚更加有效。电流可能优先选择在较大单元胞的位置处集中，使微孔得到发展。上述的整个过程均处在图6-1c中所示的定电压阳极氧化中电流到达极大值以前的阶段，多孔型膜还没有到达稳态生长阶段。但目前还没有一个统一的机理解释“脊”和“谷”的发生位置及其与微孔位置之间的关系。

（2）孔的生长和发展。阻挡层的均匀溶解会在相对于电场方向的电化学作用下转变成局部溶解，三价铝离子在阻挡层上的阳极电压作用下穿过阻挡层向孔底移动，即微孔因孔底氧化膜的不断溶解而向纵深发展，此时阻挡层的厚度保持不变，多孔层的厚度不断增长。同时，二价氧离子在阻挡层中从孔底向氧化膜/金属铝界面移动，与Al^{3+}在界面发生反应生成新的氧化物。因此在多孔层的生长中，阻挡层中离子迁移的作用仍十分重要。

“脊”之间的“谷”的位置处会逐渐出现电流集中并发展成为微孔（见图6-6c)。并不是所有初期出现的“谷”都能发展成微孔，有可能后期电解溶液会将留在氧化膜表面的没有发展成微孔的“谷”溶解掉。为了保证在溶解微孔底部的铝后区域的电场强度均匀，金属/氧化物的界面逐渐发展成扇形（见图6-6d）。随着微孔的不断加深，离子导电机理会控制阻挡层且溶液浓差也会引起微孔扩散。电场的直接作用是微孔中离子迁移的驱动力，因为电化学作用而溶解于微孔底部阻挡层中的 Al^{3+}，会在电场作用下从微孔中排出，尽可能地使微孔内外 Al^{3+} 的浓差缩小。电解溶液的本体浓度（不是微孔中的浓度）和温度影响与本体溶液相接触的氧化膜表面的化学溶解，与微孔中的浓度变化无关。

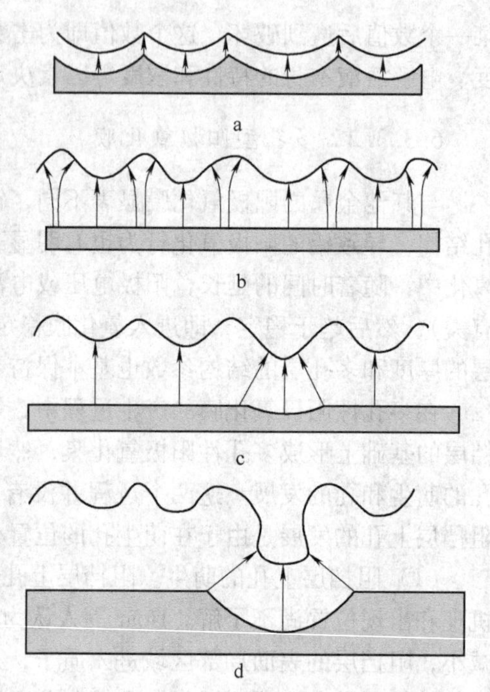

图 6-6　多孔型阳极氧化膜的生成中不均匀膜生长及其电流分布的示意

图 6-6 仅是多孔型阳极氧化膜微孔萌生和发展过程中电流分布的简单示意图。随着电子显微镜的发展和分析仪器的进步，多孔型阳极氧化膜的孔萌生和孔发展的物理图像逐渐清晰全面，也促进了阳极氧化行为的机理研究。但目前仍存在诸多问题有待解决，如多孔层生长过程的速度控制步骤、迁移与扩散的相互关系、阻挡层离子迁移的作用及微孔中离子扩散的作用等，需要在以后的工作中深入开展相关研究。

6.3.4　铝阳极氧化工艺

6.3.4.1　硫酸阳极氧化工艺

铝硫酸阳极氧化是利用电解作用使置于硫酸电解液中的铝阳极表面形成氧化膜的过程。由于硫酸交流阳极氧化的缺点较多，如低的电流效率、差的氧化膜耐蚀性和较低的硬度等，因此其应用很少。目前硫酸直流阳极氧化在国内外的应用非常广泛，它在生产成本、氧化膜特点和性能方面具有比其他酸阳极氧化更先进的优越性，具体如下：

（1）较低的生产成本。相对于其他酸阳极氧化，硫酸价格低廉、电解耗电较少，能很便捷简单地对废液进行处理。

（2）极高的氧化膜透明度。通常硫酸氧化膜是无色透明的，其透明度随铝纯度的提高而提高。铝合金中的化学元素也会在一定程度上影响氧化膜的透明度，如 Si、Fe、Mn 等元素会降低其透明度等。

（3）较好的耐蚀性和耐磨性。

（4）容易实现电解着色和化学染色。硫酸氧化膜是孔隙率平均为 10%~15% 的多孔型氧化膜，是无色透明的。金属离子在电解着色时会从孔底析出而出现颜色，且色泽美观，具有优异的耐光和耐候性；多孔型膜在化学染色时具有极强的吸附性，染色液能比较容易地渗入到膜孔中，使氧化膜呈现各种不同的颜色。

硫酸阳极氧化法时间短、工艺过程和生产操作简单，具有单一的电解液成分和稳定的溶液，杂质含量的允许范围较大等优点，比草酸、铬酸法消耗的电能低。硫酸阳极氧化法可对几乎所有的铝合金工件进行氧化，如钣金件、部分铸件、机械加工工件和焊接件等，广泛用于航空航天、电气、各种机械制造和民用等领域的生产中。

氧化松孔度大的铸件、点焊件或铆接的组合件由于很难排除工件缝隙内的残留酸而易腐蚀工件，因此不宜用硫酸阳极氧化法进行氧化。在硫酸阳极氧化时，电解液的温度会因为产生的大量热量而迅速升高，不利于氧化膜的成长，进而降低氧化膜的质量。因此，在生产过程中须装冷却装置以使电解液的温度保持在13~26℃的范围内。

6.3.4.2 铬酸阳极氧化工艺

1923年，Bengough和Stuart开发出了铬酸阳极氧化工艺，简称B-S法。铬酸氧化膜的厚度仅为2~5μm，比硫酸氧化膜和草酸氧化膜薄得多，因此不影响原来部件的精度和表面粗糙度。铬酸氧化膜的耐磨性低于硫酸氧化膜，但质软且弹性好，其颜色呈现灰色，膜层不透明，具有较低的孔隙率，因此不易染色。铝基本不溶于铬酸溶液，因此针孔和缝隙内残留的溶液很难腐蚀部件，适合于处理铸件、铆接件和机械加工件等的表面。这种工艺常用于军事装备，尤其是航空部件上，既能生成铬酸氧化膜保护铝基体，还能检查部件的质量，如在阳极氧化时，部件上的针孔和裂纹等缺陷处会流出醒目的棕褐色电解液。

6.3.4.3 草酸阳极氧化工艺

草酸阳极氧化工艺出现较早，使用范围也较广。铝及氧化膜很难溶于草酸电解液中，生成的氧化膜孔隙率低，具有比硫酸膜更好的膜层耐蚀性、耐磨性和电绝缘性。但是，草酸阳极氧化的成本比硫酸阳极氧化的高3~5倍。由于阴极上草酸发生还原反应生成羟基乙酸，阳极上发生氧化反应生成二氧化碳，因此具有较差的电解液稳定性。工艺条件一旦发生变化，草酸氧化膜的色泽也会发生变化，产生相应的色差，限制了工艺的应用范围。一般草酸阳极氧化工艺主要用于制作电气绝缘保护层、日用品的表面装饰等。草酸常作为硫酸电解液中的添加剂使用，能使阳极氧化的温度范围拓宽，有利于厚膜的生产。草酸在硫酸电解液中的加入量一般为7~10g/L，加入后的氧化温度由原来的不超过22℃变为24℃。电解液对膜的溶解能力随草酸的加入而减弱，在一定程度上使氧化膜的成膜速度提高。

6.3.4.4 磷酸阳极氧化工艺

铝合金磷酸阳极氧化工艺的电解电压通常为数十伏到100V左右，远高于硫酸阳极氧化的15~25V，因此阻挡层和孔壁较厚且孔径也较大。磷酸阳极氧化膜孔隙的孔径可达30~40nm（硫酸阳极氧化膜的孔径为10~15nm）。涂料、镀层等都会因为较大的孔径而较易浸入孔内，提高磷酸阳极氧化膜的附着性和染色性。磷酸氧化膜的防水性较强，可用于在高湿度条件件下工作的铝合金工件的表面防护，具有比硫酸氧化膜强的耐碱性。此外，磷酸氧化膜能比较好地黏附在胶黏剂上，可用在航空工业胶接件上。

6.3.5 阳极氧化膜的着色与封闭处理

6.3.5.1 阳极氧化膜的着色处理

按照铝及其合金阳极氧化膜着色方法的不同，可分为自然发色法、电解着色法和染料浸渍染色法三种。这三种方法由于其着色机理不同，所以发色体沉积的部位也有所差异。

在自然发色中，发色体存在于多孔层中或其胶体粒子分布在多孔层中；在电解着色时，发色体沉积在多孔层的孔隙底部；染料浸渍法染色时，发色体沉积在氧化膜孔隙的上部。表 6-10 是三种着色方法的比较。

表 6-10　三种着色方法比较

项　目	自然发色法	电解着色法	染料浸渍着色法
氧化膜性能	非常致密，耐光照、耐磨损、耐腐蚀性优良，可用于室外装饰	致密性稍差，耐光照、耐磨耗、耐腐蚀性良好，可用于室外装饰	比较致密，耐腐蚀性能良好，耐光照、耐磨耗性差，一般用于室内装饰
色调	比较柔和，但色谱范围窄	鲜艳，色谱范围较窄	鲜艳，色谱范围广
电解液	较稳定	锡盐电解液不稳定，需加稳定剂	稳定
合金成分	合金元素对色调有影响	合金元素对色调影响较小	合金元素对色调几乎无影响
耗电量	消耗电能大	消耗电能较小	消耗电能小
成本	高	较高	低

A　自然发色法

自然发色法，也称阳极氧化-着色一步法，是在同一电解液里完成阳极氧化和着色过程，能直接在某些特殊的铝合金表面上形成彩色的氧化膜。

由于合金元素、组织和电解质溶液和电解条件的不同，导致膜层对不同波长的光线吸收和反射率不同，从而使氧化膜出现不同的颜色。

根据显色方法的不同，可将自然发色法分为合金发色法和电解液发色法。铝合金的成分不同（如含有不同的硅、铬、锰等合金元素）造成阳极氧化时出现不同颜色氧化膜的方法称为合金发色法，电解溶液中是草酸、磺基水杨酸等为主的有机酸时阳极氧化出现颜色膜的方法叫电解液发色法。

（1）合金发色法。在硫酸电解液中含硅、锰、铬等元素的铝合金能形成带色氧化膜，这种氧化膜中的合金元素不同且分散状态也有差异，光呈漫散射状态并被吸收形成不同颜色。合金成分和热处理状态都会影响氧化膜的色调，这是因为不同的合金成分和热处理状态导致氧化膜中粒子的析出数量和分布状态存在差异，形成不同的色调。

（2）电解液发色法。有机酸电解液中阳极氧化铝合金能获得着色的氧化膜。这些电解液主要是草酸、磺基水杨酸、磺基邻苯二甲酸（磺基酞酸）、苯磺酸、磺基间苯二酚等高溶解度、大电离度且可生成多孔阳极氧化膜的有机酸。在有机酸电解液中加入少量的硫酸，能提高溶液的电导率，使其能在 110V 左右的高压下电解。电解液的温度须强制冷却以确保其处于 15~35℃的范围内，连续循环和强烈搅拌电解液能均匀着色且重现性良好，此时电解液的整体温差在 2℃以下。

电解液中铝离子含量需保持在 1.5~3g/L 的范围内，过高会显著降低溶液对铝的腐蚀速率，提高电解电压，降低电流密度，导致着色过浅。为了控制铝离子的含量，在阳极氧化时需用阳离子交换树脂处理电解液将多余的铝离子去除。

除铬酸法外，电解液发色法制备的彩色氧化膜均为硬质氧化膜，具有良好的耐候性，颜色存留时间久，尤其适用于建筑行业。

在自然发色时，氧化膜的颜色会因为过高的电流密度而变深。氧化膜的色彩及均匀性也会因为不均匀的电流分布而变差。在恒电流操作阶段，随着氧化膜厚度的增加，电压也在增加，氧化膜的颜色逐渐变深；氧化膜的颜色在电解液温度降低时会变深，反之亦然，因此需要控制电解温度在适当范围内；随着总电量的增大，氧化膜的厚度增加，氧化膜的颜色逐渐变深；电解液的导电性会随硫酸含量的降低而下降，加快氧化时的电压上升速率，降低氧化膜厚度，氧化膜的颜色也逐渐变深；铝离子含量较高时，电解液的导电性下降，氧化膜的厚度减小，氧化膜的颜色变深。

在使用自然显色法时，电流在通电开始时不能上升太快，否则会导致氧化膜不均匀或工件表面粗糙。可用铅板或不锈钢作为阴极材料，阴极、阳极的面积比为1∶1。需保持适当的电极间距，保证导电梁、导电杆和夹具等可靠接触。需要足够大的接触面积，确保电解电流较大时不出现电压的显著下降，防止局部过热的发生。

B 电解着色法

电解着色法，也叫二次电解着色法，是在一般电解液中先将铝及其合金工件使用硫酸法或草酸法进行阳极氧化后，然后浸到金属盐溶液中，利用交流电极化或直流电阴极极化作用，通过金属盐的阳离子在氧化膜孔隙底层上的沉积而着色的方法。在电解着色法中，析出并沉积于氧化膜孔隙底部的金属粒子或金属氧化物粒子非常稳定，具有与自然发色法完全相当的色泽持久性和耐候性。在电解着色法中，镍盐、铜盐、锡盐以及混合盐等可用作金属盐，不同的金属盐电解着色时表现出不同的色调。

电解着色中常见的质量问题是着色不良、氧化膜剥离、色彩不均匀、色差大等。着色不良的产生原因是：工件各部分由于阳极氧化工艺控制不当生成不均匀厚度的氧化膜，呈现不同的色调；同一批次的不同工件和同一工件的不同部位会因为电解着色的电流不均匀分布出现色调的差别。氧化膜剥离的产生原因如下：选用的电解电压、电流不合适；Al^{3+}积存过多；存在污染着色液的Na^{+}、Cl^{-}、NO^{3-}等离子，这些离子浸入氧化膜阻挡层会与其中的离子发生反应溶解阻挡层。色彩不均匀和色差大的产生原因为：阳极氧化处理后水洗不充分、着色液的温度或搅拌不均匀，复杂形状工件上残留硫酸液，氧化膜内存在气孔，不良的电接触、不当的对极配置，吊装表面积过大或工件形状不一致等。

在各种金属盐的电解液中分别加入对应的添加剂能使电解液的着色效果得到改善。将硫酸铵或酒石酸铵等加入到含钴盐和镍盐的电解液能提高其电导率；硼酸能控制阻挡层界面上的pH值上升，对配合镍离子浓度进行调节；甲酚磺酸、苯酚磺酸、磺基钛酸、甘氯酸、肌氨酸等溶液能起到稳定溶液的作用，避免电解液发生变质。

C 染料浸渍染色法

染料浸渍染色法是利用阳极氧化膜的多孔特性，使氧化膜中的孔隙吸附染料实现着色的工艺。

一般使用有机染料作为染料浸渍染色法的染料。氧化膜可以在酸性染料、直接染料或活性染料的作用下直接染色。当用碱性染料染色时，用2%~3%的单宁酸溶液对氧化膜进行处理，有利于其染色。

能进行染色的阳极氧化膜具有较高的透明度、较大的孔隙率和适当的膜厚。由于孔隙多且吸附能力强，因此硫酸阳极氧化膜容易染色。一般采用无机染料对硫酸阳极氧化膜着色，如草酸亚铁铵能将氧化膜染成金色，工件在醋酸钴-高锰酸钾溶液中交替浸渍能将氧化膜染成青铜色。草酸阳极氧化膜因为本身有颜色而只能染深色；铬酸阳极氧化膜呈灰或深灰色，但其孔隙较少，不易染色，这两种阳极氧化膜可选用适当的氧化处理工艺进行着色。

纯铝、包铝、铝镁和铝锰等杂质含量低的铝合金可用氧化处理工艺获得各种鲜艳、夺目颜色的氧化膜；铝硅等杂质含量高的铝合金的膜层发暗，只能染成深色至黑色。

阳极氧化电解液的种类和浓度、氧化膜厚度、电流密度、染色液浓度和温度、浸染时间等因素都会影响染色层的厚度和附着性能。因此，适当地控制染色工艺能获得良好的染色质量。

在铝合金工件氧化处理之后必须立即进行染色处理。由于热水会封闭氧化膜导致染色质量下降，因此染色处理前需用冷水仔细清洗氧化膜表面。染色前严禁氧化膜上附着任何油污和液体，更不能用手直接接触工件表面，否则会降低氧化膜的染色质量。用1%的氨水溶液中和0.5~1min能清除表面上残留的酸性电解液，然后用冷水洗涤即可进行着色。

染料浸渍染色法的工序少、颜色鲜艳、色调广、操作简单且成本低，但不易对表面积大的工件进行着色，有机染料耐候性也相对较差，因此这种方法适用于对室内装饰件进行表面处理。

6.3.5.2 阳极氧化膜的封闭处理

为了封闭电解过程中产生的孔隙，可对阳极氧化后的氧化膜进行封闭处理。多孔易吸附杂质的氧化膜在封闭后变得光滑且透明，氧化膜层的耐蚀性、绝缘性、耐候性和耐磨性等性能均得到提高。封闭处理后的氧化膜才具有充分的保护作用。常见的氧化膜封闭处理方法如下。

A 热水封闭处理

在实际生产中，常用热水对氧化膜的孔隙进行封闭以提高其抗蚀能力。水与氧化膜在高温下会发生水化作用生成含水氧化铝（$Al_2O_3 \cdot H_2O$ 和 $Al_2O_3 \cdot 3H_2O$），增大氧化膜的体积，缩小氧化膜的孔隙，使工件的抗蚀能力提升。水温高于80℃会生成 $Al_2O_3 \cdot H_2O$，水温低于80℃主要生成 $Al_2O_3 \cdot 3H_2O$。相对而言，$Al_2O_3 \cdot H_2O$ 的稳定性较高，不易溶解，具有良好的封闭效果。氧化膜封闭处理的本质并不是将孔隙完全封闭起来，只是孔隙的外侧变狭。

从实际封闭效果来看，蒸馏水封闭的效果远高于自来水封闭的效果。由于普通自来水中含有的 SiO_3^{2-}、PO_4^{3-}、SO_4^{2-}、Cl^- 等离子会抑制封闭过程的进行，因此不能用普通自来水进行封闭。

在热水封闭中，pH值在很大程度上影响含水氧化铝（$Al_2O_3 \cdot H_2O$ 和 $Al_2O_3 \cdot 3H_2O$）的形成。pH值小于4时几乎无封闭作用，随着pH值的升高，封闭速率缓慢上升，当pH值大于5.5时封闭速率急速上升，但当pH值大于6.5时，氧化膜表面极易产生白色粉状沉淀恶化氧化膜的外观。因此，pH值须严格控制在5.5~6.5之间。若pH值偏低，可在热水中加入适量的氨水或氢氧化钠；若pH值偏高，可在热水中加入一定量的硫酸。

100℃左右的温度下，将工件在pH值为5.5~6.5的蒸馏水或去离子水中浸泡30min

即能实现完全封闭。若氧化后工件还需要进行喷漆，则封闭处理的热水温度可调整为90~95℃。pH值小于4或封闭较差时，喷漆后的工件表面出现白霜、水印、手印等缺陷。

工件在封闭处理前须充分清洗并甩干，封闭处理后，工件需要在流动水或热水里清洗并干燥。

B 水蒸气封闭

在压力容器中，在一定的压力下用100~150℃的饱和水蒸气进行封闭处理的方法称为水蒸气封闭。水蒸气封闭与热水封闭的原理一样，但效果更好。但是费用较大，因此应用范围没有热水封闭宽。

氧化膜内的残余电解液会在封闭处理时流出，因此，工件在封闭处理后须进行适当清洗。

C 重铬酸钾封闭

用重铬酸钾溶液进行封闭处理能获得防护性能较高的氧化膜。原因有两点：一是铬酸盐被吸收在氧化膜内生成碱式铬酸铝[$Al(OH)CrO_4$]或碱式重铬酸铝[$Al(OH)Cr_2O_7$]，二是膜体积因为氧化膜的水化作用而增大，能更有效地封闭孔隙。

由于重铬酸钾本身具有明显的黄色，所以着色后的装饰性氧化膜不能用其进行封闭处理。重铬酸盐能抑制外界腐蚀和残留在表面凹处中电解液的腐蚀，因此氧化膜吸收重铬酸盐会使膜的耐蚀性能提高。重铬酸盐也能避免氧化膜轻微划伤的部位中出现腐蚀点。

氧化膜封闭后的颜色会在重铬酸钾溶液中SO_4^{2-}含量超过0.2g/L后变淡、发白，此时需要调整溶液的pH值。若SO_4^{2-}含量过多，则可用铬酸钙$CaCrO_4$将其沉淀析出后清除。

SO_3^{2-}的存在不利于氧化膜进行封闭，其含量超过0.02g/L就会导致表面颜色不均匀，使氧化膜层的边缘地方发白，降低氧化膜层的抗腐蚀能力。在溶液中加入0.1~0.15g/L的硫酸铝钾[$K_2Al_2(SO_4)_4 \cdot 24H_2O$]，能消除这种影响。

封闭溶液中的Cl^-会破坏氧化膜，因此，Cl^-的含量若超过1.5g/L，则必须稀释或更换溶液。

采用重铬酸钾溶液对工件进行封闭处理时，应用夹布胶木、橡皮板等将工件与槽体隔开，否则两者的接触会形成微电池效应，破坏工件和氧化膜。

D 镍和钴盐封闭

镍和钴盐封闭处理工艺具有较好的封闭质量，可在一定程度上替代热水封闭工艺。

过低或过高的pH值都会在高铜铝合金的阳极氧化膜表面产生腐蚀点，加入10%的醋酸或氢氧化铵能调节溶液中的pH值。镍和钴盐封闭处理后其废水中含有大量的重金属离子，须及时处理以避免污染环境。

E 硅酸盐封闭

阳极氧化膜的封闭处理也能用硅酸钠溶液实现。采用硅酸盐封闭后的阳极氧化膜具有极高的耐碱性，且封闭液不污染环境。然而，硅酸盐封闭液具有较强的碱性，会在工件表面产生难以去除的白色污迹，并且会使着色后的阳极氧化膜颜色发生改变。相对于热水封闭、镍和钴盐封闭、重铬酸盐封闭，硅酸盐封闭的应用范围较窄。

F 有机物封闭

将阳极氧化后的铝合金工件浸入清漆、干性油、各种树脂和熔融石蜡等有机物溶液中，使其填满氧化膜内的孔隙的封闭处理称为有机物封闭。工件表面的防护能力和电绝缘性能会随着有机物质的固化而提高。

在实际生产中，常用有机漆膜代替有机物进行封闭处理。漆膜能牢固地黏附在氧化膜的孔隙中，若有机漆液的黏度较小，还能促进其对孔隙的渗透作用。只要符合规定的技术条件，可以使用任何类型的漆。

用特殊的熔融石蜡也能封闭阳极氧化膜的孔隙。氧化膜中的水能严重降低蜡的封闭效果，因此必须在封闭前进行完全干燥。阳极氧化膜用蜡封闭后具有光亮、滑腻、疏水且自润滑的作用，常用在光亮装饰或需要自润滑的铝合金工件封闭处理上。但是，这种封闭方法所需工时较多且工艺繁琐，在封闭前还需要用有机溶剂稀释蜡溶液，因此限制了其应用范围。

G　低温封闭

在含有氢氧化镍和氟化钠的溶液中放入铝合金工件，在常温下进行封闭处理的工艺称为低温封闭。氧化膜的厚度决定了低温封闭的封闭时间，通常选择为 0.8～1.4min/μm。溶液中镍具有催化作用，能加快水合反应并吸附在阳极氧化膜表面和孔壁上。氧化膜的封闭效果随镍沉积量的增多而提高。在孔隙中扩散的氟离子能促进镍离子对氧化膜的吸附。

在低温封闭时，封闭液中的 Ni^{2+}、F^- 的含量和溶液的 pH 值需要严格控制。在封闭过程中，溶液中需要及时添加封闭剂以补充消耗的 Ni^{2+} 和 F^-，封闭剂的 pH 值应控制在 5.5～6.5 之间。醋酸或氢氟酸能降低过高的溶液 pH 值；氨水或氢氧化钠能提高过低的溶液 pH 值。在使用封闭液时，若封闭前清洗干净了阳极氧化膜，则 pH 值会逐步上升；若封闭前未清理干净阳极氧化膜，则 pH 值会逐步下降。

与传统的封闭工艺相比，低温封闭工艺能节能 30%～50%，车间设备的腐蚀也下降，因此其应用较为广泛。低温封闭后工件的耐磨损性能和耐碱腐蚀性能高于水和封闭工件。然而，已封闭的阳极氧化膜抗污染、耐酸腐蚀等的特性在低温封闭老化 24h 后才能显示出来。溶液中的 Ca^{2+} 和 Mg^{2+} 含量显著影响低温封闭的质量，若两者的含量过高，则会在阳极氧化膜表面和 F^- 反应生成一层白色粉末的氟化物沉淀，即产生封闭“粉霜”。为了避免褪色，需要适当延长低温封闭处理氧化膜的染色时间。

H　电解封闭

在含钙离子、镁离子等的化合物中，将阳极氧化膜进行交流电解，Ca^{2+} 和 Mg^{2+} 会在此过程中进入氧化膜的微孔，与孔中的铝及其他化学元素发生化学或电化学反应生成胶状物质，封住氧化膜孔隙的方法称为电解封闭法。胶状物质凝结、硬化为 $\{xCaO \cdot yAl_2O_3 \cdot zH_2O, CaAl(OH)_7 \cdot nH_2O, Ca_3[Al(OH)_6]_2\}$。胶状物质能使氧化膜的稳定性得到提高，起到封闭作用。

一般采用钙化物水溶液在交流电下进行电解封闭处理，通电时间为电流下降到一定值后 3～5min。电解封闭法的优点很多，如处理温度低（10～30℃）、时间短（3～10min）、操作连续性好、费用低、氧化膜性能良好等，但其对染色工件的封闭效果不够好。

6.4　铝的化学氧化处理

6.4.1　铝化学氧化基本机理

相对于阳极氧化处理，化学氧化处理是清洁的金属表面与处理溶液中的氧化介质在一定的温度下发生化学氧化反应，在金属表面生成与基体有一定结合力的、不溶性的氧化膜的方法。

比如，化学氧化处理时，阳极区铝发生溶解产生 Al^{3+}，阴极区反应释放氢气，其化学反应式如下：

$$Al \longrightarrow Al^{3+} + 3e^-$$

$$2H_2O \longrightarrow 2OH^- + H_2\uparrow$$

反应提高了与铝表面接触的溶液碱性，进而发生进一步的反应：

$$2Al^{3+} + 6OH^- \longrightarrow Al_2O_3 \cdot H_2O + 2H_2O\uparrow$$

或

$$2Al^{3+} + 6OH^- \longrightarrow Al_2O_3 \cdot 3H_2O$$

$Al_2O_3 \cdot H_2O$ 在水温60℃左右时生成，$Al_2O_3 \cdot 3H_2O$ 在水温80℃左右时生成。氧化膜的厚度在0.7~2μm之间变化，在此范围内，升高温度或延长时间都会增加膜的厚度。氧化膜的厚度之所以不能无限增加，是因为铝表面生成的氧化膜层非常均匀且致密，阻碍了溶液与铝表面的接触，限制了铝的阳极溶解。因此，若需进一步提高氧化膜层的厚度，一方面溶液应有足够强的氧化能力，另一方面能溶解部分的氧化膜使之出现孔隙。基于这种观点，铝的化学氧化溶液中需要含有两种物质：一种是成膜剂，有利于铝表面持续氧化生成氧化膜；另一种是助溶剂，有助于持续溶解氧化膜，使其出现孔隙，保证氧化膜的不断增厚。氧化膜在氧化溶液中的生长速率大于其溶解速率是生成氧化膜的必要条件。

6.4.2 化学氧化膜的性质

与自然氧化膜相比，铝及其合金的化学氧化膜厚度明显提高，其厚度增厚了100~200倍。与阳极氧化膜相比，化学氧化膜的优点如下：

(1) 成膜速度快、所需设备简单、生产成本低但效率高、受基体材质的限制小，能处理结构形状复杂的工件表面，实现大批量连续化生产。

(2) 无需电源，不用考虑工件的分散性问题，而阳极氧化时须夹紧挂件且保持挂件之间有一定的距离。

(3) 工艺稳定性好，操作简便，易实现溶液的分析。

(4) 耐蚀性优良，能获得比阳极氧化更大的涂料附着力。

(5) 导电性好，能直接电泳涂装。

基于以上优点，化学氧化技术在近年来的发展极为迅速。但是，化学氧化膜较软且厚度较薄导致其耐磨性和着色性较差。在生产实际中，化学氧化常用于工件存放期间的腐蚀防护和室内装饰品等表面的处理。

6.4.3 化学氧化膜处理方法

铬酸（盐）法是主要的铝及其合金化学氧化膜的处理方法。按溶液酸碱性的不同，可将处理液分为碱性和酸性两类。按溶液组成的不同，可分为：（1）以碳酸钠为主体；（2）以铬酸或重铬酸盐为主体；（3）以氟化物为主体；（4）以磷酸为主体。化学氧化处理液的成分决定了化学氧化膜的组成成分。

6.4.3.1 碱性溶液氧化法

传统铝及其合金的化学氧化处理方法是碱性溶液氧化法，采用这种处理方法时，新配制碱性处理液的使用温度为80℃以下，时间短于5min。在新配溶液中加入适量的铝屑能校正处理液中的铝盐，保证其在溶液中的平衡。在处理液使用一段时间后，氧化能力逐渐降低，此时可适当地提高溶液温度或延长处理时间。

应立即用流动冷水将氧化后的工件洗涤干净，然后进行钝化处理。钝化处理能稳定氧化膜，钝化氧化膜空隙间所暴露的金属，并中和遗留在工件上的碱性溶液，使工件的防锈能力得到进一步的提高。若以20g/L的CrO_3溶液作为钝化溶液，则在室温下处理5~15s后用流动冷水洗涤，然后放到50℃的干燥箱中烘干水分。这个过程中，烘干温度和水洗温度的差值应小于50℃，工件的防锈能力会因为过高的温度而下降。若工件需要涂漆，则在检验合格后立即进行涂漆处理，时间间隔不能过长，否则会降低膜与涂料的附着力。

纯铝、铝镁、铝锰等合金工件适合使用碱性溶液氧化法处理，但是这种方法获得的氧化膜质软、疏松且耐蚀性较低，目前在生产中应用较少。

6.4.3.2 铬酸盐法

铬酸盐法，简称BV法，由德国的Bauer和Vogel在1915年提出。

为了获得在铝及其合金表面获得均匀的氧化膜，需要在化学氧化处理前用氢氧化钠或氢氧化钾将表面的自然氧化膜去除。由于处理液中的碱性物质会被油脂消耗，所以工件表面上不得存在油污，在化学氧化处理时还须及时补充碳酸钠。处理液的液面上会在附有油污的工件浸入后浮现一层薄薄的黑色泡沫状物质，应将其及时去除。对有铁和铜等异种金属存在的铝合金工件进行氧化处理时，较小的接触面积并不影响形成氧化膜，但若接触面积较大，则需要将不和处理液起反应的有机涂层涂在异种金属的表面，以起到隔离的作用，在处理后还应严格清洗并干燥工件。

德国人Gustav Eckert对BV法进行改进，形成了MBV法（Modifizertes Bauer Vogel）。在这种方法中，氧化膜的厚度、操作时间和膜层质量取决于处理液的温度，因此需要对其进行严格控制。若温度过低，则形成不均匀的氧化膜层；若温度过高，则表面易出现粗化和疏松，并伴随有附着力的下降。由于氧化膜表面在高温处理后具有一定的表面粗糙度，且呈现多孔型，因此适合作为涂漆底层进行使用，能牢固地黏结涂料。

纯铝或含Mg、Mn、Si等元素的铝合金适于使用MBV法进行处理，硬铝系合金或含铜及其他重金属多的铝合金不宜采用这种处理方法，因为即使缩短处理时间，也无法得到符合要求的氧化膜。

一般而言，纯铝经MBV法处理后形成的氧化膜呈微灰色，含Si、Cu等元素的铝合金经MBV法处理后的氧化膜呈黑灰色。含Mg的铝合金经MBV法处理后的氧化膜颜色取决于Mg含量的多少：当铝合金中的Mg含量为2%~3%时，氧化膜具有一定的光泽，但比纯铝氧化膜的灰色更深；Mg含量增加到5%~7%时，氧化膜具有明亮的光泽且发出彩虹般的颜色；Mg含量高于7%时，氧化膜完全变成无色，此时若在处理液中加入10g/L的氢氧化钠，则可使氧化膜着色成蓝灰色。

氧化膜的耐磨性、抗擦伤性及自行修复能力随着厚度的增加而增强。氧化膜的厚度与其耐蚀性无直接关系，但在其他条件均一致的前提下，氧化膜的厚度越厚，其耐蚀性越好。随着氧化处理的时间延长，氧化膜的厚度逐渐增加，金属的溶解量也相应增加，氧化膜表面呈多孔的粗糙疏松状。

与碱性溶液氧化法相同，经铬酸盐法氧化后的工件也须立即用流动冷水洗涤干净，然后钝化，达到一样的目的。铬酸盐法后的钝化溶液是20g/L的铬酸酐，在室温下处理5~15s后用流动水洗净，然后在50℃的温度烘干。过高的烘干温度会使氧化膜的耐蚀性下降。

用硅酸钠（水玻璃）对MBV法得到的氧化膜进行封闭处理，能使氧化膜的化学与力学性能得到进一步的提高。硅酸钠封闭处理的流程如下：将工件在90℃、3%~5%的硅酸钠溶液中浸渍15min，然后水洗干燥。若MBV法得到的氧化膜用作涂漆底层，则无须进行封闭处理。

6.4.3.3 磷酸-铬酸盐法

该法最早于1945年出现于美国，处理液主要含有H_3PO_4、F^-和铬酸（盐），pH≈1.5~3.0。

采用磷酸-铬酸盐法制得的氧化膜中不存在有毒的六价铬离子，因此可用来保护食品包装和装饰材料。食品用喷漆底膜膜重0.05~0.2g/m²，彩色铝板的涂漆底膜膜重0.4~0.9g/m²，装饰用氧化膜膜重2~3g/m²，如果处理条件选择合适，可得到厚达4.5μm的氧化膜。这种方法制备的氧化膜在刚生成时是凝胶状，具有较差的力学性能，对热水的敏感度高，极易被剥离。这种氧化膜须在70℃下干燥，干燥后耐高温且机械强度好，可用作中等强度的冲压用润滑膜。磷酸-铬酸盐法制备的氧化膜耐候性优异，但导电性较差，主要适用于处理建筑铝材或作为涂漆的底层。

6.4.4 化学氧化膜的着色

无机化合物和有机染料均可以对化学氧化膜进行着色，其中MBV氧化膜的着色效果最好。表6-11是常见的各种着色工艺和方法。

表6-11 常见的各种着色工艺和方法

色系	色调	处理方法	处理温度/℃	处理时间/min	备注
灰色	光滑	1L水，100g次磷酸铵，5g硝酸锰	100		硬
	灰	硫酸镍或镍氨溶液+NH_4Cl	80~90	30	稍软，可加工成浆品，工件可部分粗化
	深绿	在MBV后处理，1L MBV溶液+4g $KMnO_4$	90~95	10~15s	根据处理时间轻微变黑
	控制黑度	混合烧过的焦油和安息油用羊毛抛光			用于艺术品
	古银色	在MBV后处理，腐蚀，用银丝刷抛光			Schickj精饰工艺

续表 6-11

色系	色调	处理方法	处理温度 /℃	处理时间 /min	备注
黑色	黑	烟熏法			烟熏用松香，白色用单宁酸
	黑	1L 水，10～20g 钼酸铵，5～15g NH_4Cl			处理时间由 NH_4Cl 的含量确定
	黑	在 MBV 后处理，1L 水，25g 硝酸钴，10g $KMnO_4$，4mL HNO_3(65%)	80	10	
	黑	1L 水，80g 镍，20g 硫酸钠，20g 硫酸锌，15g 铵盐（需要电解）			黑镍溶液，电压低于 2V，连续使用低电流密度
	黑	1L 水，80g 钼酸铵，10～20g 硝酸铵（需要电解）			钼溶液，电压约为 2V，电流密度为 0.2～0.3A/dm^2
	黑	1L 水，10g 钼酸铵，10～12mL 氨水（需要电解，锌板作阳极）	60		钼溶液，加入磺化水直到溶液变成深红色，电压为 3～4V，电流密度为 1A/dm^2
棕色	金黄棕 咖啡棕 中间色 光滑棕色 金橄榄色	1L 水，硫酸钾，再添加下列物质： （1）1g 茜素和 1g 桑色素； （2）0.5g 硫酸矾，0.5g 重铬酸钾，1g 茜素； （3）0.5g 重铬酸钾，1g 茜素，0.5g 桑色素； （4）1g 硫酸矾，5g 重铬酸钾，1g 茜素； （5）3g 硫酸矾，2g 桑色素； （6）1g 硫酸矾，1L 水			
	棕黑色	10～20g 钼酸铵，5～10g 硫代硫酸钠，5～20g 醋酸钠	加热		
	棕黑色	1L 水，5～25g $Cu(NO_3)_2$，20g $KMnO_4$，2～3mL HNO_3(65%)			
	棕黑色	1L 水，5g 硫酸，20g $KMnO_4$			
黄色	金黄色 银白黄	25%硫酸钾，再添加下列物质： （1）1g 桑色素； （2）微量茜素，1g 桑色素再 MBV 法后处理，MBV 处理液中加 4g/L $KMnO_4$	90～95	30 10 5	
	黄	醋酸铅，重铬酸钾			
红色		1L 水，15g 硫酸钾，0.3g 重铬酸钾，1g 茜素硫酸铜，亚铁氰化钾	80～90		

续表 6-11

色系	色调	处理方法	处理温度/℃	处理时间/min	备注
蓝色	亮蓝	在 MBV 法后处理，1L 水，5g 亚铁氰化钾，5g 氟化钠	70~80	5	
		1L 水，8g 硫酸锌，3.3g 钼酸钠，2g 氟化钠	60~100		彩虹色
	有斑点	4L 水，25g 硫酸钾，10g 硫酸镍，5g 氟硅酸钠，1mL 钼酸钠溶液（10%）	60~100		
	其他	MBV 膜用有机染料染色，在 MBV 法后处理染色，1L 水，5~10mg 染料，4~8mL 冰醋酸	80~90	15~20 5~10 5~10	染色直到目的色

6.5　铝及铝合金的表面涂装技术

6.5.1　涂料

采用一定的工艺方法使特定的材料发生交联聚合，在工作表面上形成具有一定厚度涂层的工艺过程，称为表面涂装（涂层）工艺，形成的这个涂层称为表面涂层或表面涂装。

在进行表面涂装时，涂料是不可或缺的重要组成部分。涂料主要由成膜物质、颜料、溶剂和助剂四部分组成。下面将逐一阐述。

（1）成膜物质。涂料的基础是成膜物质，成膜物质能起到黏结涂料中其他组分的作用，并使之形成涂膜。成膜物质的性质决定了涂料和涂膜的特性。成膜物质主要有天然油脂、天然树脂和合成树脂等三种，其中以合成树脂的应用最为广泛。

（2）颜料。颜料能提高涂膜的耐磨性、耐老化性、耐蚀性和耐污性等，并使涂膜呈现颜色并遮盖住母材基体。颜料一般为粉末状，不溶于水或油但能均匀分散在其中。大部分的颜料是某些金属的氧化物、硫化物和盐等无机物，少部分的颜料是有机染料。

（3）溶剂。涂料中的成膜物质在溶剂的作用下溶解或分散为液态以便于涂装，在涂装完成后溶剂又能及时从涂层中挥发出去，使涂膜由液态转变为固态。常用的溶剂包括植物性溶剂、石油溶剂（如汽油、松香水等）、煤焦溶剂（如苯、甲苯、二甲苯等）、酯类（如乙酸乙酯、乙酸丁酯等）、酮类（如丙酮、环己酮等）和醇类（如乙醇、丁醇等）。

（4）助剂。涂料中的助剂用量较少，但会显著影响涂料的存储性、施工性和涂膜的物理化学性质。常用的助剂包括主要起干燥作用的催干剂（如氧化铝、二氧化锰、氧化锌、亚油酸盐、环烷酸盐和松香酸盐等）、主要起固化和干结作用的固化剂（如用于环氧树脂漆的二乙烯三胺、乙二胺、酚醛树脂、氨基树脂等）和主要起降低脆性作用的增韧剂（如植物油、天然蜡等）。除了上述三种助剂外，还有能改善颜料在涂料中分散性的表面活性剂、抑制油漆结皮的防结皮剂、防止颜料沉淀的防沉淀剂、提高涂膜物理化学性能和使用寿命的防老化剂等，其他还有防霉剂、增滑剂和消泡剂等。

目前我国的涂料产品是基于主要成膜物质的组成进行分类的，若两种以上的树脂混合组成主要成膜物质，则取其中起决定作用的树脂作为分类依据。成膜物质按照这种分类方法可分为 17 大类，涂料品种相应地也分为 17 大类。

6.5.2　表面涂装技术工艺

按照工件的性质、形状、使用要求、工具、环境和生产成本的不同，合理选用不同的涂装工艺，涂装工艺的一般顺序如下：涂前表面预处理→涂布→干燥固化。

（1）涂前表面预处理。涂前表面预处理主要实现以下目的：使工件表面的各种污垢清除；化学处理表面清洁的金属工件，使涂层的附着力和耐蚀性提高；机械处理金属工件，使其表面的加工缺陷消除，表面粗糙度提高。

（2）涂布。涂布有很多种方法实现，如揩涂、刷涂、刮涂、浸涂、淋涂、滚刷涂、转鼓涂、空气喷涂、无空气喷涂、静电涂布法、粉末涂布法、幕式涂布法、气溶胶涂布法和离心涂布法等。

（3）干燥固化。涂膜的干燥固化可分为自然干燥和人工干燥两种，其中人工干燥又可细分为加热干燥和照射干燥。在实际生产中，多数采用加热干燥的方法对涂膜进行固化，干燥方式包括辐射加热、热风对流加热和对流辐射加热等。

在涂装工艺中，最具代表性的是静电喷涂和电泳喷涂。

用静电喷枪将油漆雾化并使其带有负电荷，工件与地相接，这样漆雾和工件间就会形成一个高压静电场，漆雾在静电引力的作用下在工件表面均匀沉积形成漆膜。静电喷涂法能较为显著地提高漆膜的质量，使产品的装饰性得到提高。静电喷涂法可分为三种：手提式、固定式和自动式。手提式主要用于形状复杂工件的单件小批量生产，自动式和固定式主要用于简单形状工件的批量生产。

静电喷涂具有以下特点：装饰性好；生产效率高；油漆利用率高；漆膜均匀；漆雾不易飞散，对环境污染小。但不易实现复杂形状工件的喷涂，操作不当可能发生击穿放电，引发火灾事故。

电泳涂装，首先是用水将电泳漆稀释到固相分数为10%~15%的浆料，然后将工件作为电极放入以此浆料作为电解液的电泳槽中，电泳漆中的树脂和颜料在直流电的作用下向工件移动，并在工件表面沉积成不溶于水的涂层，清洗烘干后即可得到均匀覆盖漆层的工件。电泳涂装通常由电泳、电沉积、电淬和电解四个过程组成。

（1）电泳。在电场作用下，电泳漆中的树脂粒子首先电离成负离子被颜料表面吸附，然后一起向阳极移动的过程即为电泳。

（2）电沉积。在电场作用下，颜料和带负电的树脂粒子到达阳极表面，释放电子并沉积，使阳极表面获得不溶于水的涂膜的过程，即为电沉积。

（3）电解。电泳漆中的水在直流电的作用下分别在阳极和阴极产生氧和氢，导致工件易出现针孔和气泡。

电泳涂漆具有以下特点：易实现自动化操作，生产效率高；应用范围广；漆膜厚度均匀，质量好；涂料利用率高达95%以上，成本低；环境污染小。但设备购置费用高，管理较复杂，对涂料质量的要求高，只适用于导电体的涂装。

6.5.3　表面涂装的作用

铝及其合金的表面涂装可起到以下三个作用。

（1）保护作用。铝及其合金工件常暴露在空气中使用，其表面会受到氧、酸物、水分、盐雾及各种腐蚀性气体、紫外光线等的侵蚀和破坏，经过一定的涂装工艺在其上形成具有一定厚度的涂层，能隔绝母材基体与这些腐蚀性物质的直接接触，起到保护作用。

（2）装饰作用。一方面，可以配制出颜色多种多样的涂料；另一方面，平整光亮的涂层便于制作锤纹、橘纹、晶纹、绒面等具有立体质感的图案，产生美丽的外观装饰，起到美化生活的作用。

（3）其他作用。除保护和装饰作用外，涂层还有诸多特殊的功能，如绝缘性、防污、耐热、耐磨、保温、反光、防噪声、减震、防滑、防紫外线等。这些功能使产品的使用性能进一步增强，产品的适用范围进一步拓宽，在国民经济领域中的应用也逐渐增多。

由于有机高分子材料的特性，有机高聚物涂层的性能优异：能在有机高聚物涂料中加入各种染料形成各种各样的颜色，增加物品和用品等的可欣赏性；涂层具有极强的抗污染能力；涂层的耐化学腐蚀性能、耐候性能因为较大的分子量而非常优异；涂层坚固、耐用，力学性能好。

多种多样的涂装方法造就了有机高聚物涂料的多样性。如空气喷涂法、流化床浸涂法、静电粉末涂装法、静电流化床浸涂法、电场云雾喷涂法等粉体高聚物涂料的涂装方法，空气喷涂法、液相静电喷涂法、高压无气喷涂法等液体高聚物涂料的涂装方法，阳极电泳涂装法、阴极电泳涂装法、自泳涂装法及浸涂法等水性高聚物涂料的涂装方法。静电粉末涂装法、阳极电泳涂装法和液相静电喷涂法在建筑用铝型材领域中的应用较为广泛。高聚物涂层采用不同的方法进行涂装能获得不同的性能。表 6-12 所列为上述三种涂装方法及其所得的高聚物涂层性能的比较。

表 6-12 三种涂装方法及其所得的高聚物涂层性能的比较

项 目	静电粉末涂装法	阳极电泳涂装法	液相静电喷涂法
常用涂料	聚酯/TGIC 粉末	丙烯酸电泳涂料	氟碳涂料
涂装电压/V	60~80	80~200	60~90
烘烤温度/℃	180	180	230
涂层厚度/μm	40~120	10~25	40~50
涂覆次数	1	1	2~3
涂层色彩多样性	优	差	良
涂层韧性	良	优	优
涂层耐候性	良	优	优
环保性	好	尚好	差
成本比较	低	低	高

注：TGIC 为异氰酸三缩水甘油酯，交联剂。

参 考 文 献

[1] 路贵民．铝合金腐蚀与表面处理［M］．沈阳：东北大学出版社，2000.

[2] 张圣麟．铝合金表面处理技术［M］．北京：化学工业出版社，2009.

[3] 李异，黎樵燊，刘定福．铝镁及其合金电镀与涂饰［M］．北京：化学工业出版社，2012.

[4] 朱祖芳 . 铝合金阳极氧化与表面处理技术 [M]. 北京：化学工业出版社，2010.
[5] 杨丁，黄芸珠，杨崛 . 铝合金表面处理技术 [M]. 北京：化学工业出版社，2012.
[6] 川合慧 . 铝阳极氧化膜电解着色及其功能膜的应用 [M]. 北京：冶金工业出版社，2005.
[7] 曾华梁，杨家昌 . 电解和化学转化膜 [M]. 北京：轻工业出版社，1987.
[8] 何生龙 . 彩色电镀技术 [M]. 北京：化学工业出版社，2009.
[9] 吴小源，刘志铭，刘静安 . 铝合金型材表面处理技术 [M]. 北京：冶金工业出版社，2009.
[10] 任广军 . 电镀原理与工艺 [M]. 沈阳：东北大学出版社，2001.
[11] 高岩 . 工业设计材料与表面处理 [M]. 北京：国防工业出版社，2005.
[12] 严岱年，刘虎 . 表面处理 [M]. 南京：东南大学出版社，2001.
[13] 王祝堂 . 铝材及其表面处理手册 [M]. 南京：江苏科学技术出版社，1992.
[14] 庄光山 . 金属表面涂装技术 [M]. 北京：化学工业出版社，2010.

7 铝合金的应用

7.1 铝及铝合金在机械工程中的应用

与其他材料相比，铝合金具有良好的综合性能，广泛应用于机械工程材料中。挤压铸造件、压铸件等铸件，型材、管材、线材等塑性加工变形材和颗粒、纤维等增强铝基复合材料等被大量用于制造机械工程领域的各种轻质零部件。据相关报道，在机械制造、仪器设备等行业中铝的消耗量占机械材料总量的6%~7%。尽管铝及其合金在机械工程中的消耗量相对较小，但质轻、比强度和比刚度高、耐蚀性和耐候性好、机械加工性优异等优点为其应用提供了很多潜在的应用价值，具有广泛的应用前景。

7.1.1 在汽车工业上的应用

随着工业的发展和人类社会的进步，现代汽车正朝着轻量化、高速、安全舒适、低成本、低排放与节能的方向发展。其中，降低排放和减少燃油消耗的主要途径为：从设计着手提高发动机效率、减少行驶阻力、改善传动机构效率、减轻汽车自重等，其中最有效的措施是减轻汽车自重。改进汽车结构和选用轻质材料（如铝合金、镁合金、塑料等）均可减轻汽车自重，到目前为止，前者已无太大的回旋余地，因而汽车行业普遍注重于开发利用新的高强度钢材或铝、镁等合金材料。在轻质材料中，聚合物类的塑料制品在回收中存在环境污染问题，镁合金材料存在价格较高且安全性较差的问题，而铝合金材料资源丰富、价格低廉，得到了越来越广泛的应用。

铝合金在汽车上使用得比较早，20世纪80年代，美国在每辆轿车上平均用铝量为55kg，90年代达到130kg，2000年达到270kg。铝合金在汽车上的应用主要有铸造铝合金、形变铝合金和锻造铝合金等，表7-1列出了日本、美国、德国汽车零部件用铝材的品种构成。

表7-1 日本、美国、德国汽车零部件用铝材的品种构成 (%)

国 家	铸件	变形铝合金	锻造件
日本	80.0	18.5	1.5
美国	71.8	27.5	0.7
德国	79.0	17.8	3.2

铝合金在国外汽车上的应用比较广泛，如美国福特公司的“林肯”牌1981年型车，其铝合金零件就达90kg，英国利兰汽车公司和奥康铝材公司合作生产的ECW三型铝合金汽车，仅重665kg，加速性、燃油经济性均较好，每百公里油耗仅为7.06L。国外汽车的铝合金部件主要有活塞、气缸盖、气缸体、离合器壳、油底壳、保险杠、热交换器、支架、车轮、车身板及装饰部件等，奥迪A8全铝车很早就推出上市。铝合金在国产汽车上

的应用相对较少，如解放牌汽车用铝量仅为 6. 59kg，南京跃进 NJ130 用铝量为 9. 55 kg，东风 EQ140 用铝量仅为几千克，这些铝合金主要用于制造活塞、皮带轮，少数车型用于汽缸盖和进气歧管等。但是，随着我国工业技术的不断发展，铝合金在汽车上的用量逐年增加，如 2019 年蔚来推出的国产 ES8 全铝 SUV，如图 7-1 所示。

图 7-1　国产 ES8 全铝 SUV

铝及其合金在汽车中的广泛使用，带来了诸多效益。

（1）汽车轻量化程度提高，节能降耗。通常使用 1kg 铝合金，汽车自重要下降 2. 25kg。对于 1300kg 重的轿车，若其质量下降 10%，其燃料消耗可降低 6%~8%。在一般情况下，每减轻 1 kg 车重，1L 汽油可使汽车多行驶 0. 11km，或者说每行驶 100km，就可节省 0. 7kg 的汽油。美国目前每辆轿车用铝合金至少 100kg，可减重 225kg，一辆轿车使用 10 年就可节约 6. 3t 汽油，具有显著的节能降耗效果。

（2）降低排放，有利环保。据报道，城市污染的 70%以上来自汽车尾气，汽车铝化率越高，质量就越轻，节油效果就越明显，汽车废气排放就越少，环境污染程度就越轻。经推算，如果美国轿车质量减轻 25%，全年可减少 CO_2 排放量 1. 01 亿吨，能显著减少环境污染，有利于环保。

（3）降低制造成本。铝合金的回收率很高，目前国外可达 80%以上，60%以上的汽车用铝合金材料为再生铝，回收生产 1t 铝合金要比重新生产 1t 少耗能 95%，能节约大量的能源。用于汽车工业中加工铝合金所需的工装设备投资也显著低于钢铁。同时，汽车铝制车身框架以铝挤压型材为主，焊点少，减少了加工工序，提高了装配效率，使制造成本相应降低。

（4）提高结构刚性，延长使用寿命。在汽车上使用铝合金后，汽车的质量性能（汽车质量与刚性及底面积之比）均得到不同程度的提高。据 OPEL 公司统计，铝制车身比钢结构车身质量性能提高 23%，扭曲刚性提高 74%，抗弯性能提高 62%。

汽车减重后的车身重心降低，汽车行驶更加稳定、舒适，对加速和弹性也有很大好处，同时可使转动和震动部件的噪声明显降低。汽车轻量化后，质量轻，碰撞时产生的能量小，降低了对汽车的损害。在受到撞击时，由于铝合金的性能和车身构造会充分吸收撞击时产生的能量，因此更安全。另外，铝材寿命长于钢材，能延长汽车的使用寿命。

（5）增加抗蚀性。在常温下，铝及其合金的表面会生成一层致密的氧化膜防止基体与空气中的氧继续反应，铝材在表面处理后也会提高其耐蚀性和抗氧化性能，使零件的使用寿命相应延长。此外，铝材优异的表面处理性，也能显著改善汽车的外观，提高汽车的美观性。

（6）提高安全舒适度。美国铝业协会提出，如果车重减轻25%，就可使汽车加速到60km/h的时间从原来的10s减少到6s；由于使用铝合金型材是在不减少汽车容积的情况下减轻汽车自重，汽车更稳定，在受到冲击时铝合金型材结构能吸收更多的能量，因而更安全和舒适。

7.1.1.1 在汽车车轮上的应用

国外铝合金车轮制造业在20世纪70年代得到迅速发展。如北美轻型车的铝车轮，1987年只占19%，到2001年已占到58.5%；日本轿车装车率超过45%；欧洲超过50%。截止到2017年，全球铝合金车轮的装车率总体超过60%，根据中国汽车工业协会车轮委员会的测算，我国乘用车铝合金车轮的装车率在2017年为70%左右。铝合金车轮具有明显的减重效果，具体如表7-2所示。

表7-2 铝合金车轮的减重效果

车 种	车轮规格/in❶	铝车轮重/kg	钢车轮重/kg	减重效果/kg	1辆车减重效果/kg
4轮轿车及客车	5-1/2JJ×14	5~8	7~9	2~3	8~12
8轮中型汽车	6.0GS×16	11.5	17	5.5	33
10轮大卡车	7.5V×20	24.5	37	12.5	125
	7.5T×20	24.5	34	10.0	100
	8.25×22.5	24.5	43	17.5	175
	7.5×22.5	23.5	42	18.5	185

❶ 1in=25.4mm。

2011~2014年间，全球铝合金车轮产量从2.25亿只增长到2.94亿只，复合增长率为9.33%。虽然目前全球汽车产销增长速度有所放缓，但全球汽车保有量仍在逐年上升，2014年全球汽车保有量在12亿辆以上，预计2020年有望超过15亿辆。

铝合金车轮的主要生产方法是低压铸造和旋压成形，重力铸造已逐渐淘汰。锻造车轮由于较高的成本，目前在高端车型上有所应用。铝合金车轮生产的发展趋势是：向薄壁化、刚性优良的压力铸造、挤压铸造法转移；用铝板进行冲压加工、旋压加工做成整体车轮和两部分组合车轮。实际铝合金车轮的照片如图7-2所示。

图7-2 铝合金车轮照片

日本铝车轮生产企业为适应汽车轻量化的要求，提出了生产厚度更薄、形状更复杂、质量更轻及安全性更高的铝车轮的目标，并开发出惰性气体的低压铸造技术“HIPAC-1”用于铝车轮的生产，这种车轮比钢质车轮质量降低了约30%。鲍许公司用铝板（$Al\text{-}MgSi_1F_{31}$）制造了分离车轮，比铸造车轮轻25%，成本也减少25%。美国森特莱因·图尔公司用分离旋压法试制出仅4.3kg重的6061整体板材车轮，每个车轮的生产时间不到90s，不需组装即可使用，且强度高、经济性好，适于大批量生产，应用前景广阔。

7.1.1.2 在汽车车身中的应用

传统汽车中，车身约占整车质量的30%～40%，采用铝合金能使其减重约40%，因此提高车身的铝化率非常有利于整车的轻量化，轿车上的铝合金车身框架照片如图7-3所示。通过在铝合金中加入Cu、Ni、Mn、Cr、Zr等微量元素优化合金成分，改进铸造和热处理工艺参数，可以提高铝材的强度及成型性，使其满足汽车车身、车轮、油箱、铝罐、机器盖板、电机壳体等零部件的使用要求。例如，美国的6009和6010汽车车身用铝合金，在T4处理后的强度分别低于5182-O和2036-T4合金的强度，但表现出较好的塑性，后期可通过喷漆烘烤实现人工时效提高强度，并且这两种合金既可单独用来做内外层壁板，也可用6009合金制造内层壁板，用6010合金制造外层壁板。两种合金的废料无须分离即可混合回收使用。表7-3是欧美国家车身用铝合金的牌号及化学成分。

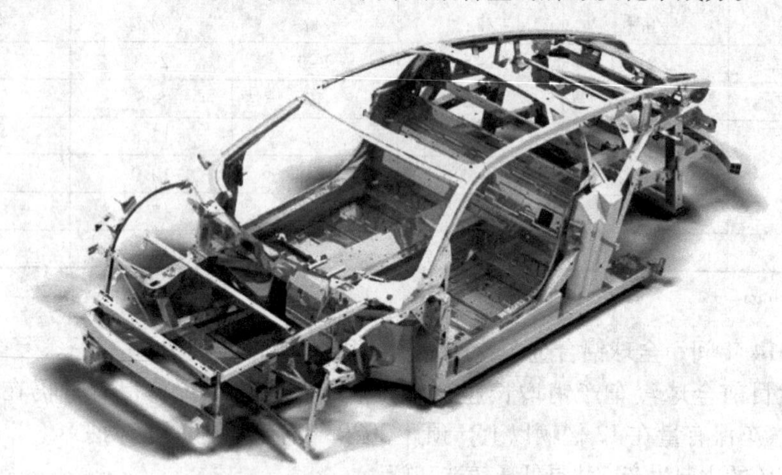

图7-3 轿车的铝合金车身框架

表7-3 欧美国家车身用铝合金的牌号及化学成分 （%）

材质	Si	Fe	Cu	Mn	Mg	Cr	Zn	Ti	Al
2002	0.35～0.8	0.30	1.5～2.5	0.20	0.50～1.0	0.20	0.20	0.20	
2008	0.50～0.8	0.40	0.7～1.1	0.30	0.25～0.5	0.10	0.25	0.10	
2117	0.80	0.70	2.2～3.0	0.20	0.20～0.5	0.10	0.25	–	
2036	0.50	0.50	2.2～3.0	0.10～0.4	0.30～0.6	0.10	0.25	0.15	
2037	0.50	0.50	1.4～2.2	0.10～0.4	0.30～0.8	0.10	0.25	0.15	
5182	0.50～1.3	0.60	0.80～1.8	0.10～0.4	0.40～1.0	0.20	0.50	0.15	余量
5058	0.30	0.40	0.15	0.20	5.8～6.8	0.20	0.20	0.10	
6009	0.60～1.0	0.50	0.15～0.6	0.20～0.8	0.40～0.8	0.10	0.25	0.10	
6010	0.80～1.2	0.50	0.15～0.6	0.20～0.8	0.6～1.0	0.10	0.25	0.10	
6111	0.70～1.0	0.40	0.50～0.9	0.15～0.45	0.50～1.0	0.10	0.15	0.10	
6016	1.0～1.5	0.50	0.20	0.20	0.25～0.6	0.10	0.20	0.15	

我国的全铝车身研究始于1980年，首先实现了某些大型客车上的车身铝化，然后在高档轿车中应用了钢铝车门，即除车门外蒙皮外，在车门门框、窗框和内衬板上均使用铝板材。

通常将6×××系铝合金型材焊接起来制造客车的车身框架。6×××系铝合金属于可热处理型铝合金，具有热成型性好、耐蚀性好和强度较高的优点。一般选用不可热处理强化型的3×××系铝合金制作客车蒙皮，其具有耐蚀性和成型性较好 、强度相对较高的优点。

6×××系铝合金型材也可用于制作轿车用的车门边框和车窗框架，先在模具上将合金型材冷弯成型，然后用高精度全自动机器人进行焊接。这种合金在冷弯时强度较低，但冷弯后的时效会提高合金的强度。5×××系铝合金型材用来制造车门内衬板，这种合金属于中强且不可热处理型的，具有较好的焊接性能、耐蚀性能和成型性能，将板材进行多道次冷冲压成形内衬板，然后与车门边框焊接在一起。

铝锂合金具有密度低、强度和弹性模量高、焊接性能好、塑性优异等优点，有望在铝防震板和车身壁板中获得应用。

目前，我国汽车车身的铝化尚处于刚刚起步阶段，还主要应用在新能源电动车上，但市场前景广阔。据调查，2004年我国用于全铝车身的型材就达2000t以上，板材超过3000t。随着我国汽车工业的飞速发展，车身铝化程度还会大大提高，车身用铝材的数量和品种会进一步大幅度增加。

7.1.1.3 在散热器中的应用

国外汽车上使用的散热器材料在1980年以前还以铜为主，但铝的密度仅为铜的1/3且价格远低于铜，所以铝逐渐替代了铜并发展迅速。铝制汽车散热器在20世纪80年代中期就已应用广泛，如欧洲有99%使用，美国有60%使用。铝制散热器在20世纪90年代基本实现全部应用。在日本，通常采用A3003、A6951、A1050等牌号合金制作散热器；在美国，主要使用AA3003、AA3004、AA5005和AA5052等牌号合金。美国及日本散热器用铝合金的化学成分如表7-4所示。

表7-4 美国及日本散热器用铝合金的化学成分

专利号	化学成分/%											用途
	Cu	Si	Mg	Fe	Mn	Zn	Zr	Cr	Ti	其他	Al	
日本88118046A	0.05~0.3	0.2~0.7	0.5~1.5	—	0.2~0.7	3~4	0.05~0.02	0.05~0.3	0.05~0.2	V 0.5~0.2	余量	连接器
美国4728780A	0.1~0.3	—	1~3	—	0.5~1.5	—	<0.3	<0.3	—	—	余量	连接器
日本048808	0.01~0.2	6~10	—	0.1~1.8	—	0.02~0.5	—	—	—	Bi 0.01~0.2	余量	覆盖层
日本179789A	—	10	1.5	—	—	—	—	—	—	—	余量	覆盖层
美国4737198A	—	0.05	≤0.2	0.5~1.2	0.7~1.3	0.7~2.0	—	—	≤0.6	Ca 0~0.1	余量	散热片
日本88125635A	—	0.5~1.3	0.1~1.0	—	0.8~1.5	0.1~1.0	0.03~0.15	—	—	Sn 0.05~1.5	余量	散热片

续表 7-4

专利号	化学成分/%											用途
	Cu	Si	Mg	Fe	Mn	Zn	Zr	Cr	Ti	其他	Al	
美国 4412869	<1	2~13	—	≤1	—	0~4	—	—	—	Sn 0.005~0.5	余量	冷却水管
日本 88118044A	0.2~1	—	—	—	0.05~0.5	—	0.05~0.3	0.05~0.3	—	—	余量	冷却水管
日本 88118044A	0.1~0.6	0.1~1.2	—	—	0.3~1.5	—	0.003~0.15	—	—	—	余量	芯板
日本 87280343A	0.3~1	—	—	—	0.5~1.5	—	≤0.3	<0.3	≤0.3	—	余量	芯板

在散热器中，通常需要将铝材加工成箔状、带状、板状、管状和棒状，铝制汽车散热器的照片如图 7-4 所示。机械装配式和钎焊式是两种散热器的制备方法。散热器中的箔和带是其最重要的部分，通常由两层金属组成，制备工艺复杂且生产周期长，通常以 4045、4004、4104、4047 等 4×××系合金作为外层，以 3003、3005 合金等 3×××系合金作为芯层。根据不同的生产要求，包覆率可在 4%~30%之间选取。

图 7-4　铝制汽车散热器

全铝散热器中主要的结构组元是截面类似口琴的口琴管。口琴管内部流通的冷却介质能起到散热的效果。通常用 1×××系或含铜量较低的 2×××系合金制造口琴管。口琴管的制造难度随孔数的增加和壁厚的减小而逐渐增加，口琴管的最多孔数可达 25 个，最薄壁厚仅有 0.3mm。口琴管的制备方法包括热挤压或连续挤压等。

通常采用 3×××系和 6×××系等中等强度的铝合金制造接头用的圆管，可保证冷弯时不出现裂纹。接头螺母需要好的焊接性能、高的硬度和优异的车削性能，因此一般用 6×××系和 7×××系合金制作。

散热器的隔板或端板一般是用不同体系的铝合金复合而成的，其中外层为 4×××系合金，芯层为 3×××系合金，采用单面或双面包覆的形式，通常厚度为 0.5~3.0mm，包覆率为 4%~20%。

我国铝制散热器的制造始于 1990 年初，并从国外引进了多条散热器生产线，在引进、消化和吸收的基础上，我国开发出具有自己特色的汽车散热器生产线并形成了复合板、圆管、六角棒、口琴管等配套材料的生产能力。随着汽车工业的不断发展，散热器等壳体类零件的铝化率还会得到进一步的提高。

7.1.1.4 在发动机上的应用

汽车发动机上的关键零部件（如缸体、缸盖、活塞等）用铝合金进行制造具有显著的轻量化效果，能减重30%以上。发动机的气缸体和缸盖均要求材料的导热性能好、耐蚀性高，而铝合金在这些方面具有非常突出的优势，因此各汽车制造厂十分踊跃地进行发动机铝材化的研制和开发，目前国外很多汽车公司均已采用了全铝制的发动机气缸体和缸盖。如美国通用汽车公司已采用了全铝气缸套；法国汽车公司铝气缸套的使用率已达100%，铝气缸体达45%；日本日产公司的VQ和丰田公司的IMZ-FEV6均使用了铸铝发动机油底壳；克莱斯勒公司新V6发动机气缸体和缸盖都使用了铝合金材料。气缸体的铝材化使铝合金材料的用量增加了0.8倍，发动机减重20%。图7-5是铝合金汽车发动机缸体的照片。Al-(20%~25%)Si系耐热耐磨铝合金、Al-(20%~25%)Si-(Fe,Ni) 和 Al-(7%~10%)Fe系耐热铝合金等合金体系的研发进一步提高了活塞、连杆、气缸套等发动机零部件的性能和使用寿命。铝基复合材料也逐渐地开始应用。

图7-5 铝合金汽车发动机缸体

1983年日本丰田公司首先推出了Al_2O_3短纤维或硅酸铝短纤维局部增强铝合金活塞取代高镍奥氏体铸铁镶圈活塞，并取得成功，到1986年这种活塞已用于八个系列的丰田汽车，月产量达到10万件以上，这种活塞的使用能使汽车的大修期限延长至30万公里以上，发动机功率提高5%，到20世纪90年代月产量已达数十万件以上。1984年英国AE公司也推出了陶瓷纤维增强铝活塞的样品。我国在80年代中期在铝基复合材料应用方面取得了突破性进展，东南大学在“八五”规划期间与德国马勒（南京）公司合作生产了十多万件铝基复合材料活塞。

作为发动机中的运动部件，连杆的质量下降能使发动机的振动减小，噪声下降，发动机的反应特性更快。用Al_2O_3纤维和不锈钢纤维增强的铝基复合材料连杆已在美国、日本等多家汽车公司试用。美国杜邦公司和克莱斯勒公司合作开发的SiC纤维增强铝锂合金基汽车连杆，具有密度小、强度高、膨胀系数低等优点，能满足高性能汽车的使用要求。日本本田研究开发中心开发了一种不锈钢增强铁基复合材料连杆，质量减小了30%，在家庭轿车上使用提高了发动机功率和燃油经济性。此外，铝基复合材料还能用来制造汽车摇臂、悬架臂、车轮、驱动轴、制动卡钳、阀盖、凸轮座、气门挺杆等零件。

7.1.1.5 在汽车空调中的应用

热交换器散热元件的厚度通常仅为0.12~0.15mm，采用1050，3003和7072等铝合金材料进行制造。散热片和管体的组合用焊剂钎焊法或真空钎焊法来完成，传统散热片在钎焊过程中由于受到高温而出现变形，采用新型铝合金材料制造的散热片，经钎焊加热后不变形，具有良好的耐下垂性，对管体也有良好的阳极保护效果，其成分如表7-5所示。

表7-5 新型散热片铝合金成分 (%)

元素	Zn	Mn	Fe	Si	Cr	Zr	Al
含量	0.6~2.0	0.7~1.5	0.2~0.7	0.1~0.9	0.03~0.3	0.03~0.2	余量

满足上述成分的铝合金铸坯经过匀热—热轧—冷轧—中间退火—最终冷轧步骤，最终得到0.13mm厚的板材，可用于制造散热片。此外，铝合金还能制造空调中的热交换器管。

目前应用最为广泛的热交换器管是日本三菱铝业公司研发的，具有强度高、耐蚀性好等优点。这种铝合金的成分如表7-6所示。

表7-6 热交换器管的化学成分 (%)

元素	Mn	Si	Zr	Cr	Ti	Mg	Al
含量	0.5~1.5	0.3~1.3	0.05~0.25	0.05~0.25	0.1~0.25	0.05~0.2	余量

7.1.1.6 在汽车其他部件中的应用

除上述汽车部件的应用外，铝合金在汽车其他部件中也获得了广泛的应用。如6061-T6铝合金锻件和AC4C、AC4CH等铝合金挤压铸造件已用于制造上臂、下臂、横梁、转向节类零件及盘式制动器卡钳壳体等，比钢制零部件减重40%~50%；6061-T6等铝合金板材已用于动力传动框架、发动机安装托架等部件的轻量化；7021、7003、7029和7129等铝合金管材、型材已用于制造保险杠、套管等部件；采用铝合金制造传动系中传动轴、半轴和变速器箱等能减小振动，进一步实现汽车轻量化。

7.1.2 在高速列车中的应用

7.1.2.1 在列车车体中的应用

列车的高速化对其车体材料提出了更高的要求，为减轻质量、提高性能，世界各国均采用高强轻质材料（如铝合金、不锈钢、耐候钢、纤维复合增强塑料材料等）替代传统材料制造高速列车车体。

目前国外高速列车的车体材料主要是铝合金和不锈钢。普通钢质材料已逐渐淘汰，耐候钢的应用也很少，不锈钢在美国和苏联用得较多，铝合金在欧洲国家和日本用得比较多，纤维复合增强塑料材料在德国、日本、俄罗斯、美国、瑞典等均有应用，但还只是用于制造车体的部分构件。

20世纪90年代后，铝合金成为高速列车的主要材料之一，尤其是大型薄壁挤压铝型材的长度可达30m，全车仅有纵向焊缝，可用自动焊机进行焊接，减少了工序，简化了车体制造工艺，总的制造工作量比钢质车减少了40%，从而节省了加工费，抵消了较高的材料费，因而总成本与钢质车相当。此外铝质车体的耐蚀性好、自重轻、运行性能好、外表美观，因此发展潜力巨大。

铝合金用在列车上始于19世纪末，法国于1896年将铝合金用在铁路客车车窗上，英国于1905年在铁路车的外墙板上使用了铝合金，美国在1923~1932年间有700辆电动车和客车的侧墙和车顶采用铝合金材料。20世纪60年代以来，德国慕尼黑地铁车体采用了铝合金。日本从20世纪80年代开始先后在6000系、7000系、8000系地铁车辆上采用了铝合金，意大利米兰地铁和奥地利维也纳地铁以及新加坡地铁都应用了铝合金地铁车。

我国前期投资建设的高铁项目逐渐在2013~2015年进入完工期，“四横四纵”的高速铁路网络基本成型。截止到2015年我国在建高铁项目里程在5000km以上，参考京沪高铁列车总采购量300列的标准，按照平均3.632辆/km来测算，未来五年我国需要高铁列车18160辆，按每节列车用铝型材和铝板材量分别为8t和1.5t计算，到2020年动车铝挤压材和铝板材消耗量分别为14.53万吨和2.72万吨，未来五年平均每年需铝材3.45万吨。城际高铁铝材需求成为新亮点，未来5年城际轨道车辆需要铝材约9万吨。我国首列和谐号CRH6型城际动车组（见图7-6）车身采用全铝合金结构，每辆车的铝材及铝制品的采购质量约11t，其中铝型材约占52%。预计未来5年我国需城际轨道铝合金车辆1700辆，需各种铝材9.2万吨（包含车站及道路建设所需的建筑与结构用铝），平均每年1.8万吨。

图7-6 我国首列和谐号CRH6型城际动车组铝合金结构车体

铝合金材料之所以能在列车上得到快速发展，其主要原因如下：

（1）新型高性能铝合金的研制。作为热处理强化型合金，Al-Zn-Mg系合金的母材强度和焊接强度均高于5083和6061合金，而且具有极好的挤压加工性能，能获得薄壁的大型宽幅型材；开发的7003合金，虽然比7N01合金的镁含量降低了一些，但焊接性能和强度并没有下降，挤压性能反而进一步提高；但要实现列车的轻量化，不仅要求薄壁化程度高，还需要挤压性、材料强度、焊接性和耐蚀性均好，基于这种观点，欧洲研制出一种Al-Mg-Si系的6005A合金，材料的性能和成形性均得到提高。

（2）先进结构的设计。近20年来，由于挤压技术的发展，各种高强度铝合金大断面型材和各种扁宽薄壁大断面大长度的复杂实心和空心铝合金型材的研制成功和铝型材自动焊接技术的进步，全铝车辆的组装方法已为用骨架外板一体化的大型整体挤压型材拼装的新方法。在大型扁宽薄壁复杂空心和实心铝型材的研制和生产方面，具有大型卧式挤压机的德国联合铝业公司（VAM）和日本轻金属挤压开发株式会社（KOK）做出了划时代的贡献，达到了空前的水平，已能提供质量稳定的各种车辆结构用铝材。

（3）较好的减重效果和刚性。大型薄壁、中空结构挤压铝型材的应用可减少很多横向构件，大幅度降低车身质量。经组焊后的型材具有很高的车身刚度，符合车辆相撞时要求达到的载荷标准。

（4）优良的运行性能。车身轻量化后，牵引所消耗的能量大幅度降低，并且动力性能得到改善，提高了舒适度，降低了噪声。

（5）较低的维修费用。铝制车身的质量较轻，在运行时对轨道的磨损相对较低，使维修费用下降。

（6）极好的耐蚀性。铝合金本身的耐蚀性优异，表面处理又能进一步提高其耐蚀性，且车身外表美观。

目前高速列车用铝合金主要有5×××系和6×××系两种，日本主要用5005、5052、5083、6061、6063、6N01、7N01、7003等合金；法国主要用5754（板材）、6005A（型材），其中，6005A合金用得最多；德国ICE高速列车板材用AlMgSi4.5Mn（相当于5083），型材用AlMgSi0.7（相当于6005A）；俄罗斯主要用1915合金。国外高速列车车体主要采用的铝合金的牌号、性能和用途如表7-7所示。

表7-7　国外高速列车车体用主要铝合金的牌号、性能和用途

类　别	合金牌号	质别	挤压性	成型性	可焊性	耐蚀性	主要用途
Al-Mg系	5005	H14，H18，H24，H32	良	优	优	优	车地板，顶板，内部装饰板
	5052	O，H12，H14，H32，H112	—	优	优	优	车顶板，车顶骨架，车门板，地板
	5083	O，H32，H112	差	差	优	优	侧墙和端墙板，车顶板
Al-Mg-Si系	6005A	T5，T6	优	—	差	优	底架构件，侧墙和端墙板，车顶板
	6A01	T5	优	—	良	优	车顶板，车体构件，底架构件
	6061	T4，T6	良	差	—	差	车底补强材料，车顶板，车体构件，底架构件
	6063	T1，T5	优	差	优	优	窗框，压条，侧墙和端墙板，车顶板
Al-Zn-Mg系	7003	T5	优	差	优	差	上边梁，骨架，外板，车体构件
	7B05	T4，T5，T6	良	差	优	差	底架，车底补强材料，侧墙和端墙板

若铝车辆的外板和骨架不进行涂装，则最好选用耐蚀性和可焊性较好的5083合金；车顶板、地板最好选用耐蚀性和加工性能优异的5005合金；底架最好选用强度极高且可焊性优异的7N01合金。但并不绝对，如日本的侧墙板使用的6N01合金兼具了挤压性、可焊性和强度。

从高速列车用铝材的发展趋势上看，在大型挤压铝型材发展的各个阶段中，铝材也发生着变化：第一阶段以5083和A7N01合金为主导地位，日本于1980年开发的200系车辆的运行速度为210km/h，该车车体采用了日本轻金属株式会社等开发的薄壁宽幅型材，从车体所用材料看，型材主要用A7N01，也有部分7003合金，板材主要使用5083合金；第二阶段由于大型薄壁宽幅带筋板材和中空型材在车辆上使用比例增加，挤压性能好的Al-Mg-Si系（6005A或6N01）在高速列车上的用量迅速增加。由于大型挤压型材与车体同长，全部为纵向长直焊缝，所以第二阶段比第一阶段采用合金焊接时发生变形的程度小。例如日本1981年制造的300系山阳电铁车体就是由6005A（或A6N01）型材构成，其中中空型材又占整个型材的64.3%。

随着列车运行速度的提高，对车体轻量化的要求也在逐渐提高，因此大型薄壁挤压铝型材在车体中的比例也在逐渐增加。德国的ICE高速列车中使用的挤压性能和焊接性能良好、强度中到高的AlMgSi0.7（相当于6005A）合金，在强度要求更高的某些地方被替换成了7020合金。

与国外先进水平相比，我国在车体材料上还有很大的差距，具体如下：

（1）我国铝合金的牌号相对极少，品种严重不足。我国已有常用的防锈铝、锻铝、超硬铝牌号，但挤压大型宽幅中空薄壁铝型材用的材料6005A（相当于日本6N01）、高强度材料7N01等合金在我国尚没形成成熟的体系。

（2）我国大型挤压铝型材的生产经验严重不足，没有先进的挤压及其辅助设备。高速列车车体铝合金主要是焊接结构，我国在这方面的水平存在一定差距。如果生产成套的车辆用大型挤压铝型材，首先应该解决型材的复杂和特殊形状断面及长度问题，这点国内技术还不过关。

7.1.2.2 在列车传动系统中的应用

高速列车及其轻量化的发展，要求车体零部件的材料应具有高强质轻的特点，因此推动了铝合金在列车传动系统中，尤其是轴箱和齿轮箱箱体上的应用，如日本新干线、德国ICE、法国TGV等列车。

铸造铝合金主要有三种：Al-Si系（国内牌号ZL1××），Al-Cu系（国内牌号ZL2××），Al-Mg系（国内牌号ZL3××）。在这三种铸造铝合金中，强度较高的是Al-Si系和Al-Cu系。其中Al-Si系合金的铸造性能优异，如流动性好、热裂倾向小等，同时力学性能、物理性能、切削加工性能和气密性均较好，是铸造铝合金中品种最多、应用最广的合金；Al-Cu系合金的力学性能和耐热性相对较好，但铸造性能很差，如流动性差、热裂倾向大等，耐蚀性也相对较差，因此应用范围较窄。

世界上的先进国家很早之前就已开展高强度铸造铝合金的相关研究。美国在356和355合金的基础上加入细化晶粒的Ti元素，并提高合金纯度和改进热处理工艺，开发出A356和C355等高强度的Al-Si合金，并用于优质铸件的生产。后期又在这两类合金的基础上成功开发了A357、359等更高强度的Al-Si-Mg系列合金。在20世纪60年代后，又出现了一批以Al-Cu系为基础的高强度铝合金，其中包括列入法国国家标准和宇航标准的A-U5GT合金，美国在这个合金的基础上分别于1967年和1968年研制出了206.0和201.0合金，这两类合金力学性能和抗应力腐蚀能力非常好，但由于含有0.4%~1.0%的银增加了材料成本，因此仅用于军事或其他要求高的领域。

联邦德国的GAlCu4TiMg、英国的RR355（Al-Cu-Ni）、苏联的АЛ31、美国的A201等铸造铝合金的强度已经达到某些锻铝的水平，苏联的ВАЛ10М合金强度高达500~530MPa，塑性为4%~8%，性能已接近钛合金，是取代昂贵的、工艺性能差的钛合金较理想的材料。

近年来，国内在高强度铸造铝合金的研究和应用方面也取得了较大的进展。航空航天部三院239厂开发的702A合金，其性能$\sigma_b \geqslant 260MPa$，$\delta \geqslant 3\%$；中船总公司12所研制的725合金，其性能$\sigma_b \geqslant 290MPa$，$\delta \geqslant 2\%$，哈尔滨工业大学开发的一种高强度铝合金，通过二次精炼技术和T6热处理工艺，使合金的力学性能σ_b达到300~330MPa，δ为2.2%~4.2%，与美国的A357接近。航空航天部621所在ZL201合金的基础上，研制成功了ZL204合金，进而又开发了ZL205A合金，这种合金在砂型铸造T6热处理下的性能$\sigma_b \geqslant 500MPa$，$\delta \geqslant 3\%$，是目前强度最高的铸造铝合金材料，该合金经T5处理后的伸长率能达到13%。北京航空材料研究院研制了一种韧性特别好的铸造铝合金，其δ高达19%~23%，冲击韧性为181~304kJ/m^2。沈阳铸造研究所在ZL107的基础上开发了一种ZL107A合金，其在金属型铸造T5处理后的σ_b为420~470MPa，δ为4%~6%。

7.1.3　在造船工业中的应用

铝合金材料在1891年首次在船舶上应用，目前应用越来越广泛，是造船工业中应用潜力最大的材料之一。Al-Cu系合金最早在船舶上使用，后面发展为Al-Cu-Mg系合金。但总体而言，Al-Cu系合金较差的耐蚀性限制了其在造船工业中的应用范围。

20世纪30年代开始，逐渐采用铆接6061-T6铝合金型材的方法构造船体，后来可焊性和耐蚀性均较好的Al-Mg系合金逐渐替代了6061-T6铝合金，铆接也逐渐被TIG焊技术代替。20世纪60年代，5086-H32和5456-H321合金板材、5086-H111和5456-H111合金挤压型材等Al-Mg系合金被美国海军先后研发出来，剥落腐蚀和晶间腐蚀问题也由TH116和H117调质状态解决。为了进一步提高材料的屈服强度，又开发出耐海水腐蚀性能良好的Al-Mg-Si系合金，这些体系的合金至今仍在造船工业中沿用。苏联主要以Al-Cu-Mg系合金用作快艇的壳体材料。近年来，中强可焊的Al-Zn-Mg系合金的研究和应用取得了一定的进展，有望在造船工业中得到应用。

随着船舶结构合理化和轻量化要求的提高，铝合金开始在大型船舶的上层结构和舾装件中使用，这些铝合金包括特种规格的挤压型材、大型宽幅挤压壁板和铸件等。

根据铝合金在船舶中的用途，可将其分为船体结构用铝合金、舾装用铝合金和焊接添加用铝合金等三类。日本工业技术JIS标准规定的船舶用铝合金的化学成分如表7-8所示，船体和舾装用铝合金的特性及在船舶上的应用实例如表7-9所示。

表 7-8 JIS 标准规定的船舶用铝合金的化学成分 （质量分数,%）

类别	合 金	化学成分（余量为 Al）							
		Si	Fe	Cu	Mn	Mg	Cr	Zn	Ti
船体用	5051	≤0.25	≤0.40	≤0.10	≤0.10	2.2~2.8	0.15~0.25	≤0.10	
	5083	≤0.40	≤0.40	≤0.10	0.40~1.0	4.0~4.9	0.05~0.25	≤0.25	≤0.15
	5086	≤0.40	≤0.50	≤0.10	0.20~0.7	3.5~4.5	0.05~0.25	≤0.25	≤0.15
	5454（1）	≤0.25	≤0.40	≤0.10	0.50~1.0	2.4~3.0	0.05~0.20	≤0.25	≤0.20
	5456（1）	≤0.25	≤0.40	≤0.10	0.50~1.0	4.7~5.5	0.05~0.20	≤0.25	≤0.20
	6061	0.4~0.8	≤0.70	0.15~0.4	≤0.15	0.8~1.2	0.04~0.35	≤0.25	≤0.15
	6N01	0.4~0.9	0.35	≤0.35	≤0.25	0.4~0.8	≤0.30	≤0.25	≤0.10
	6082（1）	0.7~1.3	0.50	≤0.10	0.40~1.0	0.6~1.2	≤0.25	≤0.20	≤0.10
船舾用	1050	≤0.25	≤0.40	≤0.05	≤0.05	≤0.05		≤0.05	≤0.03
	1200（2）	Si+Fe≤1.0		≤0.05	≤0.05			≤0.10	≤0.05
	3203（2）	≤0.6	≤0.70	≤0.05	1.0~1.5			≤0.10	
	6063	0.2~0.6	≤0.35	≤0.10	≤0.10	0.4~0.9	≤0.10	≤0.10	≤0.10
	AC4A（3）	8.0~10	≤0.55	≤0.25	0.3~0.6	0.3~0.6	≤0.15	≤0.25	≤0.20
	AC4C（3）	6.5~7.5	≤0.55	≤0.25	≤0.35	0.25~0.4	≤0.10	≤0.35	≤0.20
	AC4H	6.5~7.5	≤0.20	≤0.25	≤0.10	0.2~0.4	≤0.05	≤0.10	≤0.20
	AC7A	≤0.20	≤0.30	≤0.10	≤0.60	3.5~5.5	≤0.15	≤0.15	≤0.20
焊接添加	4043	4.5~6.0	≤0.80	≤0.30	≤0.05	≤0.05		≤0.10	≤0.20
	5356	≤0.25	≤0.40	≤0.10	0.05~0.2	4.5~5.5	0.05~0.2	≤0.10	0.05~0.2
	5183	≤0.40	≤0.40	≤0.40	0.5~1.0	4.3~5.2	0.05~0.2	≤0.25	≤0.15

注：1. 5454、5456 和 6082 合金的化学成分为国际标准规定的。

2. 1200 和 3203 合金中 Cu 含量变为 0.05%~0.20%时，即为 1100 和 3003 合金。

3. AC4A 和 AC4C 合金中，Ni 和 Pb 含量在 0.10%以下，Sn 在 0.05%以下；AC4H 和 AC7A 合金中，Ni、Pb、Sn 含量都在 0.05%以下。

4. 舾装用铝合金还包括 5052 合金。

表 7-9 船体和舾装用铝合金的特性及在船舶上的应用实例

类别	合金	品种和状态			特 性	应 用
		板材	型材	铸件		
船体用	5052	O H14 H34	H112 O		中等强度，耐腐蚀性和成型性好，较高的疲劳强度	上部结构，辅助构件，小船船体
	5053	O H32	H112 O		典型的焊接用合金，在非热处理合金中，强度最高	船体主要结构
	5086	H32 H34	H112		焊接和耐腐蚀性能好，强度稍低	船体主要结构（薄壁宽幅挤压型材）
	5454	H32 H34	H112		强度比 5052 高，耐腐蚀性和焊接性好，成型性一般	船体结构，压力容器，管道
	5456	O H321	H116		类似 5083，但强度稍高，有应力腐蚀敏感性	船底和甲板
	6061	T4 T6	T6		热处理可强化耐腐蚀性合金，强度高，焊接性较差	隔板结构，框架
			T5		中等强度挤压合金，耐腐蚀和焊接性能好	上部结构

续表 7-9

类别	合金	品种和状态			特性	应用
		板材	型材	铸件		
舾装用	1050 1200	H112 H12 H24	H112		强度低，表面处理性好	内装
	3003 3203	H112 O H12	H112		强度比 1050 高，加工性、焊接和耐腐蚀性好	内装，液化石油气罐的顶板和侧板
	6063		T1 T5 T6		典型的挤压合金，可挤压出形状复杂的薄壁型材	容器结构，框架等
	AC4A			F T6	热处理可强化耐腐蚀性合金，强度高，焊接性好	箱体和发动机部件
	AC4C AC4CH			F T5 T6 T61	热处理可强化耐腐蚀性合金，强度高，韧性好，焊接性好	油压部件，发动机，电器部件
	AC7A			F	耐腐蚀性合金，强度高，韧性好，铸造性较差	舷窗
	AC8A			F T5 T6	耐腐蚀性合金，强度高，韧性好，铸造性良好	船用活塞

力学性能、耐蚀性和可焊性均很好的 5083、5086 和 5456 等三种牌号的铝合金在船舶壳体结构上应用较多。挪威使用的 5454 船用铝合金板材的抗拉强度类似于 5086 合金，美国主要使用 5456 合金，5086-O 合金板材和 5086-HⅢ合金挤压型材也逐渐在高速艇上得到应用。

在海水中，Al-Mg-Si 系合金会发生晶间腐蚀，因此其常用于船舶的上部结构。日本使用 6N01-TS 合金制造船舶的上部结构件，美国使用 6061-T6 大型薄壁挤压型材制造船舶壳体结构件。各国船舶使用的铝合金及其状态如表 7-10 所示。

表 7-10 各国船舶用铝合金的状态比较

合 金	日本渔船协会		挪威船业协会		美国小型舰船	
	板材	型材	板材	型材	板材	型材
5052	O H14 H34	H112 O				
5083	O H32	H112 O	A B	H112	H116、H321	
5086		H112	A B	H112	H112、H116、H32、H34	H112

续表 7-10

合　金	日本渔船协会		挪威船业协会		美国小型舰船	
	板材	型材	板材	型材	板材	型材
5454			A B	H112		
6061		T6			T4、T6	T6
6N61		T5				
6082		T6	T6			

注：表中 A 为 1/2 硬状态，B 为 1/4 硬状态。

舰船框架结构的材料一般是经阳极氧化处理的 6063-T5 合金挤压型材；舱室内壁等内装结构主要用 H14、H24 状态的工业纯铝和 3203 合金等的板材制造；舾装件则使用铸造性能优良的 AC4A 和 AC4C 合金铸件。优异耐蚀性的 AC7A 合金在舰船中有较大的应用潜力，但其铸造性能较差限制了推广应用。铝合金锻件的成本很高，目前较少在船舶上应用。

在 Al-Mg 系合金基础上发展起来的 Al-Mg-Zn 系合金，具有较好的可焊性和一定的耐蚀性，强度和工艺性能较好，目前已在船舶工业中试用。如 7004 合金可用作舰艇的上层结构，7039 合金可用作装甲板等，该体系合金也能用来制造涡轮、引导装置、容器的顶板和侧板等零部件。但 Al-Mg-Zn 系合金目前还存在一些问题，如其对应力腐蚀开裂较为敏感，焊接接缝的耐蚀性也相对较差，需要采取一些措施进行解决。

按板、型、管、棒、锻件和铸件对船用铝合金产品进行分类，如表 7-11 所示。

表 7-11　船用铝合金产品分类

用　途	合　金	产品类别
船侧，船底外板	5052，5083，5086，5456	板，型材
龙骨	5083	板
肋板，隔壁	5083，6061	板
肋骨	5083	板，型材
发动机底座	5083	板
甲板	5052，5083，5086，5454，5456，7039	板，型材
操纵室	5052，5083，6N01	板，型材
舷墙	5083	板，型材
烟筒	5052，5083	板
舷窗	5052，5083，6063，AC7A	型材，铸件
舷梯	5052，5083，6061，6063	型材
桅杆	5052，5083，6061，6063	管，棒，型材
海上容器的结构材料	6061，6063，7003	型材
海上容器的顶板和侧板	3003，3004，5052	板，型材
发动机及其他部件	AC4A，AC4C，AC4CH，AC8A	铸件

船体结构、船舶规格和使用部位等决定了所用板材的厚度，一般尽量采用薄板以达到轻量化的目的，但薄板对腐蚀的耐受度较小，通常要求薄板的厚度在 1.6mm 以上。由于焊接接头的耐蚀性一般低于母材金属，因此一体化成形的铝板使用较多，其长度通常在 6m 左右，宽度在 2.0~2.5m 之间，铝板上装饰花纹可以起到防滑的作用。

船舶上用的型材有以下几种：（1）高 40~300mm 的对称圆头扁铝；（2）高 40~200mm 的非对称圆头扁铝；（3）厚 3~8mm、宽 7.5~250mm 的扁铝；（4）高 70~400mm 的同向圆头角铝；（5）高 35~120mm 的反向圆头角铝；（6）（15mm×15mm）~（200mm×200mm）的等边角铝；（7）（20mm×15mm）~（200×120mm）的非等边角铝；（8）凸缘 25mm×45mm、腹板 45mm×250mm 的槽铝。

船舶上使用的铝合金型材主要有板材和管材等。板材一般经挤压或轧制后制成整体壁板，能对外板和纵梁上厚度进行调整，合理分布应力，使焊缝数量和焊后翘曲程度下降；管材通常作为管道、船体、上层结构、桅杆上的各种构件、梁柱（中空圆筒柱、中空角形柱）等使用，其外径为 16~150mm、管壁厚度为 3~8mm，能保证高强度和高耐蚀性。

7.1.3.1 船体用铝合金

目前，具有很好耐蚀性、力学性能和焊接性能的 5083、5086、5456 等 5×××系合金在船体中应用较多。世界上首批全铝军舰是美国于 1966~1971 年建造的“阿希维尔”级高速炮艇，采用 12.7mm 厚的 5086-H32 铝合金作为主甲板和船底板，5086-H112 铝合金作为型材，全艇共用了 71t 铝材。美国波音公司船舶系统部门在 1981 年建造了 6 艘铝船体水翼导弹巡逻艇，采用 5456 铝合金焊接结构。美军还装备有一款采用铝合金制造艇体的江海特种作战艇（SOCR），其最高航速达到了 42 节，高速行驶时吃水仅为 0.23m。俄罗斯通常使用 Al-Cu-Mg 系合金制造舰船壳体，目前俄罗斯已拥有各种类型的铝合金高速艇船 1000 余艘。英国奈杰尔·吉协会有限公司为美军设计了一款 X-Craft 运输船，采用双体船设计和铝合金材料，采用喷水推进，最高航速达 50 节，其照片如图 7-7 所示。

图 7-7 采用铝合金船体的美军 X-Craft 运输船

我国船体用铝合金于 20 世纪 60 年代形成规模，如 LF 系、LD30、LD31、919 铝合金、147、4201 和 180 铝合金（也称 2103 合金）等。目前 180 铝合金在我国船体结构用材上使用最多。20世纪60年代初，我国采用LY12XZ铝合金做船体，成批建造了水翼快艇。2014年中航工业兰翔常州玻璃钢造船厂有限公司（简称常玻公司）成功研制出第一艘时速达115km的铝合金巡逻艇（如图7-8所示），船艇的主船体和上层建筑均采用全焊接Al-Mg合金，外板全采用Al-Mg合金，型材采用Al-Si合金。这种合金具有结构强度高、耐蚀性能好、使用寿命长（可高达30年）等优点，并能回收利用。

图7-8 国产铝合金巡逻艇

随着环境污染的加剧和能源的短缺，环保需求日益高涨，舰船轻量化要求及水平进一步提高，铝合金应用范围更加广泛。表7-12是常见船体用铝合金牌号状态及主要力学性能。

表7-12 船体用铝合金牌号状态及主要力学性能

材料		力学性能				布氏硬度	剪切强度/MPa
合金	状态	抗拉强度/MPa	屈服强度/MPa	伸长率/%			
				板（厚1.6mm）	棒（ϕ12.7mm）		
5052	O	195	90	25	30	47	125
	H32	230	195	12	18	60	140
	H34	265	220	10	14	68	150
5083	O	295	150	—	22	—	170
	H321	325	230	—	16	—	—
	H112	275	135	14	—	—	160
5086	O	265	120	22	—	—	—
	H32	295	210	12	—	—	190
	H34	330	260	10	—	—	—
6061	T4	240	150	22	25	65	170
	T6	315	280	12	17	95	210
6A01	T5	275	230	—	12	88	175
	T6	290	260	—	12	95	180

目前，铝船体的建造均采用焊接的方法，船体用铝合金及其焊接方法有以下两个特点：一个是广泛使用Al-Mg系合金作为船体外板且进行一体化成形；另一个是一般使用熔化极脉冲氩弧焊进行焊接。在焊接时，控制好船体的焊接变形量和焊缝质量是造船工业中的关键技术。

7.1.3.2　船舾用铝合金

甲板敷料、卫生设备、围壁材料、装饰、防火门窗、家具造型、照明灯具、五金配件等都属于船舶内舾装零件，舾装用铝合金材料及其力学性能如表 7-13 所示。

表 7-13　舾装用铝合金材料及其力学性能

材料		力学性能				布氏硬度	剪切强度/MPa
合金	状态	抗拉强度/MPa	屈服强度/MPa	伸长率/%			
				板（厚 1.6mm）	棒（ϕ12.7mm）		
1100	O	90	35	35	45	25	65
	H12	110	105	12	25	28	70
	H14	125	120	9	20	32	75
	H16	150	140	6	17	38	85
3003	O	110	40	30	40	28	75
	H12	135	125	10	20	35	85
	H14	155	150	8	16	40	100
	H16	185	170	5	14	47	105
6063	T1	155	90	20	—	42	100
	T5	190	150	12	—	60	120
	T6	245	220	12	—	73	155

7.1.4　在其他机械领域中的应用

7.1.4.1　在纺织机械中的应用

在纺织机械中，铝及其合金的使用形式以冲压件、管件、薄板、铸件和锻件等为主。铝及其合金具有质轻、比强度和比刚度高、耐蚀性好、表面处理工艺性优异等优点，能防止纺织生产中腐蚀剂的腐蚀，改善设备运行时的动平衡状况，使振动降低。

通常采用整体铝合金模锻件制造纺织机上的 Z305 盘头（如图 7-9 所示），采用 6A02 合金挤压或拉拔成纺织用的芯子管，铝合金材料能增加部件强度，改善外观，并提高设备的使用寿命。

图 7-9　铝合金纺织机盘头

在国外织机上已使用专用铝合金型材制造筘座，国内在消化吸收进口样机的基础上也已成功开发出这种零件。作为织布机主机件之一，轻便耐用的高强度筘子能用来整理经线与上下交织，我国采用高强度稀土铝合金挤压型材制备该零件，其生产水平已达到国外同类产品的水平。此外，梳棉机上的帘板条、织布机的梭子匣上都已使用铝及其合金型材。

7.1.4.2 在农业机械中的应用

喷灌机、各种管路和管件、喷头等共同组成了农业灌溉中的整个喷灌机组，其中各种管路和管件约占整个机组质量的69%，因此质轻、耐蚀性好的铝合金具有得天独厚的优势。管路要求具有一定的耐压性、密封性和自泄性，其结构较为简单，可采用薄壁铝管焊接而成。管件则包含三通、四通、变径管、弯管、堵头、支架、快速接头等，这些均可用铝合金材料制造。喷头的形式也多种多样，几乎全部用铝材制造。在喷灌机中，其发电机外壳、内燃机外壳、机罩等均可用铝合金铸造而成。此外，铝合金还可以用于制作电钻、链锯、电锯、抛光机、砂带磨机、研磨机、电锤、电剪、各种冲击工具和固定钳工台工具。

铝合金在储粮设备上能用来制造粮仓（如图7-10所示），这种大型粮仓采用螺旋状绕型的方法压制铝板制成，具有建筑费用低、建仓速度快、强度高、自重轻、拆装方便、储存温度稳定等优点。

图7-10 铝合金粮仓

7.1.4.3 在紧固件中的应用

铝制紧固件（如图7-11所示）质轻，其质量是同类钢制紧固件质量的1/3；强度好，比其他材料制成的商用紧固件的强质比都要高；热电传导性好，约为同体积下铜传导性能的2/3，但成本显著降低；加工性能好，易于冷成型和热锻。此外，铝是不可磁化的，因此可用于一些特殊场合的紧固件。

图7-11 铝合金螺栓和螺母

铝在正常环境中即具有足够的腐蚀抗力，当外界环境非常恶劣时，还能通过表面处理的方法进一步提高其耐蚀性。除此之外，表面处理还能增强零件抗磨损和划伤的能力，增强装饰性和美观性。

在紧固件中，有四种铝合金在螺纹承载紧固件中的应用较为广泛，分别叙述如下：2024-T4 型铝合金，强度、耐蚀性、经济性比较平衡，用于制造螺纹紧固件，还可制造机用螺钉、螺母和其他 1/4 英寸及更小尺寸的螺母；7075-T73 型铝合金，强度较高，抗应力腐蚀性能好，主要用于制造螺栓、螺钉和双头螺栓，但价格高，限制了其推广应用；6061-T6 型铝合金，耐蚀性非常好，常用于制造需要很高耐蚀性的内、外螺纹紧固件；6062-T9 型铝合金，专用的螺母合金，具有比 6061-T6 型铝合金更高的强度并有相对较好的抗腐蚀性，用来配合 2024-T4 或 7075-T73 型铝合金制成的螺栓。

除上述四种类型的合金外，1100-F、5052-F、5056-F 型铝合金可用来制造半管和盲铆钉；2024-T4 合金用来制作平垫圈；7075-T6 合金用来制作螺旋弹簧垫圈、攻牙螺钉、自攻螺钉等；2011-T3 型铝合金可用于制造螺纹切削机的零件。

7.2　铝及铝合金在电子电气工程中的应用

铝及其合金的导电性低于铜及其合金，但其密度小、价格低，因此作为导电和输电载体，“以铝节铜”是目前的发展趋势。

北美在 20 世纪 60 年代就已经采用钢芯铝线制作架空输配电线。在电子电气行业，铝主要用于制作变压器线圈、电线电缆、母线排、感应电动机转子、3C 产品外壳及内部支架和电子电器等产品。2008 年以来，电子电气行业中的铝消费量已由 194 万吨增至 2015 年的 531 万吨，复合年均增长率达到 15.5%。

目前，中国电缆工业的年产值已突破 9000 亿元，成为机械行业中仅次于汽车制造业的第二大产业，同时也极大地带动了铜、铝等重要原材料产业和上、下游相关产业的快速发展，在国民经济发展中具有十分重要的作用。2011 年中国电缆工业铝导体的总产量为 220 万吨，约占全国用铝量的 13%；光纤用量为 8000 多万公里。中国电缆工业“以铝节铜”的驱动力来自于以下几个方面：（1）行业年用铜量很大，2011 年铜用量已达 484 万吨，约占全世界铜产量的 1/3，而且历来电工用铜都属于高品位的 99.95%和 99.99%铜，但我国铜矿缺乏，且目前回收废杂铜也不多，主要依靠进口；（2）世界性的铜价飞涨严重压缩了线缆产品的利润空间；（3）经试用，铝线缆产品确有良好的技术经济效果。

7.2.1　在导线上的应用

自 20 世纪 20 年代高压输电线路使用铝合金导线以来，其优越的技术性能、良好的运行效果，特别是在超高压线路和大跨越线路上的良好表现，引起了世界各国的广泛关注。铝合金架空导线从 20 世纪 50 年代开始逐渐在欧洲和北美等国家和地区采用，美国和日本输电线路的 50%以上都采用铝合金导线，法国更高达 80%以上，即使是印度和孟加拉国等发展中国家，其用量也较大。

近年来，随着我国经济的持续快速健康发展，作为国民经济保障的电力行业发展迅速，全国三分之二以上的电力负荷集中在经济发达的京广铁路以东地区，特别是长三角、珠江三角洲、京津塘及沿海地区，西部能源基地与东部的负荷核心距离在 500～2000km，因此有效而又经济地把能源以电的形式长距离地从西部输送到东部和南部，是事关我国可持续发展的大事。因此远距离、大跨度、大容量的输电线路建设刻不容缓。输电线路应具有一定的强度和良好的导电率，铜和铝是目前输电线最为理想的导电材料，不同导电材料的性能比较如表7-14所示。

表7-14　导线材料的性能比较

材　料	铜	铝	铝合金	铝包钢	镀锌钢丝
导电率	100	61	53	20	9
机械强度	100	39	71	321	318
质量	100	30	30	74	87

架空输电线路的发展与应用已具有较为悠久的历史，架空导线的发展根据人类对输电量要求的不断增加，主要经历了以下几个发展阶段：钢绞线、钢芯铜绞线、钢芯铝绞线、钢芯铝合金绞线、钢芯铝包钢绞线、铝包钢绞线、铝合金强化绞线和全铝合金导线等。

(1) 钢绞线。由钢丝直接绞制成的架空导线是钢绞线，1956年之前国内外的大跨度导线大多使用钢绞线，具有成本低和强度高的特点。随着输电容量和载流量要求的增加，钢绞线导电性差、易锈蚀、线损大等缺点限制了其广泛使用，在1956年后基本不再作为大跨越导线使用。

(2) 钢芯铝绞线。钢芯铝绞线以钢芯为受力载体，用1350铝合金线与钢线绞制而成，其形状如图7-12所示，钢芯铝绞线在20世纪中叶开发出来后迅速取代了钢绞线的位置而被用于大跨度电力传输领域。钢芯铝绞线综合了钢芯的强度和铝的导电性，但钢与铝之间存在界面腐蚀，耐蚀性较差，常需要对钢芯的表面进行处理，同时钢芯存在电磁损耗，降低电力传输过程中的导电效率。目前国内大部分超高压输电线路仍采用这种钢芯铝绞线。

图7-12　钢芯铝绞线

钢芯铝绞线中铝的横截面大小决定了其电阻值，钢芯的种类决定了其抗拉强度的大小，钢芯强度占总机械强度的55%~60%。钢芯铝绞线的强度与质量比通常是具有相等电阻铜线的两倍。使用钢芯铝绞线电缆线容许配置较长的挡杆及较少的矮电杆或铁塔。高压输电线中铝电缆的性能如表7-15所示。

(3) 铝包钢绞线。将一层纯铝同心地包裹在高强度钢线上形成的双金属导线即为铝包钢绞线。铝包钢绞线也具有铝和钢两种材料的优点，能将各自的特长发挥出来，为大跨越导线中极为理想的材料之一。为减轻通信线受到的电磁干扰和改善避雷线高频通信参数，美国等发达国家广泛使用铝包钢绞线作为良导体避雷线，能满足线路30年以上的运行要

表 7-15　高压输电线中铝电缆的性能

材　料	比电阻/$\Omega \cdot mm^2 \cdot m^{-1}$	抗拉强度/MPa	温度特性/℃	
			标称温度	短路时允许温度
铝（硬态）	0.0282	170~200	70	130
铝合金	0.325	295	80	155
钢芯铝	0.230（钢）	1530（钢）		
	0.0282（铝）	163~197（铝）		

求。我国云南在通信线密集地段也使用铝包钢绞线，并于 1993 年正式使用，目前运行情况良好。铝包钢绞线具有复杂的制备工艺，一般产品的价格比同规格钢芯铝绞线高 10%左右，生产成本较高。此外，这种铝包钢绞线在国内的生产标准并没有统一，质量也难以控制，给施工和运行带来了困难，所以在国内还没有大规模使用。

（4）铝合金强化绞线。采用 Al-Mg-Si 合金和 1350 合金绞制而成的绞线称为铝合金强化绞线，这种绞线的力学性能和导电性取决于两种合金线的数量和比例。由于铝合金强化绞线均由铝合金制造，因此能减小磁滞和涡流损耗带来的电能损失，有助于输电线路的节能降耗。单一的铝材质没有多金属的电化学腐蚀，所以其耐蚀性高于钢芯铝绞线。在满足与普通钢芯铝绞线相同的载流量和对地高度的前提下，铝合金强化绞线由于单位长度的质量较轻，所以导线的张力和垂直载荷能降低 7%~10%。虽然铝合金强化绞线的价格稍高，但较轻的质量降低了其单位长度价格。铝合金强化绞线的导线风偏角较大，需要校验直线塔电气间隙或重新设计塔型，因此目前推广度还不高。

（5）全铝合金导线。全铝合金架空线所使用的铝合金主要是 Al-Mg-Si 系，常见的牌号有 6101 和 6201，全铝合金导线的照片如图 7-13 所示。全铝合金导线设计的目的是获得更高的比强度，同时保证导线具有优异的导电性、弧垂特性、热膨胀特性和抗腐蚀性。由于性能的大幅度提高，全铝合金导线架空线得到了广泛的使用，美国和瑞士等国家均已大量生产和使用，日本也用这种导线制成架空绝缘线缆。

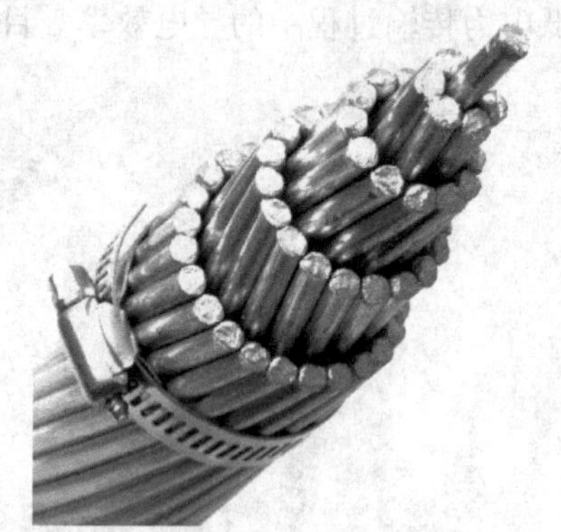

图 7-13　全铝合金绞线

全铝合金绞线中应用最早的是 1956 年美国研制成功的 5005 系非热处理型铝合金线。美国弗吉尼亚电力公司于 20 世纪 60 年代在 500kV 输电线路上使用了 AA5005 铝合金单丝制作的全铝合金导线（AAAC），但 5005 合金单丝存在铸造和加工困难且电导率较低（最低为 53.5%）的缺点，限制了其使用。从成分设计入手改善导线的力学性能、电学性能、耐蚀性能和加工性能，相继开发了 MS-AL、KAL 和 CK76 等牌号的铝合金导线。

MS-AL 非热处理型铝合金导线是日本古河电气公司在 1965 年研制成功的，并于 1969 年开始生产。这种合金的导电率高，蠕变性能好，价格也较低。MS-AL 合金单丝的最低抗拉强度为 240MPa，最低电导率为 58.5%IACS。

1970 年，日本电线株式会社开发了 KAL 铝合金导线，美国 Alcan 和 Weatern Electric

公司开发了 CK76 铝合金导线。这两种导线的抗拉强度为 225~245MPa，电导率分别大于等于 58.0%IACS 和 59.1%IACS。

1973 年瑞典的 Electrokoppar 工厂研制出电导率不小于 58.84%IACS、抗拉强度不低于 230MPa 的 Al-Fe-Cu-Mg-Be 合金导线，并命名为 Ductalex，后对该合金成分进行微调后纳入美国铝业协会标准，牌号为 AA1120。

1975 年瑞典架设了第一条采用 Ductalex 合金制造的试验线路，1977 年正式用于 400kV 超高压架空输电线路，到 1995 年 80%的架空输电线路采用 Ductalex 全铝合金绞线。澳大利亚从 1984 年开始在 275kV 的输电线路上用 AA1120 合金绞线替代了钢芯铝绞线。

我国对全铝合金绞线的研究较晚，自 2011 年中国电力企业联合会召开后才发展较为迅速。上海中天铝线有限公司开发了 JLH59-425-37 铝合金绞线；远东电缆有限公司开发了 JLHA3-675-61 铝合金绞线，其电导率超过 58.5%IACS，抗拉强度超过 240MPa。此外，我国在全铝合金导线的生产制备工艺方面的研究也取得了一些长足的进步。目前已有多家企业能够生产该种型号的导线，但与发达国家相比还有一定的差距，主要表现在冶金质量不足、铝合金电工圆杆的连铸连轧生产工艺有待提高以及后续的热处理工艺仍需完善等，这些问题若能解决，则必将推进我国国产全铝合金导线的应用进程。

7.2.2　在变压器及电机等中的应用

7.2.2.1　在变压器中的应用

在 1950 年前，变压器，尤其是配电变压器中已使用铝绕组。通常绕组的额定电压为 3.6~36kV，额定功率小于 2.5MV·A，用于油浸式或空冷式变压器。铝绕组也可用于非常小（几伏·安）和较大（25~63MV·A）额定功率变压器上。

采用铝合金制造包括夹线板、外壳、电磁屏蔽表面等大功率变压器结构件，可使附加损耗显著降低。使用铝制造磁悬浮式恒流变压器的二次感应线圈能降低质量，用于保护变压器过载的电抗器实体装置的制造。在相同额定功率下，变压器中采用铝绕组的制造费用低于铜绕组的，图 7-14 是变压器中的铝绕组照片。

图 7-14　变压器铝绕组

空气冷却式变压器中的绝大空间都是绕组，采用价格低廉的铝合金制造十分经济，需要的生产费用很低。考虑载荷及尺寸角度，铝绕组材料最好选用半硬状态的线材，其电导率为 35×10^6S/m，伸长率为 12%，抗拉强度为 110MPa，硬度 HB 为 200。

铝箔绕组制作简单，具有较好的散热性和较高的抗短路电流，能使冲击电压引起的电压分布更加均匀，已用于额定功率达 4MV · A 的干式或油浸式变压器中。

在干式变压器中，铝带材用来制作绝大部分的高压和低压线圈；在油或克罗酚变压器中，铝带材仅用于低压线圈的制作。铝线圈具有比导电量等同的铜线圈更轻的质量、更便宜的价格和更小的温升，但其线圈间隙较大。一般铝线圈用带材制作，与线状线圈相比，占用体积小、卷绕技术简单、可消除或减小轴向短路电流、导热性好，对绝缘的要求不高。此外，铝线圈还用于变压器的低压侧、干式变压器、磁铁起重器、电磁离合器、扬声器和磁场线圈等零部件的制造，个别的铝圆形和扁形线圈还能用在汽车启动器和专用变压器中。

常用冷挤压焊接、气体保护焊接或带材端头压合的方法实现线圈的电气连接，其中冷挤压焊接最为常用，尤其适用于 Al-Al、Al-Cu 和 Cu-Cu 等材料的连接。熔化焊接或感应焊接还能连接大截面的导线。

国内外各种线圈的种类多种多样，制造线圈的铝材型号规格相应地也有很多，因此，铝材的标准化和线圈的规模化均十分重要。

7.2.2.2　在电机中的应用

作为电机的重要部件之一，电机转子的质量严重影响着电机的三相电流平衡、功率、温升、转速、损耗、寿命等性能。我国电机行业目前存在的主要问题是：转子制造设备的水平低，质量稳定性差，废品率高，材料浪费大，工作环境差，劳动强度高等。

铝及其合金在电机中的应用主要是用来制造线圈和结构部件。定子底座和端罩等结构部件可以用压力铸造的方法成形，铝合金挤压型材则可用于成形电机外壳和支架。铝合金电机结构件在特定环境下要求较高的耐蚀性，如天然或人造纤维纺织用的电机或飞机发动机的配套电机等。由于铝的密度较小，转子的离心力可大幅度下降，线圈所受的载荷也会相应降低。典型铝合金电机的结构件照片如图 7-15 所示。

图 7-15　典型铝合金电机结构件

7.2.2.3 在配电装置中的应用

1965 年，汉诺威商品交易会上展出的六氟化硫绝缘高压配电装置是世界上第一台铝合金装置，这种装置非常适用于大城市中。六氟化硫的互感器铝合金壳体如图 7-16 所示，壳壁承受的气压为 0.4~0.6MPa。

图 7-16 使用六氟化硫的互感器铝合金壳体

由于铝及其合金具有较好的导电率和气密性，所以主要用来制造六氟化硫绝缘高压配电装置的导电体和外壳。组成导电体的挤压圆管外径一般小于封口管内径，以在导线表面上达到尽可能小的电磁场强度。导体管需要具有较高的质量，防止局部出现电磁场强度升高的现象。封闭管内导电体的固定可采用片状环氧树脂制成的支座绝缘子，导电体之间可用电镀铜插件进行连接，采用螺栓连接的方法固定外壳。

7.2.3 在电容中的应用

铝电解电容器有阴阳两极，所用的铝电极箔也相应有阴极和阳极用箔之分，而阳极箔又有低压、中压、高压之分，铝电解电容器的构造示意图如图 7-17 所示。

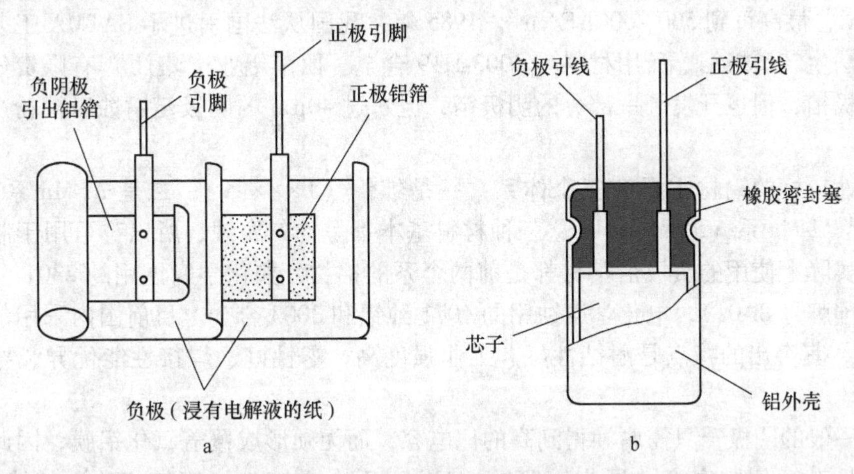

图 7-17 铝电解电容器的构造示意图

a—内部构造；b—外部结构

将铝材加工成箔后，需要进行表面腐蚀处理和再氧化处理，然后进行缠绕加工，进而制成电容器。腐蚀前后的铝箔分别称为光箔和腐蚀箔，再氧化处理后的铝箔称为形成箔或化成箔。铝电解电容器中的阴极实质上是电解质糊体，阴极箔实际上是阴极的引箔，它只经过浸蚀工艺，所以也叫腐蚀箔。在电解电容器中用作阳极的铝箔称为阳极箔，阳极箔经过浸蚀工序之后都要进行阳极氧化，所以阳极箔也叫化成箔。我国国家电子行业标准（SJ/T 11140—1997）规定：标准氧化膜的耐电压值 $V_f > 170V$ 的为中高压，$7.7V \leqslant V_f \leqslant 170V$ 的为低压，$V_f \geqslant 200V$ 的为高压。目前国内外大多采用含铝量（质量分数）不小于

98%的 Al-M 或 Al-Cu 合金作为阴极箔，而阳极箔大多采用含铝量大于 99.98%的高纯铝箔。

电极箔的制造技术在很大程度上决定了铝电解电容器的技术水平。我国在 20 世纪 80 年代初就开始从国外引进大量的铝电解电容器的生产设备，同时也引进电极箔的生产设备和技术。现在电极箔的生产已具规模，但同国外相比，我国无论生产规模、工艺技术还是产品质量都还有一定的差距。要赶超世界先进水平，一方面要加大基础研究的投入，包括铝原箔、化工材料和生产工艺；另一方面企业应横向联合。

随着铝电解电容器生产的发展，国内对电解电容器铝箔的需求也迅速增长。目前国内年需求光箔一万多吨，许多高性能箔仍依赖进口。预计我国对铝光箔的需求会以平均 15%的年增长率增加，我国将成为铝电解电容器用铝箔的主要生产和消费地之一。

国内生产阴极箔的厂家很多，但均存在比电容较低（仅为 $300\mu F/cm^2$ 左右）的缺点，即使标称比电容能达到 $420\mu F/cm^2$ 左右，也存在生产稳定性差的问题，相较而言，进口阴极箔的比电容已达 $500\mu F/cm^2$ 以上，且生产稳定性好。阴极箔和阳极箔不同的地方是其只腐蚀，不赋能。影响阴极箔性能的主要因素是水和作用，化工材料的纯度、水质、腐蚀温度和时间均会影响阴极箔的比电容。

1987 年东北轻合金有限责任公司开始研制铝锰合金阴极箔，1998 年研制出与国外同类产品质量一致的 3003-H19 负极用铝箔，但成品铝较低。1996 年北京南臣铝品公司研制出了 2301 合金用于制造负极铝箔，该产品材质柔软，腐蚀箔表面无灰，比电容高达 $450\mu F/cm^2$，最高可到 $500\sim600\mu F/cm^2$。1985 年，我国从法国引进了 SATMA 工艺开始用化学腐蚀法生产负极箔，所用材料为 3003-H19 合金。西南铝业（集团）有限责任公司主要生产阳极箔，但也开发了一部分的阴极箔，但超过 40μm 的阴极箔腐蚀后掉粉严重，需要改进。

耐蚀性较好的铝材主要有三个体系：一是纯铝（1×××系）；二是 Al-Mn 系（3×××系）；三是 Al-Mg 系（5×××系），这三种材料基本都呈均匀腐蚀，所以都可用于制作负极箔基材，实际上使用的负极箔基材都是前两个系的铝材，如化学腐蚀用的 2301 合金（纯铝系，我国牌号 8A01），电化学腐蚀用的 1071 纯铝和 3003 合金。目前国内采用的主要是 3003 合金，其突出的特点是耐蚀性好、工业强度高、塑性好、焊接性能优异、导热导电性低。

由于一般的阴极箔只需腐蚀得到高的比电容，而无须形成覆盖氧化铝膜，因此阴极箔通常使用具有高位错密度的硬态箔腐蚀。Al-Mn 系合金箔与纯铝箔相比，其特点如下：(1) Al-Mn 合金在冷加工状态下的耐蚀性比纯铝高，保证了在盐酸腐蚀时其减薄较少；(2) Al-Mn 系合金具有均匀腐蚀的特点，而工业纯铝在盐酸溶液中易发生点腐蚀形成腐蚀坑。这是因为两种合金中具有不同的化合物且分布形式不同，Al-Mn 系合金中的金属间化合物主要是 $MnAl_6$，其电位与铝基体基本相同。此外，Mn 的加入有助于将纯铝中的 $FeAl_3$ 和 AlFeSi 相分别转化为 $(Fe,Mn)Al_6$ 和 $Al(Fe,Mn)Si$ 相。这些含锰相构成较弱的阴极相，使 Al-Mn 合金产生海绵体状的腐蚀点，这种腐蚀类型明显扩大了表面积，使比电容增加；(3) Al-Mn 合金的强度较纯铝高 60MPa。

在国内出现的 Al-Mn 合金牌号主要有 3003、3608 和 3913 等，这些合金的成分相似，其主要成分范围为：Fe 0.3%～0.6%，Si 0.1%～0.3%，Cu 0.15%～0.25%，Mn 1.0%～

1.2%，Al>98%。

在电容器铝箔的生产应用方面，我国与国外发达国家的差距主要表现在以下几个方面：(1) 由于国产箔经各种处理后材料立方织构含量及其他一些综合性能达不到要求，使比电容低于国际先进水平，需要在轧制及退火工艺方面加强研究和实践；(2) 国产箔的杂质含量，尤其是铁和硅杂质的含量较高，直接影响电容器的稳定性和寿命，表 7-16 是国内外阳极铝箔的化学成分对比；(3) 国产箔的外观质量差于进口箔，主要存在明显的擦划伤、辊印、油污和厚薄不均等缺陷。铝箔的表面状态在很大程度上影响其腐蚀性能；(4) 国产箔的质量稳定性差，废品率高。

表 7-16 国内外阳极铝箔的化学成分对比

铝箔种类及国家	杂质质量分数/%								Al 质量分数/%
	Fe	Si	Cu	Zn	Ti	Mg	Mn	Ga	
高压箔（日本）	7×10^{-4}	6×10^{-4}	34×10^{-4}	$<2\times10^{-4}$	$<2\times10^{-4}$	$<2\times10^{-4}$	$<2\times10^{-4}$	$<2\times10^{-4}$	99.995
低压箔（日本）	27×10^{-4}	31×10^{-4}	29×10^{-4}	13×10^{-4}	$<2\times10^{-4}$	$<2\times10^{-4}$	$<2\times10^{-4}$	10×10^{-4}	99.991
高压箔（法国）	10×10^{-4}	12×10^{-4}	42×10^{-4}	5×10^{-4}	$<2\times10^{-4}$	6×10^{-4}	2×10^{-4}	$<2\times10^{-4}$	99.993
低压箔（法国）	35×10^{-4}	31×10^{-4}	43×10^{-4}	8×10^{-4}	$<2\times10^{-4}$	$<2\times10^{-4}$	4×10^{-4}	5×10^{-4}	99.988
高压箔（国产）	73×10^{-4}	18×10^{-4}	19×10^{-4}	5×10^{-4}	$<2\times10^{-4}$	7×10^{-4}	2×10^{-4}	$<2\times10^{-4}$	99.983
低压箔（国产）	67×10^{-4}	104×10^{-4}	23×10^{-4}	14×10^{-4}	$<2\times10^{-4}$	$<2\times10^{-4}$	$<2\times10^{-4}$	$<2\times10^{-4}$	99.981

7.2.4 在通信设施中的应用

7.2.4.1 通信电缆

铝电缆在实芯低压绝缘电缆问世之后得到了广泛的工业应用。0.6~1kV 实芯绝缘铝电缆的生产成本较低，具有相对较高的产品竞争力。

日本以 6063、5052、5005 等铝合金挤压成直径 100~350mm 的管材作为导体，以 6063 或 5052 等合金挤压成直径 340~700mm 的管材作为铠装并充入六氟化硫（SF_6）气体，开发出所谓“气体绝缘”的地下输电系统，这种系统能用于 2000~12000A 大载流量、275~525kV 特高电压的地下输电系统中，但目前应用较少，仅应用在变电所及其周围。

采用泡沫聚乙烯绝缘的铝合金通信电缆的出现，进一步拓宽了铝的应用范围。在这种电缆的线间间隙中充填防水矿脂能避免其发生腐蚀。一般根据电缆的规格型号，采用宽 45~160mm、厚 0.6~1.8mm 的铝带制造电话和电视用的同轴电缆，此电缆需要严格控制厚度。

7.2.4.2 天线

截止到 2019 年 3 月，全球在轨正常运行卫星数量为 2062 颗，其中导航卫星、通信卫星和地面观测卫星共 1684 颗。这些卫星发回的电波均是由地面上的铝制抛物面天线进行接收。多采用耐蚀性好、导电性优异和中等强度的 6063 挤压型材与 5A02 合金板材制造这些卫星天线，图 7-18 是铝合金卫星天线的照片。

图 7-18　铝合金卫星天线

7. 2. 4. 3　波导管

目前普遍使用通信卫星进行电视转播，转播途径几乎都是微波传送，因此波导管应运而生。波导管的截面通常为矩形，一般用导电性好、耐蚀性高、切削性佳、焊接性优良和尺寸精度高的 1050A、3A21、6063 合金进行挤压成形，根据需要可进行铬酸阳极氧化处理或涂防腐涂料。

7. 2. 5　在电子部件中的应用

在当今信息时代，随着便携式计算机、移动通信以及军事电子技术的迅速发展，对集成电路的需求量急剧攀升，促使电子器件相关技术的“爆炸式”发展，铝及其合金在其中的应用量也逐年增加。

7. 2. 5. 1　磁盘

铝材在电子计算机用材料中的占比约 9. 5%，其中：板材占 18%，管、棒、型材占 58%，铸件占 24%。

在计算机记录装置的磁盘中，将带磁膜的磁盘安装在数枚芯轴上，以约 8600r/min 的速度旋转。在这样高速旋转的磁盘中，用以微米间隔的浮动磁头进行记录、复制和消除。磁盘基板是安装了磁膜的基盘，要求磁盘基板具有非磁性、刚性及强度、质量轻、耐热、超精密的表面性、耐蚀、和磁膜有良好的密着性及价格低等特点，玻璃、陶瓷、塑料和镁合金等都进行过试制，但目前实用化的仍是铝材，铝合金磁盘基板如图 7-19 所示。

铝合金制造的计算机外储存磁盘基板运转速度高，具有一定的强度和相当高的刚性，过去一直使用 5086 合金。近年来，电子计算机的容量越来越大，要求存储磁盘小型化，同时要高容量化和高密度化，因此，对铝合金基板质量的要求越来越高，内部组织中的金属间化合物应该呈细小弥散分布，否则会在精密车削时出现凹坑，丢失储存信号。

目前磁盘基板用铝合金是采用高纯铝锭作为基体及最严格熔体处理的 Al-Mg 系合金，

图 7-19 铝合金磁盘基板

常用的化学成分如表 7-17 所示。从该 Al-Mg 系合金轧板到制成完全退火的环形圆板，再对其进行精密的切削和研磨加工，可获得表面粗糙度约 0.1μm 的磁盘基板，磁盘基板经镀铬、阳极氧化或镀 Ni-P 表面处理后，再进行涂饰、电镀或喷镀形成磁膜，接着进行保护膜及润滑处理后即制成磁盘。

表 7-17 磁盘基板用的铝合金化学成分 (%)

合 金	Mg	Mn	Cr	Ti	Fe	Si	Cu	Al
AA5086	3.5~4.5				0.40	0.50	0.10	余量
NLM5086	3.5~4.5	0.2~0.7	0.05~0.25	0.15	0.08	0.50	0.03	余量
NLMM4M	3.7~4.7	0.2~0.3	0.05~0.10	0.03	Fe+S≤0.06			余量
NLMS3M	3.7~4.7				0.004	0.005	0.001	余量

为了消除基板轧制后产生的内应力并达到一定的平整度，应先对其进行加压退火，然后精密加工。当前的发展趋势是，在提高合金纯净度的同时，稍微提高其含镁量，以防强度下降。

除磁盘基板外，为保证磁盘有较高的记录密度，需增加线性记录密度和磁道密度，这样就会促使磁道间隔变窄。磁头记录、再生和消除时，有可能增加关闭磁道的数量。两外磁头浮上高度小于微米级时，要求磁头粗糙面的精度进一步提高，磁盘壳体的质量与精度将产生至关重要的影响。为保证磁盘外壳的精密度，要求其材质有充分的刚性、非磁性、导电性、加工性、密度小、价格低和壳体保持长期不变形。经过长时间考察发现，铝合金铸造外壳比较理想。在铝磁盘外壳设计时，既要考虑壳体温度的均匀分布，也要考虑内部的散热，以达到降低壳体温度的目的，铝合金磁盘外壳如图 7-20 所示。

7.2.5.2 感光磁鼓

铝合金在数码照相机、复印机和激光印刷机的感光磁鼓及其支架中也有应用。感光磁鼓是复印机和激光印刷机的关键部件之一，其性能直接影响印刷与复印的质量。磁鼓要求铝合金显微组织中存在极少的金属间化合物、非金属夹杂物和其他内部缺陷，否则会严重

图 7-20　铝合金磁盘外壳

降低磁鼓的成像。因此，制造磁鼓材料的熔体也需要进行严格的处理，并采用机械加工的方式加工出符合要求的表面。根据统计，每台印刷机每年需 7 个磁鼓以保证其正常运转，因此铝材在其中的用量势必也会随之增加。铝合金感光磁鼓照片如图 7-21 所示。

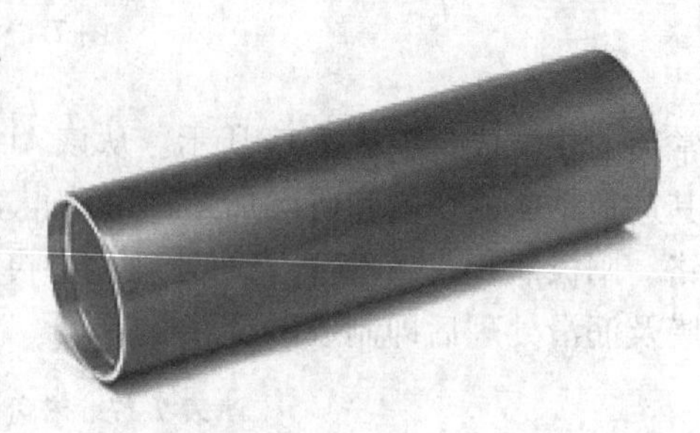

图 7-21　铝合金感光磁鼓

Al-Cu 系铸件和 Al-Si 系压铸件在磁带式录像机中应用很广，如日本住友电气工业株式会社开发的 Al-Cu-Ni-Mg 系的冷锻合金 2218 和含微量 Pb、Sn 的 Al-Si-Cu-Mg 合金 TS80 都是其中的典型代表，具有精密切削性好和耐蚀性高的优点。随着录像机小型化和轻量化的发展，对铝合金的切削加工性和耐蚀性提出了更高的要求，于是，在 Al-8%Si 合金中添加 Cu、Mn、Mg 等元素及过共晶 Al-Si 合金的冷锻材料、急冷粉末烧结挤压材料等得到应用。

7.2.5.3　电子封装材料

进入 21 世纪以后，现代科学技术飞速发展，电子部件领域中电子器件和电子装置中的元器件发展逐渐复杂化和密集化。由于集成电路集成度的增加造成芯片的发热量急剧上升，降低了芯片的使用寿命。据统计，温度每升高 10℃，GaAs 或 Si 微波电路的寿命缩短为原来的 1/3。这都是由在微电子集成电路以及大功率整流器件中，材料之间的热膨胀系数不匹配引起的热应力以及散热性能不佳导致的热疲劳引起的。解决这些问题的主要手段是进行合理的封装。

所谓封装是指支撑和保护半导体芯片和电子电路的基片、底板、外壳，同时还辅助散失电路工作时产生的热量，用于封装的材料称为电子封装材料。作为理想的电子封装材料必须满足以下几个基本要求：（1）低的线膨胀系数，能与 Si、GaAs 芯片相匹配，避免两者在工作时的线膨胀系数差异产生较大的热应力损伤芯片；（2）导热性能好，能及时将半导体工作时产生的大量热量散发出去，保护芯片不因温度过高而失效；（3）气密性好，能抵御高温、高湿、腐蚀、辐射等有害环境对电子器件的影响；（4）强度和刚度高，对芯片起到支撑和保护的作用；（5）良好的加工成型和焊接性能，以便于加工成各种复杂的形状和封装；（6）性能可靠，成本低廉；（7）对于应用在航空航天领域及其他便携式电子器件中的电子封装材料的密度要求尽可能小，以减轻器件的质量。

传统的电子封装材料主要有三类：金属及金属复合材料、陶瓷封装材料和塑料封装材料。包括 Al、Cu、Mo、W、Kovar、Invar、Al_2O_3、BeO、AlN 等。表 7-18 列出了芯片材料 Si、GaAs 以及一些常用电子封装材料的物理性能。

表 7-18 芯片及几种常用封装材料的物理性能

材料	组 分	密度/$g \cdot cm^{-3}$	CTE(25~150℃)/K^{-1}	热导率/$W \cdot (m \cdot K)^{-1}$
Al/SiC	Al+50%~67%SiC	3.0	$(6.5\sim9)\times10^{-6}$	160
AlN	98%纯度	3.3	4.5×10^{-6}	200
CuW	W+11%~20%Cu	15.65~17.00	$(6.5\sim8.3)\times10^{-6}$	180~200
CuMo	Mo+15%~20%Cu	10	$(7.0\sim8.0)\times10^{-6}$	160~170
Al-Si	60Al-40Si	2.53	15.4×10^{-6}	126
Kovar	Fe-Ni	8.2	5.2×10^{-6}	11~17
Invar	Fe-35.4Ni	8.05	1.6×10^{-6}	10
Mo		10.2	5.1×10^{-6}	140
W		19.3	4.45×10^{-6}	168
Cu		8.96	17.8×10^{-6}	398
Al		2.70	23.6×10^{-6}	238
Si		2.30	4.2×10^{-6}	151
GaAs		5.32	6.5×10^{-6}	54
Al_2O_3		3.60	6.7×10^{-6}	17
BeO		2.90	7.6×10^{-6}	250

传统的金属封装材料主要是单一的金属或合金，从表 7-18 可以看出，Al、Cu 的热导率很高，可以用作功率器件的底座或热沉，但其线膨胀系数很大，与陶瓷基片的热匹配性差，致使不能承受大的残余应力，这些残余应力也正是集成电路和基板产生脆性裂纹的主要原因之一，会导致器件整体的可靠性降低；Mo、W 材料有着较合适的线膨胀系数和热导率，但是可焊性差、密度大、价格高；Kovar 合金的线膨胀系数小，与基片材料比较匹配，有着良好的可焊性及加工性，但较大的密度和较低的热导率限制了其应用。传统金属封装材料有着明显的缺点，低线膨胀系数材料的热导率通常也低，限制了热负荷高的方面的应用，并且大多数线膨胀系数低的材料密度都相对较高，使其不适用于航空航天、导弹、宇航用电子设备。由此可见这些材料均无法兼顾电子封装材料所需要的综合性能。

高硅铝合金的密度小、热导率高、线膨胀系数相对较低、力学性能好、常用的电镀金属均能对其进行表面处理、具有一定的焊接性、机械加工性好且无毒可回收，因此，采用高硅铝合金制造电子封装材料符合新型电子封装发展的要求。高硅铝合金作为电子封装材料的优势不仅在于其比重小能实现轻量化，而且材料的物理性能可随着合金成分配比的变化而改善，在低成本的基础上又具备优越的综合性能，铝和硅的储量也十分丰富，所以高硅铝合金电子封装材料在航空航天、国防等领域的应用前景广阔。

近几年，国内外对高硅铝合金封装材料的研究很多。法国的阿尔卡特全资子公司阿尔卡特宇航公司、英国的奥斯普瑞公司以及荷兰的国家应用科学研究院等在欧洲共同市场的大力支持下，利用喷射成形制备技术一起研发了硅含量高达70%的铝硅合金。针对高硅铝合金复合材料，欧盟最先开展了BRITE/EURAM研发项目计划，与奥斯普瑞公司、阿尔卡特宇航公司和英国通用电气马可尼公司合作，在已有基础上利用喷射成形制备工艺和后续加工技术研发出一系列可控制热膨胀性能的高硅铝电子封装材料，如表7-19所示。日本住友轻合金公司采用粉末冶金工艺制备出的硅含量为40%的高硅铝合金，具有较好的热膨胀性能和较高的导热性能。

表7-19 Osprey公司CE系列铝硅合金的主要性能

合金牌号	成分	线膨胀系数 (25~100℃)/K^{-1}	密度 /$g \cdot cm^{-3}$	室温热导率 /$W \cdot (m \cdot K)^{-1}$	抗弯强度 /MPa	抗拉强度 /MPa	弹性模量 /GPa
CE20	Al-12Si	20.0×10^{-6}	2.70				
CE17	Al-27Si	16.0×10^{-6}	2.60	177	210	183	92
CE13	Al-42Si	12.8×10^{-6}	2.55	160	213	155	107
CE11	Al-50Si	11.0×10^{-6}	2.50	149	172	125	121
CE9	Al-60Si	9.0×10^{-6}	2.45	129	140	134	124
CE7	Al-12Si	6.8×10^{-6}	2.40	120	143	100	129

近年来，国内对高硅铝合金电子封装材料开展了相关研究并取得了一些成果。李超等采用喷射沉积的方法制备出硅含量高达70%的高硅铝合金样品，初晶硅相的尺寸为20~50μm，呈现不间断的网状结构弥散分布在铝基体中，经过致密化工艺处理后，其室温热导率为110W/(m·K)，线膨胀系数较低。Baiqing Xiong等选择喷射沉积工艺制备出综合性能优良、线膨胀系数较低、热导率较好的70%硅含量的高硅铝合金。中科院金属所将喷射沉积技术与热等静压技术有机结合，同样也获得了硅含量达70%的合金，并且组织均匀细小，硅相尺寸为10~20μm。武高辉等用挤压铸造技术获得了硅含量为65%的铝硅复合材料，然后在600~700℃、40~50MPa下热压烧结1~2h，形成了均匀分布在铝基体中的连续三维网状骨架硅相，该复合材料具有较低的线膨胀系数和较高的热导率。北京有色金属研究总院采用喷射成形工艺制备了含硅量达60%的高硅铝合金电子封装材料，同时研究了喷射成形过程中工艺参数对沉积坯件的影响规律，最后获得了最优的工艺参数。

除高硅铝合金外，SiC/Al复合材料在电子封装材料中的应用更为广泛。从表7-18可以看出，SiC/Al复合材料具有以下特点：（1）热导率高，与Cu/W材料相当，是Kovar合金的10倍；（2）线膨胀系数较小，与GaAs、BeO、Al_2O_3较为匹配，大功率芯片能直接安装在上面，此外，调整SiC的加入量还能改变SiC/Al复合材料的线膨胀系数，使其界面处的热应力最小；（3）密度小，SiC/Al复合材料的密度接近Al的，不到Cu/W的1/5，因此在特别需要轻量化的应用领域优势明显；（4）电阻率高，SiC陶瓷的加入显著提高了铝基复合材料的电阻率；（5）力学性能高，具有极高的弹性模量和较好的抗弯强度、抗拉强度，能确保封装结构的牢固性并减小散热板的变形；（6）散热性好，SiC/Al复合材料产品较薄，使热阻降低；（7）复合材料中的铝基体能抑制裂纹扩展，使复合材料具有一定的抗裂性；（8）优良的抗振性，含75%SiC的复合材料的减振比可达5.867×10^{-3}，是Al的两倍，在航空电子装置中用它作芯材的标准电子模块（SEM-E），共振频率达600Hz，比使用Cu/W时高1倍。

正是因为具有以上优点，国外于20世纪80年代开始就投入了大量的人力、物力以及财力研究高体积分数SiC/Al复合材料，其成果在航空航天和军事国防领域目前已得到实际应用。如，美国主力战机F-22“猛禽”上的自动驾驶仪、发电单元、抬头显示器、电子计数测量阵列上等广泛采用高体积分数SiC/Al复合材料来代替传统材料做封装和热沉构件，取得了减重70%以上的显著效果，此外，国外也有采用这种电子封装材料取代W/Cu合金作为相控阵雷达的封装底座，取得了减重80%以上的惊人效果。图7-22是相控阵雷达用SiC/Al复合材料部件。目前，SiC/Al复合材料较高的成本致使其还是主要应用在军用电子产品中，包括军用功率混合电路、微波管的载体、多芯片组件的热沉和超大功率模块的封装，均取得了较好的效果。随着制造技术的发展成熟、生产规模的扩大，复合材料制造成本将进一步降低，商业应用的前景将更加光明。

图7-22 相控阵雷达用SiC/Al复合材料部件

7.2.5.4 印刷PS版

将0.3mm左右的铝合金薄板经预处理后预先涂上感光液形成的印刷版即为铝合金PS版，可用于胶印。涂感光胶的平版印刷于1946年才开始出现，1951年美国3M公司等公司就研制出了经过表面处理的铝合金PS版，1956年在美国的使用率达到70%。日本于1964年建立了PS版生产线，1975年其应用率达到50%，目前已高达95%。我国也逐渐用铝板基的PS版替代纸板基的PS版进行印刷，但目前生产厂家较少。铝合金印刷PS版如图7-23所示。

图7-23 铝合金印刷PS版

铝合金PS版属于功能材料领域，产品附加值较高，具有很大的发展应用潜力。开发高质量的铝薄板（厚0.3mm）、提高其表面及内部质量、开发新型的感光液预涂工艺技术及其装备是其目前的发展方向。

7.2.5.5　其他电子设备

铝及其合金在其他电子设备上也有新应用，如雷达天线可用挤压型材和冲压薄板，电视天线可用挤压管和轧制管，电容器与屏蔽可用拉制或冲压的密封外套，阴极射线管可用真空蒸发高纯度镀膜等。除此之外，电子设备的底盘、飞机设备用的旋制压力容器、蚀刻铭牌，以及诸如螺栓、螺钉和螺母之类的金属零件都可用铝合金进行制造。

7.2.6　在家用电器上的应用

7.2.6.1　在空调中的应用

随着人们生活水平的日益提高，家用空调逐渐得到普及。家用空调机大部分是冷暖两用机，其中多数装有由压缩机、蒸发器、冷凝器和膨胀阀等主要部件构成的蒸气压缩式冷冻机，其中热交换器被用作蒸发器及冷凝器，使用最广泛的热交换器是空冷式翅片管式热交换器，由空气侧的铝制翅片和制冷剂侧的铜传热管组成。图 7-24 是典型铝制翅片的照片。

图 7-24　典型铝制翅片

铝制翅片的质量在很大程度上影响热交换器的性能。为了降低空调的制造成本，提高生产效率和产品品质，在不断降低铝材厚度和改变冲压方法的同时，要求翅片铝材具有高强高塑性，确保在高速冲制和翻边过程中不裂口。

空调用铝散热翅片可通过两种方法成形：一种是深冲成形法，另一种是减薄拉深成形法。散热片的成形过程中要求铝材具有良好的冲压性能，其用途要求良好的导热性能、力学性能和耐蚀性能。

一般采用两种工艺方法生成铝空调翅片，分别为：（1）熔炼铸造→铸锭均匀化处理→铸锭铣面→铸锭加热→热轧（300mm 轧至 90mm）→冷轧（9.0mm 轧至 0.10mm）→剪切→成品退火→检查验收→包装；（2）熔炼→连续铸轧（7.0~8.0mm）→冷轧（7.0~8.0mm 轧至 0.1mm）→剪切→成品退火→检查验收→包装。

在第一种工艺中，铸锭经大的热轧变形后，铸造组织全部消除，金属内部为等轴完全再结晶组织，晶粒大小均匀，性能稳定，表面质量优异。在第二种工艺中，铸轧板的织构形成纵断面人字形枝晶，晶粒越粗大，这一特点越明显。从结晶晶体学角度出发，铝是面心立方晶体，<100>方向和一次柱状晶轴的方向一致，铸轧板的人字形柱状晶定向排列，则使绝大多数的铸轧板晶粒的<100>方向做定向排列，形成较强的结晶织构。铸轧板冷轧时，变形量相对较小，粗大的一次晶轴定向排列不易充分破碎，因此冷轧板的织构相当强，如不做特殊处理，用铸轧板生产的冷轧板冲成的制品，会出现很大的制耳，而且流线也很明显。此外，铸轧材加工硬化速率大，塑性不足，易冲裂。

制造散热翅片的铝合金一般选用导热性高、塑性好、成形性优良的1050、1100、1200、1330和1350等工业纯铝。深冲成形采用塑性较高的O、H22和H24状态铝箔，变薄拉伸成形采用薄而硬的H26状态铝箔，材质和状态不同，成形过程中的性能也有显著差异。表7-20是日本用于制造散热翅片的常见铝材及成形性能。

表7-20 日本用于制造散热翅片的常见铝材及成形性能

成形方法	牌号（日本）	纯度/%	状 态	翻边性能	深冲性能	强度
深冲成形	KS1050	>99.5	O，H22，H24	良好	好	较低
	KS1100	>99.0	O，H22，H24	好	良好	较低
	KS1200	>99.0	O，H22，H24	良好	良好	较低
变薄拉伸成形	KS1330	>99.0	H26	良好	良好	较高
	KS1350	>99.5	H26	良好	好	较高

随着空调机向高性能化、小型化、轻量化发展，铝板材的厚度也从0.15mm变为现在的0.10~0.11mm，在热处理状态方面，也由O状态发展到H26状态。为了提高材料的强度和韧性，一种方法是合金化，即在工业纯铝中加微量的Zr、Mn等元素，如日本在1050工业纯铝中添加微量Zr、Mn，已广泛用于铝散热片的生产。加拿大铝业公司研制的Al-Fe-Mn系“Fin255”合金，经热轧、冷轧和退火之后，合金的抗拉强度提高、屈服强度降低、伸长率增加，具有良好的成形性，这类合金有8006、8007和8079等牌号，其化学成分和力学性能如表7-21和表7-22所示。

表7-21 8006和8007合金的化学成分 （%）

合金	Cu	Mg	Mn	Fe	Si	Zn	Al
8006	≤0.30	0.10	0.3~1.0	1.2~2.0	≤0.40	≤0.10	余量
8007	≤0.05	—	—	0.7~1.3	0.05~0.30	≤0.10	余量

表7-22 8006和8079合金的力学性能

合 金	状 态	$\sigma_{0.2}$/N·mm^{-2}	δ/%
8006	O	50~70	20~28
	H22	80~110	18~24
	H24	100~140	15~22
	H26	110~150	12~20
8079	O	50~65	18~25
	H22	75~110	16~22
	H24	90~120	14~20
	H26	105~140	10~18

除合金法外，优化生产工艺也是一种行之有效的方法。首先，在实际生产中为了防止热裂的产生，通常要求主要杂质铁和硅的质量比在 1.5~2.0 之间，铁含量较高时倾向于导致 45°制耳，硅含量较高时倾向于导致 0°和 90°制耳。冲压用铝板较厚时宜选用的铁硅比较大，较薄时宜选用的铁硅比较小。其次，水冷半连续方式铸造的冷却速率较高，铝液凝固后的铸态组织为非平衡组织，经均匀化处理后，枝晶偏析消除，非平衡相溶解，溶质的浓度逐渐均匀化，材料的塑性提高，有利于材料的冲压成形。第三，采用加热炉对铸锭进行预热，加热温度为 550~600℃，热轧开始温度控制在 480~520℃，热轧终了温度控制在 350℃以上。铸锭经过热轧以后塑性提高。最后，在退火时应采取快速加热的方法细化晶粒，提高铝材的深冲性能及表面质量。

7.2.6.2　在其他电器中的应用

铝及其合金质轻且外表美观，因此在家用电器中的用途十分广泛，常见的铝合金家用电器举例如下：

（1）视频磁带录像机（VTR）。VTR 中的圆筒主要起传带作用，一般采用 4A11 合金或 2218 合金制造，具有耐磨性高、线膨胀系数小、切削加工性好且无切削应变的优点。

（2）盒式磁带录音机。铝及其合金主要用来制造录音机外壳的装饰板，主要使用的是经过表面处理（预阳极氧化、印刷）的 1050AHX4 铝合金。

（3）电饭煲。表面涂有氯树脂的 1100 与 3A21 合金可用来制造电饭煲，对铝板表面采用电化学法或化学法进行处理，能增加其表面粗糙度，进而增加表面积，使铝材与树脂的结合力增大。

（4）冰箱与冷藏柜。冰箱与冷藏柜的内外壁板均是铝板，耐蚀性好，色调柔和。通常使用的铝板合金牌号为 3A21、3005、3105 等，表面进行阳极氧化与涂漆处理以进一步提高耐蚀性和美观性。

7.3　铝及铝合金在建筑中的应用

建筑业是铝材的三大主要市场之一，世界上铝总产量的 20%左右用于建筑业，一些工业发达国家的建筑业，其用铝量占其总消费量的 30%以上。建筑铝材的产品不断更新，彩色铝板、复合铝板、复合门窗框、铝合金模板等新颖建筑制品的应用也在逐年增加。我国在工业与民用建筑中应用铝合金制作屋面、墙面、门窗等，并逐渐扩及内外装饰、施工用模板等，已取得良好效果。

7.3.1　在网壳中的应用

随着人类社会物质和精神文明的发展，人们对建筑物的需求早已不再局限在满足遮风挡雨的基本使用功能，人类的生产生活需要更大的室内场地来支持，从而对建筑结构的跨度提出了更高的要求，大跨度空间网壳结构由于其合理的几何构型，能够高效地传递载荷，且具有刚度大、质量轻等优点，具有很好的技术经济指标。

目前国内外大跨度空间网壳结构的主要材料是钢材，对于有较强腐蚀环境以及对无磁环境要求较高的建筑结构，如游泳馆、化工行业和煤炭行业的厂房、仓库以及航空航天实验楼等，钢材往往无法满足要求。与钢材相比，铝合金具有质轻、耐蚀、无磁、易回收等优点，可以满足要求。随着生产工艺的改进与生产力的提高，铝合金的质量与产量不断提高，价格却呈下降趋势，在建筑结构领域具有广阔的应用前景。将空间网壳结构的几何体系优势与铝合金的材料性能优势结合，具有极大的理论研究价值与社会经济价值。

铝合金的密度仅为钢的1/3，在相同跨度下，铝合金结构可减轻自重20%~30%。自重小的结构体系有利于跨越更大的跨度，同时可减小对下部支座的负荷，有利于结构抗震设计。

在欧美国家，铝合金在建筑工程结构中的应用始于20世纪30年代，开始主要被用于桥梁结构。经过数十年的发展，铝合金空间网格结构以其卓越的表现和广泛的适用性得到青睐。目前全球已有超过7000座铝合金空间结构，如1951年，英国建造了跨度达111.3m的“探索”穹顶，美国在南极建造了直径50m的南极穹顶，以及跨度144m的意大利Civitavecchia的发电厂穹顶，是目前世界上跨度最大的铝合金网壳结构。图7-25是美国内布拉斯加州的亨利多利动物园沙漠穹顶，其即是铝合金结构的网壳。

图7-25 亨利多利动物园沙漠穹顶

在20世纪70年代，欧洲ECCS铝合金委员会已经对建筑结构铝合金进行了广泛且深入的探讨和分析，确定了结构用铝合金构件的基本特征，并于1978年制定了第一版铝合金结构建议，之后由CEN-TC技术委员会完成规范的相关编撰工作。

我国对铝合金网壳结构的研究起步较晚，开始于20世纪80年代，但经过学者和工程师的努力，也取得了大量的研究成果，于2007年发布了《铝合金结构设计规范》，有力促进了铝合金网壳在我国的应用和发展。我国在各地也已建成了多座包括网壳、网架在内的铝合金空间网格结构，其中图7-26是2011年建成的上海辰山植物园。

7.3.2 在建筑模板上的应用

美国于1962年首次研制成功并使用铝合金建筑模板，随后得到迅速推广，目前在韩国、墨西哥、巴西、印度等国家已经广泛使用。在国外建筑产业铝合金模板系统距今已有几十年的发展历史，铝合金模板体系相关技术在推广应用中也在不断成熟，越来越能满足模板工程的特殊需求。图7-27是铝合金建筑用模板的照片。

图 7-26　上海辰山植物园

图 7-27　铝合金建筑模板

美国针对铝合金模板体系，不断优化设计，方便施工，逐步研制出铝合金材质的次梁无边框建筑模板结构体系，进一步推广了铝模板的使用。加拿大的 ALUMA 公司，专门研制铝合金模板，其在施工设计等方面研究也趋于成熟，现在已用在混凝土结构中，尤其是多伦多的混凝土高层中大多数都是用了该公司的铝模板体系。研制的铝合金工字形梁和木胶合建筑模板一起构成大面积模板体系，使用面积大、拼装便利、效率高，可有效节省人工费用，适合板式混凝土构件，同时墙体模板吊装方便。德国推出了厚度为 18mm 的胶合面板的铝合金建筑边框模板体系，韩国铝合金模板系统使用率已达到 80%。

在我国，铝合金模板在香港、澳门地区也已经使用十多年。目前在我国内地主要使用铝模城市集中在珠三角、湖南、湖北、云南、广西、福建及西南地区。铝模板跟传统木模板相比，铝合金建筑模板系统全部配件均可重复使用，施工拆模后，现场无任何垃圾，施工环境安全、干净、整洁，拆模后混凝土表面光滑、平整，施工过程简单易操作，不依赖垂直运输机械，并且支撑系统简单，可以重复使用。铝合金模板的大力使用可以节省大量的木材，从而起到保护森林维持生态的作用。

7.3.3 在桥梁上的应用

美国于1933年首次将铝合金用于桥梁制造，1946年通过旧桥加固的方法建成第一座铝合金桥。随着铝产业的发展，除美国外许多国家都开始研究铝合金在桥梁结构上的应用。1960年德国建造了桁架铝合金Warren桥，1963年美国爱荷华州建成了第一座全焊接铝合金桥。

在近现代，铝合金由于自重较轻，特别适合用于带移动部位的活动桥制造，其不仅大幅度降低了活动桥结构在活动时所消耗的电力，还具有很好的耐蚀性。由于铝制桥结构简洁优美，施工方便，许多地方纷纷用铝材修建人行天桥。1999年英国修建了一座斜拉式铝合金结构人行天桥。

为应对复杂的城市交通情况，选用铝合金材料制作人行天桥的优势非常明显：铝合金轻质高强的特性能满足桥址地下有地铁隧道等地下建筑的限重要求；采用拼装再运输至桥址吊装的铝合金天桥能快速安装且运输方便，能降低施工对交通造成的影响。铝合金天桥常使用高强耐蚀的6×××系铝合金。

我国修建的第一座铝合金结构桥也是人行天桥，于2007年3月建成，使用的材料为6082-T6铝合金材料。图7-28是广州第一座铝合金天桥。

图7-28 广州第一座铝合金天桥

7.3.4 在门窗上的应用

铝合金门窗，是指采用铝合金挤压型材为框、梃、扇料制作的门窗，简称铝门窗。铝合金门窗包括以铝合金作受力杆件（承受并传递自重和荷载的杆件）复合木材、塑料的门窗。铝合金型材是门窗的主要原材料，其性能的高低直接决定了铝合金门窗的性能高低及使用耐久性，铝合金窗框如图7-29所示。

图 7-29　铝合金窗框

与钢木门窗相比，铝合金门窗具有以下优点：（1）自重轻、强度高。（2）密闭性能好，密闭性能直接影响着门窗的使用功能和能源的消耗，密闭性能包括气密性、水密性、隔热性和隔声性等四个方面。（3）耐久性好，使用维修方便。铝合金门窗不锈蚀、不褪色、不脱落、几乎无须维修，零配件使用寿命极长。（4）装饰效果优雅。铝合金门窗表面都有人工氧化膜并着色形成复合膜层，这种复合膜不仅耐蚀、耐磨，有一定的防火力，而且光泽度极高。铝合金门窗由于自重轻，加工装配精密、准确，因而开闭轻便、灵活，无噪声。

建筑门窗用铝合金型材主要通过挤压成型，因此，铝合金型材的合金牌号、所处状态、力学性能和尺寸偏差都会影响型材的质量和使用寿命。6061、6060、6063 和 6063A 等合金高温挤压成型，快速冷却并人工时效，再经阳极氧化或电泳喷涂等表面处理方法，即可得到铝合金门窗。

铝合金型材的表面处理方式不同，其适应的环境条件不同，耐候性也就存在差异。型材阳极氧化的氧化层脆硬，耐磨、抗光、抗风和抗紫外线，具有良好的耐腐蚀性，有较高的有机和无机制剂的抗浸蚀能力；型材电泳涂漆的保护膜为阳极氧化膜和电泳涂层的复合膜，因此耐候性优于阳极氧化型材，但电泳型材外观华丽，漆膜易划伤；型材粉末喷涂是以热固性饱和聚酯粉末作涂层，采用静电喷涂工艺处理，其特点是耐蚀性优良，耐酸碱烟雾大大优于阳极氧化；型材氟碳漆喷涂是以聚偏二氟乙烯树脂与金属粉的混合料经喷涂工艺处理，涂层具有金属光泽，耐紫外线辐射，其耐蚀性优于粉末涂层，一般经常用于高档铝型材的表面处理。

7.4　铝及铝合金在化工中的应用

铝及其合金在化工中应用十分广泛，主要是因为它具有以下特点：（1）很多化学药品（如液化天然气、浓硝酸、冰醋酸、乙二醇、乙醛等）与铝不发生化学反应或仅发生轻微腐蚀作用，因此可用铝制造各种化工容器和管道；（2）铝没有低温冷脆性，因此铝可用来储存和输送液氧、液氮等低温物品。

7.4.1　在容器中的应用

纯铝、防锈铝等耐蚀性较好的铝合金可用来制备化工容器。铝及其合金优异的成形性使容器可加工成立式、卧式、球形和矩形等各种形状样式，其中使用量最多的是铝球罐，能比同体积的矩形容器节省40%的原材料，并且能够承受的外力也大得多。据相关报道，我国每年制造的铝质化工容器约4000个，世界上最大的铝合金容器的制造使用了3500t铝板，主要用来储存-162℃下的液化天然气。

7.4.1.1　普通储罐

典型的铝制石油化工容器有液化天然气贮槽、液化石油气贮槽、浓硝酸贮槽、乙二醇贮槽、冰醋酸贮槽、醋酸贮槽、甲醛贮槽、福尔马林贮槽、吸硝塔、漂白塔、分解塔、苯甲酸精馏塔、混合罐、精馏锅等。

大多以工业纯铝、精铝及防锈铝合金制造加工上述容器的主体结构。不同的材料能加工成不同工作温度和压力要求的设备。例如，可用1060或1050A等工业纯铝制造工作压力小于30MPa的抗蚀容器；可用5A02、5A03、5A06等防锈铝合金制造压力较高的常温或低温容器。当要求的工作压力更高时，单独采用铝材制造可能受其强度、质量等的制约导致经济性不高，此时常用衬铝的碳钢或低合金钢板制造。在较大容器的内部及外部加装加强圈能改善铝制容器的受力情况，抑制其变形。加强圈一般用角铝、工字铝及槽铝等具有一定刚性的铝材制造。通常情况下，为了避免筒体在连续焊接的情况下出现变形，经常采用间断焊接的方法。

由于立式容器比卧式容器的占地空间小、单位容积的铝材用量少且容积大，因此立式容器的使用量相对较多。铝制立式容器的直径与高度之比一般为1∶(1.2~1.5)，图7-30是用于储存浓硝酸的立式铝罐。

图7-30　用于储存浓硝酸的立式铝罐

7.4.1.2　储罐顶盖

目前在欧美发达国家，约85%的大型储罐顶盖均采用铝合金进行制造。我国于20世纪80年代开始研制，并于90年代开发了能用在大型储罐顶盖上的短程线网壳技术。

与钢材相比，铝材特有的性能使其能用于对钢材腐蚀性强的储罐、废水处理池和料仓等的顶盖上，具体特点如下：（1）质轻，能显著降低罐、池及其基础承载；（2）耐蚀性高，不需要防腐处理即可直接使用，节约了防腐费用和工程间接费用，并且不需要维护；（3）能在很大程度上反射辐射热，有效降低易挥发性介质的挥发损失；（4）低温强度好且无低温脆性，如1460铝锂合金在-196℃时的抗拉强度为318MPa，高于20℃时的抗拉强度为284MPa，能储存低温液氮等材料；（5）顶盖与罐体的连接密闭性和稳定性好。

铝合金储罐顶盖的寿命较长，在恶劣自然环境下可正常使用且不需维护，图7-31是TEMCOR建造的位于澳大利亚Botany港的两个直径32m和两个直径47m的铝合金储油罐，长期受海风浸蚀仍可正常使用。

图7-31　铝合金储油罐

7.4.1.3　内浮盘

铝合金内浮盘适用于内浮顶油罐，是漂浮在油罐液面上随油品上下升降的浮动顶盖，可有效降低介质的挥发损耗，而且由于内浮盘把介质（即罐内储料）和空气有效隔绝，从一定程度上也降低了发生火灾爆炸的危险等级，储油罐外部的拱顶又可以防止雨水、积雪及灰尘等进入罐内，保证罐内介质清洁。图7-32是铝合金内浮盘。

铝合金内浮盘储罐主要用于储存轻质油，例如汽油、航空煤油等。采用直线式罐壁，壁板对接焊制，拱顶按拱顶储罐的要求制作，是目前公认最理想的降低油品蒸发损耗的最经济、简单的方法。

铝合金内浮盘结构形式为蛛网状仿生六边形镶嵌式结构，浮动元件必须镶嵌在骨架内，且单支浮子的长度应不大于2000mm，以增强浮盘整体结构的强度。浮子的直径为

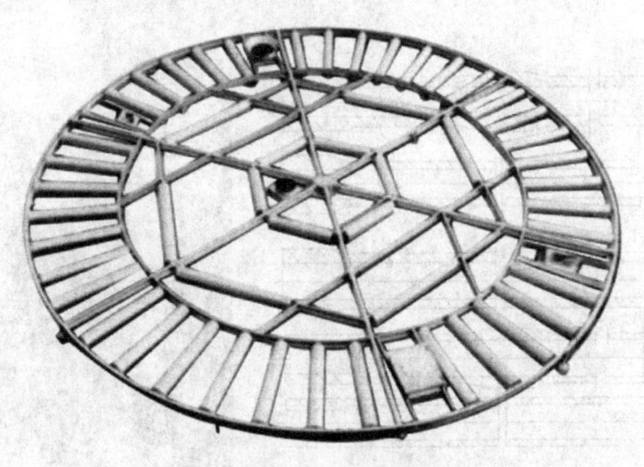

图 7-32　铝合金内浮盘

185mm。组装式内浮盘与储存介质为挥发性液态石油制品、化工产品等储罐配套使用，能够降低介质自然挥发量，有利于节能、降耗、安全、环境保护，增加经济效益。

铝合金内浮盘具有以下优点：(1) 采用了独特的浮子布置形式，在外圈沿周边密封带附近均匀设置浮子，使密封带受力均匀，用于克服浮盘在运行过程中产生的密封带与罐壁之间产生的摩擦力，同时也增加了密封带附近的结构强度，从而保证了浮盘密封带的运行安全，不会出现卡盘现象。(2) 内浮盘浮子管专门定制，采用了热挤压铝合金管，因而无轴向焊缝，减少了泄漏的可能性。(3) 节能、降耗，浮盘设计确保液气空间较小，有效减少了介质的蒸发量，降耗率达到 98% 以上，使用安全，减少环境污染。(4) 由于浮盘内部液气空间小，一般低于 100mm，整个结构只有 300mm 厚，因此相比较其他结构浮盘增加了储罐空间，提高储罐的储存利用率。(5) 浮盘安装采用螺栓连接，无须焊接，特别适用于改造罐。零部件均采用模具化制造，互换性和通用性好。浮盘主体采用优质材料制作、防腐性能好、使用寿命长。密封材料根据储存介质不同而异，具有导电耐磨、弹性好、不易龟裂等优良性能。(6) 该产品设计对静电导出有十分完善的规范，无潜在的静电危险，且不需要焊接安装，确保浮盘使用安全。(7) 骨架、浮子及各种零部件都是挤压成型，特别是浮子是采用热挤压技术挤压成铝筒，实现了标准化生产，在工厂预制后无须焊接，故其安装、维修简捷、方便。

7.4.2　在石油化工中的应用

7.4.2.1　钻探管

1962 年，苏联首次使用铝合金制造钻探管，其后得到广泛应用，到 1978 年钻探总量已达 400km，占总掘进数的 25%，在 100 多个钻探区应用并适应不同的地质条件。

采用铝合金钻探管具有以下几个优点：(1) 具有极高的技术经济性，可回收使用，比钢钻探管有竞争力；(2) 适应不同钻机的要求，使钻井时间缩短；(3) 使钻探设备的质量下降，降低材料和运输费用，减少钻塔的维修和生产成本；(4) 尤其适用于钻探深度大于 2km 且升降操作时间长的钻井，可缩短升降操作时间；(5) 价格低，能回收利用；(6) 可靠性好，钻探过程中不会发生火花，同时适用于有腐蚀性的钻井；(7) 耐热性好，在井底温度为 240℃时仍可正常使用。图 7-33 是常见铝合金钻探管的结构形式。

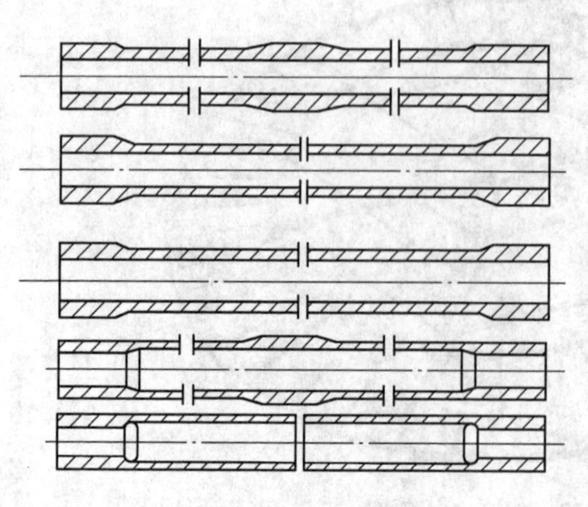

图 7-33　常见铝合金钻探管的结构形式

20 世纪 60 年代即开始研制可用于钻探管的铝合金变断面管材，并于 70 年代大量使用。1958 年，苏联冶金机械科学研究所试制了 B95 和 Д16 铝合金钻探管，1963 年研制出首批用于石油钻探的铝合金变断面管材，20 世纪 70 年代在莫斯科的轻金属研究院古比雪夫冶金工厂和卡明斯克冶金工厂分别建成了年产量达 10 万吨以上的几条专门生产铝合金钻探管的生产线。同时，美国、法国、德国和日本等国家也开发了不同规格和用途的铝合金钻探管。目前国外铝探管生产工艺也相当成熟，但该技术比较复杂且需要大型挤压机，所以仅俄罗斯、美国、法国、德国、日本等少数几个国家能够生产。

我国的石油和地质工业起步于中华人民共和国成立以后，虽然地质勘探事业在开发了几个大油田后进步较快，但钻杆几乎全部采用从日本、德国和美国进口的钢质钻杆，与国际平均水平尚有一定的差距。此外，我国是海洋石油资源丰富的国家，近年来海上石油钻探发展极为迅速，因此铝合金钻探管的应用前景非常广阔。

7.4.2.2　铝塑复合管

铝塑复合管最早作为铸铁供水管的替代品使用，其基本构成应为 5 层，即由内而外依次为塑料、热熔胶、铝合金、热熔胶、塑料，如图 7-34 所示。铝塑复合管有较好的保温性能，内外壁不易腐蚀，因内壁光滑，对流体阻力很小，又因为可随意弯曲，所以安装施工方便。铝塑复合管有足够的强度，可作为民用供水管道或燃气管道使用。

A　在供水中的应用

交联聚乙烯（PEX）的分子间结构十分稳定，将其作为铝塑复合管的塑料部分，可在建筑给水、供暖系统中使用。

铝塑复合管独特的性能特点是阻隔气体的渗透，非常适用于封闭循环的热水系统（如地面铺热水管的采暖系统）中，能有效防止氧气的渗入，避免系统中的氧化腐蚀。此外，在地面采暖系统中使用的铝塑复合管还能任意弯曲，当产品以盘卷供应时能连续很长没有接头。

1997 年欧洲用于地面辐射采暖的铝塑复合管总长度达到 1800 万米，国外铝塑复合管

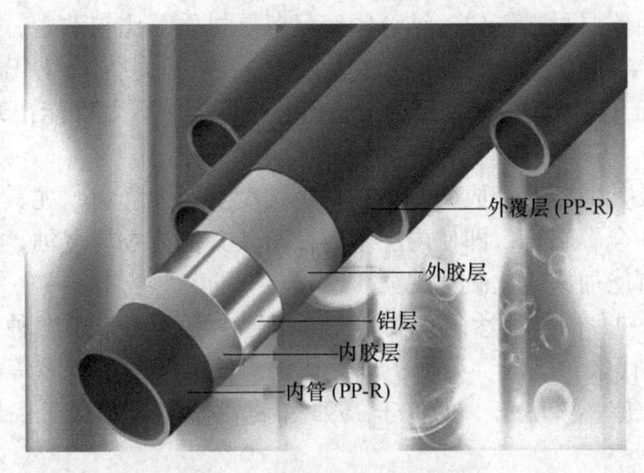

图 7-34 铝塑复合管的结构

基本限于小直径的室内用管，在美国 IAPMO 颁布的燃气管道安装规范中，室内燃气管不允许用 PE 管，但铝塑复合管则可在燃气管道中使用。

国内一些企业和部门在推广铝塑复合管方面做了大量工作，在国内能够自己生产铝塑复合管生产线以后，国内铝塑复合管得到迅速发展。至今，国内生产铝塑复合管的生产线已经有近 100 条，设备年生产能力已超过 1.5 亿米。

B 在输送酸碱液中的应用

需要经久耐用、安全可靠的输送管材输送酸碱等有严重腐蚀性液体。为了解决管材腐蚀问题，人们开发了一系列新型管材，如不锈钢管、橡胶管、玻璃内衬管等，但均存在不足之处，如不锈钢的价格较高，橡胶等材料易老化，玻璃内衬易脆等，导致在使用过程中出现滴漏，一方面增加了材料的浪费，另一方面留下了安全隐患。

铝塑复合管是一种由中间纵焊铝管，内外层聚乙烯塑料以及层与层之间热熔胶共挤复合而成的新型管道。聚乙烯是一种无毒、无异味的塑料，具有良好的耐撞击、耐腐蚀、耐候性。中间层纵焊铝合金使管子具有金属的耐压强度，耐冲击能力使管子易弯曲不反弹，铝塑复合管拥有金属管坚固耐压和塑料管抗酸碱耐腐蚀的两大特点，在酸碱液的输送中应用较为广泛。表 7-23 是不同温度下铝塑复合管的耐腐蚀情况。

表 7-23 不同温度下铝塑复合管的耐腐蚀情况

温度/℃	耐 蚀 情 况
常温	不溶于任何一种已知溶剂；浓硫酸、浓硝酸、铬酸、混合液仅能缓慢作用
60	耐各种浓度的盐酸、碱、50%硫酸、40%硝酸
70	少量溶于甲苯、三氯乙烯、松节油、四氯化苯、矿物油、石蜡
90~100	不溶于水脂肪族、丙酮、乙醚、甘油及其他植物油，但能渗于硫酸、硝酸

C 在燃气输送管中的应用

作为可燃烧的物质，燃气在输送过程中不允许出现泄漏、渗漏或者局部打火。铝塑复合管的主干是铝合金，内外侧是厚度极薄的塑料，由于铝合金良好的导热导电性，并且其自身熔点约为 660℃，降低了局部打火的危险，具有比塑料管道更好的阻燃性能。

铝塑复合管是由5层材料组成，结合紧密且各层材质都比较致密，所以在燃气输送过程中不可能泄漏和渗漏。铝塑复合管能承受的持久压力为2.7MPa，爆破压力值为7.0MPa，而在实际工作中的压力值仅为0.4MPa，因此，不太可能出现爆破、失效破裂现象。

燃气中存在苯及其他芳香烃成分，会在一定程度上侵蚀管道，尤其是塑料管道。而铝塑复合管的中间层是金属铝管，即使内层塑料被苯及其他芳香烃侵蚀，但中间铝管依然保持较高的强度，不可能加速脆化破坏现象。

20世纪70年代初，国外发达国家在燃气输送管中已开始采用特种塑料管替代镀锌金属管。20世纪80年代末，美国、英国、澳大利亚、日本和中国台湾等国家和地区开始采用铝塑复合管作为家庭燃气配管。瑞士于1993年将铝塑复合管用于民用煤气的地面安装和地下埋入安装。

澳大利亚和美国等国家均已制定了铝塑复合管用于包括燃气在内各种气体输送的标准，中国国家标准《城镇燃气设计规范》（GB 50028—2006）也规定室内燃气管道可选用铝塑复合管。在选择铝塑复合管时，需考虑其管材标准，可采用的连接方式、允许使用的温度、压力、环境条件和安装位置，严格按照标准进行采购、连接和安装。

7.4.3　在电池中的应用

金属铝电极电位为负，中性及酸性介质中为-1.66V(vs. SHE)，碱性介质中为-2.35V(vs. SHE)，比能量高、价格低廉且资源丰富。在常见金属阳极材料中，铝的阳极容量为2.98A·h/g，仅次于锂，而其体积比容量为8.05A·h/cm^3，高于其他所有金属材料，是理想的阳极材料。

铝作为电极材料的研究始于19世纪50年代，Hulot于1850年以铝作为Zn(Hg)/H_2SO_4(aq)/Al电池的阴极，1857年铝首次作为Al/HNO_3/C电池的阳极使用。后来出现以锌铝合金为阳极的Leclanche电池，20世纪50~60年代的研究是以铝为阳极的Buff电池和Al/MnO_2电池，以及铝空气电池和H_2O_2为载体的Al/H_2O_2电池体系。20世纪70年代中期研究的是Al/AgO电池以及熔盐铝二次电池，80年代后期研究的是包括Al/Ni电池、Al/S电池、Al/MnO_4电池和Al/KFe$(CN)_6$电池等。

铝电池虽然研究品种较多，但却没有一种能真正实现工业产业化，究其原因有以下三点：(1) 铝容易形成致密的氧化膜，使铝的电极电位迅速下降；(2) 铝较活泼且是两性元素，容易与介质发生严重的析氢反应；(3) 碱性介质中，铝阳极成流反应和腐蚀反应的产物均为$Al(OH)_3$，不但降低电解质电导率而且增加了铝阳极极化，使得铝电池性能恶化。

以上问题的存在使铝电池商业化存在一定的难度，目前解决上述问题一般从以下三点出发：(1) 从铝合金本身出发，添加合金元素如In、Mn、Mg、Zn、Ga、Sn、Ti等，改善铝合金阳极性能，使得铝在反应介质中得到活化；(2) 从反应介质出发，在反应介质中加入可降低铝阳极析氢速率的添加剂；(3) 从电池结构出发，改善电池透气和排液结构，或设计为电解质循环结构。

7.4.4　在热交换器中的应用

化工生产中使用的热交换器，要求换热效率高、加工性和焊接性能好、耐蚀性强、使用寿命长、投资尽可能低，其设计使用温度一般为200℃以下，公称压力一般为1~2.5MPa，一般分为列管式和盘管式两种结构形式。

目前，国内化工行业中绝大多数管式换热器还是采用不锈钢管。虽然铝及其合金具有很好的导热性、优良的焊接加工性、较好的耐蚀性和低廉的价格，但相对于不锈钢而言，其力学性能低、耐磨性差，使用寿命一般为0.5~1年，所以难以完全替代不锈钢管。

近年来，化工热交换器及管道上开始使用5454铝合金（Al-2.4%~3.0%Mg-0.5%~1.0%Mn-0.05%~0.20%Cr)，一般使用寿命能达到2年以上。作为不可热处理强化合金，5454合金在碱性介质中的耐蚀性比工业纯铝高，在露天使用时可不采用涂层处理。

5454合金熔炼温度为720~760℃，铸造温度为710~730℃，均匀化温度为480℃，管材挤压温度为420~480℃。热交换器上使用的铝合金管一般采用平面分流模挤压成形，同时挤压过程一般不允许润滑模具。5454挤压管材还可以通过冷作硬化（冷拉伸）的方法进一步提高其强度，但Al-Mg系合金在长期放置后自然时效非常显著，因此冷加工后的5454合金管材需进行130~170℃稳定化处理，改善其力学性能和耐蚀性。

7.5 铝及铝合金在航空航天中的应用

7.5.1 应用概况

铝及其合金优异的特性，是航空航天领域零部件用的首选轻量化结构材料，应用非常广泛。在航空工业中，每架飞机上一般平均使用180t的厚铝板，优质的铝合金铸锻件可用来制造巡航导弹壳体。目前，民用飞机上的铝材用量为70%~80%，军用飞机上的铝材用量为40%~60%。国外某些民用与军用飞机上的铝合金用量如表7-24和表7-25所示。

表7-24 国外某些民用飞机上的用材情况 (%)

机种＼材料	铝合金	钢铁	钛合金	复合材料
B747	81	13	4	2
B767	80	15	2	3
B767-200	74.5	15.4	5.1	5
B757	78	12	6	4
B777	70	11	8	11
B787	20	10~15	15	50
A300	76	13	6	5
A320	26.5	13.5	45	15
A340	70	11	7	12
A380	60	10	5	25
MD-82	74.5	12	6	7.5

铝合金主要用于制造飞机机翼和机身，用途非常广泛。表7-26是飞机各部位使用的铝合金实例。

表 7-25　国外某些军用飞机上的用材情况　　(%)

机种＼材料	钢	铝合金	钛合金	复合材料	购买件及其他
F-104	20	70	0	0	10
F-4E	17	54	6	3	20
F-14E	15	36	25	4	20
F-15E	4.4	35.8	26.9	12	20.9
飓风	15	46.5	15.5	3	20
F-16A	4.7	78.3	2.2	4.2	10.6
F-18A	13	50.9	12	12	12.1
AV-8B	0	47.7	0	26.3	26
F-22	5	15	41	24	15
EF2000	0	43	12	43	2
F-15	5.2	37.3	25.8	1.2	30.5
L42	5	35	30	30	0
苏 37	0	45	20	15	20
苏 27	0	64	18	0	18

表 7-26　铝合金在飞机各部位的应用实例

应用部位	应用的铝合金
机身蒙皮	2024-T3，7075-T6，7475-T6
机身桁条	7075-T6，7475-T76，7075-T73，7150-T77
机身框架和隔框	2024-T3，7075-T6，7050-T6
机翼上蒙皮	7075-T6，7150-T6，7055-T77
机翼上桁条	7075-T6，7150-T6，7055-T77，7150-T77
机翼下蒙皮	2024-T3，7475-T73
机翼下桁条	2024-T3，7075-T6，2224-T39
机翼下壁板	2024-T3，7075-T6，7175-T73
翼肋和翼梁	2024-T3，7010-T76，7175-T77
尾翼	2024-T3，7075-T6，7050-T76

在航空工业中，几乎所有体系的铝合金都得到了应用，其中 Al-Cu-Mg 系合金和 Al-Zn-Cu-Mg 系合金主要作为结构材料使用。表 7-27 是我国航空工业中所用铝合金的主要特性及用途。

表 7-27　我国航空工业中所用铝合金的主要特性及用途

牌号	主要特性	用途举例
1060 1050A 1200	导电导热性能好，耐蚀性高，塑性高，强度低	铝箔用于制造蜂窝结构、电容器及导电体

续表 7-27

牌号	主要特性	用途举例
1035 1100	导电导热性能好，耐蚀性高，塑性高，强度低，焊接性能好，切削性不良，易成形加工	飞机通风系统零件，电线，电缆保护管，散热片
3A21	O 状态的塑性高，HX4 时塑性也好，不能热处理强化，耐蚀性高，焊接性能良好，切削性不佳	副油箱，汽油，润滑油导管，用于深拉法加工的低负荷零件和铆钉
5A02	O 状态的塑性高，HX4 时塑性也好，不能热处理强化，耐蚀性与 3A21 合金相近，疲劳强度较高，接触焊和氢原子焊接性良好，氩弧焊时易形成热裂纹，焊缝的气密性不高，焊缝强度为基体强度的 90%~95%，焊缝塑性高，抛光性能良好，O 时切削性能不良，HX4 时切削性能良好	焊接油箱，汽油润滑油导管，其他中等载荷零件，铆钉线和焊丝
5A03	O 状态的塑性高，HX4 时塑性尚可，不能热处理强化，焊接性能好，焊缝气密性好，焊缝强度为基体的 90%~95%，O 时切削性能不良，HX4 耐蚀性好	中等强度的焊接结构件，冷冲压零件和框架等
5A06	强度与抗蚀性好，O 状态的塑性高，焊接性能好，焊缝气密性好，焊缝强度为基体的 90%~95%，切削性能良好	焊接容器，受力零件，蒙皮，骨架零件等
5B05	O 状态的塑性高，不能热处理强化，焊接性能好，焊缝气密性好，铆钉应经过阳极化处理	铆接铝合金与镁合金结构的铆钉
2A01	热态、冷态下塑性都好，铆钉在固溶处理和时效处理后铆接，在铆接的过程中不受热处理后的时间限制，铆钉需经阳极氧化处理	中等强度和工作温度不超过 100℃的结构用铆钉
2A02	热塑性高，挤压半成品有形成粗晶化倾向，可热处理强化，耐蚀性能比 2A70 和 2A80 合金高，有应力腐蚀倾向，切削性能好	工作温度为 200~300℃的涡轮喷气发动机、轴向压气机叶片等
2A04	抗剪强度和耐热性较高，压力加工性能和 2A12 合金相同，在淬火和退火状态下塑性也较好，可热处理强化，普通腐蚀性能与 2A12 合金相近，在 150~250℃形成晶间腐蚀的倾向比 2A12 合金要小，铆钉在新淬火状态下铆接	用于铆接工作温度为 125~250℃的结构
2B11	抗剪强度中等，在退火、新淬火和热态下塑性好，可热处理强化，铆钉必须在淬火 2h 后铆完	中等强度铆钉
2B12	在淬火状态下的铆接性能较好，必须在淬火后 20min 内铆完	铆钉
2A10	热塑性与 2A12 合金相同，冷塑性较好，可在时效后的任何时间内铆接，铆钉需经阳极氧化处理	用于制造强度较高的铆钉，温度超过 100℃时有晶间腐蚀倾向
2A11	在退火、新淬火和热状态下的塑性较好，可热处理强化，焊接性能不好，焊缝气密性较好，焊缝的塑性低，包铝板材有良好的耐蚀性，温度超过 100℃后有晶间腐蚀倾向，阳极氧化处理可显著提高挤压材与锻件的抗蚀性	中等强度的飞机结构件，如骨架零件、连接模锻件、支柱、螺旋桨叶片、螺栓、铆钉
2A12	在退火、新淬火和热状态下的塑性较好，可热处理强化，焊接性能不好，焊缝的塑性低，耐蚀性不高，有晶间腐蚀倾向，阳极氧化处理可显著提高挤压材与锻件的抗蚀性	除模锻件外，可用作飞机的主要受力部件，如骨架零件、蒙皮、隔框、翼肋、铆钉
2A06	压力加工性能与切削性能与 2A12 合金相同，在退火和新淬火状态下的塑性较好，可热处理强化，耐蚀性不高，在 150~250℃有晶间腐蚀倾向，焊接性能不好	板材用于 150~250℃工作的结构，在 200℃工作的时间不宜长于 100h

续表 7-27

牌号	主要特性	用途举例
2A16	热塑性较好，无挤压效应，可热处理强化，焊接性能较好，未热处理的焊缝强度为基体的 70%，耐蚀性不高，阳极氧化处理后可以显著提高抗蚀性能，切削加工性能较好	用于制造在 250~350℃工作的零件，如轴向压缩机叶轮圆盘，板材用于焊接室温和高温容器及气密舱等
6A02	热塑性高，T4 时塑性较好，抗蚀性与 3A21 及 5A02 合金相当，但在人工时效状态下有晶间腐蚀倾向，淬火与时效后的切削性能较好	高塑性与高抗蚀性的飞机发动机零件，直升机桨叶，形状复杂的锻件与模锻件
2A50	热塑性高，可热处理强化，T6 状态下材料的强度与硬铝相近，工艺性能较好，有挤压效应，耐蚀性较好，有晶间腐蚀倾向，接触焊，点焊性能良好，电弧焊与气焊性能不好	形状复杂的中等强度的锻件和模锻件
2B50	热塑性比 2A50 合金要高，可热处理强化，焊接性能与 2A50 相近，切削性能较好	复杂形状零件，如压气机轮，风扇叶轮
2A70	热塑性好，工艺性能比 2A80 合金稍好，可热处理强化，高温强度高，无挤压效应，接触焊，点焊性能良好，电弧焊与气焊性能较差	内燃机活塞，在高温下工作的复杂锻件，高温结构板材
2A80	热塑性好，工艺性能比 2A80 合金稍好，可热处理强化，高温强度高，无挤压效应，耐蚀性能较好，但有应力腐蚀开裂倾向	压气机叶片，叶轮圆盘，活塞，其他在高温下工作的发动机零件
2A14	热塑性好，切削性能良好，可热处理强化，高温强度高，有挤压效应，接触焊，点焊性能良好，电弧焊与气焊性能较差，耐蚀性能不高	承受高负荷的飞机自由锻件与模具零件
7A03	在淬火与人工时效状态下塑性较高，可热处理强化，室温抗剪强度较高，耐蚀性能较好	受力结构铆钉，当工作温度低于 125℃时可取代 A210 合金铆钉
7A04	高强度合金，在退火与新淬火状态下塑性与 2A12 合金相近，在 T6 状态下用于飞机结构，强度高，塑性低，点焊接性能与切削性能良好	主要受力构件，大梁，加强框，蒙皮，接头，起落架零件
7A05	强度较高，热塑性尚好，不易冷校正，耐蚀性能与 7A04 合金相同，切削加工性能良好	高强度形状复杂锻件，如桨叶
7A09	强度高，在退火与新淬火状态下稍次于同状态的 2A12 合金，稍优于 7A04 合金，在 T6 状态下塑性显著下降。7A09 合金板的静疲劳、缺口敏感性、应力腐蚀开裂性能稍优于 7A04 合金，棒材的这些性能与 7A04 合金相当	飞机蒙皮结构件和主要受力零件

在航天工业中，铝合金主要用于制造航天飞机的机身、机翼、主骨架及宇航员座舱等。其中用得最多的是 2219、2024、2124 及铝锂合金等。比如美国哥伦比亚号航天飞机，其机身蒙皮、部分机身框架、机身襟翼、升降副翼等都是由 2024 合金制造；乘员舱面板、部分机身框架等是由 2219 合金制造；机身结构（包括有效载荷舱门及机翼承载结构等）、机身面板、垂直尾翼的翼片等都是用 2124 合金制造而成。

在国外，飞机不同部位处铝合金的应用发展情况为：20 世纪 70 年代以前，普通纯度的 2024、7075 合金应用较多；70 年代以后的飞机主要应用的是高纯铝合金，包括 2124-T851、2324-T39、2224-T3511、7475-T73、7475-T76、7050-T7451、7050-T7452、7010-T74

和 7150-T61 等铝合金；在 90 年代以后，飞机上使用了新型铝合金，如 2524-T3、7150-T7751、7055-T7751、2197-T851、7085-T7452 等合金。

7.5.2　Al-Cu-Mn 系合金在航空航天中的应用

在航空航天工业，2×××系铝合金是用途最广、用量最多的铝合金之一。目前获得应用的主要铝合金有：2A01、2A02、2A10、2A11、2A12、2A14、2A16、2A50、2B50、2A70、2014、2017A、2024、2124、2224、2324、2424、2524、2618A、2219、2090、2091、2196 等。下面对 2×××系铝合金中较典型的 Al-Cu-Mn 系合金进行介绍。

7.5.2.1　2A16 铝合金

2A16 合金是可热处理强化型的耐热铝合金，同时也可在很低的温度下使用。2A16 合金的室温力学性能低于 2A12 铝合金，但可在 250~350℃下长时间使用。合金具有良好的焊接性，能进行点焊、滚焊、氩弧焊和摩擦搅拌焊。2A16 铝合金虽含有 Mn，但无挤压效应，挤压材在各个方向上的性能基本相同。合金的热处理工艺方案为 T6 处理（固溶处理+人工时效），是航天器用得最多的变形铝合金之一。

2A16 铝合金的化学成分类似于美国的 2219 铝合金和俄罗斯的 Д20 合金。美国的 2219 铝合金自 1954 年正式使用，现已发展到 2519 铝合金，合金的化学成分如表 7-28 所示。

表 7-28　2219 型铝合金的化学成分　（质量分数,%）

牌号	Si	Fe	Cu	Mn	Mg	Zn	Ti	V	Zr	其他		Al
										每个	合计	
2A16	0.30	0.30	6.0~7.0	0.40~0.80	0.05	0.10	0.10~0.20		0.20	0.05	0.10	余量
2219	0.20	0.30	5.8~6.8	0.20~0.40	0.02	0.10	0.02~0.10	0.05~0.15	0.10~0.25	0.05	0.15	余量
2319	0.20	0.30	5.8~6.8	0.20~0.40	0.02	0.10	0.10~0.20	0.05~0.15	0.10~0.25	0.05	0.15	余量
2419	0.15	0.18	5.8~6.8	0.20~0.40	0.02	0.10	0.02~0.10	0.05~0.15	0.10~0.25	0.05	0.15	余量
2519	0.25	0.30	5.3~6.4	0.10~0.50	0.1	0.10	0.02~0.10	0.05~0.15	0.10~0.25	0.05	0.15	余量

在火箭与航天器上，2219 铝合金主要用于制造燃料箱、助燃剂箱。由于自动焊接技术，特别是摩擦搅拌焊接技术的开发与成熟，2219 合金被用来加工成火箭需要的厚板与锻件。美国雷神 δ(Thor-Delta) 及土星-Ⅱ(Saturn S-Ⅱ) 号火箭的燃料箱等都是用 2219 铝合金焊接的，最近美国发射的火箭与航天飞机的燃料箱也是用 2219 铝合金制造的。图 7-35 是美国土星-5 号运载火箭照片。

俄罗斯米格系列飞机采用 Д20 合金制作机头罩、机翼整体油箱、机身内部结构件及焊接件等共 60 多个部件。中国使用 2A16 合金制作机身蒙皮、内部结构件及焊接件等，如圆盘、发动机叶片等需要在 250~350℃工作的零件，容器、气密座舱等在室温和高温下工作的焊接零件等。

2A16 铝合金薄板（1.0~2.5mm）及小型材在 165℃人工时效后有严重的晶间腐蚀和应力腐蚀倾向，210℃的人工时效虽然能改善耐蚀性，但室温强度下降。合适的时效处理温度一般选择为 190℃，时效时间为 18h，这种热处理制度已列入 HB5301 和 HB5300 标准中。2A16 铝合金锻件的力学性能如表 7-29 所示。

图 7-35　美国土星-5 号运载火箭

表 7-29　2A16 铝合金锻件的力学性能

技术标准	品种	状态	纵　向			横　向			HBS
			σ_m/MPa	$\sigma_{0.2}$/MPa	δ/%	σ_m/MPa	$\sigma_{0.2}$/MPa	δ/%	
GJB2351	模锻件	T6	375	255	8	375	255	8	100
	锻件		355	235	8	355	235	8	100
HB5204	模锻件	T6	375	255	8	375	255	8	100
	锻件		355	235	8	355	235	8	100

7.5.2.2　2B16 铝合金

2B16 合金也是 Al-Cu-Mn 系合金，是铆钉合金，能用于航空航天器零部件的铆接，具有较好的可铆接性能，能在 250℃以下长期工作。2B16 合金的室温、高温抗剪强度高于 2A10 合金的，其化学成分与美国的 2219 及俄罗斯的 Д20 合金的相当，一般在热处理后使用。

2B16 合金的前期热处理工艺如下：(375±5)℃的温度下保温 1~2h 进行退火，然后炉冷至 200℃，出炉空冷。2B16 合金线材的直径一般为 1.6~10mm，成品状态为冷作硬化，此时可交货。在使用前，需要进行 T6 热处理，用于铆接大型导弹、大型运载火箭与航空器的耐热结构。

165℃、12h 人工时效的 2B16 合金有较大的晶间腐蚀倾向；在固溶热处理后冷拉1%~3%再经 175℃、18h 人工时效，晶间腐蚀倾向下降，但仍存在；190℃、18h 人工时效后晶间腐蚀倾向消失。若合金在 175℃以上的高温下长时间工作，则不会存在晶间腐蚀倾向。经硫酸阳极化并用重铬酸钾封孔后方能进行铆接。

7.5.2.3　2024 型铝合金

2024 型铝合金包括 2024、2024A、2124、2224、2324、2424 和 2524 等牌号。其发展

历程如下：1970 年美国铝业公司（Alcoa）研制成功 2124 铝合金，主要作为 T351 和 T851 状态的 38~152mm 厚板制造飞机结构件；1978 年研制的 2224 和 2324 铝合金，其 T3511 状态的挤压件和 T39 状态的厚板、薄板已用于制造波音 767 等飞机的结构件；1994 年及 1995 年又研制出综合性能更为优异的 2424 和 2524 铝合金。

中国的 ARJ21-700 支线客机（如图 7-36 所示）大量使用了 2024 型铝合金，尤其是 2524 铝合金，这种合金制造了几乎所有的飞机蒙皮。

图 7-36　国产 ARJ21-700 支线客机

2024 型铝合金的特性、产品及状态和用途如表 7-30 所示。

表 7-30　2024 型铝合金的特性、产品及状态和用途

合金	特　性	产品及状态	典型用途
2024	硬铝中的典型合金，综合性能较好，强度高，有一定的耐热性，可用作150℃以下工作的零件，热处理强化效果显著，抗蚀性差，包铝可提高抗蚀性	O、T3、T361、T4、T72、T81、T861 板材； O、T351、T361、T851、T861 厚板； O、T3 拉伸管； O、T3、T3510、T3511、T81、T8510、T8511 挤压管、型、棒、线材； O、T13、T351、T4、T6、T851 冷加工棒材； O、H13、T36、T4、T6 冷加工线材，T4 铆钉线材	飞机结构（蒙皮、骨架、肋梁、隔框等）、铆钉、导弹构件、卡车车轮、螺旋桨元件及其他各种结构件
2124	是 2024 铝合金高纯化的合金，强度、塑性和断裂韧性比 2024 合金的好，SCC 性能与 2024 合金相似	T351、T851 厚板	飞机结构件，机翼、机身、炮梁、机身蒙皮、中央翼蒙皮、进气道、蒙皮及整流罩
2224	是 2124 合金高纯化的合金，强度、断裂韧性和抗疲劳性能比 2024 合金的好，工艺性能和耐蚀性能与 2024 合金的相似，价格比 2024 合金贵	T3510、T3511 挤压件	飞机结构件

续表 7-30

合金	特　性	产品及状态	典型用途
2324	高强度和高断裂韧性	T39 厚板、薄板	飞机结构件
2524	强度及其他性能与 2024-T3 铝合金相当的情况下，合金的疲劳强度提高 10%，断裂韧性提高 20%	T3 薄板	飞机蒙皮

与 2124-T351 相比，2124-T851 合金厚板的拉压强度、耐蚀性和热稳定性均得到显著提高。T851 状态厚板无晶间腐蚀、剥落腐蚀与应力腐蚀开裂倾向，而 T351 状态材料的这些倾向则相当严重，但 T851 状态的塑性及断裂韧性较低。在飞机零部件中，2124-T851 铝合金厚板能替代锻件，如飞机隔板。2124-T851 铝合金适于生产要求耐热、耐腐蚀与承受较大应力的结构件，但工作温度最好低于 175℃。

2124-T851 合金厚板的成形性差，不能用来直接加工零件。需要先用 T351 状态板材成形，然后经人工时效后加工。合金的可焊性与 2024 铝合金的相当，不适合熔焊，可进行电阻焊与摩擦搅拌焊；表面处理工艺与 2024 铝合金的相当；有良好的可切削性能与磨削性能。

7.5.3　Al-Zn-Mg-Cu 系合金在航空航天中的应用

由于具有高的比强度和硬度、易加工、较好的耐腐蚀性能和较高的韧性等优点，Al-Zn-Mg-Cu 系超高强铝合金广泛应用于航空和航天领域。该系合金的发展历程就是一代又一代新型飞机的发展历程。Al-Zn-Mg 系合金于 20 世纪 20 年代后期出现，但存在强烈的应力腐蚀开裂倾向。20 世纪中期，为了提高 Al-Zn-Mg 系合金的抗应力腐蚀性能，在合金中加入了 Mn、Cr、Ti 等微量元素，美国、日本和苏联相继开发了 75S 合金（现在的 7075 铝合金）、ESD 合金（成分大致与 75S 合金的相同）和 B95 合金。

1956 年，苏联学者在 Al-Zn-Mg-Cu 系合金的基础上，研制出世界上第一种超高强度铝合金 B96ц（部分超高强铝合金的化学成分与性能见表 7-31 和表 7-32），继而通过提高合金纯度、降低合金元素含量开发出 B96ц 的改型合金 B96ц21 和 B96ц23。

表 7-31　部分超高强度铝合金的化学成分

合金	元素/%								
	Zn	Mg	Cu	Mn	Cr	Zr	Fe	Si	Al
B96ц	8.0~9.0	2.3~3.0	2.0~2.6	2	2	0.10~0.20	≤0.40	≤0.30	余量
B96Lц	8.0~8.8	2.3~3.0	2.0~2.6	0.30~0.80	2	0.10~0.15	≤0.25	≤0.15	余量
B96ц3	7.6~8.6	1.7~2.3	1.4~2.0	0.05	2	0.10~0.20	≤0.20	≤0.10	余量
7150	5.9~6.9	2.0~2.7	1.9~2.5	0.10	0.04	0.05~0.15	≤0.15	≤0.10	余量
7055	7.6~8.5	1.8~2.3	2.0~2.6	0.05	0.04	0.05~0.25	≤0.05	≤0.05	余量

7.5.3.1　7050 型铝合金

作为 Al-Zn-Mg-Cu 系合金的一种，7050 型合金是热处理可强化的变形铝合金，具有超高的强度。7050 型合金包括 7050、7050A、7150、7250 等 4 个合金，除 7050A 合金是法国

表 7-32　部分超高强度铝合金的性能

加工形式	合金牌号	σ_b/MPa	$\sigma_{0.2}$/MPa	δ/%	K_{IC}/MPa · $m^{1/2}$	ρ/g · cm^{-3}
挤压材	B96ц	617	568	5	2	2.90
	B96ц21	650	610	8	57	2.89
	B96ц23	620	590	10	109	2.87
	70552T77	662	641	10	33	2.85
	71502T77	648	614	12	30	2.82
	7A55	705	681	13	27	2.89
	7A60	715	691	10	2	2
板材	70552T77	648	634	11	29	2.85
	71502T77	607	572	12	27	2.82

开发的外，其他 3 个合金都是美国合金。该类合金的半成品为板材、棒材、型材、线材与锻件，但主要产品为厚板与锻件。

与 7075 合金相比，7050 合金的 Zn、Cu 含量提高并且 w(Zn)/w(Mg) 比值增大，采用 Zr 取代 Cr 作晶粒细化剂，大幅度降低 Fe、Si 等杂质的含量。热处理后的 7050 型合金具有强度高、韧性好、抗应力腐蚀性能和疲劳强度高等优点，并且具有好的淬透性，能用于厚大截面零件的制造。

7050 型合金主要用于制造要求高强度、高应力腐蚀和剥落腐蚀抗力及良好断裂韧性的主承力飞机结构件，如机身框、隔板、机翼壁板、翼梁、翼肋、起落架支撑零件和铆钉等。但无法在高于 125℃ 的温度下长时间使用。

根据使用条件的差异，将 7050 型合金进行不同的处理：T76 状态一般用于要求抗剥落腐蚀、高强度的结构件；T74 状态适用于高强度、抗应力腐蚀的结构件，特别是厚大截面的结构件；T73 状态主要用于高强度、抗腐蚀的铆钉线材。

7.5.3.2　7A33 型铝合金

7A33 型合金是 Al-Zn-Mg-Cu 系可热处理强化的耐腐蚀高强度结构铝合金。合金具有与 2A12 铝合金相当的强度，良好的断裂韧性和低的缺口敏感性，尤其耐海水和海洋大气腐蚀性能极高，无晶间腐蚀、应力腐蚀和剥落腐蚀的倾向。

7A33 型合金的焊接可用点焊和滚焊，在飞机某些部位可替代 2A12 铝合金，如其可用于制造水上飞机、舰载和沿海地区使用的直升机、飞机的蒙皮和结构件等。

经 T6 处理后，7A33 型合金基体中主要存在片状的 η′ 相、含铬的弥散相 E (Al18Cr2Mg3)、Fe4Al13 和 Al-Fe-Si 相等，其中主要的强化相是 η′ 相。晶内析出相在合金双级时效处理后会由峰值时效的 GP 区和 η′ 相变为过时效的 η′ 和 η 相，使合金的抗裂纹扩展能力提高。此外，晶界处析出的 η′ 相的分布也由线状分布转变为不连续的点状分布，晶界处无法形成阳极腐蚀的通道，提高了合金抗应力腐蚀性能和抗晶间腐蚀性能。

7.5.3.3　7475 铝合金

在 7075 合金的基础上，美国铝业公司研制出一种新型的 Al-Zn-Mg-Cu 系热处理强化合金，即7475合金。由于合金的纯度得到了提高，并且合金成分发生改变，合金中第二相的体积分数降低，使合金的塑性和断裂韧性得到提高。合金具有与7075合金相当的强度和耐蚀性，但断裂韧性远高于7075合金。

7475铝合金可用于高强度、中等疲劳强度和高断裂韧度结构件的制造，如机翼蒙皮、机身蒙皮、隔框等，能提高飞机的安全可靠性和使用寿命。需要注意的是，7475合金不适宜在高于125℃的温度下使用。

根据使用条件的不同，对7475合金进行不同的热处理：T6和T651状态的一般用于对耐应力腐蚀性能没有特殊要求的高强度、高断裂韧度的结构件；T76和T7651状态的适用于耐剥蚀的高强度、高断裂韧度的结构件；T7351状态的适用于耐应力腐蚀的高强度、高断裂韧度的结构件。合金的T76状态和T6状态相比，其抗腐蚀性能特别是抗剥落腐蚀性能得到提高，断裂韧性提高了16%~33%，但强度下降了4%~6%。相较于T651状态，T7351显著提高了合金的耐应力腐蚀性能，断裂韧性提高了13%~27%，但强度降低了12%左右。

7.5.4　Al-Li系合金在航空航天中的应用

Al-Li系合金密度低、比刚度和比强度高，在航空航天工业中替代常规高强铝合金，能使构件的质量再降低8%~20%，刚度提高15%~20%。常用的Al-Li系合金的牌号分别是2090、2091、8090，其中2091是法国研发，2090和8090合金均为美国研制。表7-33是2090、2091和8090合金的成分，表7-34是三种合金所对应的物理性能。

表7-33　几种铝锂合金的化学成分　（质量分数，%）

牌号	Si	Fe	Cu	Mn	Mg	Cr	Zn	Ti	Li	Zr	杂质		Al
											每个	总量	
2090	0.10	0.12	2.4~3.0	0.05	0.25	0.05	0.10	0.15	1.9~2.6	0.08~0.15	0.05	0.15	余量
2091	0.20	0.30	1.8~2.5	0.10	1.1~1.9	0.10	0.25	0.10	1.7~2.3	0.04~0.16	0.05	0.15	余量
8090	0.20	0.30	1.0~1.6	0.10	0.6~1.3	0.10	0.25	0.10	2.2~2.7	0.04~0.16	0.05	0.15	余量

表7-34　几种铝锂合金的物理性能

性能 \ 合金	2090	2091	8090
密度/g·cm^{-3}	2.59	2.58	2.55
熔化温度/℃	560~650	560~670	600~655
电导率/S·m^{-1}	17~19	17~19	17~19
25℃时的热导率/W·(m^{3}·℃)$^{-1}$	84~92.3	84	93.5
100℃的比热容/J·(kg^{3}·℃)$^{-1}$	1203	860	930
20~100℃时平均线膨胀系数/μm·(m·℃)$^{-1}$	23.6×10^{-6}	23.9×10^{-6}	21.4×10^{-6}
弹性模量/GPa	76	75	77
泊松比	0.34	—	—

表7-35列出了常用铝锂合金在飞机各部分的使用情况，由于铝锂合金的生产成本较高，一般为传统高强铝合金的3~5倍，因此其应用范围相对较窄，仅限于对自身质量有特殊要求的部件。

表 7-35　常见的铝锂合金在飞机上的应用

合金	应　用
2090	飞机的前缘和尾缘，绕流片，底架梁，吊架，牵引连接配件，舱门，发动机舱体，整流装置，座位滑槽和挤压制品
2091	耐破坏性机身蒙皮板
8090	机翼及机身蒙皮板，锻件，超塑性成形部件及挤压制品

2090 和 8090 属于第一代铝锂合金，其含锂量为 2%左右，当含锂量小于 2%时各向异性较小。1992 年美国开始研制第二代铝锂合金，并将其命名为 AF/C489，最初用于飞机骨架材料的制作。我国国产 C919 大型客机的前、中机身蒙皮也是使用的铝锂合金，属于第三代铝锂合金材料，图 7-37 是铝锂合金制造的国产 C919 前机身蒙皮。

图 7-37　国产 C919 大型客机铝锂合金机身蒙皮

俄罗斯研制了一系列可焊接的铝锂合金，如 1420、1430、1440、1450 及 1460 合金等。在军机应用方面，美国的 F-15 飞机上的上机翼内侧使用 45mm 厚的 8090 合金加工的整体壁板作为蒙皮，每侧重达 58kg，尺寸为 1700mm×2375mm，用这种材料代替原来的 2024-T851 能减重 9%。英国的 EAP 战斗机（如图 7-38 所示）用 80%铝锂合金制造了襟副翼，尺寸分别为 2000mm×1000mm 和 2500mm×750mm，质量分别为 38kg 和 32kg，减重 10%。该机还采用了铝锂合金超塑成形的起落架舱门，零件数量由原来的 96 个减至 11 个，减重达 22%。波音公司选用 2090 合金制造了 4 架波音 747 前起落架支柱牵引接头。此外，法国的阵风、幻影 2000 等飞机都曾使用铝锂合金。1420 合金是目前应用最为成熟的铝锂合金，俄罗斯在米格-29、苏-27、苏-35 等战斗机及一些中远程导弹弹头壳体上都采用了一些 1420 合金构件。

7.5.5　含钪铝合金在航空航天中的应用

含 Sc 的铝合金（或 Al-Sc 合金）是含有 0.07%～0.35%（质量分数）微量 Sc 的铝合

图 7-38　使用铝锂合金的英国 EAP 战斗机

金。Al-Sc 合金具有高强韧性、优异的耐蚀性和可焊性等优点，是继 Al-Li 合金之后新一代的航空航天用轻质结构材料。

自 20 世纪 70 年代开始，俄罗斯开发了 Al-Mg-Sc、Al-Zn-Mg-Sc、Al-Zn-Mg-Cu-Sc、Al-Mg-Li-Sc 和 Al-Cu-Li-Sc 等 5 个系列 17 个牌号的 Al-Sc 合金，产品主要应用于航天、航空、舰船的焊接承重结构件以及碱性腐蚀介质环境用铝合金管材、铁路油罐、高速列车的关键结构件等。图 7-39 是使用了 Al-Sc 合金的米格-29 战斗机。

图 7-39　使用了 Al-Sc 合金的米格-29 战斗机

在俄罗斯，根据 Sc 在不同体系铝合金的加入情况，分为 01570、01571、01545、01545K、01535、01523 和 01515 等 Al-Mg-Sc 系合金，01970 和 01975 等 Al-Zn-Mg-Sc 系合金，01421 和 01423 等 Al-Mg-Li-Sc 系合金，01460 和 01464 等 Al-Cu-Li-Sc 系合金等。其中 Al-Mg-Sc 系合金在不需要热处理强化的铝合金中的焊接系数最高，可用于焊接航天承力结构件和以液氢-液氧作燃料的航天器贮箱和相应介质条件下的构件。表 7-36 列出了 Al-Mg-Sc 系合金热加工态或退火态的拉伸力学性能。

表 7-36 Al-Mg-Sc 系合金热加工态或退火态的拉伸力学性能

合金系	合金牌号	主要合金元素平均含量/%	σ_b/MPa	$\sigma_{0.2}$/MPa	δ/%
Al-Mg	AMg1	Al-1. 15Mg	120	50	28
Al-Mg-Sc	01515	Al-1. 15Mg-0. 4Mn-0. 4(Sc+Zr)	250	160	16
Al-Mg	AMg2	Al-2. 2Mg-0. 4Mn	190	90	23
Al-Mg-Sc	01523	Al-2. 1Mg-0. 4Mn-0. 45(Sc+Zr)	270	200	16
Al-Mg	AMg4	Al-4. 2Mg-0. 65Mn-0. 06Ti	270	140	23
Al-Mg-Sc	01535	Al-4. 2Mg-0. 4Mn-0. 4(Sc+Zr)	360	280	20
Al-Mg	AMg5	Al-5. 3Mg-0. 55Mn-0. 06Ti	300	170	20
Al-Mg-Sc	01545	Al-5. 2Mg-0. 4Mn-0. 4(Sc+Zr)	380	290	16
Al-Mg	AMg6	Al-6. 3Mg-0. 65Mn-0. 06Ti	340	180	20
Al-Mg-Sc	01570	Al-5. 8Mg-0. 55(Sc+Zr+Cr)	400	300	15

参 考 文 献

[1] 王渠东，王俊，吕维洁．轻合金及其工程应用［M］．北京：机械工业出版社，2015.

[2] 武仲河，战中学，孙全喜，等．铝合金在汽车工业中的应用与发展前景［J］．内蒙古科技与经济，2008（9）：59-60.

[3] 张少华．铝合金在汽车上应用的进展［J］．汽车工业研究，2003（3）：36-39.

[4] 孙丹丹，李文东．铝合金在汽车中的应用［J］．山东内燃机，2003（1）：34-36.

[5] 甘卫平，许可勤，范洪涛．汽车车身铝化的研究及其发展［J］．轻合金加工技术，2003（6）：14-15，20.

[6] 丁向群，何国求，陈成澍，等．6000 系汽车车用铝合金的研究应用进展［J］．材料科学与工程学报，2005（2）：302-305.

[7] 关绍康，姚波，王迎新．汽车铝合金车身板材的研究现状及发展趋势［J］．机械工程材料，2001（5）：12-14，18.

[8] 刘静安．大力发展铝合金零部件产业　促进汽车工业的现代化进程［J］．铝加工，2005（3）：8-17.

[9] 祝伟忠．国产高速列车用铝合金车体型材的生产［C］//2007 年山东省有色金属学术交流会论文集．济南：出版者不详，2007：125-128.

[10] 王慧玲．高速铁路客车铝合金车体的研究［D］．大连：大连铁道学院，2003.

[11] 牛得田．铝合金车体在轨道车辆上的应用及展望［J］．机车车辆工艺，2003（3）：1-2.

[12] 柏延武，高红义．铝合金在铁道车辆上应用的探讨［J］．铁路采购与物流，2009（3）：41-44.

[13] 王炎金，丁国华，王俊玖．铝合金车体制造技术在中国的发展现状和展望［J］．焊接，2004（10）：5-7.

[14] 郁惟仁，张善荣．我国铁路高速事业的发展［J］．大连铁道学院学报，1998（1）：38-47.

[15] 戴静敏．高速列车用大型挤压铝型材［J］．轻合金加工技术，1995（5）：2-7，16.

[16] 刘杨．A7N01S 铝合金焊接接头应力腐蚀及晶间腐蚀行为的研究［D］．天津：天津大学，2007.

[17] 徐超．铁路用高强度铸造铝合金的研究［D］．北京：北京交通大学，2005.

[18] 孙健．高屈强铝硅合金组织和性能的研究［D］．哈尔滨：哈尔滨工业大学，2017.

[19] 徐贵宝，沈本瑜．高强度铸铝合金在高速列车转向架上的应用［J］．机车车辆工艺，1997（6）：1-4.
[20] 何梅琼．铝合金在造船业中的应用与发展［J］．世界有色金属，2005（11）：26-28.
[21] 陈延伟，刘佳琳，赵亚鹏．铸造铝合金在舰船装备中的应用与分析［C］//2019 中国铸造活动周论文集，2019.
[22] 何健伟，王祝堂．船舶舰艇用铝及铝合金（2）［J］．轻合金加工技术，2015（9）：1-12.
[23] 赵勇，李敬勇，严铿．铝合金在舰船建造中的应用与发展［J］．船舶物资与市场，2005（2）：28-30.
[24] 林学丰．铝合金在舰船中的应用［J］．铝加工，2003（1）：10-11.
[25] 魏梅红，刘徽平．船舶用耐蚀铝合金的研究进展［J］．轻合金加工技术，2006（12）：6-8.
[26] 李敬勇，李标峰．铝合金焊接船及其发展［J］．材料开发与应用，1994（3）：34-36.
[27] 黄崇祺．电工用铝和铝合金在电缆工业中的应用与前景［J］．电线电缆，2013（2）：4-9.
[28] 刘斌，郑秋，党朋，等．铝合金在架空导线领域的应用及发展［J］．电线电缆，2012（4）：10-15.
[29] 张超．中强铝合金架空导线的制备与时效处理工艺研究［D］．沈阳：东北大学，2014.
[30] 韩良．110kV 铝绕组变压器增容改造方案和经济技术比较［J］．电力设备，2004（3）：36-40.
[31] 孟繁平，徐涛．干式变压器用铸轧 1060 合金铝带材生产工艺研究［J］．科技论坛，2007（9）：14.
[32] 方福林，陈叔涛，阚家祯．论我国铝线变压器的发展与展望［J］．电机工程学报，1984（3）：12-19.
[33] 黄丽颖．稀土电解电容器高压阳极用铝箔组织和织构研究［D］．包头：内蒙古科技大学，2007.
[34] 靳丽．微观组织对电解电容器用 3003 铝合金阴极箔性能的影响［D］．长沙：中南大学，2003.
[35] 关学丰．铝磁盘内部缺陷产生原因的研究［J］．上海有色金属，1995（6）：321-325.
[36] 川村正夫，俞素贞．用塑性加工方法制造铝感光磁鼓［J］．模具技术，1990（1）：38-44.
[37] 于雷．Al-50%Si 电子封装合金的致密化及性能［D］．哈尔滨：哈尔滨工业大学，2013.
[38] 张建云．碳化硅颗粒增强铝基复合材料的性能研究［D］．南京：南京航空航天大学，2006.
[39] 俞东梅，邓志玲．铝合金 PS 版的现状及提高［J］．铝加工，2003（6）：41-43.
[40] 庞国华．提高空调器散热片用铝箔性能的途径［J］．轻合金加工技术，2002（11）：40-41.
[41] 初丛海．用 8011 和 1100 合金铸轧坯生产的 H22 状态空调箔的性能差异［J］．轻合金加工技术，2004（9）：26-27，32.
[42] 庞国华．关于空调器散热片对铝箔力学性能要求的讨论［J］．轻合金加工技术，2003（3）：18-28.
[43] 马晓锋．桁架式铝合金双层空间网格结构力学性能与设计方法［D］．邯郸：河北工程大学，2018.
[44] 王金伟，高志尧．探析铝合金模板在高层建筑的应用［J］．建筑技艺，2019（S1）：46-50.
[45] 王周松．铝合金材料在桥梁工程中的应用［J］．科技创新导报，2011（19）：94-95.
[46] 李欣宜．铝合金材料性能及人行桥梁工程的应用研究［D］．南宁：广西大学，2017.
[47] 李景超．铝合金材料在建筑结构中的应用［J］．中国金属通报，2018（8）：160，162.
[48] 唐颖．对当下铝合金系统门窗发展研究［J］．建材与装饰，2019（24）：215-216.
[49] 赖盛，方小芳，刘宗良．大型拱顶储罐和内浮顶罐顶盖形式及用材探讨［J］．石油化工设备技术，2003（2）：8-10，21.
[50] 赖盛，方小芳，刘宗良．大型储罐顶盖结构形式及铝合金网壳的应用［J］．石油化工设备技术，2004（5）：10-14，67.
[51] 刘静安，李建湘．铝合金钻探管的特点及其应用与发展［J］．铝加工，2008（3）：4-7.
[52] 毕琳．铝钻探管的生产和应用［J］．轻合金加工技术，1999（8）：43-45.
[53] 刘涛．完美的管材-铝塑复合［J］．建筑装饰材料世界，2008（5）：46-51.
[54] 贺毅，哈丽毕努·艾合买提，巴吾东·依不拉音．铝塑复合管的生产工艺及发展前景［J］．新疆职

业大学学报，2008（1）：69-72.

[55] 何选明，安玮，韩朝晖．铝塑复合管在燃气工程中的应用［J］．煤气与热力，2006（5）：33-35.

[56] 左列．大功率动力电池用铝合金阳极材料研究［D］．长沙：中南大学，2009.

[57] 温涛．5454 铝合金在化工热交换器中的应用［J］．特种铸造及有色合金，2000（6）：64-65.

[58] 孙强．5454 铝合金 H2n 及 O 状态板材生产工艺研究［J］．轻合金加工技术，2008（6）：18-20.

[59] 张钰．铝合金在航天航空中的应用［J］．铝加工，2009（3）：50-53.

[60] 杨守杰，戴圣龙．航空铝合金的发展回顾与展望［J］．材料导报，2005（2）：76-80.

[61] 蹇海根，姜锋，徐忠艳，等．航空用高强韧 Al-Zn-Mg-Cu 系铝合金的研究进展［J］．热加工工艺，2006（6）：61-66.

[62] 王洪斌，黄进峰，杨滨，等．Al-Zn-Mg-Cu 系超高强度铝合金的研究现状与发展趋势［J］．材料导报，2003（9）：1-5，15.

[63] 王建国，王祝堂．航空航天变形铝合金的进展（1）［J］．轻合金加工技术，2013（8）：1-6，32.

[64] 王建国，王祝堂．航空航天变形铝合金的进展（2）［J］．轻合金加工技术，2013（9）：1-10.

[65] 王建国，王祝堂．航空航天变形铝合金的进展（3）［J］．轻合金加工技术，2013（10）：1-14.

[66] 陈安涛．铸造 Al-Li-Cu-Mn 合金微观组织和力学行为研究［D］．上海：上海交通大学，2017.

[67] 吴秀亮，刘铭，臧金鑫．铝锂合金研究进展和航空航天应用［J］．材料导报，2016（S2）：571-578，585.

[68] 陈建．铝锂合金的性能特点及其在飞机中的应用研究［J］．民用飞机设计与研究，2010（1）：39-57.

[69] 杨富强，熊慧，任柏峰，等．先进铝锂合金的发展及应用［J］．世界有色金属，2018（22）：1-5.

[70] 李飘，姚卫星．铝锂合金材料发展及综合性能评述［J］．航空工程进展，2019（1）：12-20.

[71] 黄玉凤，党惊知．含钪铝合金的现状与开发前景［J］．大型铸锻件，2006（4）：45-48.

[72] 张雪飞，温景林，周天国，等．Al-Sc 合金的现状与开发前景［J］．轻合金加工技术，2005（8）：7-9.